延迟分离涡模拟及其应用

丁普贤　封　叶　刘世明　著

华南理工大学出版社
SOUTH CHINA UNIVERSITY OF TECHNOLOGY PRESS
·广州·

图书在版编目(CIP)数据

延迟分离涡模拟及其应用/丁普贤，封叶，刘世明著. --广州：华南理工大学出版社，2024.12. --ISBN 978-7-5623-7808-2

Ⅰ. O357.5

中国国家版本馆 CIP 数据核字第 2024YH3481 号

Yanchi Fenliwo Moni Jiqi Yingyong

延迟分离涡模拟及其应用

丁普贤　封　叶　刘世明　著

出 版 人：房俊东

出版发行：华南理工大学出版社

（广州五山华南理工大学 17 号楼，邮编 510640）

http：//hg.cb.scut.edu.cn　E-mail：scutc13@scut.edu.cn

营销部电话：020-87113487　87111048（传真）

策划编辑：洪婉婷

责任编辑：洪婉婷　张晓婷

责任校对：伍佩轩

印 刷 者：广州小明数码印刷有限公司

开　　本：787mm×1092mm　1/16　**印张**：15.5　**字数**：349 千

版　　次：2024 年 12 月第 1 版　**印次**：2024 年 12 月第 1 次印刷

定　　价：58.00 元

前　言

计算流体力学（CFD）是自20世纪50年代以来，随着计算机的发展而产生的一门介于数学、流体力学和计算机之间的新兴学科。它通过使用电子计算机和离散化的数值方法，对流体力学问题进行数值模拟和分析，用于研究流体在各种条件下的运动和变化。它的意义在于提供了一种理解和分析流体运动和物理过程的工具。通过CFD，可以确定对流、传热和化学反应等因素对流体运动的影响。有助于深入理解流体力学现象。此外，CFD的作用还表现在：①可提高工程设计的准确性和效率。CFD可以作为一种工程设计工具来使用，也可以通过模拟不同设计方案的流体流动，表示流体流动行为的动态图像并预测性能。②可优化工程设计和操作。CFD可以通过预测流体流动的行为来优化工程设计和操作，从而提高效率、减少成本和降低环境影响，为新技术的发展提供支持。③CFD可以用来研究新技术的物理和数学基础，推动新技术的发展并加快其推广。

综上所述，CFD在工程学、物理学和数学等领域起着极其重要的作用，对于多个领域的研究、应用和发展都有着不可或缺的意义。

而有关湍流的CFD技术是CFD研究的重点之一。湍流是一种无规律的、非线性的流动状态，难以用传统的解析解的方法准确描述，因此，为深入分析和理解湍流的特性，需要采用数值模拟方法进行研究。湍流模型是计算流体力学中常用的一种数值模拟方法，用于模拟流体中的湍流现象。湍流模型中包含了一些基于物理规律或经验的参数，用于描述湍流现象，如湍流能量耗散率、湍流剪切应力等。自20世纪50年代以来，随着计算机技术和计算流体力学理论的不断发展，湍流模型不断完善和优化，应用范围也逐步拓展。目前，湍流模型已广泛应用于航空航天、汽车工程、水利工程等各个领域的流体力学计算中。

目前常用的湍流模型有四种：雷诺平均（Navier-Stokes，RANS）模型、大涡模拟（LES）、联合RANS-LES模型和直接数值模拟（DNS）。其中，RANS模型是最常用的湍流模型之一，它假设湍流的平均值和涡动强度是确定的，通过求解一组平均方程来计算平均速度、湍流动能和湍流黏性等湍流参数；LES模型则将涡旋分解为大尺度和小尺度两部分，并只对大尺度部分进行模拟，小尺度部分则通过模型进行计算；DNS模型则是对流体流动进行细致的数值模拟，直接求解完整的Navier-Stokes方程组，能够精确地描述湍流现象，但计算成本较高，主要应用于小尺度的流动问题；联合RANS-LES模型的基本思想是在近固壁区域采用RANS模型，在远离固壁区域采用LES模型，结合了两者的优点。联合RANS-LES模型的延迟分离涡模拟技术凭借在旋涡结构模拟方面的高度精确性，近年来逐渐崭露头角，成为流体动力学领域的研究热点之一。

本书的主要内容来自作者多年的有关延迟分离涡模拟的研究成果，涉及模型的基本原理以及其在流动传热和建筑风工程领域的应用。通过深入理解延迟分离涡模拟所涉及模型的基本原理，读者将能够更好地把握延迟分离涡模拟的内在机制。全书共分11章，具体包括：第1章湍流数值模拟方法；第2章限制生成项的DDES湍流模型；第3章PL-DDES湍流模型钝体绕流模拟；第4章基于定值Pr_t数的强制对流传热模拟；第5章槽道内混合对流传热模拟；第6章一种新的延迟分离涡模拟PLES；第7章亚格子模型对PLES模型的影响机理研究；第8章基于PLES的孤立建筑绕流数值模拟研究；第9章孤立建筑周围污染物扩散数值模拟研究；第10章建筑穿堂通风数值模拟研究；第11章高层建筑周围风热环境模拟。本书章节之间紧密联系，但每个章节亦可独立成文，故而读者可以全书阅读了解延迟分离涡模拟的方方面面，亦可单独阅读某个感兴趣的章节。

本书由广州番禺职业技术学院的教师丁普贤、封叶和刘世明撰写。其中，丁普贤主要负责本书的规划统筹和第1至第6章、第8至第9章、第11章的撰写；封叶负责第1章、第7章的撰写；刘世明负责第10章的撰写以及所有章节的校稿工作。

本书在广东省普通高校重点科研平台和项目“乡村振兴背景下的茶产业数字化供应链平台构建研究”（2021ZDZX4065）的资助下出版；本书的研究成果主要在国家自然科学基金项目（52078146）和中国国际科技合作项目（2016YFE0118100）的资助下获得。此外，向为本书研究成果做出指导和支持的研究人员致谢，包括：华南理工大学汪双凤教授、广州大学周孝清教授、华南理工大学陈凯研究员等。

目　录

1 湍流数值模拟方法

1.1 湍流

流体的流动无处不在，无论是工程机械中的工质，自然界的大气、河流，还是人体的体液等，都是处于流动状态的。流体的流动根据流动形态的差异，可分为层流和湍流。1883 年英国物理学家雷诺通过圆管转捩实验发现：流体流速较小时，流体呈现分层稳定流态，这种流动状态称为层流。流体流速增加，流体层状流动遭到破坏，流体的流线产生摆动，呈现出非常紊乱的流态，称为湍流。如图 1－1 所示，湍流就像是由无数个旋涡相互掺混而形成的流动。

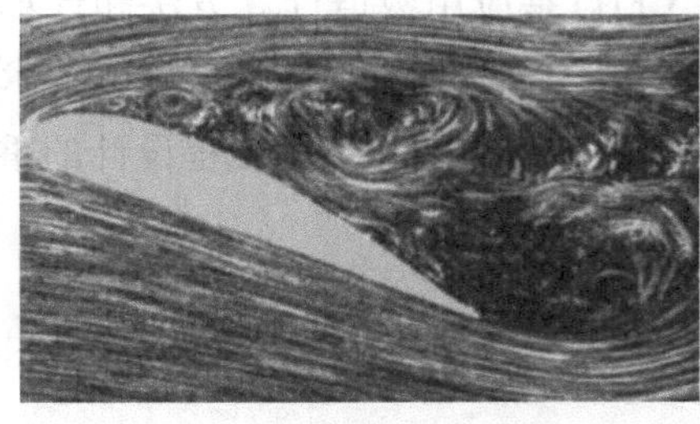
(a) 机翼分离流

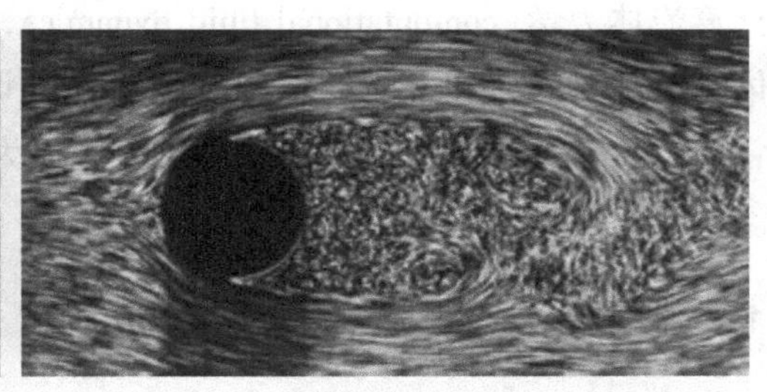
(b) 绕钝体尾迹流

图 1－1 湍流的流动结构形态

自雷诺的圆管转捩实验后，人们便开始对湍流进行深入研究，但是，至今仍未形成完整的湍流理论体系。湍流可分为各向同性湍流和剪切湍流。在自然界和工程领域中，最常见的是剪切湍流，且剪切湍流比各向同性湍流复杂得多，故对湍流的研究一般以剪切湍流为主要研究对象。剪切湍流又分为自由剪切湍流（free shear turbulent flows）和固壁湍流（wall turbulent flows）。自由剪切湍流是由平均速度差引起的湍流，如射流、尾迹流和混合层剪切流等。固壁湍流是流体全部或者部分被束缚于固壁的剪切湍流，如管内湍流、机翼或船体绕流、大气边界层流动等。实际上，大部分湍流是自由剪切湍流和固壁湍流的组合。

湍流是一种多尺度、不规则和紊乱的流动形态，因此湍流产生的质量、动量和能量的传输速率比层流大几个数量级。湍流的这种性质有利有弊：一方面，湍流可以强化传输速率，例如，在化学反应器中，常常用搅拌来推动湍流产生以加快反应速率；另一方面，湍流的脉动特性需要额外的能量耗散，这会导致流动阻力的增加。因此，当需要强化质量、动量和能量的传输速率时，则需要强化湍流；当需要减小流动阻力时，则需要抑制湍流。鉴于湍流普遍存在于自然界和工程领域中，如河水流动、大气运动、飞行器和船舶绕流、换热器和燃烧室内工质的流动等，如何预测和控制湍流成为认识自然现象和发展现代技术的重要研究课题之一。

研究湍流问题的主要方法包括实验方法、理论分析方法和数值模拟方法。由于描述流体流动动量守恒的 Navier - Stokes 方程的解析解只在极少数情况下才存在，故理论分析方法对于湍流研究而言极其局限。因此，湍流研究方法主要集中在实验和数值模拟。由于有时实验费用昂贵、部分实验条件难以实现且实验得到的信息有限，加上计算机的迅速发展，采用数值模拟方法研究湍流日益得到重视。近几十年以来，已有多种湍流数值模拟方法产生，但是其各有优缺点。1.2 节将概述各类方法，并分析其相应的优缺点。

1.2 计算流体力学概述

计算流体力学(computational fluid dynamics，CFD)是应用数值计算方法和计算机技术对流体运动进行模拟和分析的一门学科。随着计算机性能的不断提升和 CFD 技术的不断发展，CFD 在工程领域的应用越来越广泛，成为研究流体力学和优化工程设计的重要工具之一。

1.2.1 CFD 的基本原理

由前文可知，CFD 是一门以流体力学、热传递、质量传递等基本方程为基础，并应用数值方法进行模拟和计算的学科。其基本原理是通过数值离散方法将流体连续性方程、动量方程和能量方程等宏观控制方程，转换为离散的数学模型，再利用计算机数值求解这些方程的数学模型，以计算出流场的各种性质，如速度、压力、温度、浓度等。CFD 模拟的流场可以是三维的，也可以是二维的，并且可以相应考虑多相流、湍流等现象。

1.2.2 CFD 的主要应用领域

1. 航空航天工业

对于飞机的设计，CFD 可以帮助飞机制造厂商在前期确定优化设计方案，减少模型试验频次，降低制造成本。通过 CFD 模拟，可以得到飞机外部风场内的流动情况，设计者可根据得到的数据对飞机进行优化设计，如改变机翼的弧度、主翼的展弦比、机身的长度、宽度等。对于火箭发动机的设计，CFD 可以模拟火箭发动机内燃烧的过程，分析燃烧产物所形成的气体流动，帮助设计者提高发动机内燃烧效率，减少废气排放，提高发动机的可靠性与寿命。

2. 能源领域

CFD 在火力设备如电厂锅炉、煤化工行业等的应用也非常广泛。例如，CFD 可以模拟锅炉内部流体的流动情况，通过优化设计可以提高锅炉的效率，减少能源损失，同时降低污染排放。CFD 还可以模拟风力发电机的风能转化效率，从而实现优化设计；天然气输送管道的压降、流速等问题，也可以通过 CFD 得到精确的数值解，帮助优化设计。

3. 地球科学领域

CFD 在地球科学领域中扮演着至关重要的角色。可通过 CFD 模拟大气、海洋和地壳内部的流体动力学过程，帮助科学家理解和预测天气模式、气候变化以及地质事件，如火山爆发和地震。CFD 在提高我们对地球系统复杂交互作用的理解方面发挥着不可替代的作用。

4. 环境工程领域

在环境工程领域中，CFD 模拟可以帮助分析大气、水体及土壤污染，对环保部分的工作起到有力的支持作用，如通过 CFD 模拟分析空气污染物的扩散规律，预测污染物排放源的浓度、扩散范围及影响范围等，提出相应的控制措施。

5. 建筑工程领域

CFD 在建筑工程领域主要应用于模拟建筑物内的空气流动，得到建筑物内部空气流动的各种参数，以帮助设计人员制定合理的通风方案，从而提高住宅用房的舒适度。

6. 交通工程领域

CFD 在交通工程领域中主要用于优化车辆设计和提高燃油效率。通过 CFD 模拟空气流过车辆的流线，帮助工程师分析如何减少空气阻力，从而改进车辆外形，提升性能和经济性。此外，CFD 还应用于桥梁和隧道的通风系统设计，保障其安全性和舒适性。

1.2.3　CFD 的发展现状

CFD 技术有着广阔的应用前景，且今后仍将继续发展。目前，CFD 技术的主要发展趋势有以下几方面：

1. 多物理参数仿真技术

随着科学技术的不断发展，CFD 仿真所涉及的物理参数也越来越多，从传统的流体力学仿真发展到多物理场仿真，涵盖热传递、质量传递、电磁场、多相流、相变、化学反应等领域。

2. 高性能计算技术

与几十年以前相比，计算机的性能已经有了巨大的提升。特别是高性能计算机的出现，为 CFD 仿真提供了更为强大的计算能力。随着高性能计算培训体系的完善和计算能力中心的逐步建立，高性能计算技术将为 CFD 模拟提供更强的支持。

3. 数据驱动的 CFD 仿真技术

近年来新提出的发展方向，即将高效的形式化数字孪生模型引入 CFD 仿真中，以快速模拟出复杂系统的响应。它需要有大量的数据驱动方法作支撑，如数据挖掘、机器学习、深度学习等，以生成有意义的 CFD 仿真结果。

1.2.4 CFD 技术的未来发展

在历经数十年的发展后，CFD 技术在很多工业领域中已经得到广泛应用，并且持续发展的趋势亦愈加积极。可预测，未来 CFD 技术将在以下几方面得到不断的完善和发展：

(1)仿真技术需要向多尺度、多物理场方向拓展。

(2)完成更加高效准确的转化和优化机制。

(3)大数据与算法技术结合，数据挖掘能力得到提升。

(4)在计算效率与计算精度的平衡中得到不断的突破。

总之，CFD 技术已经成为当今工业领域中一项重要的技术，CFD 技术的不断发展势必会为各行各业带来更多的创新和突破，为未来的工业发展增添新的动力。

1.3 直接数值模拟

湍流是一种时间上随机和空间上结构多尺度的不规则流体运动。在数学上，假设流体连续不可压缩，C. Navier 和 G. G. Stokes 推导出了描述不可压缩流动动量守恒的纳维－斯托克斯(N－S)方程：

$$\frac{\partial u_i}{\partial t} + \frac{\partial (u_i u_j)}{\partial x_j} = f_i - \frac{1}{\rho}\frac{\partial p}{\partial x_j} + \nu \frac{\partial^2 u_i}{\partial x_j^2} \tag{1-1}$$

式中从左至右各项分别代表时间项、对流项、质量力项、压力项和扩散项。

流体连续流动还遵循质量守恒，控制方程如下式：

$$\frac{\partial u_i}{\partial x_i} = 0 \tag{1-2}$$

不可压缩连续流体流动过程的特性由动量守恒方程(1－1)和质量守恒方程(1－2)控制。如果方程(1－1)和(1－2)有解析解，则流动的所有性质都能通过解析方程得到。但事与愿违，由于方程(1－1)中对流项的非线性和扩散项的二阶性，该方程的解析解仅在少数条件下存在。数值模拟方法因为计算机的快速发展已成为求解流体流动控制方程的主要方法，继而发展出一门学科：计算流体力学。针对湍流计算的数值模拟方法主要有：直接数值模拟(direct numerical simulation，DNS)，雷诺时均数值模拟(Reynolds-averaged Navier-Stokes，RANS)，大涡模拟(large-eddy simulation，LES)和联合 RANS/LES 湍流模型(后文简称模型)。

直接数值模拟是对 N－S 方程直接利用数值方法进行求解的模拟方法。DNS 不需建立在任何的湍流模型或假设之上，便能够求解出所有时间和空间的湍流结构。通过 DNS，可以得到从最小的 Kolmogorov 尺度到最大的积分尺度的所有湍流尺度信息，而通过实验方法只能获取到有限的湍流信息。然而，DNS 须求解 Kolmogorov 尺度 η ：$\eta=(\nu^3/\varepsilon)^{1/4}$，这意味着最小网格尺度必须达到 Kolmogorov 尺度。对于各向同性湍流盒子湍流，网格数量达到 $N\approx 4.4Re_L^{9/4}$，$Re_L=10^4$ 的盒子湍流计算就需要 $N\approx 10^9$，一个如同天文数字般的级别。同时，DNS 对时间步的要求也极高，所以 DNS 一般只能用于求解中低 Re 数问题。

随着计算机的快速发展，DNS 在学术研究中越来越受欢迎。1972 年，Orzag 和 Patterson 最早用 DNS 计算各向同性湍流，网格数量只有 32^3[1]。20 世纪 80 年代末，DNS 开始被用于计算固壁湍流。1987 年，Kim 等人用 DNS 计算平板槽道充分发展湍流，其中 $Re=3300$（此 Re 基于流体黏性、槽道一半高度，槽道中间位置的速度），网格数量为 $192\times129\times160$[2]。从此槽道充分发展湍流成为湍流数值模拟计算的经典算例，也被广泛用作验证湍流模型的基准算例。20 世纪 90 年代，Erlebacher 等人开始利用 DNS 对可压缩湍流、传热和燃烧等进行研究[3-6]。21 世纪，得益计算机的进一步发展，DNS 的应用快速增加，如在多相流[7-8]、化学反应[9-10]和气动声学[11-12]领域等。国内高校和科研机构在多相流[13-14]、湍流燃烧[15-16]和湍流传热[17-18]等方向做了较多的研究工作。

虽然 DNS 可以获取湍流结构的所有信息包括平均量和脉动量等，但由于其需严格的算法、精密的网格划分和巨大的计算量而在工程领域中应用相对较少。

1.4　雷诺时均数值模拟

雷诺时均数值模拟（Reynolds Averaged Navier-Stokes，RANS）是求解雷诺时均控制方程，得到湍流的平均速度、平均标量和平均作用力等的数值模拟方法。本书中的平均一般指时间平均。湍流物理量 ϕ 由平均量 $\bar{\phi}$ 和脉动量 ϕ' 两部分组成：

$$\phi=\bar{\phi}+\phi' \tag{1-3}$$

雷诺时均控制方程，亦称时间平均控制方程，是对方程（1-1）和（1-2）作时间平均而推导得到的控制方程。根据时间平均运算和求导原则，推导出如下雷诺平均控制方程：

$$\frac{\partial(\rho\bar{u}_i)}{\partial t}+\frac{\partial(\rho\bar{u}_i\bar{u}_j)}{\partial x_j}=\bar{f}_i-\frac{\partial\bar{p}}{\partial x_j}+\mu\frac{\partial^2\bar{u}_i}{\partial x_j^2}+\frac{\partial(-\rho\overline{u'_iu'_j})}{\partial x_j} \tag{1-4}$$

$$\frac{\partial(\rho\bar{u}_i)}{\partial x_i}=0 \tag{1-5}$$

不难发现，雷诺时均动量守恒方程（1-4）比 N-S 方程多了附加应力项 $\partial(-\rho\overline{u'_iu'_j})/\partial x_j$，通常把 $-\rho\overline{u'_iu'_j}$ 称为雷诺应力，明显雷诺时均控制方程因多了雷诺应力项而不封闭。为封闭雷诺时均控制方程，雷诺应力的求解是关键。雷诺应力是二阶对称张量，可用六个雷诺应力分量的控制方程来求解，而每个雷诺应力分量的控制方程比较复杂，并且常出现其他新的未知量。因此，类比层流中剪切应力与速度梯度的关系，一般认为雷诺应力是关于平均速度的代数关系。这种思想最早由 Boussinesq 于 1877 年提出，引出了非常关键的系数：涡黏系数(eddy viscosity)或湍流黏性系数(turbulent viscosity)μ_t。雷诺应力与湍流黏性系数的关系如下：

$$-\rho\overline{u_i'u_j'} = \mu_t S_{ij} + \frac{2}{3}\rho k\delta_{ij} \tag{1-6}$$

式中，$S_{ij} = (1/2)(\partial\overline{u}_j/\partial x_i + \partial\overline{u}_i/\partial x_j)$ 称为平均应变率张量的大小，$k = (1/2)(\overline{u'^2} + \overline{v'^2} + \overline{w'^2})$ 称为湍动能(turbulence kinetic energy)。式中的湍流黏性系数如何求解，成为 RANS 方法的主要问题。

1925 年，普朗特认为湍流扩散和分子扩散类似，而分子扩散与分子运动速度和分子自由程有关，故假设湍流黏性系数正比于湍流速度 u^* 和湍流尺度 l^*：

$$\mu_t \propto u^* l^* \tag{1-7}$$

求解湍流黏性系数的方法可根据方程个数的差异分为零方程模式、单方程模式和双方程模式。

零方程模式即混合长度模式认为湍流黏性系数与平均形变率和混合长度的平方成正比。虽然零方程模式计算量小、易实现，但其最大的缺点是只考虑了平均变形率，忽略了湍流对流和扩散等其他因素的影响，且混合长度的确定也较为困难，因此其普适性较差。

单方程模式常用的是 1992 年提出的 Spalart-Allmadas 模式[19]，该模式直接求解湍流黏性系数方程，在预测有剧烈变化的湍流时有不错的表现，如分离流；但是，在预测自由剪切湍流方面，则常存在较大误差。故该模式主要用于空气动力学方面的研究。

双方程模式通过两个控制方程计算湍流黏性系数，一般情况下，其中一个是湍动能方程，另一个则是引入的其他变量方程。目前工程实践中应用最为广泛的是 Launder 和 Spalding[20] 提出的 $k-\varepsilon$ 模型，ε 是湍动能耗散率(dissipation rate)，k 和 ε 的方程如下：

$$\frac{\partial}{\partial t}(\rho k) + \frac{\partial}{\partial x_j}(\rho\overline{u}_j k) = P_k - Y_k + \frac{\partial}{\partial x_j}\left[\left(\mu + \frac{\mu_t}{\sigma_k}\right)\frac{\partial k}{\partial x_j}\right] \tag{1-8}$$

$$\frac{\partial}{\partial t}(\rho\varepsilon) + \frac{\partial}{\partial x_j}(\rho\overline{u}_j\varepsilon) = P_\varepsilon - Y_\varepsilon + \frac{\partial}{\partial x_j}\left[\left(\mu + \frac{\mu_t}{\sigma_\varepsilon}\right)\frac{\partial\varepsilon}{\partial x_j}\right] \tag{1-9}$$

式中，湍动能生成项 $P_k = 2\mu_t S_{ij}S_{ij}$，湍动能耗散项 $Y_k = \rho\varepsilon$，耗散率生成项 $P_\varepsilon = C_{1\varepsilon}P_k\varepsilon/k$，耗散率耗散项 $Y_\varepsilon = C_{2\varepsilon}Y_k\varepsilon/k$，$\sigma_k = 1.0$，$\sigma_\varepsilon = 1.3$，$C_{1\varepsilon} = 1.44$，$C_{2\varepsilon} = 1.92$。根据量纲分析 $u \sim k^{1/2}$，$l \sim k^{3/2}/\varepsilon$，可得湍流黏性系数的计算公式：

$$\mu_t = C_\mu \rho \frac{k^2}{\varepsilon} \tag{1-10}$$

式中，$C_\mu = 0.09$ 是一个经验值。

大量的实践证明 k-ε 模型具有鲁棒性好、计算量小和准确性较好等优点，因此在工程计算中非常受欢迎。k-ε 模型在平板射流、边界层流动和高 *Re* 数流动等方面预测能力较好，但对于低 *Re* 数流动、强旋流动和分离流动的预测，其误差相对较大。为此，研究者对 k-ε 模型进行修正，其中 RNG k-ε 模型[21]和 realizable k-ε 模型[22]应用较广泛。

另一类应用广泛的双方程模式是标准 $k\text{-}\omega$ 模型[23]，BSL $k\text{-}\omega$ 模型[24]和 SST $k\text{-}\omega$ 模型[24]。该类模型用比耗散率(specific dissipation rate) $\omega[\omega=\varepsilon/(0.09k)]$代替湍动能耗散率 ε 来计算湍流黏性。相比 $k\text{-}\varepsilon$ 模型，标准 $k\text{-}\omega$ 模型在近壁面区域的预测表现更好，而在自由剪切区域方面的预测表现差一些。BSL $k\text{-}\omega$ 模型和 SST $k\text{-}\omega$ 模型的基本思想是，边界层内部用 $k\text{-}\omega$ 模型，而远离固壁区域用 $k\text{-}\varepsilon$ 模型，两区域用桥接函数(因所涉及模型有差别，后文中各桥接函数所用符号略有不同)过渡。

BSL $k\text{-}\omega$ 模型的方程如下：

$$\frac{\partial}{\partial t}(\rho k)+\frac{\partial}{\partial x_j}(\rho\bar{u}_j k)=P_k-Y_k+\frac{\partial}{\partial x_j}\left[\left(\mu+\frac{\mu_t}{\sigma_k}\right)\frac{\partial k}{\partial x_j}\right] \tag{1-11}$$

$$\frac{\partial}{\partial t}(\rho\omega)+\frac{\partial}{\partial x_j}(\rho\bar{u}_j\omega)=\alpha\frac{\omega}{k}P_k-Y_\omega+\frac{\partial}{\partial x_j}\left[\left(\mu+\frac{\mu_t}{\sigma_\omega}\right)\frac{\partial\omega}{\partial x_j}\right]+2(1-F)\frac{\rho}{\sigma_{\omega_2}\omega}\frac{\partial k}{\partial x_j}\frac{\partial\omega}{\partial x_j} \tag{1-12}$$

式中，湍动能耗散项 $Y_k=\rho\beta^* k\omega$，比耗散率耗散项 $Y_\omega=\rho\beta\omega^2$。

桥接函数如下：

$$F=\tanh(\Phi^4) \tag{1-13}$$

$$\Phi=\min\left[\max\left(\frac{\sqrt{k}}{0.09\omega d_w},\frac{500\mu}{\rho d_w^2\omega}\right),\frac{4\rho k}{\sigma_{\omega_2}D_\omega d_w^2}\right] \tag{1-14}$$

$$D_\omega=\max\left(2\frac{\rho}{\sigma_{\omega_2}\omega}\frac{\partial k}{\partial x_j}\frac{\partial\omega}{\partial x_j},10^{-10}\right) \tag{1-15}$$

式中，d_w 是离固壁的距离，方程中其他参数定义如下：

$$\sigma_k=\frac{1}{F/\sigma_{k_1}+(1-F)/\sigma_{k_2}} \tag{1-16}$$

$$\sigma_\omega=\frac{1}{F/\sigma_{\omega_1}+(1-F)/\sigma_{\omega_2}} \tag{1-17}$$

$$\beta=F\beta_1+(1-F)\beta_2 \tag{1-18}$$

$$\alpha=F\alpha_1+(1-F)\alpha_2 \tag{1-19}$$

各参数取值为$\beta^*=0.09$，$\alpha_1=0.55$，$\alpha_2=0.44$，$\beta_1=0.075$，$\beta_2=0.0828$，$\sigma_{k_1}=\sigma_{\omega_1}=2.0$，$\sigma_{k_2}=1.0$，$\sigma_{\omega_1}=1.168$。

RANS 模型是目前工程湍流计算的常用模型。然而，对于湍流，当下各类模拟模型都有自身的优缺点，尚不存在理想模型。RANS 模型只能提供湍流的平均信息，并且在预测复杂湍流时往往存在较大偏差，这显然无法满足工程计算和自然环境预测的需求。因此，需要更先进的模型来替代 RANS 模型。

1.5 大涡模拟

1963 年，Smagorinsky[25]为模拟大气流动提出了一种新的湍流模拟方法，即大涡模拟(LES)。它的基本思想是，对大尺度湍流直接求解，对小尺度湍流模式化。一般情况下，小尺度是指小于计算网格的尺度。实现大涡模拟的第一步是过滤小尺度湍流，得到过滤控制方程。LES 的控制方程与 RANS 控制方程类似，本文不作详细介绍。过滤后的控制方程同样存在不封闭项，即亚格子应力。目前，最常用的亚格子应力模型包括 Smagorinsky 模式[25]、Germano 动态模式[26]和 Wall-Adapting Local Eddy-Viscosity(WALE)模式[27]等。

LES 只求解大尺度湍流，因此不需要 DNS 所需的高分辨率网络和极小的时间步长。但大涡模拟仍能够捕捉到影响复杂湍流流动的主要结构和信息。大涡模拟从被提出开始就受到了许多研究者的青睐，同时也被广泛应用于流体力学机理研究和工程模拟中，例如圆柱绕流[28-30]、圆柱旋转流[31]、周期山包流[32]以及燃烧[33-35]等。在国内，大涡模拟的研究和应用亦非常广泛，涉及大气流动[36-38]、燃烧[39-41]、射流湍流[42-44]以及钝体绕流[45-47]等多个领域。

湍流的特征是具有大范围长度和时间尺度的涡。最大的涡在尺寸上通常与平均流的特征长度相当(如剪切层厚度)。最小尺度的涡负责湍动能的耗散。从理论上讲，使用直接数值模拟(DNS)的方法直接解析整个湍流尺度谱是具可能性的。在 DNS 中不需要建模。然而，对于涉及高雷诺数流动的实际工程问题，用 DNS 是不可行的。DNS 解析整个尺度范围所需的成本与 Re_t^3 成正比，其中 Re_t 为湍流雷诺数。显然，对于高雷诺数流动，其成本变得令人望而却步。在 LES 中，大涡被直接解析，小涡被模式化。因此，大涡模拟(LES)在解析尺度的精度方面介于 DNS 和 RANS 之间。LES 的基本原理可以概括如下：

(1)动量、质量、能量和其他被动标量主要通过大涡传递。

(2)大涡更依赖具体的流动问题。它们受到所涉及的流动的几何形状和边界条件的显著影响。小涡较少受到几何形状的影响，倾向于表现得更各向同性，因此更具有普适性。

(3)对于小涡，找到能描述其行为的通用湍流模型的可能性要高得多。

与 DNS 相比，若仅需解析大涡，在 LES 中使用更粗的网格和更大的时间步长是被允许的。然而，LES 仍然需要比 RANS 计算精细得多的网格。此外，LES 必须运行足够长的流动时间，以获得稳定的统计信息。因此，就内存(RAM)和 CPU 时间而言，LES 所涉及的计算成本通常比 RANS 计算高出几个数量级。因此，高性能计算(如并行计算)对于 LES 是必需的，特别是对于工业应用。使用 LES 的一个重要挑战是其对壁面边界层的分辨率要求高。在壁面附近，即使是大涡也会因边界效应而变得相对较小，这使得模拟需要依赖足够高的雷诺数分辨率来准确捕捉动态。

下面详细介绍集中亚网格湍流模型。

滤波操作产生的亚格子（SGS)应力是未知的，需要建模。亚格子应力通常采用了 Boussinesq 假设，得到：

$$\tau_{ij} - \frac{1}{3}\tau_{kk}\delta_{ij} = -2\mu_t \overline{S_{ij}} \tag{1-20}$$

式中，τ_{ij}为亚格子湍流黏性系数。应变速率张量定义为：

$$\overline{S_{ij}} = \frac{1}{2}\left(\frac{\partial \overline{u_j}}{\partial x_i} + \frac{\partial \overline{u_i}}{\partial x_j}\right) \tag{1-21}$$

1.5.1 Smagorinsky-Lilly 模型

Smagorinsky-Lilly 模型最早是由 Smagorinsky 提出的，其湍流黏性系数 μ_t 的计算公式如下：

$$\mu_t = \rho L_S^2 |\overline{S_{ij}}| \tag{1-22}$$

式中，$|\overline{S_{ij}}| = \sqrt{2 S_{ij} S_{ij}}$，$L_S$ 为混合长度，L_S 的计算公式如下：

$$L_S = C_S \Delta \tag{1-23}$$

式中，C_S 为 Smagorinsky 常数，Δ 为局部网格尺度($\Delta = V^{1/3}$，V 为网格体积)。Lilly 推导出均匀各向同性湍流的 C_S 值为0.23。但是，发现该值在平均切变存在时和在靠近固体边界的过渡性流动中，均会引起大尺度波动的过度阻尼，因此必须在这些区域减小 C_S 值。简而言之，C_S 不是一个普遍适用的常数，这是这个简单模型的主要缺陷。尽管如此，实际应用中，人们已发现 C_S 值在0.1左右时，能够在广泛的流体流动中产生最佳模拟结果。动态 Smagorinsky-Lilly 模型则认为 C_S 是与过滤器和流动特性相关的动态值。

1.5.2 Wall-adapting Local Eddy-viscosity (WALE) 模型

在 WALE 模型中，湍流黏性系数的计算公式如下：

$$\mu_{SGS} = \rho L_S^2 \frac{(S_{ij}^d S_{ij}^d)^{3/2}}{(S_{ij} S_{ij})^{5/2} + (S_{ij}^d S_{ij}^d)^{5/4}} \tag{1-24}$$

其中，L_S 与 S_{ij}^d 的计算公式如下：

$$L_S = C_{WALE} V^{1/3} \tag{1-25}$$

$$S_{ij}^d = (1/2)(g_{ij}^2 + g_{ji}^2) - (1/3)\delta_{ij} g_{kk}^2$$

$$g_{ij} = \partial \overline{u_i} / \partial x_j \tag{1-26}$$

原始文献公布的 WALE 常数 C_{WALE} 为0.5。然而原始模型开发人员的欧盟研究项目验证表明：取值0.325为最优。WALE 模型的优点在于可以准确地预测出壁面有界流动的壁面渐近曲线。另一个优点在于，对于层流剪切流，它可得到零湍流黏度。这样就可以正确处理区域内的层流区。相反，Smagorinsky-Lilly 模型产生非零湍流黏度。因此，与 Smagorinsky-Lilly 模型相比，WALE 模型更优。

1.5.3 代数 Wall-modeled LES Model (WMLES)

虽然 LES 在学术界得到了广泛的应用，但在工业模拟中的影响却非常有限。其原因在于 LES 对壁面边界层的分辨率要求过高。在壁面附近，湍流谱中的最大尺度在几何上非常小，因此需要非常精细的网格和小的时间步长。此外，与 RANS 不同的是，LES 不仅需要在壁面法线方向上进行网格细化，还必须解决壁面平行平面上的湍流问题。这通常只能在非常低的雷诺数和非常小的几何尺度下实现。出于这个原因，建议在壁面边界层不相关且不需要求解的流动中，或者由于低雷诺数而边界层为层流的流动中使用 LES。但是，这些流动在工业模拟中相对较少，大多数情况下需要采用其他方法。为克服这种困难，代数壁面模式化 LES（Wall-modeled LES Model，WMLES）模型应运而生。在 WMLES 中，模型的 RANS 部分仅在对数层的内部被激活，边界层的外部被修改后的 LES 公式覆盖。

最初的代数 WMLES 公式将混合长度模型与改进的 Smagorinsky 模型和 Piomelli 的壁阻尼函数相结合。湍流黏性系数使用混合长度尺度进行计算，公式如下所示：

$$v_t = \min[(\kappa d_w)^2, (C_S\Delta)^2] \cdot S \cdot \left\{1 - \exp\left[-\left(\frac{y^+}{25}\right)^3\right]\right\} \tag{1-27}$$

式中 d_w 为流体离壁面的距离，S 为应变速率，C_S 为常数，为管壁内结垢的法向。LES 模型基于改进的网格尺度来考虑壁面模型流动中的网格各向异性：

$$\Delta = \min[\max(C_w d_w; C_w h_{max}, h_{w-n}); h_{max}] \tag{1-28}$$

这里，h_{max}是网格单元的最大边缘长度。h_{w-n}为墙法向网格间距，C_w 为常数。

LES 虽然所需的网格精度和计算代价低于 DNS，但与 RANS 相比，计算量依然较大，特别对于固壁湍流，大涡模拟所需的网格精度依然比较严格。因此发展结合 RANS 和 LES 两者优势的湍流模型成为湍流模拟研究的新方向。

1.6 联合 RANS/LES 湍流模型概述

RANS 模型在模拟复杂流动，如大分离流、钝体绕流和自由剪切流等的预测精确度不足。而 LES 模型在近固壁区域网格要求高，计算量大。因此两者的缺点降低了它们的实际应用价值。为结合 RANS 模型和 LES 模型的优势，一种新的模型应运而生，即联合 RANS/LES 模型。联合 RANS/LES 模型的基本思想是在近固壁区域采用 RANS 模型，在远离固壁区域采用 LES 模型。联合 RANS/LES 模型可大致分为分区模型（zonal models）和非分区模型（non-zonal models）[48,49]。分区模型是指 RANS 区域和 LES 区域由桥接函数分隔。非分区模型是指 RANS 区域和 LES 区域是光滑过渡，不需要任何桥接函数。分区模型中，延迟分离涡模拟（delayed detached eddy simulation，DDES）[50-52]的应用最为广泛，本文研究的模型便属于 DDES 模型。后文将着重阐述该类模型的理论、应用和存在的问题。

1.6.1 非分区模型

非分区模型中超大涡模拟（very large-eddy simulation，VLES）最早由 Speziale[53]提出。该模型的特点在于：依据网格精度的不同，模拟可以从 RANS 过渡到 DNS。其基本思想是在湍流黏性系数的计算公式中加入求解控制函数（resolution control function）F_r，该求解控制函数的计算公式如下：

$$F_r = \left[1 - \exp\left(-\beta_{VLES}\frac{\Delta}{L_k}\right)\right]^n \tag{1-29}$$

式中，β_{VLES}和 n 是模型常数，β_{VLES}是量级为 $O(10^{-3})$的小量常数，n 一般取值 2 或 4/3；Δ 是网格大小，通常取网格的几何平均长度 $(\Delta x\cdot\Delta y\cdot\Delta z)^{1/3}$；$L_{\mathrm{k}}$ 是湍流的最小长度尺度，即 Kolmogorov 长度尺度，计算公式如下：

$$L_k = \frac{\nu^{3/4}}{\varepsilon^{1/4}} \tag{1-30}$$

以 VLES 模型进行模拟时，保持 k 和 ω(或 ε)方程保持不变，只改变湍流黏性系数计算公式，形式如下：

$$\mu_{\mathrm{VLES}} = F_r \rho \frac{k}{\omega} = F_r C_\mu \rho \frac{k^2}{\varepsilon} \tag{1-31}$$

从方程(1-20)和(1-21)可以看出，Δ/L_k 用于表征模拟的网格分辨率。当网格较粗时，F_r 趋近于 1，湍流黏性系数不变，模拟采用 RANS 模型进行计算；当网格足够密时，F_r 趋近于 0，湍流黏性系数趋于 0，模拟趋向于 DNS 方法。因此，VLES 模型是根据当地网格精度来判别是运用 RANS 方法还是 DNS 方法进行模拟的，并且模型中的模拟能在两者之间进行平滑过渡。

VLES 模型虽然引入了 Kolmogorov 长度尺度，但 Zhang 等人[54]研究指出：Δ/L_k 通过边界层时变化剧烈，而且 Kolmogorov 长度尺度在边界层内非常小；VLES 模型要求的计算网格精度与 LES 模型的相当，并且实现 RANS 需要非常粗糙的网格；一般计算中难以实现 VLES 模型要求的网格精度。Sagaut[55]等指出对于高 Re 数流动，Kolmogorov 长度尺度趋近 0，F_r 趋近于 1，该模型只能实现 RANS。即使网格非常密，使用 VLES 模型依然难以对所需要的湍流尺度实现求解。为此，研究者在改善 Speziale-VLES 模型方面做了出色的工作。

Liu 和 Shih[56]采用时间滤波方式，以此得到求解控制函数并作用于湍流黏性系数，这与一般联合 RANS/LES 模型的空间滤波方式存在显著区别。Liu 和 Shih[56]把该模型命名为部分求解数值模拟方法(partially resolved numerical simulation，PRNS)。时间滤波方式得到的求解控制函数与网格无显式关系，因此这种方法可减弱模型的网格敏感度。PRNS 模型的求解控制函数形式如下：

$$F_r = \frac{\Delta_T}{T_i} \tag{1-32}$$

式中，Δ_T 是时间滤波尺度，T_i 是积分时间尺度。一般情况下，F_r 的取值范围为 0.3～0.4，推荐值为 0.38[56]。PRNS 模型的求解控制函数被设定为全局常数，导致整个计算区域只能应用 LES 模式，无法进行 RANS，这与联合 RANS/LES 模型的思想相悖。因此，求解控制函数取全局常数是不太合理的。

Hsieh 等[57]认为求解控制函数是求解湍动能和总湍动能的比值，推导出的求解控制函数计算公式如下：

$$F_r = \frac{L_{\mathrm{K}}^{2/3} - L_{\mathrm{c}}^{2/3}}{L_{\mathrm{K}}^{2/3} - L_{\mathrm{t}}^{2/3}} \tag{1-33}$$

式中，截断长度尺度 $L_{\mathrm{c}} = 2\Delta$，湍流长度尺度或积分长度尺度 $L_{\mathrm{t}} = 40k^{3/2}/\varepsilon$。Hsieh 等人[57]

研究 Hsieh-VLES 模型时发现：低 Re 数槽道充分发展流的模拟结果与 DNS 结果吻合程度较好。但是，Hsieh 等人并没有考察高 Re 数槽道充分发展流的预测效果。

Han 和 Krajnović[58] 根据 Hsieh 等人[57] 的思想，推导出新的求解控制函数，计算公式如下：

$$F_r = \min\left\{\left[\frac{1-\exp(-\beta_{\mathrm{VLES}}L_c/L_k)}{1-\exp(-\beta_{\mathrm{VLES}}L_t/L_k)}\right]^n, 1.0\right\} \tag{1-34}$$

式中，截断长度尺度 $L_c = 0.61\Delta$，湍流长度尺度或积分长度尺度 $L_t = k^{3/2}/\varepsilon$。可以看出，$L_c > L_t$ 时，$F_r = 1$，VLES 模型为 RANS 模式；$L_c < L_t$ 时，$0 < F_r < 1$，VLES 模型为 LES 模式。Han 和 Krajnović[58,59] 为检验 Han-VLES 模型的模拟效果，对槽道充分发展流、周期性山包流、钝体绕流和后台阶流进行了模拟。槽道充分发展湍流模拟结果表明：Speziale-VLES 模型的网格精度要求与 LES 相当，Han-VLES 模型的网格精度要求为 LES 的一半，且 Han-VLES 预测的流体的平均速度和脉动速度与 DNS 结果吻合较好。周期性山包流和钝体绕流的模拟结果表明：网格精度较粗糙时，Han-VLES 模型预测结果理想，同时该模型对网格的敏感度较低。后台阶流模拟结果表明：在台阶后方，Han-VLES 能快速转变为 LES 模式，可比 DDES 模型求解出更多湍流涡。此后，Han 和 Krajnović[60] 提出半动态 VLES 模型，并对比基于标准 k-ω 和标准 k-ε 的 VLES 模型，发现 k-ω VLES 模型在预测黏性底层和过渡层方面准确性更高。

VLES 模型最大的特点在于引入 Kolmogorov 长度尺度来计算求解控制函数，但为保障模拟计算顺利进行，需要有难以达到的网格精度。因此研究者对原始 VLES 模型进行优化，引入湍流长度尺度。通过模拟算例发现，优化后的 VLES 模型对大分离流和钝体绕流等复杂流动的预测效果良好。VLES 模型主要是衰减湍流黏性系数，减少模式化湍动能，求解大尺度的湍流结构。另有研究者直接从衰减模式化湍动能出发，经理论分析，推导出一种新的联合 RANS/LES 模型，其中部分时均 NS 模拟(partially averaged Navier-Stokes, PANS)应用比较广泛。

PANS 模型最早由 Lakshmipathy[61] 和 Girimaji[62] 提出，是一种基于标准 k-ε 模型、RANS 直接向 DNS 过渡的模型。PANS 模型定义两个求解控制参数：未求解湍动能比 f_k 和未求解耗散率比 f_ε，形式如下：

$$\begin{cases} f_k = \dfrac{k_{\mathrm{u}}}{k} \\[2ex] f_\varepsilon = \dfrac{\varepsilon_{\mathrm{u}}}{\varepsilon} \end{cases} \tag{1-35}$$

式中，k_{u} 和 ε_{u} 代表的分别是未求解湍动能(unresolved kinetic energy)和未求解耗散率(unresolved dissipation rate)。通过理论推导可得到 k_{u} 和 ε_{u} 的控制方程如下：

$$\frac{\partial}{\partial t}(\rho k_{\mathrm{u}}) + \frac{\partial}{\partial x_j}(\rho \bar{u}_j k_{\mathrm{u}}) = P_{k\mathrm{u}} - Y_{k\mathrm{u}} + \frac{\partial}{\partial x_j}\left[\left(\mu + \frac{\mu_{\mathrm{tu}}}{\sigma_{k\mathrm{u}}}\right)\frac{\partial k_{\mathrm{u}}}{\partial x_j}\right] \tag{1-36}$$

$$\frac{\partial}{\partial t}(\rho\varepsilon_{u}) + \frac{\partial}{\partial x_{j}}(\rho\bar{u}_{j}\varepsilon_{u}) = P_{\varepsilon u} - Y_{\varepsilon u} + \frac{\partial}{\partial x_{j}}\left[\left(\mu + \frac{\mu_{tu}}{\sigma_{\varepsilon u}}\right)\frac{\partial \varepsilon_{u}}{\partial x_{j}}\right] \quad (1-37)$$

式中，未求解湍动能生成项 $P_{ku}=2\mu_{tu}S_{ij}S_{ij}$，未求解湍动能耗散项 $Y_{ku}=\rho\varepsilon_{u}$，未求解耗散率生成项 $P_{\varepsilon u}=C_{1\varepsilon}P_{ku}\varepsilon_{u}/k_{u}$，未求解耗散率耗散项 $Y_{\varepsilon u}=C_{2\varepsilon *}Y_{ku}\varepsilon_{u}/k_{u}$，模型常数 $C_{2\varepsilon *}=C_{1\varepsilon}+(C_{2\varepsilon}-C_{1\varepsilon})f_{k}/f_{\varepsilon}$。高 Re 数情况下，$\sigma_{ku}=\sigma_{k}f_{k}^{2}/f_{\varepsilon}$，$\sigma_{\varepsilon u}=\sigma_{\varepsilon}f_{k}^{2}/f_{\varepsilon}$；低 Re 数情况下，$\sigma_{ku}=\sigma_{k}$，$\sigma_{\varepsilon u}=\sigma_{\varepsilon}$。

PANS 湍流黏性系数的计算公式：

$$\mu_{tu} = C_{\mu}\rho\frac{k_{u}^{2}}{\varepsilon_{u}} \quad (1-38)$$

PANS k-ε 模型的 k_{u} 和 ε_{u} 控制方程与标准 k-ε 模型的控制方程的形式是一致的，但是方程中的系数与未求解湍动能比 f_{k} 和未求解耗散率比 f_{ε} 有关。当 $f_{k}=f_{\varepsilon}=1$ 时，PANS 模型为 RANS 模型；当 $f_{k}=f_{\varepsilon}=0$ 时，未求解湍动能为 0，PANS 模型为 DNS 模型。早期 PANS 模型中的 f_{k} 和 f_{ε} 一般取小于 1 的常数，以求解大尺度涡，可知 PANS 模型无需滤波处理。这与 LES 模型不同，而与 PRNS 模型类似。总结可得早期 PANS 模型的特点：一是可实现从 RANS 到 DNS 过渡；二是无需时间或空间滤波处理；三是相对于瞬态 RANS(URANS)模型，PANS 湍流可求解波长范围更宽的大尺度涡。因此 Fröhlich 和 von Terzi[63] 把 PANS 模型归为第二代 URANS 模型。

PANS 模型从被提出开始就受到研究者的广泛关注和应用。PANS 模型合作发明者 Lakshmipathy 研究求解控制参数 f_{k} 和 f_{ε} 对模拟高 Re 数和低 Re 数圆柱绕流的影响，模拟结果发现：减小 f_{k}，未求解湍动能和未求解湍流黏性减小，模拟可捕捉更多瞬态尾迹涡；对于高 Re 数圆柱绕流，各参数取值 $f_{\varepsilon}=1$、$\sigma_{ku}=\sigma_{k}f_{k}^{2}/f_{\varepsilon}$ 以及 $f_{k}=0.5$ 和 0.7 时，预测结果最好；对于低 Re 数圆柱绕流，$f_{k}=f_{\varepsilon}$、$\sigma_{ku}=\sigma_{k}$ 时，预测结果最好。Girimaji 和 Abdol-Hamid[64] 通过理论分析建议 f_{ε} 应大于 f_{k}，而 f_{k} 应大于 $3[\Delta/(k^{3/2}/\varepsilon)]^{2/3}$。Frendi 等[65] 对比 PANS 与 DES 和 URANS 各模型的后台阶流动模拟结果，发现 f_{k} 和 f_{ε} 的最佳取值分别为 0.2 和 0.667，并探讨了 PANS 模型的网格敏感度，研究发现网格精细度对 PANS 模型的影响较大。Lakshmipathy 和 Girimaji[66] 研究基于标准 k-ω 的 PANS 模型，各参数取值 $f_{\varepsilon}=1$、$f_{\omega}=1/f_{k}$，以及 $f_{k}=0.5$ 和 0.7。对比高 Re 数圆柱绕流和后台阶流模拟结果，发现 f_{k} 取值 0.5 时，PANS 模型可捕捉重要的湍流涡，并且预测结果最好。Jeong 和 Girimaji[67] 基于标准 k-ε PANS 模型模拟方柱绕流，结果表明，减小 f_{k}，可捕捉湍流涡的尺度增多，流动平均物理量和脉动物理量与实验结果更接近。

早期 PANS 模型的求解控制参数取全局常数，且与 PRNS 模型相同，一般情况下 $f_{\varepsilon}=1$，但是 f_{k} 难以确定最优取值，这为 PANS 模型的实际应用带来麻烦。因此，Basara 等人[68] 理论分析得到 f_{k} 等于动态参数 $[\Delta/(k^{3/2}/\varepsilon)]^{2/3}/(C\mu)^{1/2}$，利用 PANS k-ε 模型和 Smagorinski LES 模型模拟绕 Ahmed 体流动。经对结果进行分析，其发现在较粗网格下，动态 PANS 模型的表现接近于 LES 模型，这表明动态 PANS 模型的应用前景是可观的。

Basara 等人[69,70]推导出基于 k-ε-ζ-f RANS 模型的动态 PANS k-ε-ζ-f 模型，并应用于研究圆柱绕流、内燃机内部喷射流、汽车外部空气流以及横掠列车流的复杂流动，研究结果证明了动态 PANS k-ε-ζ-f 模型具有可观的应用价值。PANS 模型还被用于研究流动耦合传热[71-73]、高速射流[74]、旋转湍流[75]、顶盖驱动方腔流[76,77]、山包流[78,79]等。

国内，刘锦涛等[80]基于非线性 RANS 模型提出非线性 PANS 模型，应用于模拟圆柱绕流，发现非线性模型优于线性模型。胡常莉等[81]、黄彪等[82]、石磊等[83]经研究均发现 PANS 模型在模拟空化现象方面可获得良好的预测结果。此外，PANS 模型在大分离流动模拟方面亦有良好表现[84,85]。

1.6.2 分区模型

分区模型区别于非分区模型的最大特点是 RANS 模拟和 LES 模式由桥接函数联合。分区模型主要有应力桥接涡模拟（stress blending eddy simulation，SBES）和延迟分离涡模拟（DDES）。SBES 模型的基本思想是沿用 RANS 模型的控制方程，湍流黏性系数定义如下：

$$\mu_{\text{t-SBES}} = \Gamma\mu_{\text{t-RANS}} + (1 - \Gamma)\mu_{\text{t-LES}} \tag{1-39}$$

式中，$\mu_{\text{t-RANS}}$是 RANS 湍流黏性系数，$\mu_{\text{t-LES}}$是亚格子黏性系数，Γ 是桥接函数。Edwards[86]和 Boles[87]根据边界层内部流动特性定义桥接函数如下：

$$\Gamma = \frac{1}{2}\left\{1 - \tanh\left[5\left(\frac{0.41\omega\sqrt{C_\mu}}{\nu}\left(\frac{d_{\text{W}}}{34.24}\right)^2 - 1\right) - \tanh^{-1}(0.98)\right]\right\} \tag{1-40}$$

亚格子黏性系数 $\mu_{\text{t-LES}}$ 常采用 Smagorinsky 模式[25]。该模型常用于模拟超音速射流[86-88]，但没有得到比较广泛的应用。

DDES 模型是 DES 模型的改进版。最早的 DES 模型是在 Spalart-Allmaras 模型[19]的基础上进行优化得到的，由 Spalart 等[50]于 1997 年提出。DES 模型的实现方法是将 Spalart-Allmaras 模型中的距离固壁的距离 d_{W} 替换为新的长度尺度 $d_{\text{W}} = \min(d_{\text{W}}, C_{\text{DES}}h_{\max})$。其中，$h_{\max}$为网格单元最长边的长度 $\max(\Delta_x, \Delta_y, \Delta_z)$，$C_{\text{DES}}$取 0.65。在靠近固壁区域，$d_{\text{W}} < C_{\text{DES}}h_{\max}$，模型用 RANS 方法，在远离固壁区域 $d_{\text{W}} > C_{\text{DES}}h_{\max}$，模型转化为 LES 模式。Strelets[89]和 Travin[90]等人发展出了基于 SST k-ω 模型[24]的 SST DES 模型，具体实现方法是用新的湍动能耗散项替代 SST k-ω 模型 k 方程的耗散项，新的耗散项如下：

$$Y_{k\text{-DES}} = \rho k^{3/2}/l_{\text{DES}} \tag{1-41}$$

式中，DES 截断长度尺度 $l_{\text{DES}} = \min(l_{\text{RANS}}, C_{\text{s-DES}}h_{\max})$，$l_{\text{RANS}} = k^{1/2}/(\beta^*\omega)$，$C_{\text{s-DES}} = 0.78F + 0.61(1.0 - F)$，$F$ 的计算公式如式(1-13)。在靠近固壁区域 $l_{\text{RANS}} < C_{\text{s-DES}}h_{\max}$，采用 SST k-ω 模型，在远离固壁区域 $l_{\text{RANS}} > C_{\text{s-DES}}h_{\max}$，模型转化为 LES 模式。该模型采用限制湍动能耗散项的方法减小模式化湍动能，使得湍流黏性系数减小，从而使大尺度涡得到求解。DES 模型最早应用于研究大分离流动，如高攻角机翼绕流、圆柱绕流、三角柱绕流、后台阶流等。

Menter 和 Kuntz[91]研究 DES 模型发现当网格尺寸小于边界层厚度时，流体会出现非物理原因导致的分离现象，这种现象在非分区模型也存在。

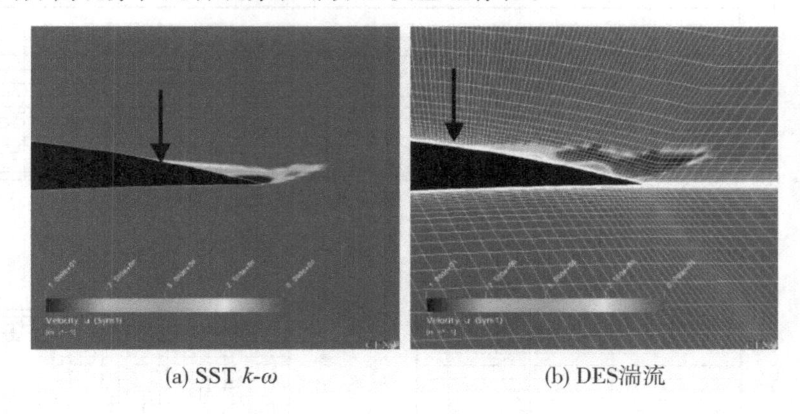

(a) SST k-ω　　(b) DES湍流

图 1 -2　SST k-ω 模型与 DES 湍流模型预测的流动分离点[91]示意图

如图 1 -2 所示为 SST k-ω 模型与 DES 湍流模型预测的流动分离点示意图，相比 SST k-ω 模型，DES 模型在模拟机翼绕流时流体提前分离，而 SST k-ω 模型的模拟结果与实验结果吻合良好。Menter 和 Kuntz[91] 提出引入桥接函数的方法来延迟流动分离，改进后的 DES 湍动能耗散项如下：

$$Y_{k\text{-DDES}} = \max\left[\frac{l_{\text{RANS}}}{C_{S-\text{DES}}h_{\max}}(1 - F_{\text{d}}),1\right]\rho\beta^{*}k\omega \tag{1-42}$$

式中，F_{d} 为桥接函数。Menter 和 Kuntz[91] 把 SST k-ω 模型中的桥接函数 F 作为延迟流动分离的桥接函数 F_{d}，作用是在 RANS 与 LES 之间设置屏障，因此桥接函数亦称为屏蔽函数（shielding function）。增加桥接函数或屏蔽函数的该类 DES 称为延迟分离涡模拟（delayed DES，DDES）。

Spalart 等[92] 把网格分为三类，如图 1 -3 所示。第一类网格的平行固壁方向的网格尺寸（Δ_x，Δ_z）大于边界层厚度 δ，DES 模型的长度尺度 $l_{\text{DES}} = l_{\text{RANS}}$，故此类网格不会出现流动提前分离现象；第三类网格的网格尺寸小于 0.1δ，此类网格精度已达到固壁模化大涡模拟（wall-modeled LES，WMLES）的要求精度，此时 DES 模型与 WMLES 模型类似需要合适的入口条件；第二类网格的网格尺寸介于 0.1δ 和 δ 之间，此时边界层内大约三分之一区域是 RANS 区域，大约三分之二区域是 LES 区域，但是第二类网格精度不足以求解出大尺度涡来平衡衰减的湍流黏性，这种现象被称为模化应力衰减（modeled-stress depletion，MSD），MSD 继而引起网格诱导分离（grid induced separation，GIS）现象。

为改善 GIS 问题，DES 模型需结合屏蔽函数讨论。Menter 和 Kuntz[91] 采用 SST k-ω 模型中的桥接函数 F，但是此屏蔽函数没有普适性，只适用于双方程模型。Spalart 等[92] 引入 Spalart-Allmaras 模型的桥接函数以作为 DDES 模型的屏蔽函数，形式如下：

$$r_{\text{d}} = \frac{\nu_t + \nu}{\kappa^2 d_{\text{w}}^2 \sqrt{0.5(S^2 + \Omega^2)}}$$

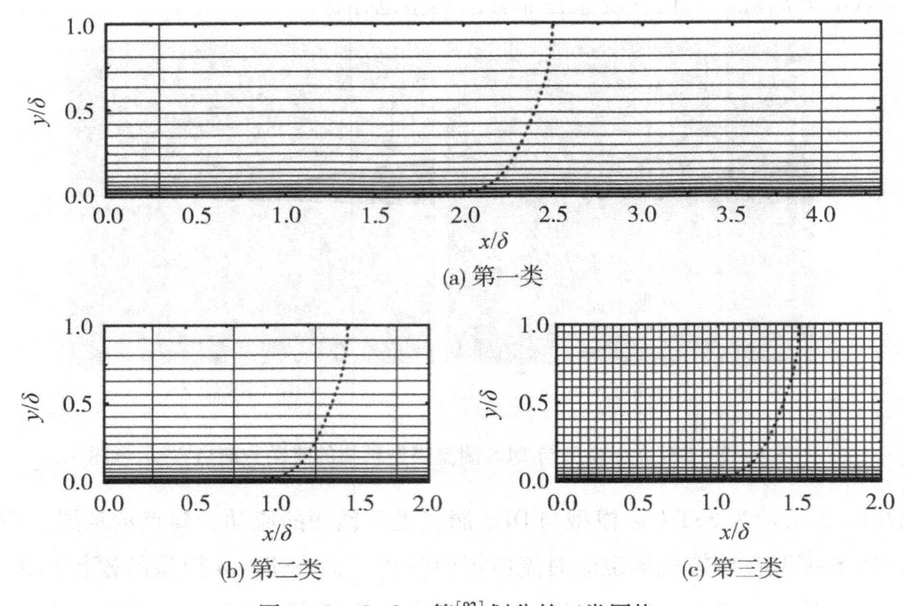

(a) 第一类

(b) 第二类　(c) 第三类

图 1-3　Spalart 等[92]划分的三类网格

$$f_{d\text{-DDES}} = 1 - \tanh[(C_{d1} r_d)^{C_{d2}}] \tag{1-43}$$

式中，卡门常数 $\kappa = 0.41$，屏蔽函数常数 $C_{d1} = 8$、$C_{d2} = 3$，Ω 是涡量大小且 $\Omega = \sqrt{2\Omega_{ij}\Omega_{ij}}$，$\Omega_{ij} = (1/2)(\partial \bar{u}_j / \partial x_i - \partial \bar{u}_i / \partial x_j)$。$f_{d\text{-DDES}}$ 在大约边界层二分之一厚度区域等于 0，此时 RANS 模型工作，相对 DES 模型的三分之一区域，DDES 模型增加了 RANS 模型的作用区域，从而改善 GIS 问题。Gritskevich 等[93]修正和简化了 Shur 等[94]提出的半经验屏蔽函数，得到了屏蔽作用更优良的屏蔽函数，公式如下：

$$\begin{aligned} r_1 &= 0.25 - d_W / h_{\max} \\ f_{d_1} &= \min\{2\exp(-9r_1^2), 1.0\} \\ r_2 &= \frac{\nu_t}{\kappa^2 d_w^2 \sqrt{0.5(S^2 + \Omega^2)}} \\ f_{d_2} &= \tanh((C_{d_1} r_2)^{C_{d_2}}) \\ f_{d\text{-IDDES}} &= \max(f_{d_1}, f_{d_2}) \end{aligned} \tag{1-44}$$

Gritskevich 等[93]研究发现 C_{d1} 取值 20 时，模型不仅可改善 GIS 问题，而且可以保证求解湍流涡的能力。

Nikitin 等[95]采用 DES 模型模拟槽道充分发展流，发现平均速度分布出现双对数区，如图 1-4 所示，此问题被称为对数区偏差(log-layer mismatch，LLM)问题。对于 DDES 模型[92]，LLM 问题依然存在。Gritskevich 等[93]和 Shur 等[94]采用新的过滤网格尺度 $\min[0.15\max(d_w, h_{\max}), h_{\max}]$ 代替 $\max(\Delta x, \Delta y, \Delta z)$，模拟发现 LLM 问题得到改善，并将此模型命名为改进延迟分离涡模拟(improved delayed detached eddy simulation，IDDES)。

Reddy 等[96]为解决 LLM 问题，在过滤网格尺度上则采用联合形式 $f_{d\text{-DDES}}(\Delta x\Delta y\Delta z)^{1/3} + (1-f_{d\text{-DDES}})h_{max}$，亦取得良好效果。

Shur 等[94]研究 DDES 模型在近固壁区域的求解湍流结构的能力，指出 DDES 模型在近固壁区域的模式化湍动能过大，不具备 WMLES 的求解湍流结构的能力，然而 IDDES 模型采用 $\min[0.15\max(d_W, h_{max}), h_{max}]$ 作为过滤网格尺度，使此问题得到改善。Reddy 等[96]认为 DDES 参数 $C_{d\text{-DDES}}$ 是动态、与网格有关的量，提出了动态 DDES（dynamic DDES, d-DDES）模型，模拟结果表明此模型具有一定 WMLES 求解湍流结构的能力。Xu 等[97]结合流动性质和网格决定 RANS/LES 界面位置，以达到求解近固壁区域湍流结构的目的。

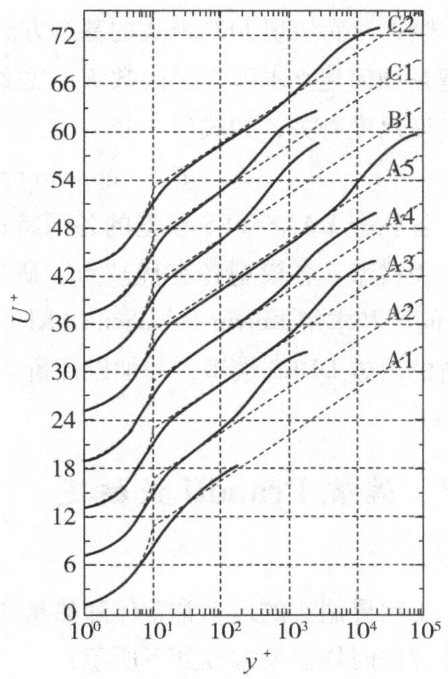

图 1－4　DES 湍流模型平均速度分布[95]

Shur 等[98]指出 DDES 模型模拟剪切流动时，DDES 模型求解 Kelvin-Helmholtz（KH）不稳定性的能力较弱的原因在于所选取的过滤网格尺度不恰当。Shur 等[98]对过滤网格尺度重新进行了定义，以强化求解 KH 不稳定性的能力，但新的过滤网格尺度定义较为复杂。Reddy 等[96]提出联合过滤网格 $f_{d\text{-DDES}}(\Delta x\Delta y\Delta z)^{1/3} + (1-f_{d\text{-DDES}})h_{max}$，其同样能强化求解 KH 不稳定性的能力。但是一种联合过滤网格尺度还是较为复杂，并且其不但与网格有关，还与流动参数有关。

DDES 模型是联合 RANS/LES 模型中研究和应用最为广泛的一种。20 多年间，最早提出 DES 模型的文献[50]已经被引用 2000 多次。DES 及其改进模型被广泛应用在自然环境预测和工程模拟等领域，如建筑风环境模拟[99-101]、噪声分析[102-104]、多相湍流模拟[105-107]、机械设备冷却过程模拟[108-111]等。

1.6.3　联合 RANS/LES 湍流模型小结

表 1－1　各联合 RANS/LES 湍流模型的各项特性

湍流模型	LLM	GIS	求解 KH 不稳定性能力
Han-VLES[60]	低 Re 改善	未提及	强
PANS[68]	改善	未提及	强
DES[89]	严重	严重	弱
DDES[92]	严重	不严重	弱
IDDES[94]	改善	轻微	弱
Reddy-DDES[96]	改善	不严重	强
d-DDES[96]	改善	不严重	强

联合 RANS/LES 模型的基本思想是近固壁区域采用 RANS 模型，远离固壁区域采用 LES 模式，而实现 LES 模式的基本方法是衰减模化湍动能以求解大尺度涡。实现该思想的关键是如何建立求解控制函数 F_r，总结文献中的联合 RANS/LES 模型，F_r 或取常数或与各长度尺度有关，如式(1-45)：

$$F_r = \text{constant} \text{ 或 } f(L_k, L_c, L_t) \text{ 或 } f(L_c, L_t) \tag{1-45}$$

各联合 RANS/LES 模型的各项特性总结如表 1-1 所示。从表中可看出，目前并不存在完美模型，各模型各有优缺点。研究 RANS/LES 模型需要考虑的问题包括 LLM 问题、GIS 问题和求解 Kelvin-Helmholtz（KH）不稳定性能力。本文考虑同时改善各问题，建立一种新的改进 DDES 模型，并加以评价。

1.7 湍流 Prandtl 数概述

工程界湍流的运动常常伴随热量和组分的传递。本节主要研究湍流中热量的传递。无内热源的时均温度方程如下所示：

$$\frac{\partial}{\partial t}(\rho \overline{T}) + \frac{\partial}{\partial x_j}(\rho \overline{u}_j \overline{T}) = \frac{\partial}{\partial x_j}\left(\frac{\mu}{Pr}\frac{\partial \overline{T}}{\partial x_j}\right) + \frac{\partial}{\partial x_j}(-\rho \overline{u_j' T'}) \tag{1-46}$$

从方程(1-46)可以看出，求解温度方程的关键是湍流热通量 $-\rho \overline{u_j' T'}$ 的求解或模式化。通常湍流热通量 $-\rho \overline{u'_j T'}$ 封闭的方法有梯度扩散模式（gradient diffusion hypothesis，GDH），代数矩模型（algebraic moment models）和标量通量传递模型（scalar flux transport models）。三种方法中，GDH 最为简单和最易实现。对比流体的 Prandtl 数，GDH 引入湍流 Prandtl 数 Pr_t，$Pr_t = \nu_t / D_t$，其中，D_t 为湍流涡扩散系数。GDH 认为湍流热通量和温度的平均梯度成正比，得到热通量计算式如下：

$$-\rho \overline{u_j' T'} = \frac{\mu_t}{Pr_t}\frac{\partial \overline{T}}{\partial x_j} \tag{1-47}$$

方程(1-47)代入方程(1-46)中，得 GDH 方法的温度方程如下：

$$\frac{\partial}{\partial t}(\rho \overline{T}) + \frac{\partial}{\partial x_j}(\rho \overline{u}_j \overline{T}) = \frac{\partial}{\partial x_j}\left[\left(\frac{\mu}{Pr} + \frac{\mu_t}{Pr_t}\right)\frac{\partial \overline{T}}{\partial x_j}\right] \tag{1-48}$$

可以看出 GDH 方法的关键在于 Pr_t 数的处理方式。

对于空气、水和油等中高 Pr 数流体，在对数区 Pr_t 数约为 0.85[112]。对于低 Pr 数的液态金属，DNS 研究发现 Pr_t 数则大于 1.0[113]。大量实验和 DNS 模拟发现 Pr_t 数是随时间和空间变化的，所以进行 RANS 模拟时，可以采用根据实验和 DNS 数据拟合得到的 Pr_t 数计算公式。比较经典的 Pr_t 数计算公式可查阅文献[112]、[114]和[115]得到。而工程计算中，为方便计算，RANS 模拟时常常把 Pr_t 数设定为定值 0.85 或 0.9。在 LES 模拟中，

Pr_t 数也称为亚格子 Pr 数 Pr_{sgs}。LES 测试发现 Pr_{sgs}数变化范围为 0.3 ～ 0.6[116]。对于 DES 模拟，Yin 等[117]基于他们发展的 D-DDES 模型[96]模拟研究发现：当 Pr_t 数取定值 0.9 时，在槽道对数区，温度分布出现 LLM 问题。Yin 等[117]为解决温度分布 LLM 问题，发展了基于流动特性和网格的动态 Pr_t 数。模拟结果表明温度分布 LLM 问题得到改善，并发现 Pr_t 数在槽道中心区变化范围为 0.15 ～ 0.4。但是，动态 Pr_t 数计算较为复杂，实现过程较为麻烦。本书将探讨联合新发展的 DDES 模型和定值 Pr_t 数改善温度分布 LLM 问题的情况，并将相应成果应用于模拟和研究复杂对流传热问题。

参考文献

[1] ORSZAG S, PATTERSON G. Numerical Simulation of Three-Dimensional Homogeneous Isotropic Turbulence [J]. Physical Review Letters, 1972, 28: 76 – 79.

[2] KIM J, MOIN P, MOSER R. Turbulence statistics in fully developed channel flow at low Reynolds number [J]. Journal of Fluid Mechanics, 1987, 177: 133 – 166.

[3] ERLEBACHER G, HUSSAINI M Y, KREISS H O, et al. The analysis and simulation of compressible turbulence[J]. Theoretical and Computational Fluid Dynamics, 1990, 2: 73 – 95.

[4] VREMAN A, SANDHAM N, LUO K. Compressible mixing layer growth rate and turbulence characteristics [J]. Journal of Fluid Mechanics, 1996, 320: 235 – 258.

[5] KASAGI N, TOMITA Y, KURADA A. Direct numerical simulation of passive scalar field in a turbulent channel flow[J]. Journal of Heat Transfer, 1992, 114: 598 – 606.

[6] POINSOT T, CANDEL S, TROUVÉ A. Applications of direct numerical simulation to premixed turbulent combustion[J]. Progress in Energy and Combustion Science, 1995, 21: 531 – 576.

[7] HU H, PATANKAR N, ZHU M. Direct numerical simulations of fluid-solid systems using the arbitrary Lagrangian-Eulerian technique[J]. Journal of Computational Physics, 2001, 169: 427 – 462.

[8] DEEN N, KRIEBITZSCH S, VAN DER HOEF M A, et al. Direct numerical simulation of flow and heat transfer in dense fluid-particle systems[J]. Chemical Engineering Science, 2012, 81: 329 – 344.

[9] HAROUN Y, LEGENDRE D, RAYNAL L. Direct numerical simulation of reactive absorption in gas-liquid flow on structured packing using interface capturing method[J]. Chemical Engineering Science, 2010, 65: 351 – 356.

[10] HAWKES E, CHEN J. Direct numerical simulation of hydrogen-enriched lean premixed methane-air flames [J]. Combustion and Flame, 2004, 138: 242 – 258.

[11] SANDBERG R, SANDHAM N. NONREFLECTING zonal characteristic boundary condition for direct numerical simulation of aerodynamic sound[J]. AIAA Journal, 2006, 44: 402 – 405.

[12] SANDBERG R, SANDHAM N. Direct numerical simulation of turbulent flow past a trailing edge and the associated noise generation[J]. Journal of Fluid Mechanics, 2008, 596: 353 – 385.

[13] 樊建人，罗坤，金晗辉，等. 直接数值模拟三维气固两相混合层中颗粒与流体的双向耦合[J]. 中国电机工程学报，2003，23：153 – 157.

[14] 张勇，金保升，钟文琪，等. 喷动流化床颗粒混合特性的三维直接数值模拟[J]. 中国电机工程学

报，2008，28：33 -38.

[15] 卢树强．超音速湍流燃烧的直接数值模拟研究[D]. 杭州：浙江大学，2011.

[16] 吕钰．燃烧化学机理简化及甲烷湍流射流火焰的直接数值模拟研究[D]. 杭州：浙江大学，2011.

[17] 李步阳．法向旋转槽道湍流及热传导的直接数值模拟[D]. 合肥：中国科学技术大学，2005.

[18] 刘安源，刘石，马玉峰，等．流化床表面传热系数的直接数值模拟[J]. 燃烧科学与技术，2005，11：515 -519.

[19] SPALART P, ALLMARAS S. A one-equation turbulence model for aerodynamic flows [M]. American Institute of Aeronautics and Astronautics, 1992.

[20] LAUNDER B E, SPALDING D B. The numerical computation of turbulent flows[J]. Computer Methods in Applied Mechanics and Engineering, 1974, 3(2): 269 -289.

[21] YAKHOT V, ORSZAG S A. Renormalization group analysis of turbulence. I. Basic theory[J]. Journal of Scientific Computing, 1986, 1: 3 -51.

[22] SHIH T-H, LIOU W W, Shabbir A, et al. A new k-ϵ eddy viscosity model for high reynolds number turbulent flows[J]. Computers & Fluids, 1995, 24: 227 -238.

[23] WILCOX D. Turbulence Modeling for CFD[M]. La Canada, CA: DCW industries, 1993.

[24] MENTER F. Two-equation eddy-viscosity turbulence models for engineering applications [J]. AIAA Journal, 1994, 32: 1598 -1605.

[25] SMAGORINSKY J. General circulation experiments with the primitive equations [J]. Monthly Weather Review, 1963, 91: 99 -164.

[26] GERMANO M, PIOMELLI U, MOIN P, et al. A dynamic subgrid-scale eddy viscosity model [J]. Physics of Fluids A: Fluid Dynamics, 1991, 3: 1760 -1765.

[27] NICOUD F, DUCROS F. Subgrid-scale stress modelling based on the square of the velocity gradient tensor [J]. Flow, Turbulence and Combustion, 1999, 62: 183 -200.

[28] WORNOM S, OUVRARD H, SALVETTI M, et al. Variational multiscale large-eddy simulations of the flow past a circular cylinder: Reynolds number effects[J]. Computers & Fluids, 2011, 47: 44 -50.

[29] ABRAHAMSEN P, ONG M, PETTERSEN B, et al. Large Eddy Simulations of flow around a smooth circular cylinder in a uniform current in the subcritical flow regime[J]. Ocean Engineering, 2014, 77: 61 -73.

[30] CHENG W, PULLIN D, SAMTANEY R. Large-eddy simulation of flow over a grooved cylinder up to transcritical Reynolds numbers[J]. Journal of Fluid Mechanics, 2018, 835: 327 -362.

[31] KARABELAS S. Large Eddy Simulation of high-Reynolds number flow past a rotating cylinder [J]. International Journal of Heat and Fluid Flow, 2010, 31: 518 -527.

[32] FRÖHLICH J, MELLEN C, RODI W, et al. Highly resolved large-eddy simulation of separated flow in a channel with streamwise periodic constrictions[J]. Journal of Fluid Mechanics, 2005, 526: 19 -66.

[33] PIERCE C, MOIN P. Progress-variable approach for large-eddy simulation of non-premixed turbulent combustion[J]. Journal of Fluid Mechanics, 2004, 504: 73 -97.

[34] PITSCH H. Large-eddy simulation of turbulent combustion [J]. Annual Review of Fluid Mechanics, 2005, 38: 453 -482.

[35] CHEN T, YUEN A, YEOH G, et al. Numerical study of fire spread using the level-set method with large eddy simulation incorporating detailed chemical kinetics gas-phase combustion model [J]. Journal of Computational Science, 2018, 24: 8－23.

[36] 崔桂香，史瑞丰，王志石，等. 城市大气微环境大涡模拟研究[J]. 中国科学，2008，38(6)：626－636.

[37] 张宁，蒋维楣. 建筑物对大气污染物扩散影响的大涡模拟[J]. 大气科学，2006，30：212－220.

[38] 严超，崔桂香，张兆顺. 城市冠层植被大气环境特性大涡模拟[J]. 科技导报，2017，35：51－56.

[39] 周力行，王方，胡砾元. 液雾燃烧细观模拟的最近研究进展[J]. 工程热物理学报，2009，30：876－878.

[40] 何跃龙，邓远灏，颜应文，等. 大涡模拟模型燃烧室燃烧性能计算[J]. 航空动力学报，2012，27：1939－1947.

[41] 周力行. 两相燃烧的大涡模拟[J]. 中国科学：技术科学，2014，(1)：41－49.

[42] 范全林，张会强，郭印诚，等. 平面自由湍射流拟序结构的大涡模拟研究[J]. 清华大学学报(自然科学版)，2001，41：31－34.

[43] 赵平辉，叶桃红，朱旻明，等. 圆形射流湍流场的大涡模拟研究[J]. 工程热物理学报，2012，33：529－532.

[44] 赵马杰，曹长敏，张宏达，等. 高雷诺数湍流横侧射流的大涡模拟[J]. 推进技术，2016，37：834－843.

[45] 邓小兵，张涵信，李沁. 三维方柱不可压缩绕流的大涡模拟计算[J]. 空气动力学学报，2008，26：167－172.

[46] 战庆亮，周志勇，葛耀君. Re＝3900 圆柱绕流的三维大涡模拟[J]. 哈尔滨工业大学学报，2015，47：75－79.

[47] 郝鹏，李国栋，杨兰，等. 圆柱绕流流场结构的大涡模拟研究[J]. 应用力学学报，2012，29：437－443.

[48] HANJALIĆ K, KENJEREŠ S. Some developments in turbulence modeling for wind and environmental engineering[J]. Journal of Wind Engineering and Industrial Aerodynamics, 2008, 96: 1537－1570.

[49] CHAOUAT B. The state of the art of hybrid RANS/LES modeling for the simulation of turbulent Flows [J]. Flow, Turbulence and Combustion, 2017, 99: 279－327.

[50] SPALART P. Comments on the feasibility of LES for wings and on the hybrid RANS/LES approach[C]//Proceedings of the First AFOSR International Conference on DNS/LES, 1997. 1997: 137－147.

[51] TRAVIN A, SHUR M, STRELETS M, et al. Detached-eddy simulations past a circular cylinder [J]. Flow, Turbulence and Combustion, 2000, 63: 293－313.

[52] SPALART P. Strategies for turbulence modelling and simulations[J]. International Journal of Heat and Fluid Flow, 2000, 21: 252－263.

[53] SPEZIALE C. Turbulence modeling for time-dependent RANS and VLES: a review[J]. AIAA Journal, 1998, 36: 173－184.

[54] ZHANG H, BACHMAN C, FASEL H. Application of a new methodology for simulations of complex turbulent flows[C]//Fluids 2000 Conference and Exhibit. 2000: 2535.

[55] SAGAUT P, TERRACOL M, DECK S. Multiscale and multiresolution approaches in turbulence-LES, DES and hybrid RANS/LES methods: applications and guidelines[M]. Singapore : World Scientific, 2013.

[56] LIU N-S, SHIH T-H. Turbulence modeling for very large-eddy simulation[J]. AIAA Journal, 2006, 44: 687 – 697.

[57] HSIEH K-J, LIEN F-S, YEE E. Towards a unified turbulence simulation approach for wall-bounded Flows [J]. Flow, Turbulence and Combustion, 2009, 84: 193.

[58] HAN X, KRAJNOVIĆS. An efficient very large eddy simulation model for simulation of turbulent flow [J]. International Journal for Numerical Methods in Fluids, 2013, 71: 1341 – 1360.

[59] HAN X, KRAJNOVIĆS. Validation of a novel very large eddy simulation method for simulation of turbulent separated flow[J]. International Journal for Numerical Methods in Fluids, 2013, 73: 436 – 461.

[60] HAN X, KRAJNOVIĆS. Very-large-eddy simulation based on k-ω model[J]. Aiaa Journal, 2015, 53(4): 1103 – 1108.

[61] LAKSHMIPATHY S. PANS method of turbulence: simulation of high and low Reynolds number flows past a circular cylinder[D]. College Station: Texas A & M University, 2006.

[62] GIRIMAJI S S. Partially-averaged navier-stokes model for turbulence: A Reynolds-Averaged Navier-Stokes to Direct Numerical Simulation Bridging Method[J]. Journal of Applied Mechanics, 2005, 73: 413 – 421.

[63] FRÖHLICH J, VON TERZI D. Hybrid LES/RANS methods for the simulation of turbulent flows [J]. Progress in Aerospace Sciences, 2008, 44: 349 – 377.

[64] GIRIMAJI S, ABDOL-HAMID K. Partially-averaged Navier Stokes model for turbulence: Implementation and validation[C]//43rd AIAA Aerospace Sciences Meeting and Exhibit. 2005: 502.

[65] FRENDI A, TOSH A, GIRIMAJI S. Flow past a backward-facing step: comparison of PANS, DES and URANS results with experiments[J]. International Journal for Computational Methods in Engineering Science and Mechanics, 2006, 8: 23 – 38.

[66] LAKSHMIPATHY S, GIRIMAJI S. Partially-averaged Navier-Stokes method for turbulent flows: kw model implementation[C]//44th AIAA aerospace sciences meeting and exhibit. 2006: 119.

[67] JEONG E, GIRIMAJI S S. Partially Averaged Navier-Stokes (PANS) Method for Turbulence Simulations-Flow Past a Square Cylinder[J]. Journal of Fluids Engineering, 2010, 132: 121203 – 121203 – 11.

[68] BASARA B, KRAJNOVIĆS, GIRIMAJI S. PANS vs. LES for computations of the flow around a 3D bluff body[C]//Proc. of ERCOFTAC 7th Int. Symp. -ETMM7, Lymassol, Cyprus. 2008, 2: 3.

[69] BASARA B, KRAJNOVIĆS, GIRIMAJI S, et al. Near-wall formulation of the partially averaged navier stokes turbulence model[J]. AIAA Journal, 2011, 49: 2627 – 2636.

[70] BASARA B, KRAJNOVIĆS, PAVLOVIC Z, et al. Performance analysis of partially-averaged navier-stokes method for complex turbulent flows[C]//6th AIAA Theoretical Fluid Mechanics Conference. 2011: 3106.

[71] BASARA B. Fluid flow and conjugate heat transfer in a matrix of surface-mounted cubes: A PANS study [J]. International Journal of Heat and Fluid Flow, 2015, 51: 166 – 174.

[72] RANJAN P, DEWAN A. Partially Averaged Navier Stokes simulation of turbulent heat transfer from a square cylinder[J]. International Journal of Heat and Mass Transfer, 2015, 89: 251 – 266.

[73] KUMAR R, DEWAN A. Partially-averaged Navier-Stokes method for turbulent thermal plume[J]. Heat and

Mass Transfer, 2015, 51: 1655 - 1667.

[74] SRINIVASAN R, GIRIMAJI S S. Partially-Averaged Navier-Stokes Simulations of High-Speed Mixing Environment[J]. Journal of Fluids Engineering, 2014, 136: 060903 - 060908.

[75] FOROUTAN H, YAVUZKURT S. A partially-averaged Navier-Stokes model for the simulation of turbulent swirling flow with vortex breakdown[J]. International Journal of Heat and Fluid Flow, 2014, 50: 402 - 416.

[76] AKULA B, ROY P, RAZI P, et al. Partially-averaged navier-stokes (pans) simulations of lid-driven cavity flow—part Ⅰ: Comparison with urans and les[C]//Progress in Hybrid RANS-LES Modelling: Papers Contributed to the 5th Symposium on Hybrid RANS-LES Methods, 19 - 21 March 2014, College Station, A&M University, Texas, USA. Springer International Publishing, 2015: 359 - 369.

[77] RAZI P, VENUGOPAL V, JAGANNATHAN S, et al. Partially-averaged Navier-Stokes (PANS) simulations of lid-driven cavity flow—part Ⅱ: flow structures[C]//Progress in Hybrid RANS-LES Modelling: Papers Contributed to the 5th Symposium on Hybrid RANS-LES Methods, 19 - 21 March 2014, College Station, A&M University, Texas, USA. Cham: Springer International Publishing, 2015: 421 - 430.

[78] RAZI P, TAZRAEI P, GIRIMAJI S. Partially-averaged Navier-Stokes (PANS) simulations of flow separation over smooth curved surfaces[J]. International Journal of Heat and Fluid Flow, 2017, 66: 157 - 171.

[79] MA J, WANG F, YU X, et al. A Partially-Averaged Navier-Stokes model for hill and curved duct flow[J]. Journal of hydrodynamics, 2011, 23(4): 466 - 475.

[80] BIE H, LIU J, HAO Z, et al. Turbulence simulations of flow past a circular cylinder based on a nonlinear partially averaged Navier-Stokes (PANS) method[J]. Modern Physics Letters B, 2015, 29: 1550143.

[81] HU C, WANG G, CHEN G, et al. A modified PANS model for computations of unsteady turbulence cavitating flows[J]. Science China Physics, Mechanics & Astronomy, 2014, 57: 1967 - 1976.

[82] 黄彪，王国玉，权晓波，等. PANS 模型在空化湍流数值计算中的应用[J]. 应用力学学报，2011，28：339 - 343.

[83] 石磊，张德胜，陈健，等. 基于 PANS 模型的轴流泵叶顶空化特性[J]. 排灌机械工程学报，2016，34：584 - 590.

[84] MA J-M, WANG F-J, YU X, et al. A Partially-Averaged Navier-Stokes Model for Hill and Curved Duct Flow[J]. Journal of Hydrodynamics, 2011, 23: 466 - 475.

[85] HUANG R, LUO X, JI B, et al. Turbulent Flows Over a Backward Facing Step Simulated Using a Modified Partially Averaged Navier-Stokes Model[J]. Journal of Fluids Engineering, 2017, 139: 044501 - 044501 - 7.

[86] EDWARDS J, CHOI J, BOLES J. Large Eddy/Reynolds-Averaged Navier-Stokes Simulation of a Mach 5 Compression-Corner Interaction[J]. AIAA Journal, 2008, 46: 977 - 991.

[87] BOLES J, EDWARDS J, BAUERLE R. Large-Eddy/Reynolds-Averaged Navier-Stokes Simulations of Sonic Injection into Mach 2 Crossflow[J]. AIAA Journal, 2010, 48: 1444 - 1456.

[88] HASSAN E, BOLES J, AONO H, et al. Supersonic jet and crossflow interaction: Computational modeling [J]. Progress in Aerospace Sciences, 2013, 57: 1 - 24.

[89] STRELETS M. Detached eddy simulation of massively separated flows[C]//39th Aerospace sciences

meeting and exhibit. 2001: 879.

[90] TRAVIN A, SHUR M, STRELETS M, et al. Physical and numerical upgrades in the detached-eddy simulation of complex turbulent flows [C]//Advances in LES of Complex Flows: Proceedings of the Euromech Colloquium 412, held in Munich, Germany 4-6 October 2000. Dordrecht: Springer Netherlands, 2002: 239 - 254.

[91] MENTER F, KUNTZ M. Adaptation of eddy-viscosity turbulence models to unsteady separated flow behind vehicles[M]//The aerodynamics of heavy vehicles: trucks, buses, and trains. Berlin, Heidelberg: Springer Berlin Heidelberg, 2004: 339 - 352.

[92] SPALART P, DECK S, SHUR M, et al. A New Version of Detached-eddy Simulation, Resistant to Ambiguous Grid Densities[J]. Theoretical and Computational Fluid Dynamics, 2006, 20: 181.

[93] GRITSKEVICH M, GARBARUK A, SCHÜTZE J, et al. Development of DDES and IDDES Formulations for the k-ω Shear Stress Transport Model[J]. Flow, Turbulence and Combustion, 2012, 88: 431 - 449.

[94] SHUR M, SPALART P, STRELETS M, et al. A hybrid RANS-LES approach with delayed-DES and wall-modelled LES capabilities[J]. International Journal of Heat and Fluid Flow, 2008, 29: 1638 - 1649.

[95] NIKITIN N, NICOUD F, WASISTHO B, et al. An approach to wall modeling in large-eddy simulations [J]. Physics of Fluids, 2000, 12: 1629 - 1632.

[96] REDDY R. A new formulation for delayed detached eddy simulation based on the Smagorinsky LES model [D]. Ames: Iowa State University, 2015.

[97] XU J, LI M, GAO G. A dynamic hybrid RANS/LES approach based on the local flow structure [J]. International Journal of Heat and Fluid Flow, 2017, 67: 250 - 260.

[98] SHUR M, SPALART P, STRELETS M, et al. An Enhanced Version of DES with Rapid Transition from RANS to LES in Separated Flows[J]. Flow, Turbulence and Combustion, 2015, 95: 709 - 737.

[99] 曾锴．计算风工程入口湍流条件改进与分离涡模拟[D]．上海：同济大学，2007.

[100] LIU J, NIU J. CFD simulation of the wind environment around an isolated high-rise building: An evaluation of SRANS, LES and DES models[J]. Building and Environment, 2016, 96: 91 - 106.

[101] LIU J, NIU J, MAK C M, et al. Detached eddy simulation of pedestrian-level wind and gust around an elevated building[J]. Building and Environment, 2017, 125: 168 - 179.

[102] 鲁利，熊鹰，王睿．RANS，DES 和 LES 对螺旋桨流噪声预报的适用性分析[J]．中国舰船研究，2017，12：43 - 48.

[103] SPALART P R, SHUR M L, STRELETS M K, et al. Initial noise predictions for rudimentary landing gear [J]. Journal of Sound and Vibration, 2011, 330: 4180 - 4195.

[104] SHUR M L, SPALART P R, STRELETS M K. Jet noise computation based on enhanced DES formulations accelerating the RANS-to-LES transition in free shear layers[J]. International Journal of Aeroacoustics, 2016, 15: 595 - 613.

[105] 张景新，梁东方，刘桦．带自由表面水流的分离涡模拟[J]．空气动力学学报，2016，34(2)：13.

[106] GIMBUN J, MUHAMMAD N, AW W. Usteady RANS and detached eddy simulation of the multiphase flow in a co-current spray drying[J]. Chinese Journal of Chemical Engineering, 2015, 23: 1421 - 1428.

[107] KONAN N D A, SIMONIN O, QUIRES K. Etached eddy simulations and particle Lagrangian tracking of

horizontal rough wall turbulent channel flow[J]. Journal of Turbulence, 2011, 12: N22.
[108] 任加万，谭永华，吴宝元．瞬态热冲击缝槽气膜冷却传热实验及仿真研究[J]．推进技术，2016，37：1703－1712.
[109] 康顺．基于 DES 的叶片前缘气冷却的数值拟[J]．中国科学技术科学，2012，42：1061－1068.
[110] CHEN Y, CHEW Y T, KHOO B. eat transfer and flow structure on periodically dimple-protrusion patterned walls in turbulent channel flow[J]. International Journal of Heat and Mass Transfer, 2014, 78: 871－882.
[111] RUCK S, RBEITER F. Detached eddy simulation of turbulent flow and heat transfer in cooling channels roughened by variously shaped ribs on one wall[J]. International Journal of Heat and Mass Transfer, 2018, 118: 388－401.
[112] KAYS W. Urbulent Prandtl Number—Where Are We? [J]. Journal of Heat Transfer, 1994, 116: 284－295.
[113] KAWAMURA H, ABE H, MATSUO Y. DNS of turbulent heat transfer in channel flow with respect to Reynolds and Prandtl number effects[J]. International Journal of Heat and Fluid Flow, 1999, 20: 196－207.
[114] REYNOLDS A J. The prediction of turbulent Prandtl and Schmidt numbers[J]. International Journal of Heat and Mass Transfer, 1975, 18: 1055－1069.
[115] CHENG X, TAK N. Investigation on turbulent heat transfer to lead-bismuth eutectic flows in circular tubes for nuclear applications[J]. Nuclear Engineering and Design, 2006, 236: 385－393.
[116] MOIN P, SQUIRES K, CABOT W, et al. A dynamic subgrid-scale model for compressible turbulence and scalar transport[J]. Physics of Fluids A: Fluid Dynamics, 1991, 3: 2746－2757.
[117] YIN Z, DURBIN P A. Passive Scalar Transport Modeling for Hybrid RANS/LES Simulation[J]. Flow, Turbulence and Combustion, 2017, 98: 177－194.

2 限制生成项的 DDES 湍流模型

本章首先推导出限制湍动能生成项的求解控制函数，结合经修正的屏蔽函数和新的截断长度尺度，建立基于 BSL k-ω 模型的限制湍动能生成项的 DDES 模型（production-limited DDES，PL-DDES 模型），然后再通过模拟平板槽道充分发展流、后台阶流动和周期性山包流来对 PL-DDES 模型进行评价。

2.1 PL-DDES 湍流模型的建立

2.1.1 限制湍动能生成项

求解控制函数是 RANS/LES 混合模拟方法中实现 RANS 模拟转换为 LES 模式的关键。求解控制函数是衰减湍流黏性的控制量。本章直接根据湍流黏性的定义建立求解控制函数。

流体分子黏性系数与分子自由程同分子热运动速度之积成正比。故类比分子黏性的定义，湍流黏性其系数与湍流涡的特征速度 $k^{1/2}$ 同特征长度 L_t［$L_t = k^{1/2}/(\beta^* \omega)$］之积成正比，即

$$\mu_{t-RANS} \propto k^{1/2} L_t \qquad (2-1)$$

类推可定义截断湍流黏性系数与 μ_{tc} 湍流涡的特征速度 $k^{1/2}$ 同截断长度尺度 L_c 之积成正比，即

$$\mu_{tc} \propto k^{1/2} L_c \qquad (2-2)$$

本节定义求解控制函数 F_r 为截断湍流黏性系数 μ_{tc} 与湍流黏性 μ_{t-RANS} 之比，同时考虑 F_r 小于 1，可得 F_r 的定义式如下：

$$F_r = \min\left(\frac{L_c}{L_t}, 1.0\right) \qquad (2-3)$$

因此，可得截断湍流黏性系数的计算公式：

$$\mu_{tc} = F_r \mu_{t-RANS} = F_r \rho k/\omega \qquad (2-4)$$

可以看出，在靠近固壁区域 L_c 大于 L_t 时，F_r 等于 1，模拟以 RANS 模型计算；在远离固壁区域 L_c 小于 L_t 时，F_r 小于 1，模拟则以 LES 模式计算。

为保证模型能具有较好的纯 RANS 模型的特性，即解决或减轻 GIS 问题，需屏蔽函数

屏蔽截断湍流黏性。本章采用 Gritskevich 等[1]修正和简化 Shur 等[2]提出的半经验屏蔽函数得到如下的屏蔽函数 f_d：

$$\begin{aligned} f_d &= \max(f_{d1}, f_{d2}) \\ f_{d1} &= \min\{2\exp(-9r_1^2), 1.0\} \\ f_{d2} &= \tanh((C_{d1} r_2)^{C_{d2}}) \\ r_1 &= 0.25 - d_w/h_{max} \\ r_2 &= \frac{\nu_t}{\kappa^2 d_w^2 \sqrt{0.5(S^2 + \Omega^2)}} \end{aligned} \tag{2-5}$$

式中，d_w 为流体离壁面的距离，h_{max}是网格单元的最大边缘长度，C_{d1}和 C_{d2}为常数。

联合屏蔽函数得到具有屏蔽性能的截断湍流黏性系数的计算公式如下：

$$\mu_{tc} = (1 - f_d) F_r \rho k/\omega + f_d \rho k/\omega \tag{2-6}$$

过滤网格尺度在 LES 模式区域采用 LES 模型常用的网格几何平均长度$(\Delta x\Delta y\Delta z)^{1/3}$，继而得到截断长度尺度 L_c 的定义式如下：

$$L_c = C_c(\Delta x\Delta y\Delta z)^{1/3} \tag{2-7}$$

在 LES 模式区域，忽略 k 和 ω 方程中的对流项和扩散项，生成项等于耗散项，推导出：

$$\mu_t = \rho\left[\left(\frac{\beta}{\alpha}\right)^{3/4} C_c(\Delta x\Delta y\Delta z)^{1/3}\right]^2 S \tag{2-8}$$

式(2-8)很明显与 Smagorinsky LES 模型亚格子黏性的计算公式$\rho[C_S(\Delta x\Delta y\Delta z)^{1/3}]^2 S$的形式相同，得到模型常数 $C_c = C_S/(\beta/\alpha)^{3/4}$。本章 C_S 取值 0.057，略小于文献[3]中所建议的 0.06，α 和 β 的取值则使用 BSL k-ω 模型外层模型参数值，得到 $C_c = 0.2$。

由于所有方程中的湍流黏性系数均由截断湍流黏性系数计算公式计算得到，对流动模拟有强烈的反馈，将出现严重的 GIS 问题。故本章截断湍流黏性系数计算公式只替换 k 方程中生成项 P_k 的湍流黏性系数，其他项保持不变，得到截断生成项 P_{kc}的计算公式如下：

$$P_{kc} = f_d P_k + (1.0 - f_d) F_r P_k \tag{2-9}$$

本章基于 BSL k-ω 模型，以限制生成项 P_{kc}代替原 k 方程中的生成项 P_k，得到限制生成项的 DDES(production-limited DDES，PL-DDES)模型。

2.1.2 屏蔽函数的修正

Gritskevich 等[1]研究发现增大屏蔽函数中的常数 C_{d1} 可改善网格诱导分离(GIS)问题。一般计算得到零压力梯度平板边界层流动(zero pressure gradient boundary layer，ZPGBL)的表面摩擦系数 C_f($C_f = 2\tau_w/\rho u_0{}^2$)，将其作为指标用以评价 DDES 模型改善 GIS 问题的性能。ZPGBL 计算网格划分如下：流向网格尺寸在 $Re_x = 5\times10^6$ 处从 δ_{bl}($Re_x = 10^7$ 处边界层厚度)突变为 $0.1\delta_{bl}$，展向网格尺寸为 $0.1\delta_{bl}$，垂直固壁方向第一层网格 $y^+ = 1.0$。模拟分别采用

BSL k-ω 模型、SST IDDES 模型和 PL-DDES 模型，其中，C_{d1}分别取值 8 和 14。

图 2－1 是 ZPGBL 表面摩擦系数 C_f 沿流向的分布曲线。在 $Re_x=6\times10^6$ 上游，所有模型的预测值与实验值相同；在 $Re_x=6\times10^6$ 下游，BSL 模型的预测值略大于实验值，而 PL-DDES 模型的预测值小于实验值；对于 PL-DDES 模型，C_{d1}取值 14 的预测偏差小于 C_{d1}取值 8 的。PL-DDES 模型限制生成项以衰减湍流黏性来求解湍流涡结构，但网格精度未达到 LES 模型要求时，求解的湍流涡未能与衰减湍流黏性平衡，导致 GIS 问题出现。对比 IDDES 模型预测值发现，PL-DDES 模型预测值更大，说明 PL-DDES 模型在改善 GIS 问题方面的能力优于 IDDES 模型。因为 $Re_x=6\times10^6$ 上游 PL-DDES 预测值同时大于 IDDES 预测值，所以 PL-DDES 模型优于 IDDES 模型的内在原因在于所采用的是 RANS 模型。图 2－2 是湍流黏性系数比最大值沿流向的分布曲线，可见 PL-DDES 模型的预测值小于 RANS 模型的预测值，导致表面摩擦系数预测值小于实验值，但是，PL-DDES 模型的预测值大于 IDDES 模型的预测值，故得到较大的表面摩擦系数；同时，模拟结果发现 C_{d1}取值 14 时的湍流黏性系数比的预测偏差小于 C_{d1}取值 8 时的预测偏差，从而得到较好的表面摩擦系数预测值。然而，C_{d1}取值 20 时，模型中 RANS 区域太大，对湍流涡的求解则会受到抑制。为平衡 GIS 问题和模型求解湍流涡结构的能力，本章 C_{d1}取值 14。

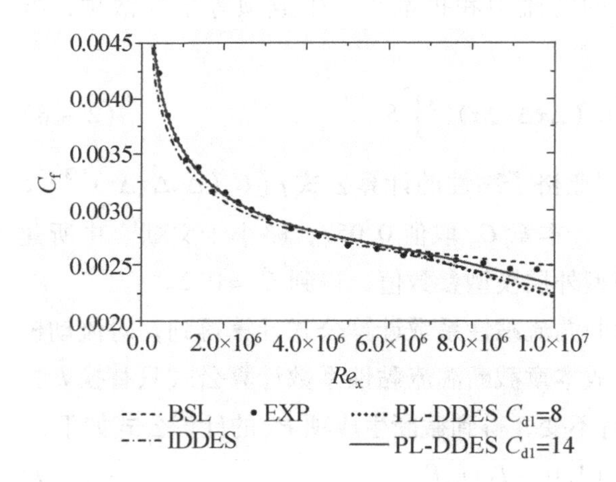

图 2－1　ZPGBL 表面摩擦系数预测值与实验数据沿流向的分布曲线对比图

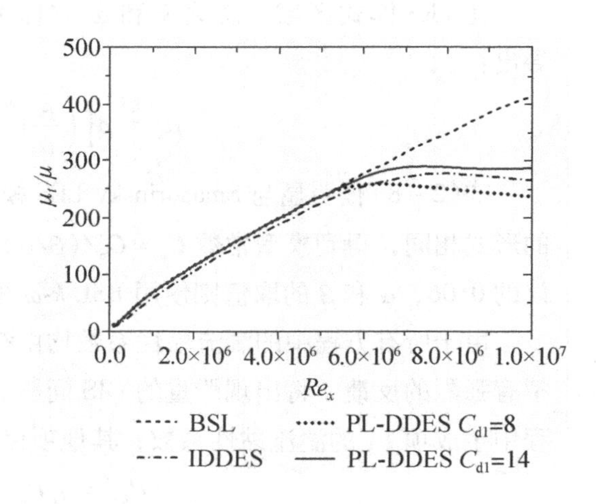

图 2－2　ZPGBL 湍流黏性系数比最大预测值沿流向的分布曲线

2.2　平板槽道充分发展流

为考察 PL-DDES 模型改善 LLM 问题的能力，平板槽道充分发展流可作为基准算例。其原因是，平板槽道充分发展流是最简单的剪切湍流之一，可用于探究湍流的一些基本特性。另外，已有平板槽道充分发展流相关的大量文献，这些文献所提供的广泛的 DNS 数据和实验数据可供对比。

2.2.1 网格划分与模拟方法

平板槽道充分发展流的流向 x、垂直固壁方向 y 和展向 z 长度分别为 8δ、2δ 和 3δ。摩擦 Re 数 $Re_\tau=\delta u_\tau/\nu$，其中 u_τ 是摩擦速度，δ 是平板槽道高度的一半。网格划分如表 2－1 所示，垂直固壁方向第一层网格 $y^+=1.0$，流向和展向的网格尺寸均匀分布。为考察网格精度和 Re_τ 数的影响，Re_τ 数分别取 550、2000 和 10000。需要指出的是，$\Delta x^+=40$，$\Delta z^+=20$ 是一般 LES 模型所要求的网格精度，而此处所采取的网格精度都比 LES 模型要求的粗糙。

表 2－1　平板槽道网格划分、时间步长和统计时间

Re_τ	网格数量	Δx^+	Δz^+	时间步长	统计时间
550	$80\times100\times60$	55	27.5	$0.0009Tu$	$30Tu$
2000	$80\times110\times60$	200	100	$0.0008Tu$	$20Tu$
10000	$80\times120\times60$	1000	500	$0.0007Tu$	$20Tu$

注：Tu 为一个 eddy turnover time δ/u_τ。

流向和展向设置为周期性边界条件，上下平板固壁设置为速度无滑移壁面，在流向动量方程加载均匀源项驱动流体流动。时间项离散采用二阶隐式格式；动量方程对流项采用有界中心差分(bounded central differencing，BCD)格式[4]；k 和 ω 方程的对流项采用二阶迎风格式；所有方程的扩散项采用中心差分格式。速度压力耦合采用 PISO(pressure implicit with splitting of operators)方法。BCD 格式比 CD 格式有轻微耗散性，但是比 CD 格式更稳定。虽然 BCD 格式只有二阶精度，但所耗计算代价较小，所以本章选用 BCD 格式作为动量方程对流项的离散格式。时间步长的设置如表 2－1 所示，以保证计算域内最大库朗数(也称库朗－弗里德里希斯－列维数)(Courant-Friedrichs-Lewy，CFL)小于 0.5。物理量平均值取时间和 xz 平面平均。本章所有方程在 ANSYS FLUENT 软件平台求解，PL-DDES 模型的生成项由 FLUENT UDFs 实现。

2.2.2 $Re_\tau=550$ 平板槽道流的结果对比

为考察 PL-DDES 模型预测平板槽道内速度分布的表现，首先对比 PL-DDES 模型和 SST DDES 模型(后文简称 DDES 模型)[1]的预测结果。图 2－3 是 PL-DDES 模型和 DDES 模型预测 $Re_\tau=550$ 条件下平均流向速度的分布曲线。从预测得到的分布曲线可看出：对数区内，DDES 模型预测的速度大于 DNS 结果[5]，呈现 LLM 问题；PL-DDES 模型预测的速度曲线与 DNS 结果吻合较好，说明 LLM 问题得到改善。

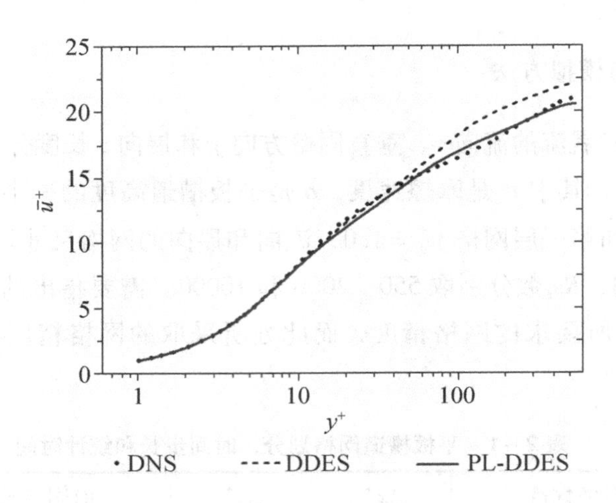

图 2-3　PL-DDES 模型和 DDES 模型所预测的 $Re_\tau=550$ 条件下平均流向速度的分布曲线

PL-DDES 模型之所以在改善 LLM 问题方面有优于 DDES 模型的表现，是因为 PL-DDES 模型采用了特定的截断长度尺度，即 $L_c = C_c(\Delta x\Delta y\Delta z)^{1/3}$。而 DDES 模型采用 $C_{DES}h_{max}$作为截断长度尺度。因为 $C_c(\Delta x\Delta y\Delta z)^{1/3}$小于 $C_{DES}h_{max}$，所以 PL-DDES 模型所预测到的湍流黏性系数将相对较小，如图 2-4a 所示。较小的湍流黏性系数表明 PL-DDES 模型可用于求解更多的湍流涡结构。图 2-4b 展示了 PL-DDES 模型和 DDES 模型得到的模式化雷诺剪切应力（modeled Reynolds shear stress）和求解雷诺剪切应力（resolved Reynolds shear stress）的分布曲线。图示表明：PL-DDES 模型可用于求解更大的求解雷诺剪切应力，得到更多湍流涡，求解出脉动更强的流动。同时，靠近固壁区域，PL-DDES 模型所可得到的雷诺剪切应力模式化部分更小，证明 RANS 区域更小。图 2-5 为 PL-DDES 模型及 DDES 模型所预测的 $Re_\tau=550$ 条件下平面 $y/\delta=0.2$ 上 y 方向涡量云图，可看出 PL-DDES 模型所得到的该平面上的流动脉动强于 DDES 模型所得到的。上述结果表明较小的湍流黏性以及 RANS 区域的减小均有利于改善 LLM 问题，这与文献[1]和[6]的论述观点相吻合。因此 PL-DDES 模型具备改善 LLM 问题的能力。

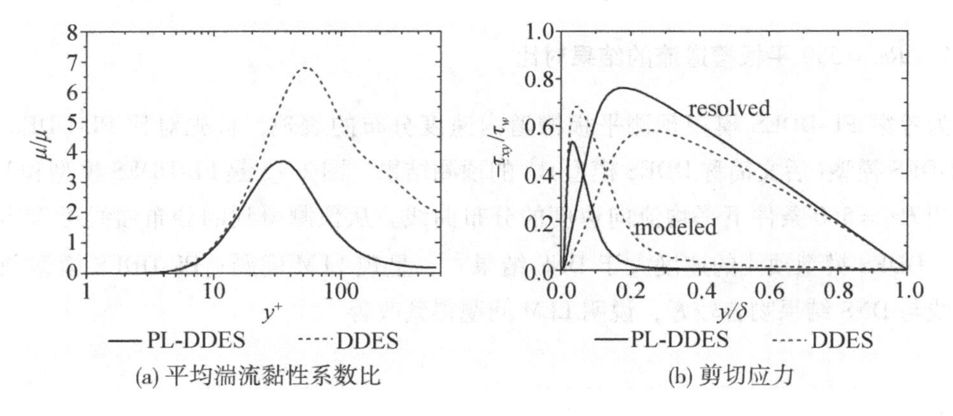

(a) 平均湍流黏性系数比　　(b) 剪切应力

图 2-4　PL-DDES 模型和 DDES 模型所预测的 $Re_\tau=550$ 条件下平均湍流黏性系数比与剪切应力的分布曲线

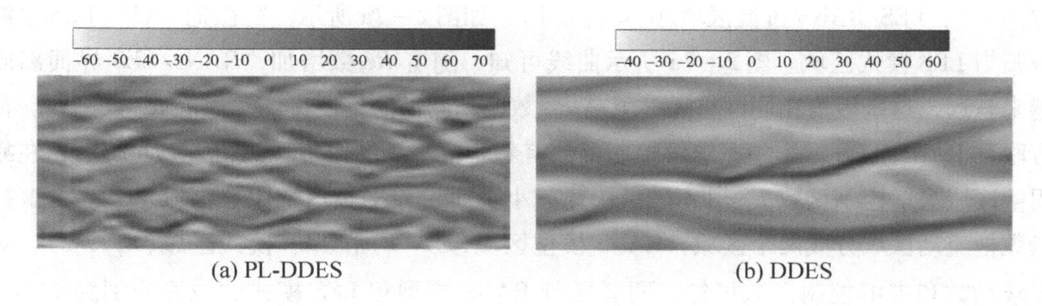

图2－5　PL-DDES模型和DDES模型所预测的 $Re_\tau=550$ 条件下平面 $y/\delta=0.2$ 上 y 方向涡量云图

2.2.3　不同 Re_τ 数下平板槽道内充分发展流动模拟结果

图2－6所示为不同 Re_τ 数下平均流向速度沿垂直固壁方向的分布曲线。因为缺乏高 Re_τ 数的DNS数据，所以本章以中低 Re_τ 数条件下与DNS数据吻合很好的Reichardt关联式[7]作为参照，Reichardt关联式如式(2－10)。如图所示，平均速度预测值与Reichardt关联式吻合理想：黏性低层 $0<y^+\leqslant 5$，分子黏性占主导，模拟为RANS模型计算，平均速度预测值与Reichardt关联式重合，这得益于BSL k-ω 模型在靠近固壁区域的良好表现；过渡层 $5<y^+\leqslant 60$，此区域主要为RANS模型计算，平均速度预测值略低于Reichardt关联式，改善该区域误差的方法主要在于改善RANS模型方面；对数律层 $y^+>60$，此区域主要为LES模式计算，平均速度预测值与Reichardt关联式吻合理想，无LLM问题出现。模拟结果证明PL-DDES模型在低中高 Re_τ 数下，LLM问题都可得到良好的解决。

$$\overline{u}^+=\frac{1}{\kappa}\ln(1.0+0.4y^+)+7.8\left[1.0-\exp\left(-\frac{y^+}{11}\right)-\left(\frac{y^+}{11}\right)\exp\left(-\frac{y^+}{3}\right)\right] \tag{2-10}$$

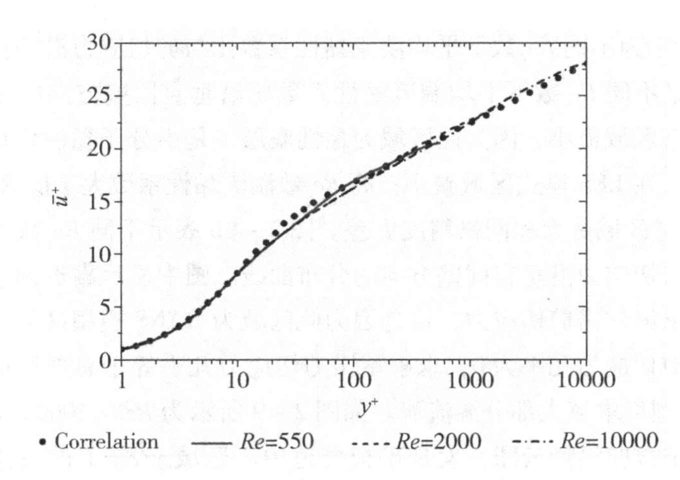

图2－6　不同 Re_τ 数下平均流向速度沿垂直固壁方向的分布曲线

图2－7所示为不同 Re_τ 数下平均屏蔽函数 f_d 和平均求解控制函数 F_r 沿垂直固壁方向的分布曲线。屏蔽函数把流动区域分成三个区域：RANS模型区域($f_\mathrm{d}=1$)，LES模式区域

($f_d \approx 0$)，LES/RANS 过渡区域($0 < f_d < 1$)，如图2－7a 所示。往往把 RANS/LES 过渡区域归为 LES 模式区域。图2－7a 所示曲线可知，随着 Re_τ数增加，RANS/LES 界面离固壁越来越远，这是因为相同网格尺寸下高 Re_τ数流动网格的精度将低于中低 Re_τ数流动。在所有联合 RANS/LES 模型中，求解控制函数有着非常重要的作用。如图2－7b 所示，在靠近固壁区域求解控制函数 $F_r = 1$，随后快速减小，而后在平板槽道中心区域增大。求解控制函数把流动区域分成两个区域：RANS 模型区域($F_r = 1$)和 LES 模式区域($F_r < 1$)。对比屏蔽函数和求解控制函数可知，两者区分 RANS 模型和 LES 模式的位置分别为 $y^+ = 20$、100、700 和 $y^+ = 5$、15、60。屏蔽函数增大了 RANS 模型区域，这说明屏蔽函数具备屏蔽作用。经分析总结可知，屏蔽函数的功能主要是屏蔽作用和控制求解湍流涡作用，而求解控制函数主要作用是控制求解湍流涡。

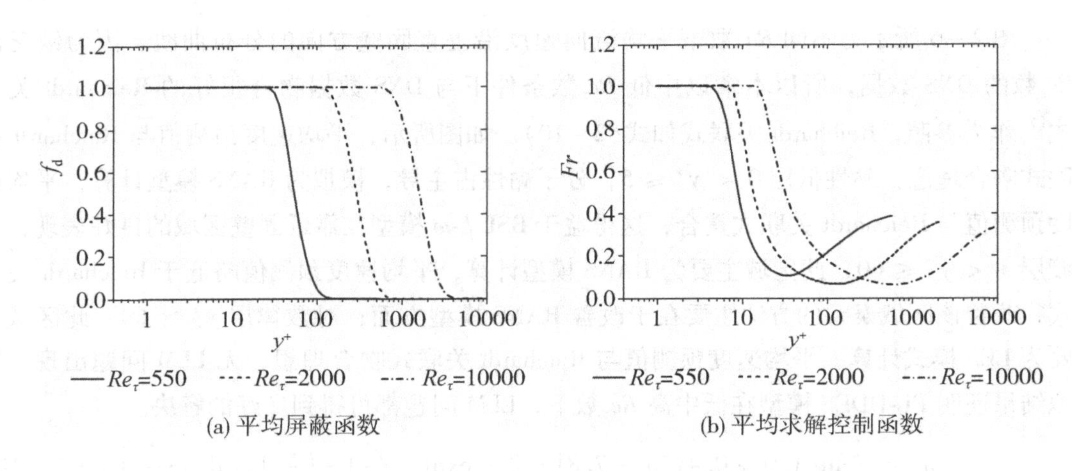

(a) 平均屏蔽函数　　(b) 平均求解控制函数

图2－7　不同 Re_τ数下平均屏蔽函数和平均求解控制函数沿垂直固壁方向的分布曲线

如图2－8 所示为不同 Re_τ数下平均湍流黏性系数比与剪切应力沿垂直固壁方向的分布曲线。图2－8a 是不同 Re_τ数下平均湍流黏性系数比沿垂直固壁方向的分布曲线。湍流黏性系数在靠近固壁区域极小，因为此区域为黏性底层，是由分子黏性作用主导；随后，湍流黏性系数增加，在 LES 模式区域减小；高 Re_τ数湍流黏性系数大于低 Re_τ数，这是因为高 Re_τ数的 RANS 模型区域更大和网格精度更差。图2－8b 表示不同 Re_τ数下模式化雷诺剪切应力和求解雷诺剪切应力沿垂直固壁方向的分布曲线。图中显示靠近固壁区域的模式化雷诺剪切应力大于求解雷诺剪切应力，这是因为此区域为 RANS 模型区域。平板槽道中心区域，模式化雷诺剪切应力几乎为0，求解雷诺剪切应力几乎等于总剪切应力，这表明此区域中 PL-DDES 模型可求解大部分湍流涡。如图2－9 所示为 $Re_\tau = 2000$，对比 $Re_\tau = 2000$ 条件下不同位置的 y 方向涡量云图，发现平板槽道中心区域 $y/\delta = 1$ 的湍流涡更多。由于低 Re_τ数网格精度好于高 Re_τ数，低 Re_τ数模式化雷诺剪切应力小于高 Re_τ数的网格精度，相应求解雷诺剪切应力大于高 Re_τ数的模式化雷诺剪切应力，如图2－8b 所示。

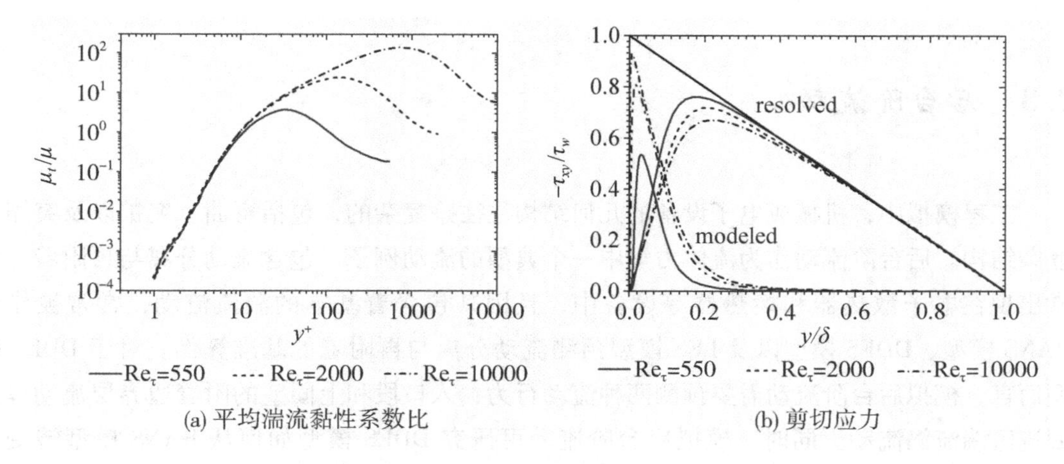

(a) 平均湍流黏性系数比　　(b) 剪切应力

图 2－8　不同 Re_τ 数下平均湍流黏性系数比与剪切应力沿垂直固壁方向的分布曲线

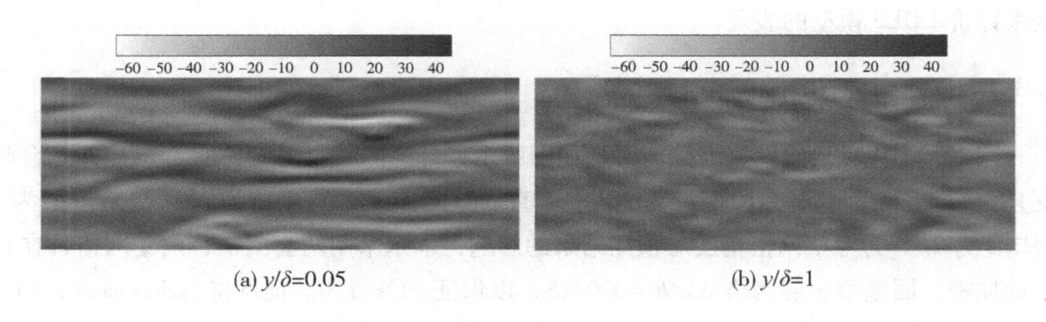

(a) y/δ=0.05　　(b) y/δ=1

图 2－9　Re_τ＝2000 条件下不同位置的 y 方向涡量云图

以上模拟中流向与展向网格尺寸比 $\Delta x/\Delta z=2$ 保持不变，这不能满足复杂流动的网格要求。在工程模拟计算中，往往要求 $\Delta x/\Delta z=1$，如汽车绕流。另外，Nikitin 等人[8] 指出 $\Delta x/\Delta z=1$ 时，DES 模型将出现严重 LLM 问题。因此，需要研究 $\Delta x/\Delta z$ 对 PL-DDES 模型模拟精度的影响。本章对模拟 $Re_\tau=2000$ 下平板槽道流动的流向网格予以加密，并使展向网格尺寸保持不变。PL-DDES 模型对 $Re_\tau=2000$ 条件下不同 $\Delta x/\Delta z$ 的平均流向速度沿垂直固壁方向的分布曲线的预测结果如图 2－10 所示，可见不同 $\Delta x/\Delta z$ 下预测的速度分布曲线几乎重合，证明 $\Delta x/\Delta z$ 对平均速度的预测结果没有显著影响，同时也不会引起 LLM 问题。这说明 PL-DDES 模型在 $\Delta x/\Delta z=1$ 下依然具备良好的预测能力。

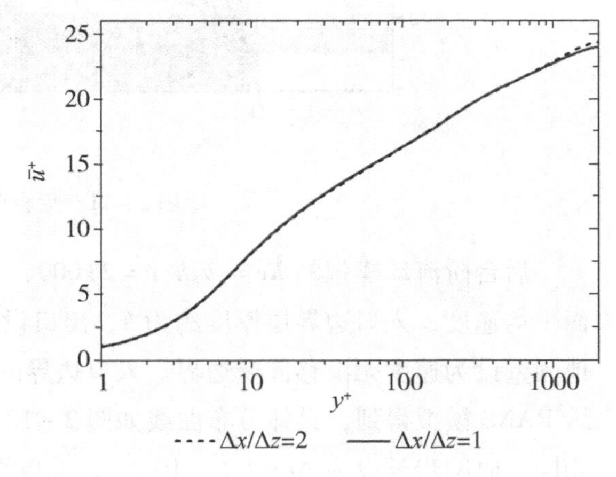

图 2－10　Re_τ＝2000 条件下不同 $\Delta x/\Delta z$ 的平均流向速度沿垂直固壁方向的分布曲线

2.3 后台阶流动

工程模拟中，机械或电子设备的几何结构往往是复杂的，包括弯曲、突扩以及突缩等复杂结构。后台阶流动作为流体力学中一个典型的流动例子，包含流动分离与再附着，常常出现在电子散热器和换热器等设备中，且因其包含着基本的湍流流动，常常被作为 RANS 模型、DDES 模型以及 LES 模型预测流动分离与再附着的基准算例。对于 DDES 模型而言，模拟后台阶流动需要预测两种流动行为：入口段和上固壁的附着边界层流动以及回流区湍流涡流动。同时，模拟后台阶流动可研究 DDES 模型如何从 RANS 模型转变为 LES 模式和求解 KH 不稳定性的能力。后台阶流动模拟中，常采用 Vogel 和 Eaton[9] 实验数据来评价 DDES 模型的表现。

2.3.1 网格划分与计算条件

图 2－11 为后台阶网格划分简图，如图所示，计算区域流向 x 长度为 $24h$（h 是台阶高度），台阶上游为 $4h$，台阶下游为 $20h$；垂直固壁方向 y 台阶上游为 $4h$，台阶下游为 $5h$；展向 z 为 $2h$。为考察网格精度对预测结果的影响，本章采用两套网格，两套网格都在台阶附近加密，固壁第一层网格 $\Delta y/h = 0.0015$，以保证 $y^+ \approx 1.0$。糙网格（grid coarse，GC）总数量 $N_{GC} = N_{xy} \times N_z = 18\,200 \times 17 = 309\,400$，细网格（grid fine，GF）总数量 $N_{GF} = N_{xy} \times N_z = 23\,000 \times 20 = 460\,000$。本节所使用网格数量少于文献[10]使用的 1.5×10^6。

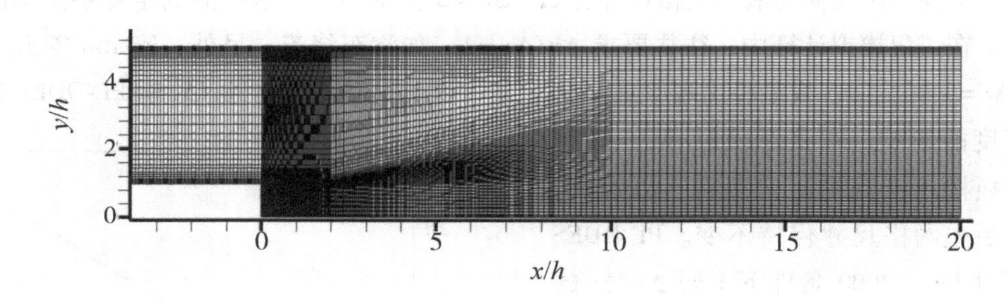

图 2－11　后台阶网格划分简图

后台阶流动模拟的 $Re = u_b h/\nu = 28\,000$，与 Vogel 和 Eaton[9] 实验条件相同，u_b 是入口面平均速度，入口边界层厚度约为 h，出口设为压力出口，展向设为周期性边界条件，其他固壁设为速度无滑移固壁边界。入口边界的速度、湍动能和比耗散率的分布可由附加二维 RANS 模拟得到，具体分布曲线如图 2－12 所示。方程离散方式与平板槽道充分发展流相同，时间步长设为 $\Delta t = 1.5 \times 10^{-5}$ s，无量纲时间步长 $\Delta t^+ = \Delta t u_b/h = 0.0045$，以保证后台阶下游区域内 CFL 小于 1。为消除初始条件的影响，数据的统计在经过 20 个流通时间（流体流过全流道所用时间为 1 个流通时间）之后开始，统计时间大约为 30 个流通时间，物理量平均值取时间和展向平均（即其中各物理量的平均值是通过时间和展向两个维度进行平均计算得出的）。

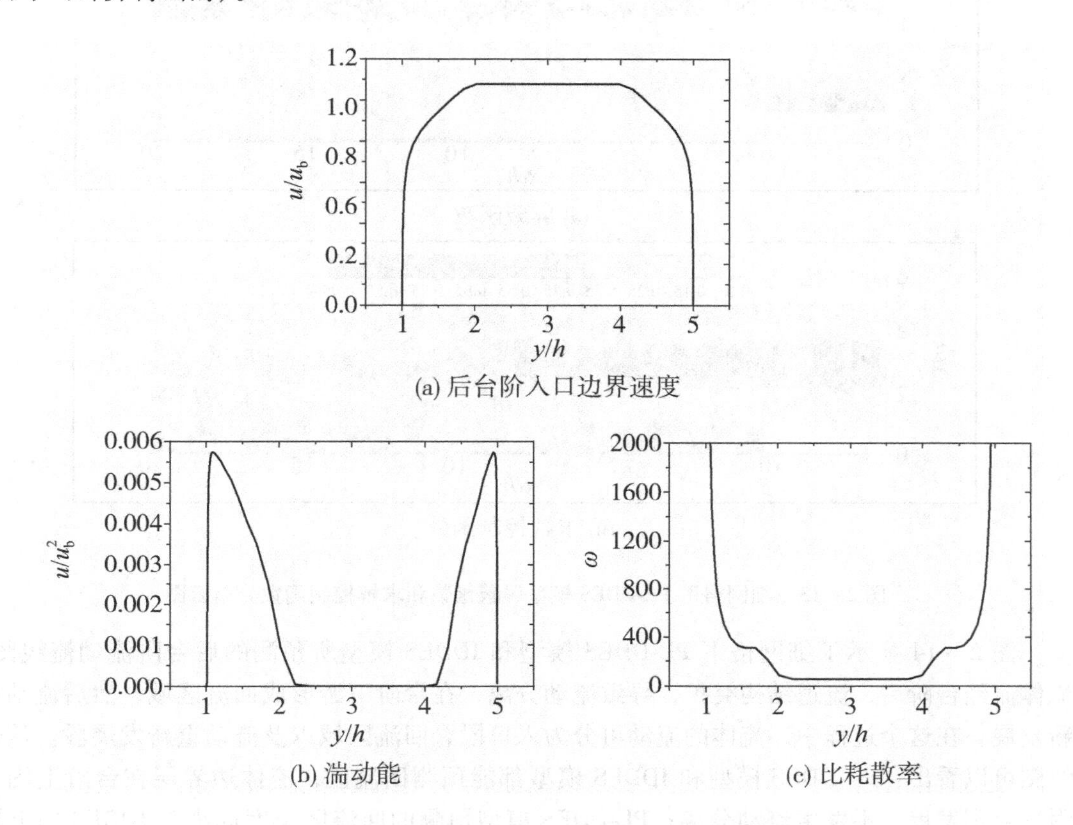

图 2－12　后台阶入口边界速度、湍动能和比耗散率的分布曲线

为考察 PL-DDES 模型的预测效果，在细网格下，本章分别采用 PL-DDES 模型和 SST IDDES 模型（后文简称 IDDES 模型）[1] 来模拟后台阶流动。

2.3.2　结果与讨论

图 2－13 是细网格下 PL-DDES 模型屏蔽函数 f_d 和求解控制函数 F_r 的分布云图，可以看出入口段固壁和台阶下游上固壁附近 $f_d=1$ 的范围较大，说明 RANS 模型区域较大，而此区域 F_r 小于 1。因此如果无屏蔽函数，RANS 模型区域将非常小，将不利于后台阶上固壁流动边界层发展，亦不能抑制后台阶上固壁 GIS 问题的发生。这说明屏蔽函数能在平板边界层流动中增加 RANS 模型区域，以改善对流动的预测准确性。台阶下游回流区域，$f_d<1$，$F_r<1$，这说明 PL-DDES 模型能在回流区域快速转变为 LES 模式。台阶下游下固壁的 $f_d=1$ 区域范围非常小，说明此区域大部分模拟为 LES 模式，这可以增强求解湍流涡的能力。

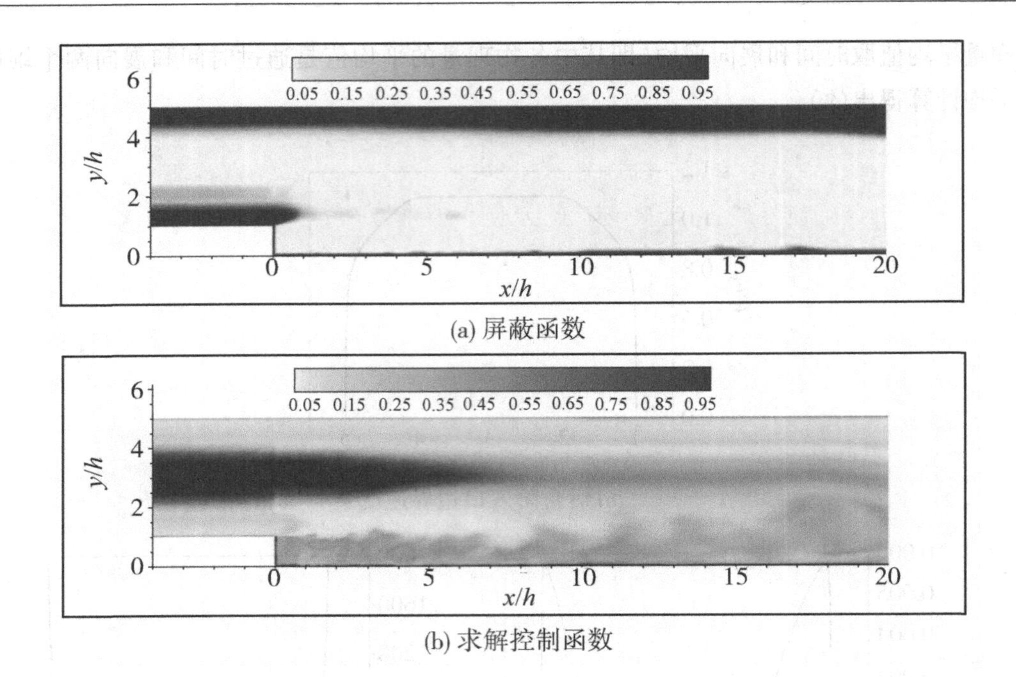

(a) 屏蔽函数

(b) 求解控制函数

图 2－13　细网格下 PL-DDES 模型屏蔽函数和求解控制函数分布云图

图 2－14 显示了细网格下 PL-DDES 模型和 IDDES 模型所预测的后台阶流动流线图。流体流经台阶后，流道结构突扩，导致流动分离，在台阶下游形成回流区域，然后流动重新发展。在这个过程中，流体的流动可分为入口段、回流区域以及流动重新发展段。从流线图可以看出：PL-DDES 模型和 IDDES 模型都能预测回流区；流体边界层在台阶上固壁附近合理发展，不发生流动分离；PL-DDES 模型预测的回流区长度远小于 IDDES 模型预

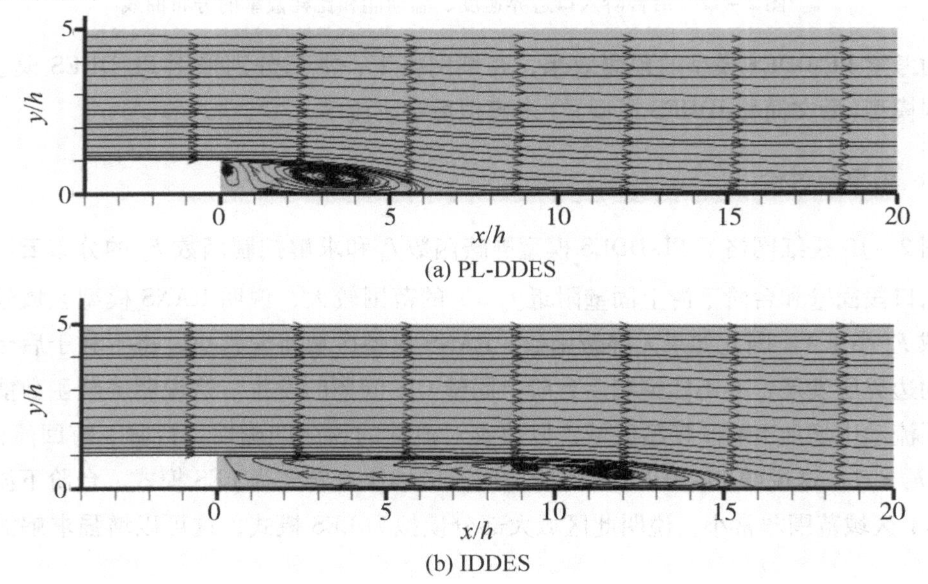

(a) PL-DDES

(b) IDDES

图 2－14　细网格下 PL-DDES 模型与 IDDES 模型所预测的后台阶流动流线图

测的长度。Sainte-Rose 等[11]研究分析 LES 模型模拟后台阶流动发现，当网格精度与 DES 模型所要求网格精度相当时，LES 模型预测台阶后上固壁会发生流动分离现象。而实验中不存在此现象。为改善 LES 模型的预测准确性，需加密网格。而 PL-DDES 模型和 IDDES 模型具备屏蔽功能，其后台阶上固壁附近大部分为 RANS 模型区域，所以网格精度不加密情况下，这两种模型能够模拟出符合实验结果的流动行为。

图 2－15a 是台阶上固壁表面摩擦系数沿流向的分布曲线。图中显示 PL-DDES 模型预测值与 BSL k-ω 模型预测值相差微小，这定量说明 PL-DDES 模型在解决 GIS 问题方面表现较理想。图 2－15b 是台阶下游下固壁表面摩擦系数沿流向的分布曲线。对比细网格下 PL-DDES 模型和 IDDES 模型以及粗网格下 PL-DDES 模型预测的表面摩擦系数 C_f 与 Vogel 和 Eaton[9]的实验数据发现：PL-DDES 模型在细网格和粗网格下，表面摩擦系数预测值与实现值的变化趋势相同，在回流区时为负值，流动重新发展段则为正值，细网格下预测值偏差更小；细网格下 IDDES 模型预测值偏差非常大，甚至大于粗网格下 PL-DDES 模型预测值偏差。定义回流区长度 L_r/h 为表面摩擦系数等于 0 位置与台阶间的距离。各模型的回流区长度预测值及实际实验值统计在表 2－2 中，可以看出，PL-DDES 模型预测偏差远小于 IDDES 模型。粗网格下 PL-DDES 模型预测偏差为 12.2%，也远小于 IDDES 模型预测的偏差值 147.8%。

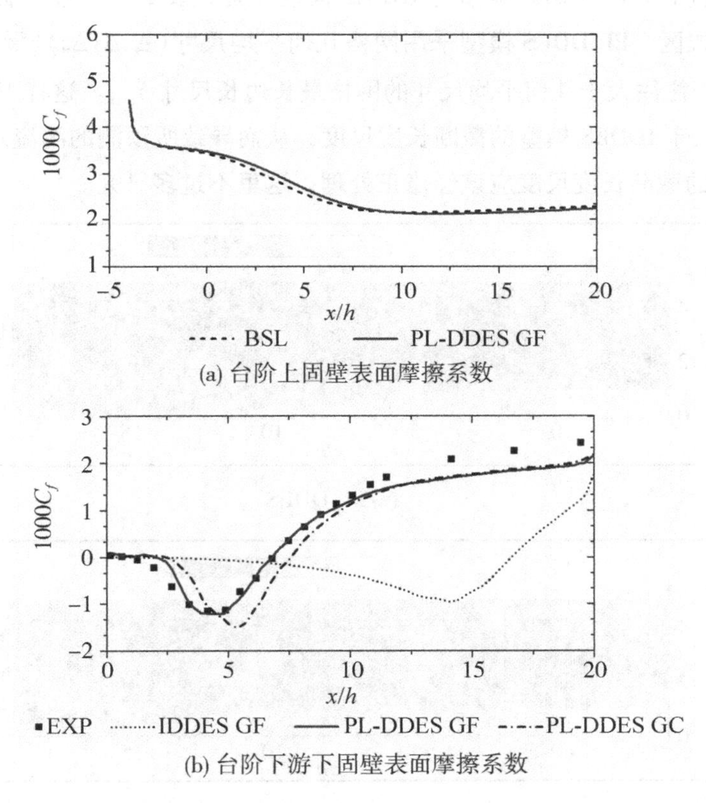

(a) 台阶上固壁表面摩擦系数

(b) 台阶下游下固壁表面摩擦系数

图 2－15　台阶上固壁和台阶下游下固壁表面摩擦系数预测值与实验数据沿流向的分布曲线

表 2-2 后台阶流动回流区长度预测值及实验数据对比

组别	回流区长度 L_r/h	偏差
实验组	6.70	—
IDDES GF	16.6	147.8%
PL-DDES GF	6.72	0.3%
PL-DDES GC	7.52	12.2%

图 2-16 是细网格下 PL-DDES 模型和 IDDES 模型所预测的后台阶流动瞬时流向速度云图。PL-DDES 模型预测云图如图 2-16a 所示，流体流过台阶后，在剪切层受 KH 不稳定性影响流动即刻变得紊乱，并且延续到台阶下游；IDDES 模型预测云图如图 2-16b，流体流过台阶后保持稳定，呈现二维流动结构，直到远离台阶位置才变得紊乱。原因分析如下：图2-17所示为细网格下 PL-DDES 和 IDDES 两种模型所预测的后台阶流动瞬时湍流黏性系数比云图。其中，回流区 IDDES 模型预测的湍流黏性系数要大于 PL-DDES 模型预测值，说明 IDDES 模型所预测的湍流黏性系数偏大，导致未能很好地求解出引起剪切层 KH 不稳定性的湍流涡。PL-DDES 模型与 IDDES 模型非常重要的区别在于截断长度尺度的定义，在 LES 模式区，PL-DDES 模型采用网格几何平均尺寸$(\Delta x\Delta y\Delta z)^{1/3}$作为网格尺度，而 IDDES 模型采用往往大于几何平均尺寸的网格最长边长尺寸 h_{max}。这样 IDDES 模型的截断长度尺度往往大于 IDDES 模型的截断长度尺度，从而导致所预测的湍流黏性系数偏大。可见 IDDES 模型的截断长度尺度应该经修正处理，这里不过多研究。

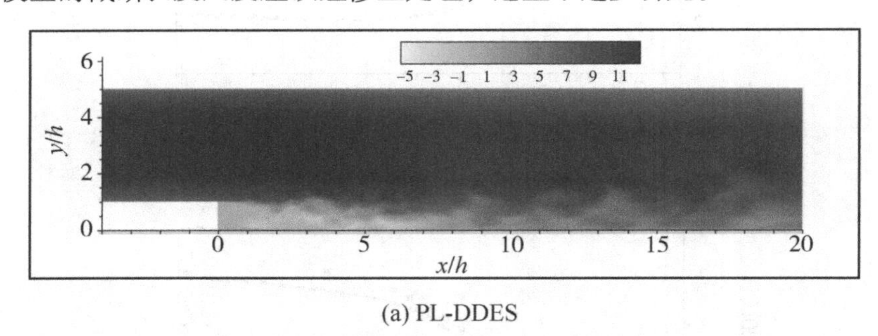

(a) PL-DDES

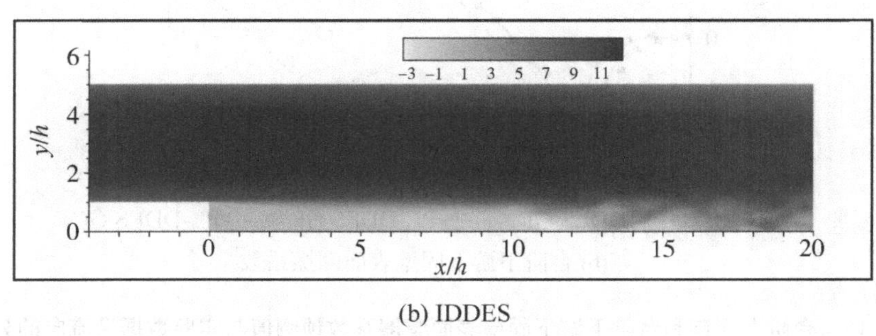

(b) IDDES

图 2-16 细网格下 PL-DDES 和 IDDES 两种模型所预测的后台阶流动瞬时流向速度云图

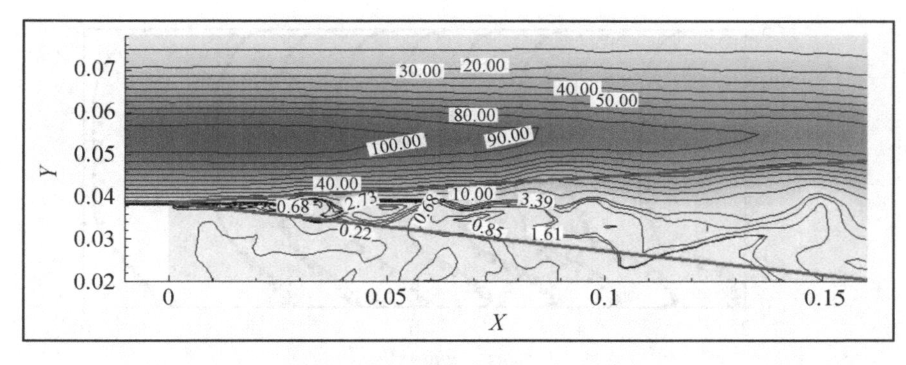

(a) PL-DDES

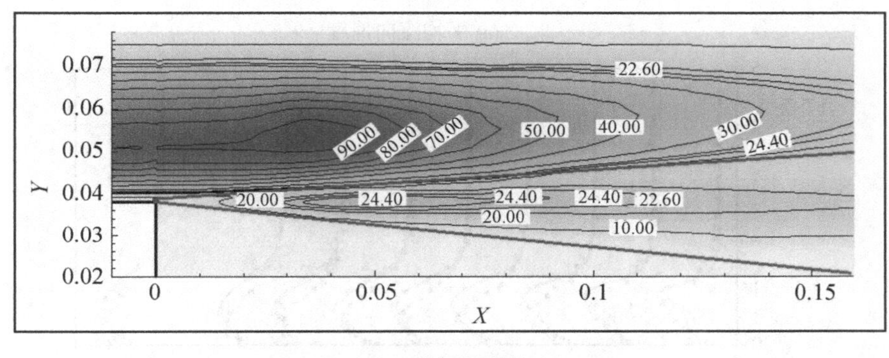

(b) IDDES

图 2－17　细网格下 PL-DDES 和 IDDES 两种模型所预测的后台阶流动瞬时湍流黏性系数比云图

图 2－18 是不同位置（x/h = 2.2、3.0、3.7、4.5、5.2、5.9、6.7、7.4、8.9）上平均流向速度和流向 RMS 速度（速度的标准偏差）沿垂直固壁方向的分布曲线。图 2－18a 显示：在粗细两套网格下，PL-DDES 模型预测的流向速度在靠近上固壁区域呈抛物线状分布；在下固壁回流区域为负值，而后发展为抛物线状分布；同时，流向速度预测值与实验值吻合理想，但粗网格预测值偏差略大于细网格。图 2－18b 显示在剪切层区域，流向 RMS 速度预测值有峰值，并大于实验值；另外，细网格下 RMS 速度的预测准确性略优于粗网格。考虑本算例所采用的两套网格数量较少，流向 RMS 速度预测结果在可接受范围内，可知 PL-DDES 模型可以较好地预测平均流向速度和流向 RMS 速度，并且对网格敏感性较低。

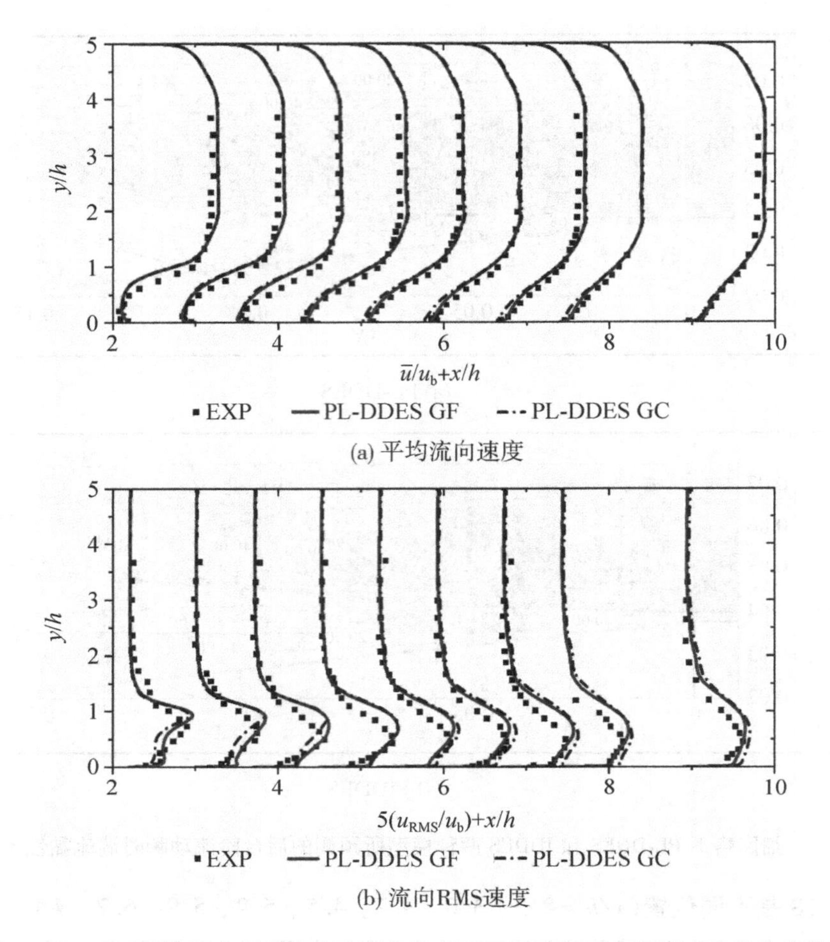

(a) 平均流向速度

(b) 流向RMS速度

图 2-18　在不同位置上平均流向速度和流向 RMS 速度沿垂直固壁方向的分布曲线

2.4　周期性山包流

流动分离不仅出现在突变结构中，也出现在光滑弯曲结构中。对于突变结构，流动分离点一般是固定的；但对于光滑弯曲结构，流动分离点的位置则受流动条件和固壁粗糙度等的影响。光滑弯曲结构中对流动分离与再附着的预测因具有复杂性特点而常常被作为评价湍流模型的基准算例，其中有关周期性山包流的研究最为广泛。周期性山包流包含流动分离、再附着和加速等复杂流动。本节将考察 PL-DDES 模型预测周期性山包流的能力。

2.4.1　网格划分与计算条件

图 2-19 所示为周期性山包流的网格划分简图。周期性山包流的计算区域流向 x 长度为 $9h$（h 为山包高度），y 方向高度为 $3.035h$，展向 z 长度为 $4.5h$，其中山包的长度大约为

3.86h，与文献[12]所采用的结构相同。为考察网格精度对预测结果的影响，本章采用两套网格，两套网格的流向网格尺寸在山峰附近加密。固壁第一层网格 $\Delta y/h = 0.002$，以保证 $y^+ \approx 1.0$。糙网格总数量 $N_{GC} = N_{xy} \times N_z = 12\,000 \times 32 = 384\,000$。细网格总数量 $N_{GF} = N_{xy} \times N_z = 12\,000 \times 40 = 480\,000$。本章所采用网格数量远少于文献[12]采用的 467 万。

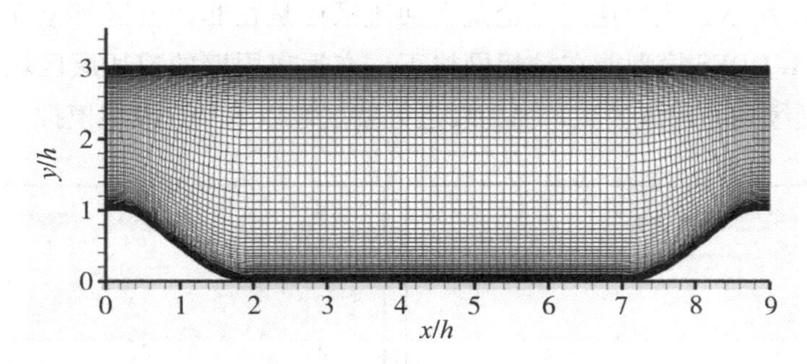

图 2-19 周期性山包流的网格划分简图

周期性山包流模拟的 $Re = u_b h/\nu = 10595$，与文献[12]中的计算条件相同，其中，u_b 是入口平均速度。模拟中，流向和展向设为周期性边界条件，在流向上设定一定流量以驱动流体流动，其他固壁则设定为无滑移速度边界。方程离散方式与平板槽道充分发展流相同。时间步长设为 $\Delta t = 5.5 \times 10^{-4}$s，无量纲时间步长 $\Delta t^+ = \Delta t u_b/h = 0.0058$，以保证计算区域内最大 CFL < 1。为消除初始条件的影响，数据的统计在 20 个流通时间之后开始，统计时间大约为 50 个流通时间。物理量平均值取时间和展向平均。

2.4.2 结果与讨论

图 2-20 是 PL-DDES 模型和文献中 WALE 模型[12]所预测的周期性山包流的流线图。流体流过山峰后在前山背风面形成逆压从而分离，继而在山谷再附着，形成如图所示的顺时针旋转回流区域。流体再附着后重新发展，在后山迎风面加速，最后流出后山再进入前山，周而复始流动。对比两种模型所预测的流线图可知，PL-DDES 模型能得到理想的流动结构。

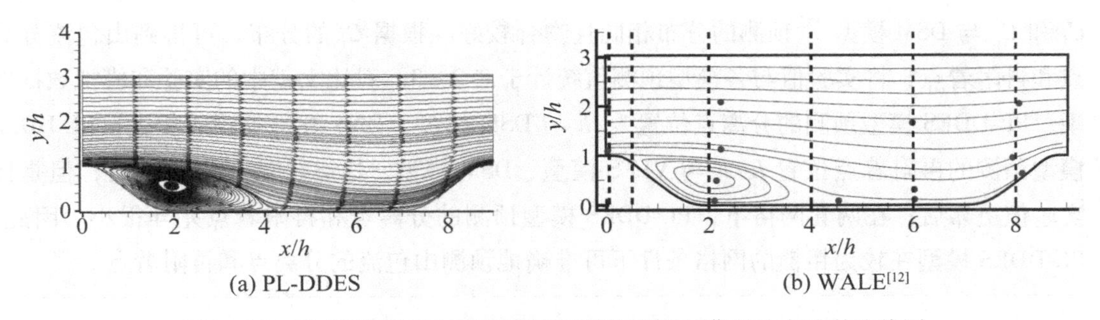

图 2-20 PL-DDES 和 WALE 两种模型所预测的周期性山包流的流线图

图 2-21 是细网格下 PL-DDES 模型所预测的周期性山包流的瞬时屏蔽函数、瞬时求解

控制函数和瞬时流向速度各自的云图。屏蔽函数把计算区域分成两个区域：RANS 模型区域(靠近固壁 $f_d=1$)和 LES 模式区域(远离固壁 $f_d<1$)。在大部分计算区域，求解控制函数均小于 1，只有在靠近固壁很小的区域等于 1，这说明屏蔽函数能扩大 RANS 模型区域，以达到屏蔽作用。求解控制函数需衰减湍流黏性，减少模式湍动能，以求解更多的湍流涡，如图 2－21c 所示，流向速度无论是在回流区还是在非回流区都呈现出了强烈的脉动性。以上说明 PL-DDES 模型能在较粗网格下，在远离固壁的剪切层区域内可求解出大尺度湍流涡，并延续到非回流区域，而在靠近固壁区域以 RANS 模型模拟。

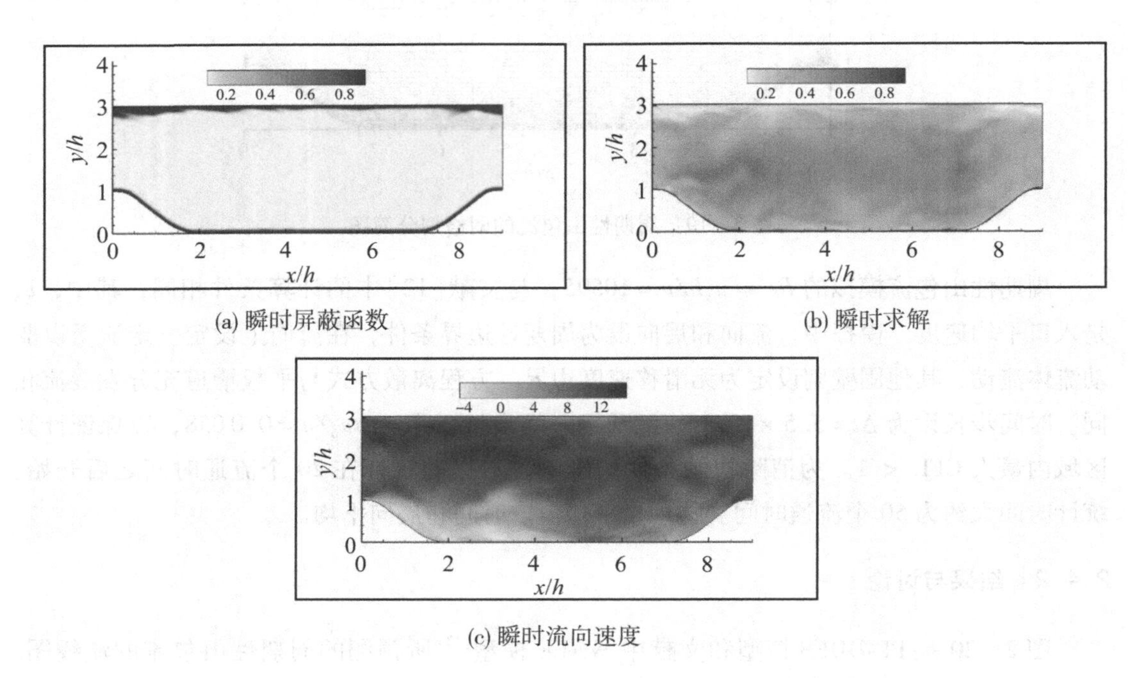

(a) 瞬时屏蔽函数

(b) 瞬时求解

(c) 瞬时流向速度

图 2－21 细网格下 PL-DDES 模型所预测周期性山包流瞬时屏蔽函数、瞬时求解控制函数和瞬时流向速度云图

图 2－22 是 PL-DDES 模型与 DSM 模型所预测的周期性山包流表面摩擦系数 C_f 与压力系数 C_p[$C_p=2(p-p_\infty)/\rho u_b^2$]沿流向的分布曲线。如图 2－22 所示，PL-DDES 模型预测的 C_f 和 C_p 与 DSM 模型[12]预测的分布相同且吻合较好。根据 C_f 的分布，可得到山包流分离点和再附着点，将实验值与各模型预测值统计于表 2－3。对比文献中的实验和模拟数据发现：PL-DDES 模型预测的分离点位置 L_s/h 与 DSM 模型、DNS 方法预测的相近；PL-DDES 模型预测的再附着点位置 L_r/h 与 VLES 模型、DSM 模型、DNS 方法预测的相近，但是比实验值更靠后；在两套网格下，PL-DDES 模型预测的分离点和再附着点差异很小。因此，PL-DDES 模型在较为粗糙的网格条件下可准确地预测山包流的分离点和再附着点。

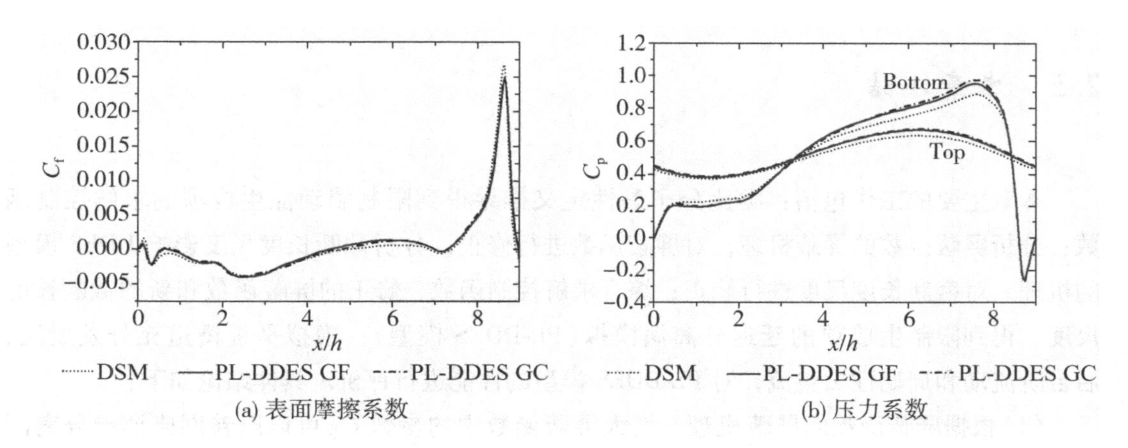

(a) 表面摩擦系数　　(b) 压力系数

图 2-22　PL-DDES 模型与 DSM 模型所预测的周期性山包流表面摩擦系数 C_f 与压力系数 C_p 沿流向的分布曲线

表 2-3　周期性山包流分离点 L_s/h 与再附着点 L_r/h 预测值及实验数据对比

	实验[13]	DNS[14]	DSM[12]	WALE[12]	VLES[15]	PL-DDES GF	PL-DDES GC
L_s/h	-	0. 19	0. 20	0. 23	0. 27	0. 17	0. 16
L_r/h	4. 21	4. 57	4. 56	4. 72	4. 50	4. 61	4. 62

图 2-23 是在不同位置(x/h = 0. 5、2. 0、6. 0、8. 0)上平均流向速度和流向雷诺应力沿 y 方向的分布曲线。图示显示 PL-DDES 模型预测的平均流向速度和流向雷诺应力都与文献中 DSM 模型预测值较为吻合。同时发现两套网格下预测的流向平均速度和流向雷诺应力曲线均分别几乎重合，说明 PL-DDES 模型对网格精度变化的敏感度不高。

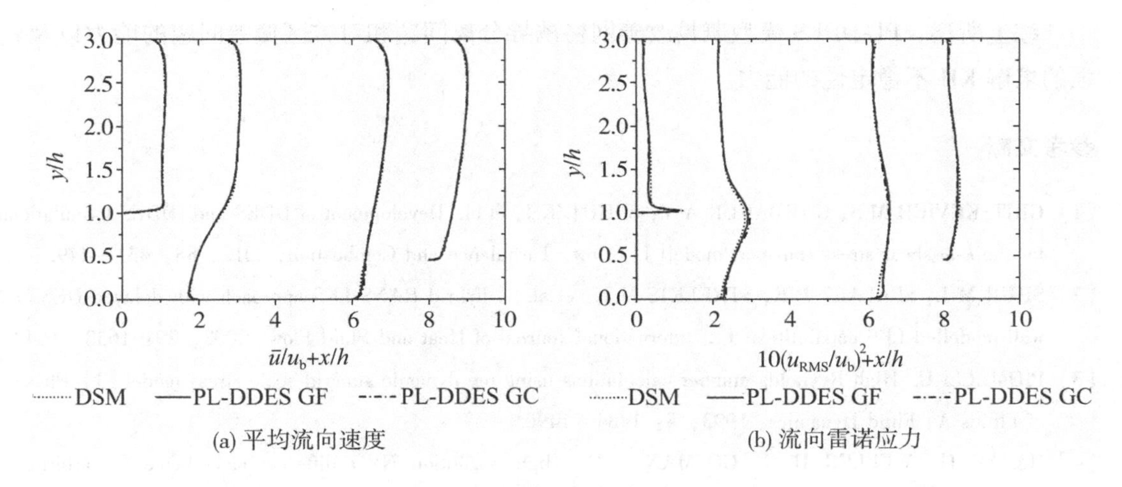

(a) 平均流向速度　　(b) 流向雷诺应力

图 2-23　在不同位置上平均流向速度和流向雷诺应力沿 y 方向的分布曲线

2.5 本章小结

本章主要的工作包括：类比分子黏性定义推导得到限制湍动能生成项的求解控制函数；分析屏蔽函数的屏蔽机理，对屏蔽函数进行修正；分析截断长度尺度影响 DDES 模型的机理，对截断长度尺度进行修正；综合求解控制函数、修正的屏蔽函数和新的截断长度尺度，得到限制生成项的延迟分离涡模拟（PL-DDES 模型）；模拟平板槽道充分发展流、后台阶流动和周期性山包流，对 PL-DDES 模型的性能进行评价。具体结论如下：

（1）根据屏蔽函数的屏蔽机理，增大屏蔽函数中的参数 C_{d1} 可以改善网格诱导分离问题。零压力梯度平板边界层流动的模拟结果证明：屏蔽函数中参数 C_{d1} 取值 14 时，可以平衡网格诱导分离问题和求解湍流涡结构的能力，故本章中 C_{d1} 取值 14。

（2）平板槽道充分发展流模拟结果发现：对比 SST DDES 模型，PL-DDES 模型所采用的截断长度尺度适用于求解更多湍流涡和得到更小的 RANS 区域，这有利于改善对数区偏差问题；在 PL-DDES 模型中，即使是在模拟高 Re_τ 数平板槽道流动时，依然不会有对数区偏差问题出现，这说明 PL-DDES 模型具备改善对数区偏差问题的良好能力。

（3）后台阶流动模拟结果证明：在台阶上固壁上，PL-DDES 模型预测的流动可以再次发展，不存在分离现象；相同网格下，对比 IDDES 模型，PL-DDES 模型因采用了新的截断长度尺度而可更有效地减小湍流黏性，致使 PL-DDES 模型具备较强的求解 Kelvin-Helmholtz 不稳定性的能力。

（4）周期性山包流模拟结果证明 PL-DDES 模型具备预测较复杂的分离再附着流动的能力。不同网格下，相似的预测结果表明 PL-DDES 模型对网格敏感性较低。

综上所述，PL-DDES 模型兼具改善网格诱导分离问题和对数区偏差问题的能力以及较强的求解 KH 不稳定性的能力。

参考文献

[1] GRITSKEVICH M S, GARBARUK A V, SCHÜTZE J, et al. Development of DDES and IDDES formulations for the k-ω shear stress transport model[J]. Flow, Turbulence and Combustion, 2012, 88: 431－449.

[2] SHUR M L, SPALART P R, STRELETS M K, et al. A hybrid RANS-LES approach with delayed-DES and wall-modelled LES capabilities[J]. International Journal of Heat and Fluid Flow, 2008, 29: 1638－1649.

[3] PIOMELLI U. High Reynolds number calculations using the dynamic subgrid-scale stress model [J]. Physics of Fluids A: Fluid Dynamics, 1993, 5: 1484－1490.

[4] JASAK H, WELLER H G, GOSMAN A D. High resolution NVD differencing scheme for arbitrarily unstructured meshes[J]. International Journal for Numerical Methods in Fluids, 1999, 31: 431－449.

[5] PIROZZOLI S, BERNARDINI M, ORLANDI P. Passive scalars in turbulent channel flow at high Reynolds number[J]. Journal of Fluid Mechanics, 2016, 788: 614－639.

[6] REDDY R. A new formulation for delayed detached eddy simulation based on the Smagorinsky LES model [D]. Ames: Iowa State University, 2015.

[7] REICHARDT H. Vollständige Darstellung der turbulenten Geschwindigkeitsverteilung in glatten Leitungen [J]. Zeitschrift für Angewandte Mathematik und Mechanik, 1951, 31: 208 - 219.

[8] NIKITIN N V, NICOUD F, WASISTHO B, et al. An approach to wall modeling in large-eddy simulations [J]. Physics of Fluids, 2000, 12: 1629 - 1632.

[9] VOGEL J C, EATON J K. Combined heat transfer and fluid dynamic measurements downstream of a backward-facing step[J]. Journal of Heat Transfer, 1985, 107: 922 - 929.

[10] SHUR M L, SPALART P R, STRELETS M K, et al. A hybrid RANS-LES approach with delayed-DES and wall-modelled LES capabilities[J]. International Journal of Heat and Fluid Flow, 2008, 29: 1638 - 1649.

[11] SAINTE-ROSE B, BERTIER N, DECK S, et al. A DES method applied to a backward facing step reactive flow[J]. Comptes Rendus Mécanique, 2009, 337: 340 - 351.

[12] FRÖHLICH J, MELLEN C P, RODI W, et al. Highly resolved large-eddy simulation of separated flow in a channel with streamwise periodic constrictions[J]. Journal of Fluid Mechanics, 2005, 526: 19 - 66.

[13] RAPP C, MANHART M. Flow over periodic hills: an experimental study[J]. Experiments in Fluids, 2011, 51: 247 - 269.

[14] KRANK B, KRONBICHLER M, WALL W A. Direct numerical simulation of flow over periodic Hills up to $Re_H = 10,595$[J]. Flow, Turbulence and Combustion, 2018, 101: 521 - 551.

[15] HAN X, KRAJNOVIĆS. An efficient very large eddy simulation model for simulation of turbulent flow [J]. International Journal for Numerical Methods in Fluids, 2013, 71: 1341 - 1360.

3 PL-DDES 湍流模型钝体绕流模拟

钝体常常出现在海洋和湖泊流动以及换热器、海底管道、桥墩和潜水艇等工业与军事设备中。圆柱是常见的一种钝体，所以本章主要以圆柱为示例研究流体流过钝体的预测问题。此外，本章将评价第 2 章建立的 PL-DDES 模型预测亚临界 Re_0 数下圆柱绕流和波浪圆柱绕流的能力。

3.1 亚临界 Re_0 数圆柱绕流

圆柱绕流模拟一直是 CFD 中非常经典的基准算例，因为其涉及了层流分离、湍流分离、卡门涡街、湍流再附着、流动不稳定性以及湍流尾迹等流动现象。Re_0 数（$Re_0 = u_0 d/\nu$，u_0 和 d 分别是来流速度和圆柱直径）是影响圆柱绕流特性的关键参数，不同的 Re_0 数下绕流的流动特性存在差异。文献总结[1]：Re_0 小于 3 ～ 4，流动稳定，不存在流动分离现象；3 ～ 4 $< Re_0 <$ 30 ～ 40，流动稳定，流动分离；30 ～ 40 $< Re_0 <$ 80 ～ 90，流动层流，尾迹不稳定，卡门涡街起始；80 ～ 90 $< Re_0 <$ 150 ～ 300，卡门涡街；亚临界区域 150 ～ 300 $< Re_0 < 10^5$ ～ 1.3×10^5，层流分离，涡街不稳定；临界区域 10^5 ～ $1.3 \times 10^5 < Re_0 < 3.6 \times 10^6$，层流分离，湍流再附着，湍流尾迹；超临界区域 $Re_0 > 3.6 \times 10^6$，湍流分离。可以了解到，看似简单的圆柱绕流其实具备着复杂的流动特性。

亚临界 $Re_0 = 3900$ 圆柱绕流因包含典型的流动特性而被广泛地应用于实验和模拟研究。$Re_0 = 3900$ 圆柱绕流实验中主要运用的测量方法为热线风速仪[2]（hot-wire anemometry，HWA）和粒子图像测速法[3,4]（particle image velocimetry，PIV）。而模拟研究方法主要为 DNS、LES、DES 和 PANS。Ma 等[5]利用 DNS 方法研究发现 $Re_0 = 3900$ 圆柱绕流的尾迹流动结构与展向长度有关，但这一结论与 PIV 实验结果相矛盾。Dong 等[6]则结合 DNS 模拟和 PIV 实验，进一步研究了 $Re_0 = 3900$ 圆柱绕流尾迹剪切层的不稳定性。

Moin 和他的合作者首次利用 LES 模型对 $Re_0 = 3900$ 圆柱绕流进行了模拟研究，其中特别探讨了迎风格式的数值耗散对模拟结果的影响[7]、展向长度的影响[8]以及基于非结构化网格的模拟[9]。Breuer[10]研究了数值算法和亚格子模型对 LES 模型预测 $Re_0 = 3900$ 圆柱绕流的影响。Franke 和 Frank[11]研究了统计时间对 LES 模型模拟结果的影响。Mani 等[12]利用 LES 方法研究了 $Re_0 = 3900$ 圆柱绕流剪切层内的气动光学失真问题。Meyer 等[13]和

Ouvrard 等[14]分别评价了隐式 LES(implicit large eddy simulation, ILES)模型和变分多尺度 LES(variational multiscale large eddy simulation, VMLES)模型在预测 $Re_0=3900$ 圆柱绕流方面的效果。Lysenko 等[15]通过采用开源软件 Openfoam 中的 LES 模型，对 $Re_0=3900$ 圆柱绕流进行了模拟预测，发现模拟结果与实验结果吻合得较好。Afgan 等[16]利用 LES 模型对比了流体流过单个和双并排圆柱的流动特性。Hui 等[17]利用 LES 模型对比了流体流过无限长和有限长圆柱的流动特性。国内战庆亮等[18]、端木玉和万德成[19]以及乔永亮和桂洪斌[20]对 $Re_0=3900$ 圆柱绕流 LES 模拟进行了研究。

除了对 $Re_0=3900$ 圆柱绕流展开 DNS 和 LES 模型的模拟预测研究，研究者还关注 RANS/LES 联合模型对其的预测效果。Luo 等[21]对比了 DES 模型和 PANS 模型预测 $Re_0=3900$ 圆柱绕流的能力，发现 PANS 模型中的参数 f_k 越小，其预测结果就越接近实验值。Jee 与 Shariff[22]和 D' Alessandro 等[23]发现 v^2-f DES 在预测圆柱绕流问题方面的能力优于 SA DES 模型。Pereira 等[24]系统研究了 PANS 模型在模拟圆柱绕流时产生的截断误差和模型误差，并深入分析了模型参数 f_k 对这些误差的影响。国内刘佳等[25]、赵伟文与万德成[26]分别利用 DES 模型和 SST DDES 模型对 $Re_0=3900$ 圆柱绕流进行模拟研究。

文献调查发现 $Re_0=3900$ 圆柱绕流问题可作为 LES 模型和联合 RANS/LES 模型的基准算例。因此，本节将利用 PL-DDES 模型，对亚临界 $Re_0=3900$ 圆柱绕流进行模拟预测，并且基于相同网格条件将其与 SST DDES 模型(后文简称 DDES 模型)进行对比。

3.1.1 计算条件

图 3-1 为 $Re_0=3900$ 的圆柱绕流的计算域和网格划分图。如图所示，$Re_0=3900$ 圆柱绕流计算域为六面体，流向(x 轴正方向)、垂直方向(y 轴正方向)和展向(z 轴正方向)长度分别为 $L_x=25d$、$L_y=20d$ 和 $L_z=\pi d$，d 为圆柱直径。圆柱与进口的距离为 $10d$，与出口的距离为 $15d$，与上下面的距离为 $10d$。

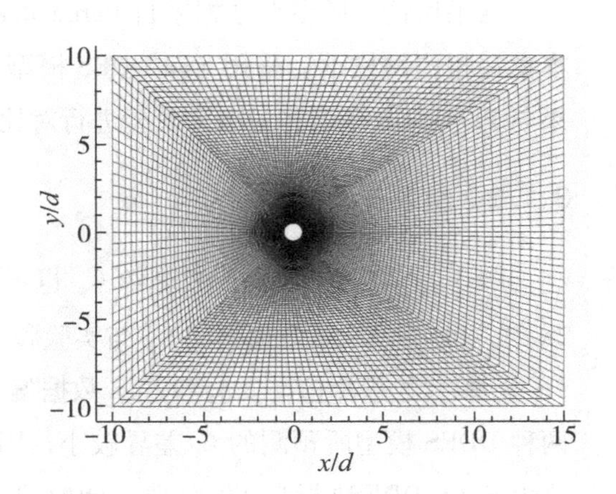

图 3-1 $Re_0=3900$ 的圆柱绕流的计算域和网格划分图

xy 平面的网格划分如图 3-1 所示，网格在靠近圆柱附近加密，靠近圆柱的第一层网格为 $y^+\approx 1$。xy 平面的网格数量为 24 480，展向网格数量为 32。表 3-1 总结了本章与各文献不同模型中 $Re_0=3900$ 的圆柱绕流的计算域和网格数量。由于本章和各文献所采用的 xy 平面大小不同，故此处只对比展向网格大小。可以发现本章所采用的展向网格大小为 $0.09871d$。对比各文献所采用的精度，本章所采用的网格精度最为粗糙。

表 3-1　不同模型中 $Re_0=3900$ 的圆柱绕流的计算域和网格数量

方法	计算域	网格数量 $N_{xy}\times N_z$	展向网格大小
PL-DDES	六面体 $25d\times20d\times\pi d$	24480×32	$0.0981d$
SST DDES	六面体 $25d\times20d\times\pi d$	24480×32	$0.0981d$
Jee-DES[22]	六面体 $65d\times30d\times\pi d$	6000000	-
Luo-SST DES[21]	圆柱 $60d\times0.5\pi d$	37240×30	$0.0523d$
D'Alessandro-SA IDDES[23]	六面体 $50d\times20d\times\pi d$	82400×48	$0.0654d$
Luo-SST PANS[21]	圆柱 $60d\times0.5\pi d$	37240×30	$0.0523d$
Parnaudeau-LES[4]	六面体 $20d\times20d\times\pi d$	230880×48	$0.0654d$
Afgan-LES[16]	六面体 $25d\times20d\times4d$	50780×256	$0.0156d$
Wornom-LES[27]	六面体 $35d\times40d\times\pi d$	18000×100	$0.0314d$
Dong-DNS[6]	六面体 $40d\times18d\times\pi d$	$-\times128$	$0.0245d$

本书所采用的进口边界条件为速度入口，速度为均匀分布，湍动能为 0。出口为压力出口。上下面为速度滑移边界条件，圆柱为速度无滑移固壁边界条件。时间步长的设定上保证了最大 CFL 小于 0.5。数据的统计在大于 20 个涡街循环后开始，整个统计时间大约为 80 个涡街循环。物理量平均值取时间和展向平均。

结果讨论中的参考数据来自 Parnaudeau 等[4]的 PIV 实验数据和 LES 模拟数据。另外，本章在相同网格下，采用 SST DDES 模型对 $Re_0=3900$ 的圆柱绕流进行预测，并将预测结果与 PL-DDES 模型和 DDES 模型进行对比。

3.1.2　结果与讨论

图 3-2 展示了表面压力系数 C_p 和表面摩擦系数 C_f 沿圆柱表面的分布曲线。在图 3-2a 中，PL-DDES 模型预测的 C_p 与实验和 LES 数据几乎吻合；而 DDES 模型在背风面区域（$\theta>90°$）的预测值与实验和 LES 数据偏差较大，具体表现为数值上偏小。图 3-2b 显示两种 DDES 模型所预测的 C_f 差异较小；DDES 模型在迎风面（$\theta<90°$）部分区域预测的 C_f 略大于 PL-DDES 模型的预测值；同时 PL-DDES 模型预测的分离点稍微早于 DDES 模型出现。

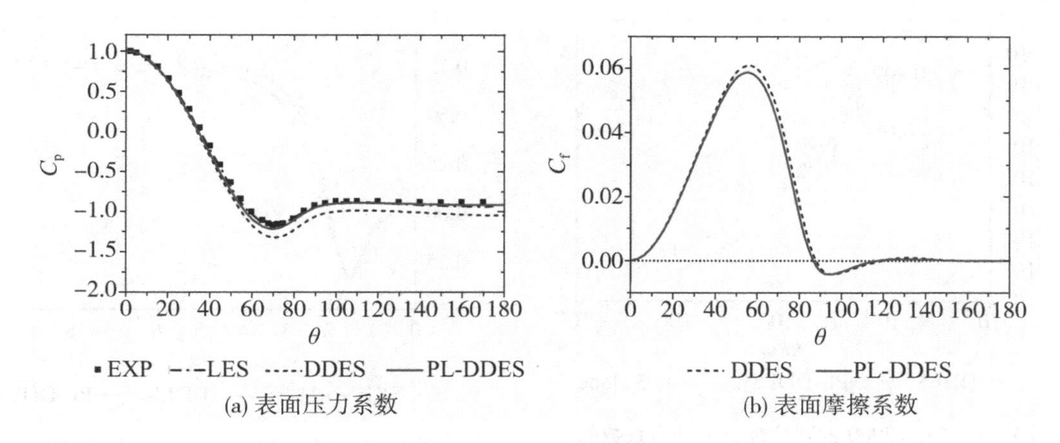

(a) 表面压力系数 (b) 表面摩擦系数

图 3－2 圆柱表面压力系数 C_p 和表面摩擦系数 C_f 分布曲线

$Re_0=3900$ 的圆柱绕流中阻力系数 C_d［$C_d=2F_d/(\rho u_0^2L_zd)$，$F_d$ 为阻力］和升力系数 C_l［$C_l=2F_l/(\rho u_0^2\ L_zd)$，$F_l$ 为升力］随时间变化的曲线如图 3－3 所示。图 3－3a 显示 DDES 模型所预测的 C_d 的变化范围为 0.95～1.35，而 PL-DDES 模型所预测的 C_d 的变化范围为 0.9～1.1。所以 PL-DDES 模型预测的 C_d 的变化率和平均值均小于 DDES 模型的预测值。图 3－3b 显示 DDES 模型所预测的 C_l 的变化范围为－1.0～1.0，而 PL-DDES 模型所预测的 C_l 的变化范围为－0.4～0.4。所以 PL-DDES 模型预测的 C_l 的变化率同样小于 DDES 模型预测值。

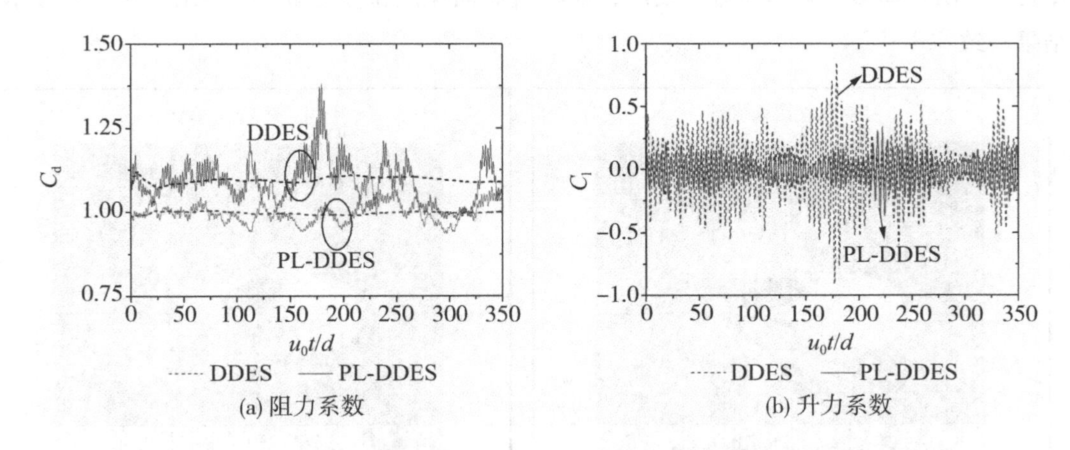

(a) 阻力系数 (b) 升力系数

图 3－3 $Re_0=3900$ 的圆柱绕流中阻力系数和升力系数随时间变化的曲线

图 3－4 是不同模型所预测的 $Re_0=3900$ 的圆柱绕流中升力系数 C_l 的功率谱密度（power spectrum density，PSD）图。图中显示，无论是在高频率还是低频率区域，PL-DDES 模型预测得到的 C_l 的功谱密度都小于 DDES 模型预测值，这一点与图 3－3b 中 C_l 随时间变化的曲线相一致，证明 PL-DDES 模型所预测的 C_l 的变化率小于 DDES 模型预测值。但是两种模型预测的最大功谱密度所对应的无量纲频率相同，均为 0.209。

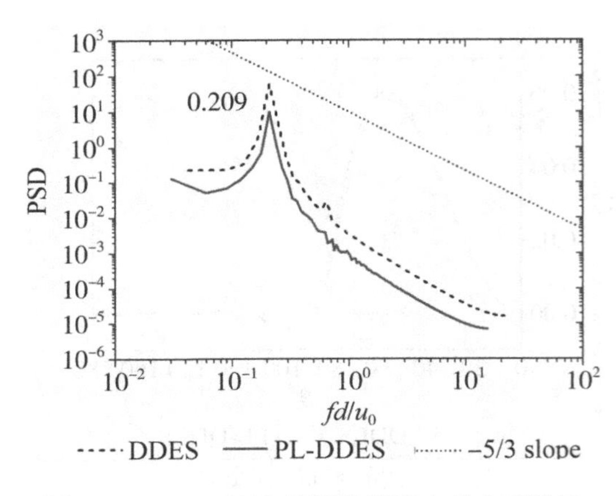

图 3－4　Re_0 =3900 的圆柱绕流中升力系数的功率谱密度图

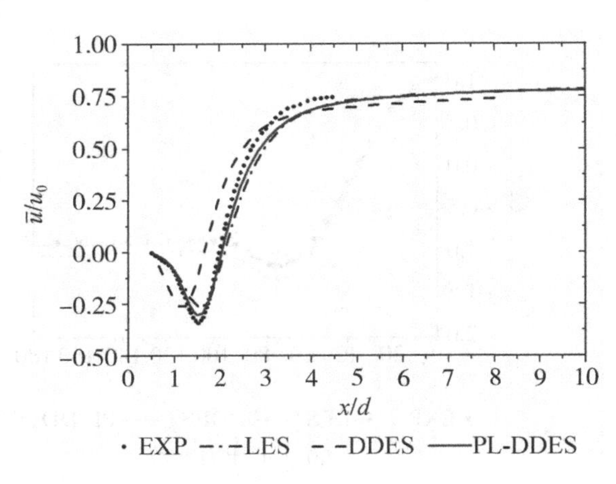

图 3－5　圆柱尾部中心线（$y/d=0$）的平均流向速度分布曲线

图 3－5 是圆柱尾部中心线（$y/d=0$）平均流向速度的分布曲线。图 3－5 显示，PL-DDES模型所预测的流向速度，相比于网格精度更好的 LES，在结果上更为接近实验结果。利用 DDES 模型所预测得到的平均速度在靠近背风面区域大于实验值，并且两者偏差较大。同时，PL-DDES 模型得到的最小平均速度的位置与实验结果之间的偏差最小，而 DDES 模型预测结果的偏差最大。图 3－6 是 PL-DDES 和 DDES 两种模型所预测的 Re_0 = 3900 的圆柱绕流平均流向速度云图和流线图。图中可以看出 PL-DDES 模型预测的回流区域长于 DDES 模型预测的回流区长度，即零值流向速度位置更靠后，与图 3－5 所显示的结果一致。

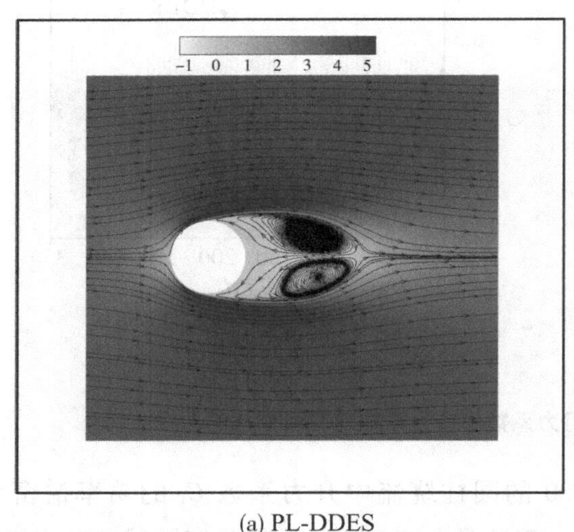

(a) PL-DDES

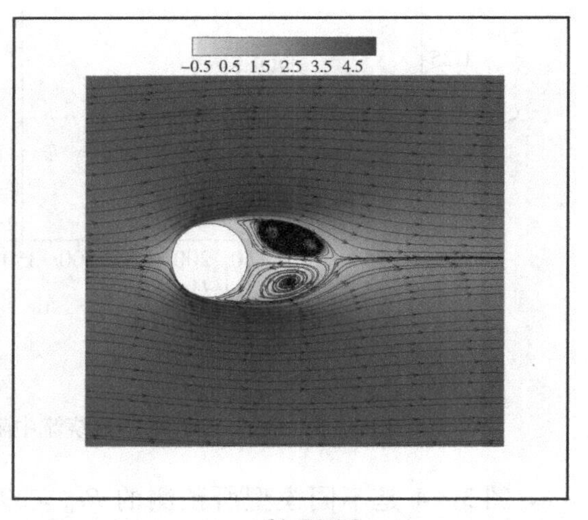

(b) DDES

图 3－6　PL-DDES 和 DDES 两种模型所预测的 Re_0 =3900 的圆柱绕流平均流向速度云图和流线图

图 3－7 是圆柱尾部中心线（$y/d=0$）求解流向雷诺正应力的分布曲线。图中显示，实验值的流向雷诺正应力随着离圆柱的距离越远，先增大至出现第一个峰值后减小，再增大

至出现第二个峰值后减小。LES 模型和 DDES 模型所预测的正应力分布曲线图均只有一个峰值。然而 PL-DDES 模型得到两个峰值，与实验结果相吻合。还可以看出 PL-DDES 模型和 DDES 模型所预测的靠近圆柱区域的正应力大于实验值和 LES 结果，而在峰值出现区域则偏小，这是由本章所设定的网格精度较低所致。

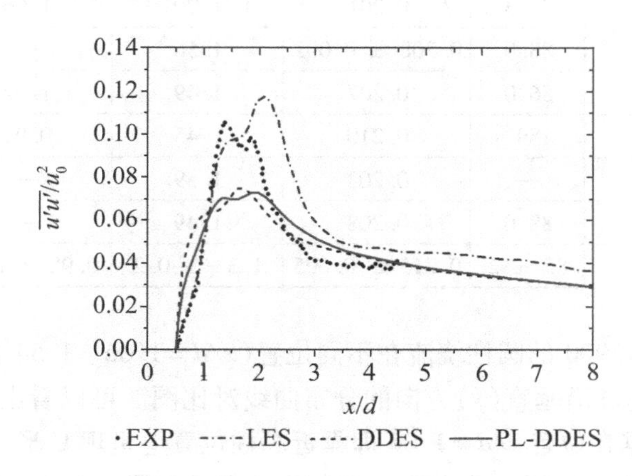

图 3－7 圆柱尾部中心线($y/d=0$)求解流向雷诺正应力分布曲线

表 3－2 是不同模型下 $Re_0=3900$ 的圆柱绕流全局参数与部分文献中预测或实验结果的对比。表中显示，不论是本章所采用的两种模型还是文献中的模型，其所预测的流动分离点都在迎风面，即分离角度 θ_{sep} 小于 90°。各模型的 θ_{sep} 预测值差异很小，且与实验值较吻合。除 SA IDDES 模型之外，各模型预测的 Strouhal 数($St=fd/u_0$，f 是升力的频率)差异也很小，均与实验值较吻合。对于回流区长度 L_r/d 而言，各模型的预测结果差别较大。回流区长度 L_r/d 的定义是圆柱尾部($x/d=0.5$)到尾部中心线上零值平均流向速度位置的距离。PL-DDES 模型和文献中 ML LES 模型[6] 的 L_r/d 预测值略大于 Parnaudeau 等人的实验值，并且 PL-DDES 模型的预测值与实验值偏差很小，而其他方法预测的 L_r/d 都小于实验值，特别是 DDES 模型以及文献中 SST PANS 模型[21] 的预测值。平均阻力系数 $\overline{C_d}$ 除 DDES 模型预测得过大之外，其他方法预测的偏差较小。对比文献中 LES 模型预测的 RMS 阻力系数 C_{d-RMS} 和 RMS 升力系数 C_{l-RMS}[16]，可知相同网格下 PL-DDES 模型的预测偏差小于 DDES 模型。综上所述，一方面，在较粗糙网格精度条件下，PL-DDES 模型可得到具有一定准确度的全局参数。另一方面，相同网格条件下，PL-DDES 模型对全局参数的预测能力优于 DDES 模型。

表 3－2 不同模型下 $Re_0=3900$ 的圆柱绕流全局参数对比

方法	θ_{sep}	St	L_r/d	$\overline{C_d}$	C_{d-RMS}	C_{l-RMS}
PL-DDES	86.5	0.209	1.52	1.00	0.034	0.119
DDES	88.2	0.209	1.15	1.09	0.064	0.258
Jee-DES[22]	86.1	0.214	1.44	1.00	—	—

续表 3－2

方法	θ_{sep}	St	L_r/d	$\overline{C_d}$	C_{d-RMS}	C_{l-RMS}
Luo-SST DES[21]	86.4	0.203	1.46	1.01	—	—
D'Alessandro-SA IDDES[23]	87	0.222	1.43	1.02	—	0.146
Luo-SST PANS[21]	87.3	0.201	1.20	1.06	—	—
Parnaudeau-LES[4]	88.0	0.208 ± 0.002	1.56	—	—	—
Afgan-LES[16]	86.0	0.207	1.49	1.02	0.033	0.137
Wornom-LES[27]	89	0.210	1.45	0.99	—	0.110
Dong-DNS[6]	—	0.203	1.59	—	—	—
Parnaudeau-EXP[4]	88.0	0.208	1.49	—	—	—
Lourenco-EXP[3]	85 ± 2	0.215 ± 0.005	1.33 ± 0.2	0.98 ± 0.05	—	—

图 3－8 是 $Re_0=3900$ 的圆柱绕流在不同位置（$x/d=1.06$、1.54 和 2.02）上平均流向速度和平均垂直方向速度沿垂直（y）方向的分布曲线对比图。可以看出 PL-DDES 模型预测的流向速度和 LES 数据在位置 $x/d=1.06$ 即靠近圆柱位置上呈现 U 形分布，而离圆柱较远位置 $x/d=1.54$ 和 2.02 上呈现 V 形分布，这与实验数据相同。然而，DDES 模型预测的流向速度在位置 $x/d=1.06$ 上呈现 V 形分布，且在位置 $x/d=1.54$ 和 2.02 上大于实验值。图 3－8b 显示 PL-DDES 模型得到的垂直方向速度和 LES 数据在位置 $x/d=1.06$ 上大部分为正值，这与实验数据吻合较好，而 DDES 模型预测的大部分为负值。在位置 $x/d=1.54$ 和 2.02 上，PL-DDES 模型预测的垂直方向速度与实验和 LES 数据偏差微小，但 DDES 模型预测的偏差较为明显。上述结果证明相同网格下 PL-DDES 模型对比 DDES 模型可得到更理想的平均速度场。

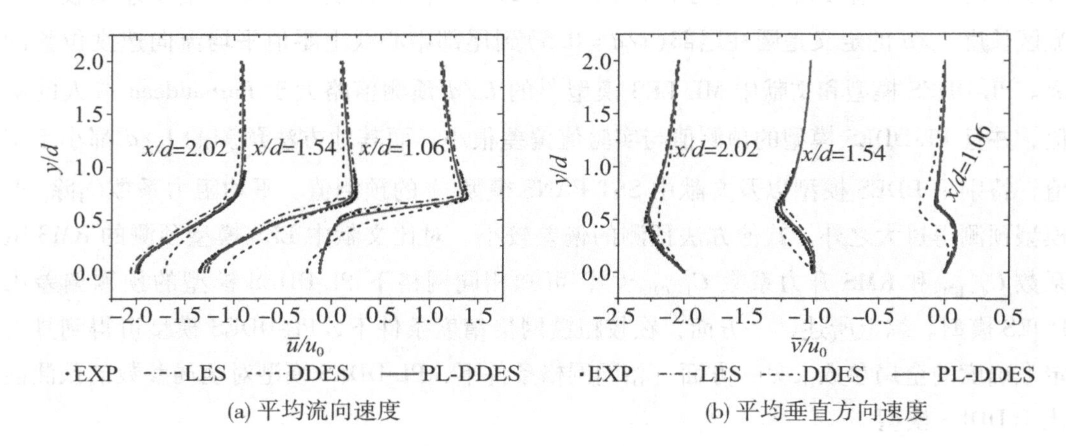

(a) 平均流向速度　　(b) 平均垂直方向速度

图 3－8　$Re_0=3900$ 的圆柱绕流在不同位置上的平均流向速度和平均垂直方向速度分布曲线

图 3－9 是 $Re_0=3900$ 的圆柱绕流在不同位置（$x/d=1.06$、1.54 和 2.02）上流向雷诺正应力和垂直方向雷诺正应力沿垂直（y）方向的分布曲线。可以看出 PL-DDES 模型和 DDES 模型预测的雷诺正应力分布轮廓与实验数据和 LES 数据相同。对于流向雷诺正应力而言，在位置 $x/d=1.54$ 和 2.02 上，两种 DDES 模型预测值偏小，这是因为网格较粗糙，有一部

分被模式化。在位置 $x/d=1.06$ 的 $y/d<0.5$ 区域，PL-DDES 模型预测的雷诺正应力与实验和结果较吻合，而 DDES 模型预测值则偏大。对于垂直方向雷诺正应力而言，在位置 $x/d=2.02$ 上，所有模型的预测值小于实验值。在位置 $x/d=1.06$ 和 1.54 上，PL-DDES 模型的预测值相较于实验值偏小，而 DDES 模型的预测值相较于实验值偏大。

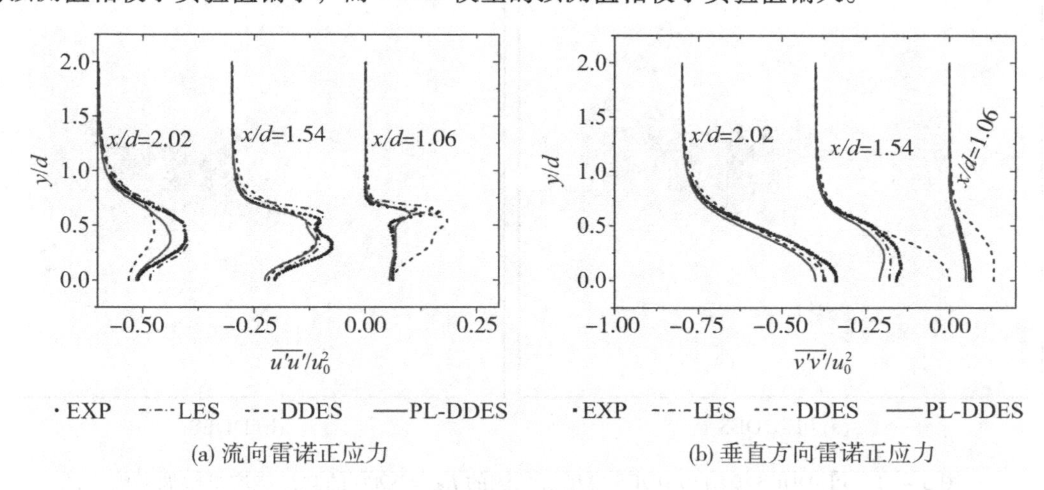

(a) 流向雷诺正应力　　(b) 垂直方向雷诺正应力

3 – 9　$Re_0=3900$ 的圆柱绕流在不同位置上的流向雷诺正应力和垂直方向雷诺正应力分布曲线

图 3 – 10 是 $Re_0=3900$ 的圆柱绕流在不同位置（$x/d=1.06$、1.54 和 2.02）上雷诺剪切应力沿垂直（y）方向的分布曲线。可以看出在位置 $x/d=2.02$ 上，两种 DDES 模型的预测值与实验和 LES 数据的吻合度较高。在位置 $x/d=1.06$ 和 1.54 上，PL-DDES 模型的预测对比实验值偏差微小，而 DDES 模型预测的分布曲线与实验数据大相径庭，偏差非常大。

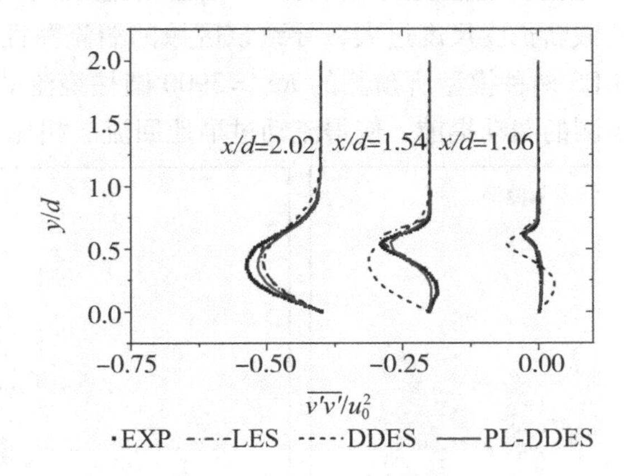

图 3 – 10　$Re_0=3900$ 的圆柱绕流在不同位置上的雷诺剪切应力沿垂直（y）方向分布曲线

结合图 3 – 8、图 3 – 9 和图 3 – 10 中各物理量的分布曲线发现：DDES 模型得到的位置 $x/d=1.06$ 上的物理量之变化趋势和程度与位置 $x/d=1.54$ 上的相似，而位置 $x/d=1.54$ 上的物理量之变化趋势和程度与位置 $x/d=2.02$ 上的实验数据相似。这些说明 DDES 模型所预测的回流区长度过短，同时 DDES 模型预测的尾部剪切层的不稳定性提前发生。图 3 – 11 是PL-DDES 模型和 DDES 模型预测的 $Re_0=3900$ 的圆柱绕流求解湍动能云图。可以看出 DDES 模型求解出的湍动能最大值位置离圆柱更近，同样说明 DDES 模型所预测的回流区长度过短。

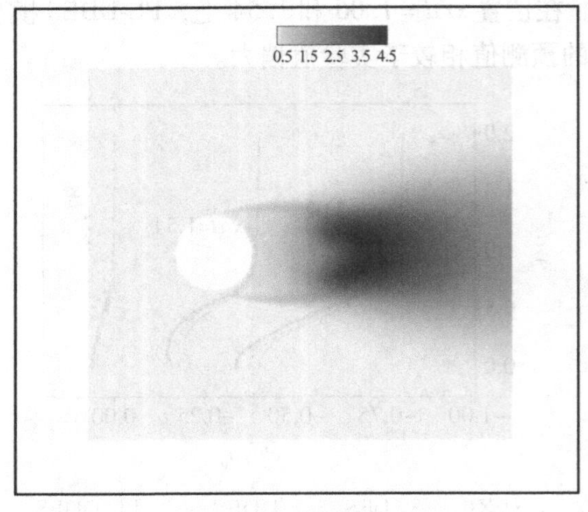

(a) PL-DDES

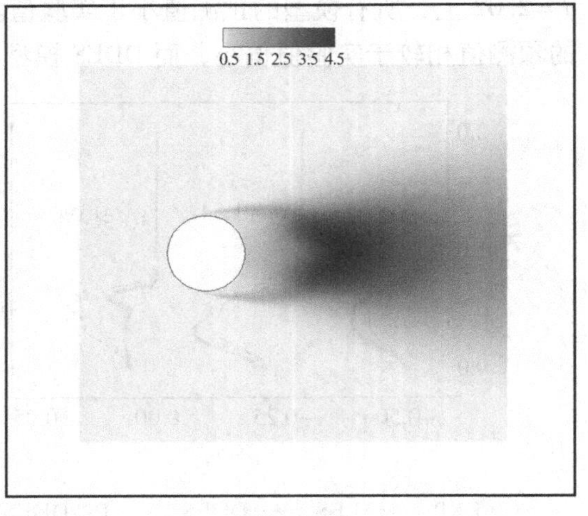

(b) DDES

图 3－11　PL-DDES 模型和 DDES 模型所预测的 $Re_0=3900$ 的圆柱绕流求解湍动能云图

相同网格下，PL-DDES 模型和 DDES 模型预测亚临界 $Re_0=3900$ 圆柱绕流时所得到的结果差异较大。其本质原因在于两者所采用的截断长度尺度不同。第 2 章讨论了后台阶问题，其中 DDES 模型的截断长度尺度过大，导致计算得到的湍流黏性系数过大，从而扩大了回流区。这是因为后台阶回流区的湍流强度较大，所以需要较小的湍流黏性系数来解析更多决定流动结构的湍流涡。而在模拟 $Re_0=3900$ 圆柱绕流时，圆柱尾部近区的湍流强度较低，而 DDES 模型的截断长度尺度过大，导致该区域的湍流黏性系数过大。如图 3－12 所示为 PL-DDES 和 DDES 两种模型所预测的 $Re_0=3900$ 圆柱绕流的湍流黏性系数比云图。这导致 DDES 模型所预测的湍动提前，使得流动过早地回流。相比之下，PL-DDES 模型采

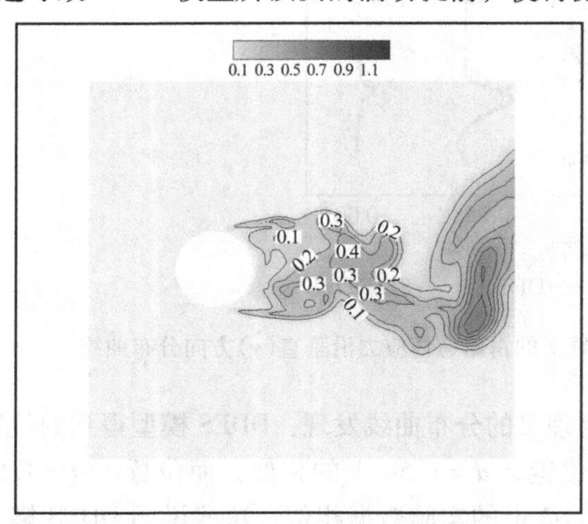

(a) PL-DDES

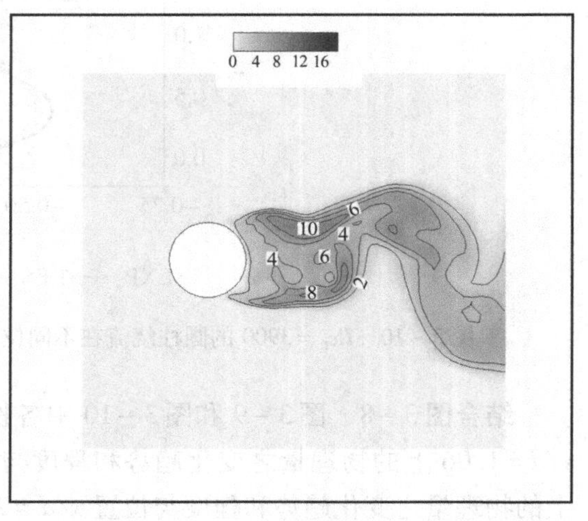

(b) DDES

图 3－12　PL-DDES 和 DDES 两种模型所预测的 $Re_0=3900$ 的圆柱绕流的湍流黏性系数比云图

用的截断长度尺度合理，得到了较小的湍流黏性系数，因此可以得到更理想的流动结构。

3.2 亚临界 Re_0 数波浪圆柱绕流

3.1 节对比了 PL-DDES 模型和 DDES 模型对亚临界 $Re_0=3900$ 圆柱绕流的预测能力。本节将考察 PL-DDES 模型在预测亚临界 Re_0 数波浪圆柱绕流问题方面的效果。波浪圆柱是由 Lam 等[28]提出的用于绕流减阻研究的钝体，其横截面直径沿轴向呈正弦曲线分布。表 3－3 总结了波浪圆柱绕流的文献调研情况。Lam 等[28]首次通过实验研究 $Re_0=20\,000\sim50\,000$ 的波浪圆柱绕流，发现阻力相对圆柱绕流可减小 20%，升力波动亦相对应地减弱。Lam 等[29]利用 LDA、LIFV 和 PIV 实验方法研究 $Re_0=3000\sim9000$ 的波浪圆柱绕流的流动结构，发现波浪圆柱尾部的回流区长度大于圆柱以及波浪圆柱附近有展向流动形成，他们认为这是其减阻的原因。Lam 和 Lin[31]利用 LES 方法研究了 $Re_0=3000$ 的波浪圆柱的结构参数对减阻的影响，发现波长 λ/d_m 在 1.136～3.333 范围内，取值 1.9 时减阻效果最好，并且波幅 a/d_m 取值 0.152 时的减阻效果优于取值 0.091。Lin 等[34]在文献[31]的基础上研究波幅 a/d_m 为 0.152、波长 λ/d_m 在 3.79～7.57 范围内的减阻情况，发现波长 λ/d_m 在 1.136～7.57 范围内，有两个最优减阻点，分别是 1.9 和 6.0。Lam 等[33]和 Zhang 等[37]则关注了倾斜波浪圆柱的研究工作。Yoon 等[36]和 Moon 等[40]研究了非对称表面对波浪圆柱的绕流与传热的影响。Kim 等[19]的 LES 流动和传热模拟发现波浪圆柱的换热性能相对圆柱有所下降，波长取值 1.89 和 6.06 时下降程度最大。邹琳和林玉峰[41]研究了波幅对减阻的影响，发现波幅越大，减阻效果越好。

表 3－3 波浪圆柱绕流文献调研情况总结

作者	方法	Re_0	结构参数		研究内容
			a/d_m	λ/d_m	
Lam 等[28]	热线风速仪	20000～50000	0.091，0.152	1.45～2.723	$\overline{C_d}$，C_p，C_{l-RMS}，St
Lam 等[29]	LDA，LIFV，PIV	3000～9000	0.091	2.273	速度场，$\overline{C_d}$，L_r
Zhang 等[30]	PIV	3000	0.2	2	速度场
Lam 和 Lin[31]	LES	3000	0.091，0.152	1.136～3.333	速度场，$\overline{C_d}$，L_r，C_p，C_{l-RMS}，St，θ_{sep}
Lam 等[32]	LDA，LES	7500	0.15	1.5，6	速度场，$\overline{C_d}$，C_{l-RMS}，St
Lam 等[33]	LDA，LES	3900～20100	0.15	6	α_y，速度场，$\overline{C_d}$，C_{l-RMS}，St
Lin 等[34]	LES	3000	0.152	3.79～7.57	速度场，$\overline{C_d}$，L_r，C_p，C_{l-RMS}，St，θ_{sep}
Zou 和 Lin[35]	LES	3000	0.15	1.5	速度场，$\overline{C_d}$，C_{l-RMS}，St

续表 3-3

作者	方法	Re_0	结构参数		研究内容
			a/d_m	λ/d_m	
Yoon 等[36]	LES	3000	0.152	6.06	速度场，$\overline{C_d}$，L_r，C_p，C_{l-RMS}，St
Zhang 等[37]	LES	5000	0.1，0.15	2，6	α_y，速度场，$\overline{C_d}$，L_r，C_p，C_{l-RMS}，St
Bai 等[38]	PIV	3000	0.15	2，6	POD 分析
Kim 等[39]	LES	3000	0.15	1.136～6.06	Nu，$\overline{C_d}$，C_{l-RMS}，St
Moon 等[10]	LES	3000	0.15	6.06	非对称表面，Nu，$\overline{C_d}$，C_{l-RMS}，St
邹琳 林玉峰[41]	LES	3000	0.05～0.15	2.3	速度场，$\overline{C_d}$，L_r，C_p，C_{l-RMS}，St，θ_{sep}

实验和模拟研究证明波浪圆柱可以有效地减阻，基于这些发现，相信波浪圆柱绕流问题将成为减阻问题中的热点。因此，本节将采用 PL-DDES 模型和 SST DDES 模型来预测 $Re_0=3000$ 波浪圆柱绕流，并对比两者的预测能力。

3.2.1 计算条件

如图 3-13 所示为 $Re_0=3000$ 的波浪圆柱绕流计算域和网格划分图。其中，$Re_0=3000$ 的波浪圆柱绕流计算域为六面体，流向(x 轴正方向)、垂直方向(y 轴正方向)和展向(z 轴正方向)长度分别为 $L_x=24d_m$、$L_y=16d_m$ 和 $L_z=6d_m$，d_m 为波浪圆柱平均直径。波浪圆柱与进口的距离为 $8d_m$，与出口的距离为 $16d_m$，与上下面的距离为 $8d_m$。波浪圆柱直径 d_z 的曲线函数为 $d_z=d_m+2a\cos(2\pi z/\lambda)$，其中 a 为波幅 $0.15d_m$，λ 为波长 $6d_m$。xy 平面的网格划分如图 3-13 所示，网格在靠近波浪圆柱附近加密，靠近圆柱的第一层网格为 $y^+\approx 1$～2。xy 平面的网格数量为 28000，展向网格数量为 40。表 3-4 展示了本章 $Re_0=3000$ 波浪圆柱绕流与文献[34]所采用的计算方法、计算域和网格精度的对比。可以发现本章所采用的展向网格大小为 $0.1875d_m$，远大于文献[34]中所采用的网格，但是，xy 平面网格精度

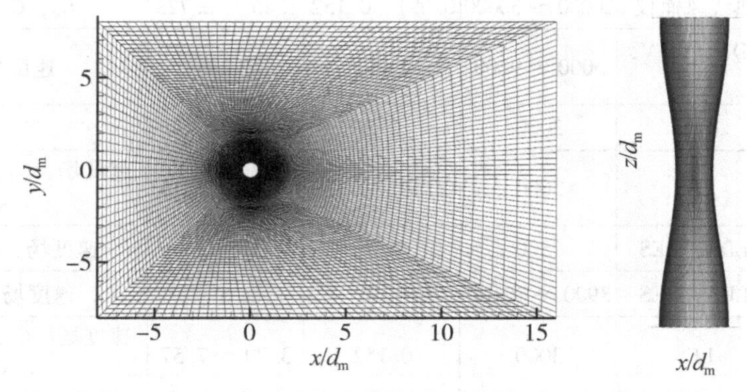

图 3-13 $Re_0=3000$ 的波浪圆柱绕流计算域和网格划分图

优于文献[34]的网格。

表 3-4 $Re_0=3900$ 波浪圆柱绕流计算方法、计算域和网格精度

计算方法	计算域	网格数量 $N_{xy}\times N_z$	展向网格大小
PL-DDES	六面体 $24d_m\times16d_m\times6d_m$	28000×32	$0.1875d_m$
SST DDES	六面体 $24d_m\times16d_m\times6d_m$	28000×32	$0.1875d_m$
Lin-LES[34]	六面体 $24d_m\times16d_m\times6.06d_m$	16000×100	$0.0606d_m$

本章所采用的进口边界条件为速度入口，速度为均匀分布，湍动能为 0。出口为压力出口。上下面为对称边界条件，波浪圆柱为速度无滑移固壁边界条件。时间步长的设定上保证了大部分区域 CFL 小于 1.0。数据的统计在大于 20 个涡街循环后开始，整个统计时间大约为 100 个涡街循环。

结果讨论中的参考数据来自 Lin 等[34]的 LDV 实验数据和 LES 模拟数据。另外，本章在相同网格下，采用 SST DDES 模型对 $Re_0=3000$ 的波浪圆柱绕流进行预测，并将预测结果与 PL-DDES 模型和 DDES 模型进行对比。

3.2.2 结果与讨论

图 3-14 是波浪圆柱表面 $z/\lambda=0$ 节部和 $z/\lambda=0.5$ 鞍部处的压力系数 C_p 沿圆柱表面的分布曲线。图 3-14a 显示 PL-DDES 模型和 DDES 模型所预测的节部 C_p 数据和 LES 数据吻合良好，在迎风面区域($\theta<90°$)几乎均和 LES 数据重合，在背风面区域($\theta>90°$)均略大于 LES 数据。图 3-14b 显示两种模型所预测的鞍部 C_p 数据在迎风面区域小于 LES 数据，在背风面区域与 LES 数据吻合理想。同时发现 PL-DDES 模型和 DDES 模型所预测的 C_p 差异不大，说明两者都具备预测压力系数的良好能力。

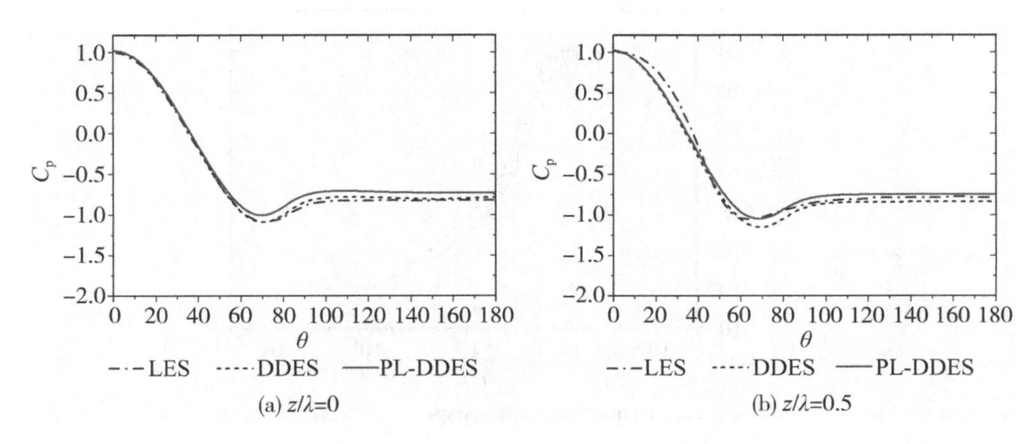

图 3-14 波浪圆柱表面 $z/\lambda=0$ 节部和 $z/\lambda=0.5$ 鞍部处压力系数 C_p 沿圆柱表面的分布曲线

$Re_0=3000$ 的波浪圆柱绕流阻力系数 C_d 和升力系数 C_l 随时间变化的曲线如图 3-15

所示。图 3－15a 显示 DDES 模型预测的 C_d 的变化范围为 0.88～0.98，而 PL-DDES 模型预测的 C_d 的变化范围为 0.85～0.95。所以 PL-DDES 模型预测的 C_d 的平均值小于 DDES 模型所预测的。图 3－15b 显示 DDES 模型预测的 C_l 的变化范围为 －0.13～0.13，而 PL-DDES 模型预测的 C_l 的变化范围为 －0.08～0.08。所以 PL-DDES 模型预测的 C_l 的变化率同样小于 DDES 模型预测值的。

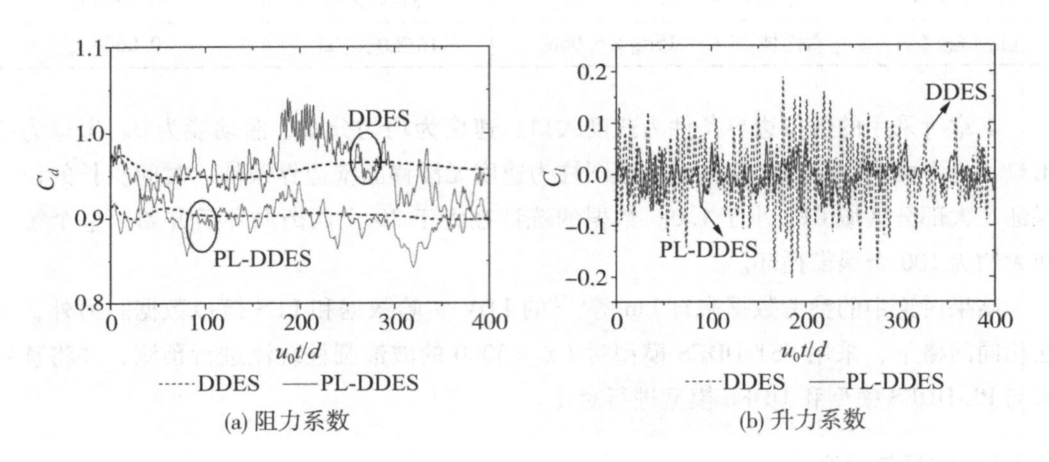

图 3－15　两种模型所预测的 $Re_0=3000$ 的波浪圆柱绕流阻力系数和升力系数随时间变化的曲线

图 3－16 是 $Re_0=3000$ 的波浪圆柱绕流升力系数 C_l 的功率谱密度图。图中显示，无论是在高频率还是低频率区域，PL-DDES 模型预测的 C_l 的功率谱密度都小于 DDES 模型的预测值，这与后文图 3－35b 中 C_l 随时间变化曲线相一致，证明 PL-DDES 模型预测的 C_l 的变化率小于 DDES 模型预测值。但两种模型预测的最大功率谱密度值所对应的无量纲频率相同，同为 0.174。

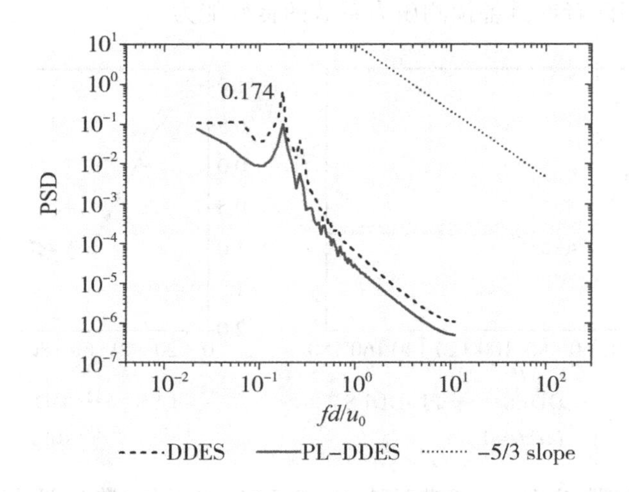

图 3－16　$Re_0=3000$ 的波浪圆柱绕流中升力系数的功率谱密度图

图 3－17 是 $Re_0=3000$ 的波浪圆柱绕流在不同 z/λ 下尾部中心线（$y/d=0$）上的平均流

向速度分布曲线图。图 3－17a 展示了 PL-DDES 模型所预测的 $z/\lambda=0$ 上尾部的流向速度分布。在靠近波浪圆柱的区域，该预测与 LES 数据大致重合；在远离波浪圆柱的区域，其预测略大于 LES 数据，但总体上与实验值相吻合。在图 3－17c 中，PL-DDES 模型所预测的 $z/\lambda=0.5$ 上尾部其流向速度分布显示，在靠近波浪圆柱区域，其与 LES 数据和实验值之间的偏差较小，但在远离圆柱的区域，其小于 LES 数据和实验值，且偏差较大。此外，图中还显示 DDES 模型所预测的流向速度的零值位置更靠近圆柱，并且其整体数据与 LES 数据和实验值之间的偏差大于 PL-DDES 模型所预测的。

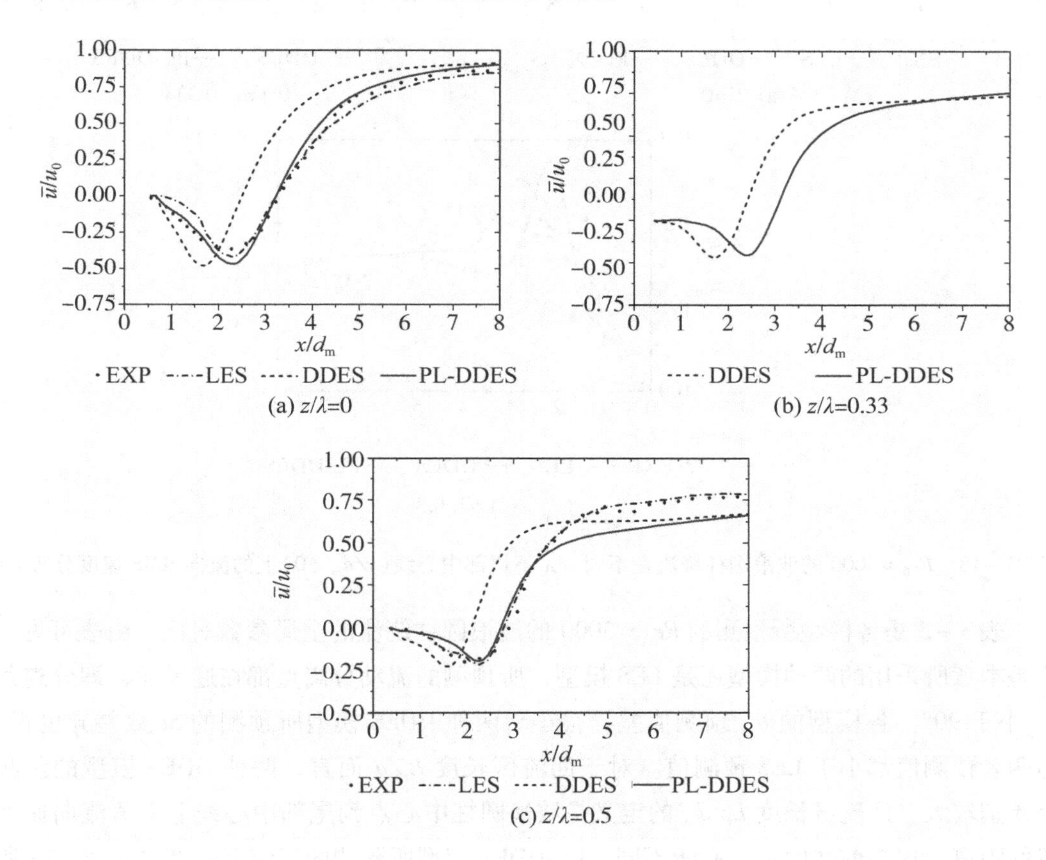

图 3－17　$Re_0=3000$ 的波浪圆柱绕流在不同 z/λ 下尾部中心线（$y/d=0$）上的平均流向速度分布曲线

图 3－18 是 $Re_0=3000$ 的波浪圆柱绕流在不同 z/λ 下尾部中心线（$y/d=0$）上的流向 RMS 速度分布曲线图。图 3－18a 和图 3－18c 分别显示 $z/\lambda=0$ 和 $z/\lambda=0.3$ 处 LES 预测值和实验值的流向 RMS 速度均随着离圆柱的距离的增大而先增大后减小，且均仅有一个峰值。同样地，PL-DDES 模型和 DDES 模型所预测的 RMS 速度分布也均仅有一个峰值。图中还显示，与 PL-DDES 模型相比，DDES 模型所预测的流向 RMS 速度的峰值位置更靠近圆柱。

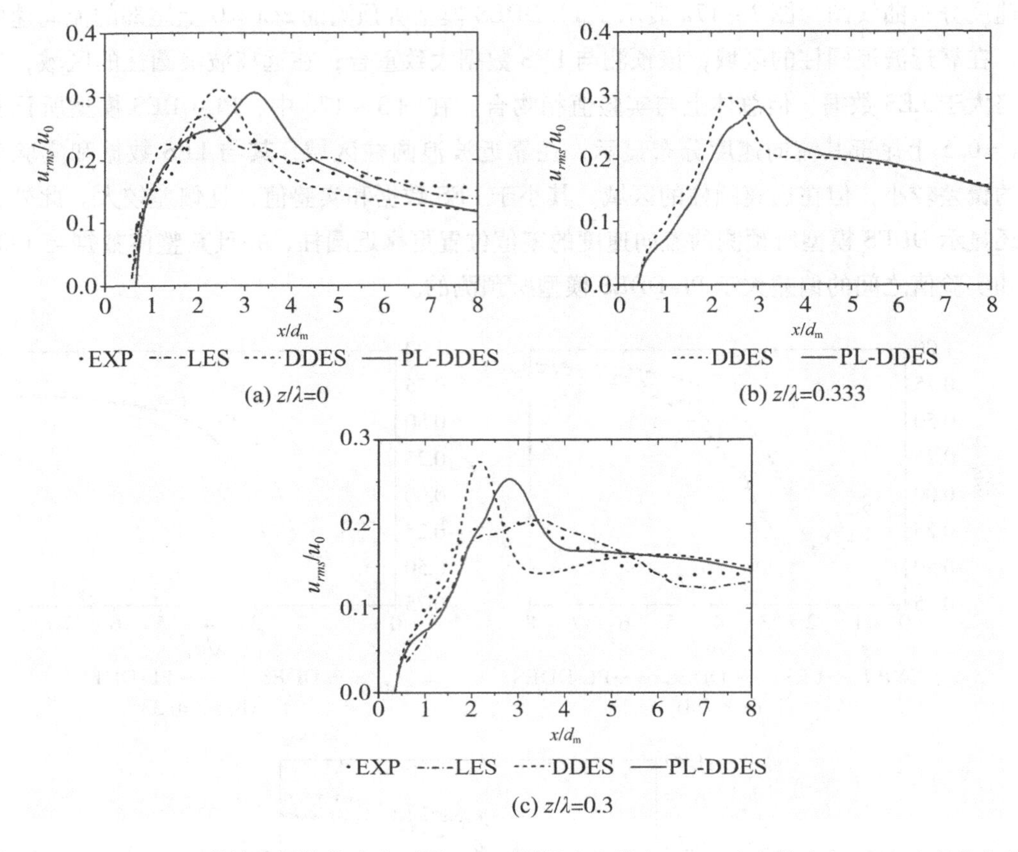

图 3-18　$Re_0=3000$ 的波浪圆柱绕流在不同 z/λ 下尾部中心线（$y/d_m=0$）上的流向 RMS 速度分布曲线

表3-5是各模型所预测的 $Re_0=3000$ 的波浪圆柱绕流的全局参数对比。由表可见，不论是本章所采用的两种模型还是 LES 模型，所预测的流动分离点都在迎风面，即分离角度 θ_{sep} 小于 90°。各模型的 θ_{sep} 预测值差异很小。两种 DDES 模型所预测的 St 数差异也很小，但两者预测值都小于 LES 预测值。对于回流区长度 L_r/d 而言，两种 DDES 模型的预测结果差别较大。回流区长度 L_r/d_m 的定义是波浪圆柱中心点到尾部中心线上零值流向速度位置的距离，这与前文的定义有所不同。PL-DDES 模型所预测的回流区长度略小于 LES 所得数据，最大偏差为 -5.4%。但是 DDES 模型预测的回流区长度最大偏差达到 -16.9%。对于平均阻力系数 $\overline{C_d}$ 和 RMS 阻力系数 C_{d-RMS}，PL-DDES 模型的预测值与 LES 数据相比偏差微小，而 DDES 模型的预测值则与 LES 数据相比偏差则较大。综上所述，一方面，PL-DDES 模型在全局参数的预测上显示出良好的准确度。另一方面，在相同网格条件下，PL-DDES 对全局参数的预测能力优于 DDES 模型。

表 3－5　$Re_0=3000$ 的波浪圆柱绕流全局参数对比

方法	θ_{sep}			St	L_r/d_m			$\overline{C_d}$	C_{l-RMS}
	$z/\lambda=0$	$z/\lambda=0.333$	$z/\lambda=0.5$		$z/\lambda=0$	$z/\lambda=0.333$	$z/\lambda=0.5$		
PL-DDES	86.38	86.00	85.73	0.174	3.271	2.910	2.725	0.899	0.024
DDES	87.45	86.82	86.31	0.174	2.481	2.249	2.091	0.956	0.064
LES[34]	88.88	88.62	88.53	—	3.309	3.007	2.810	0.904	0.013

图 3－19 是 $Re_0=3000$ 的波浪圆柱绕流于 $z/\lambda=0$ 和 $z/\lambda=0.5$ 平面位置上且 $x/d_m=3.0$ 时的平均流向速度沿垂直(y)方向的分布曲线。可以看出 PL-DDES 模型预测的流向速度和 LES 结果均呈现 V 形分布，而 DDES 模型的预测数据则更接近 U 形分布。同时，在 $z/\lambda=0$、$y/d_m=0$ 处，DDES 模型预测值与 LES 数据的符号相反。以上结果和图 3－17 的对比结果可证明，相同网格下 PL-DDES 模型相比 DDES 模型，可得到更理想的平均速度场。

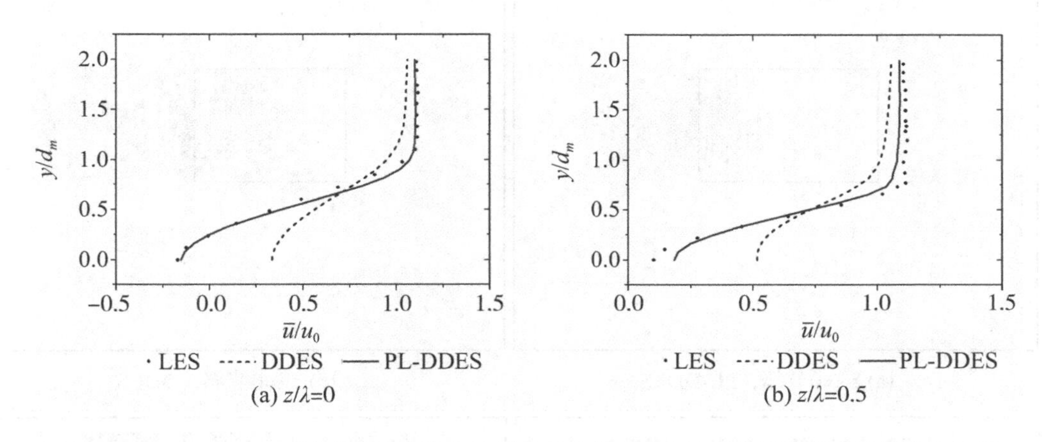

图 3－19　$Re_0=3000$ 的波浪圆柱绕流在不同位置上且 $x/d_m=3$ 时的平均流向速度分布曲线

图 3－20 是 $Re_0=3000$ 的波浪圆柱绕流在不同位置($z/\lambda=0$ 和 $z/\lambda=0.5$)上且 $x/d_m=2.0$ 时的流向 RMS 速度沿垂直(y)方向的分布曲线。由图可见，PL-DDES 模型和 DDES 模型所预测的 RMS 速度差异很大，PL-DDES 模型的预测值整体要小于 DDES 模型的预测值。结合图 3－21 的 $Re_0=3000$ 波浪圆柱绕流求解湍动能云图可知，无论是节部平面还是鞍部平面上，DDES 模型所求解的湍动能的最大值离圆柱更近，说明尾部剪切层的不稳定提前发生，导致回流区长度变得更短。而 PL-DDES 模型求解的湍动能最大值离圆柱更远，流动回流位置更远，更与实验及 LES 结果吻合。

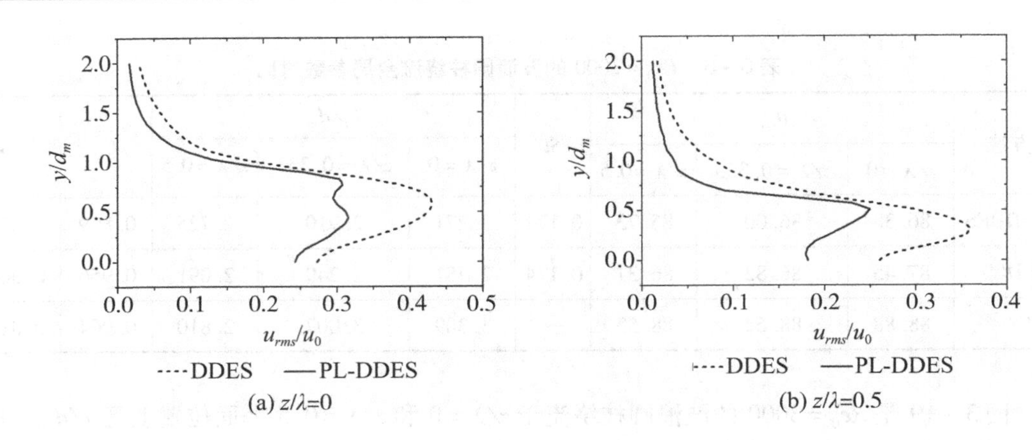

(a) $z/\lambda=0$ (b) $z/\lambda=0.5$

图 3－20 $Re_0=3000$ 的波浪圆柱绕流在不同位置上且 $x/d_m=2$ 时的流向 RMS 速度分布曲线

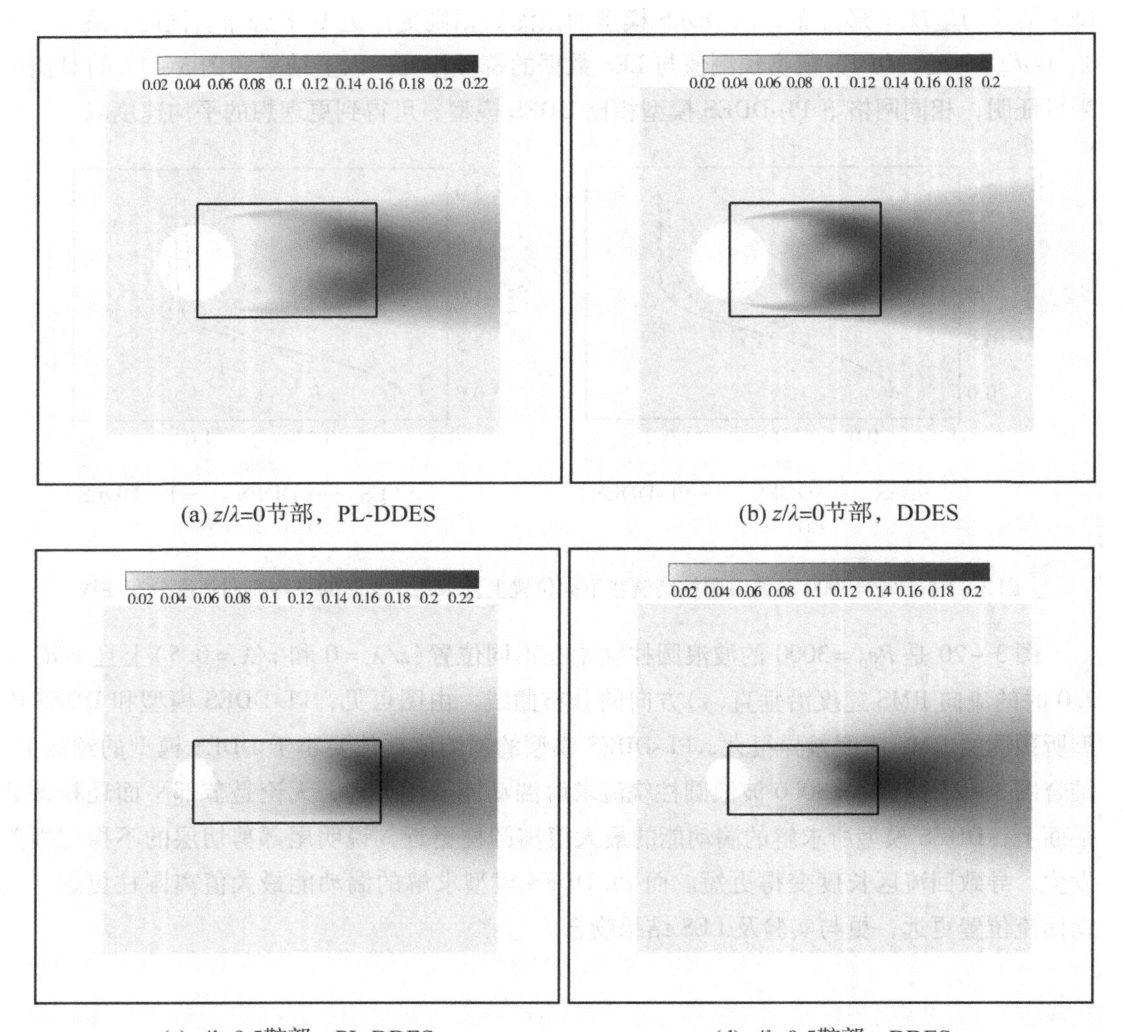

(a) $z/\lambda=0$节部，PL-DDES (b) $z/\lambda=0$节部，DDES

(c) $z/\lambda=0.5$鞍部，PL-DDES (d) $z/\lambda=0.5$鞍部，DDES

图 3－21 $Re_0=3000$ 波浪圆柱绕流求解湍动能云图

综上可知，相同网格条件下，PL-DDES 模型和 DDES 模型预测亚临界 $Re_0=3000$ 波浪圆柱绕流时所得到的结果差异比较大。其本质原因在于两者所采用的截断长度尺度不同。上一节已讨论，DDES 模型的截断长度尺度过大，导致该区域计算得到的湍流黏性系数较大。但是 PL-DDES 模型采用的截断长度尺度更为合理，故其所得到的湍流黏性系数较小。如图3－22 所示，无论是节部平面还是鞍部平面上，DDES 模型求解得到的湍流黏性系数均大于 PL-DDES 模型预测值，并且最大值位置更加靠近圆柱。因此可知 DDES 模型所预测的湍动提前出现，导致流动过早地产生回流现象。相比之下，PL-DDES 模型可以得到较理想的流动结构。

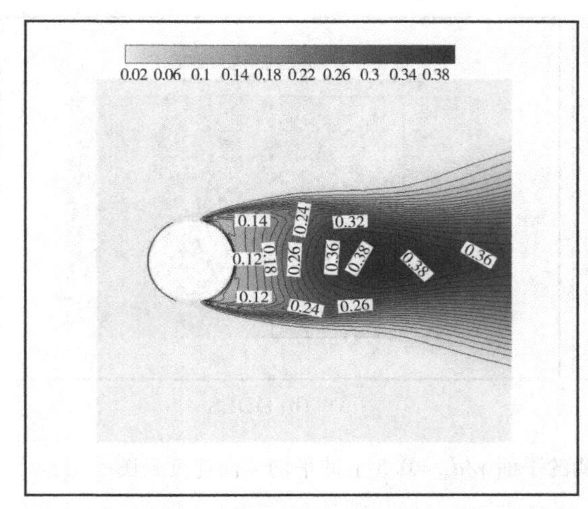

(a) $z/\lambda=0$节部，PL-DDES

(b) $z/\lambda=0$节部，DDES

(c) $z/\lambda=0.5$鞍部，PL-DDES

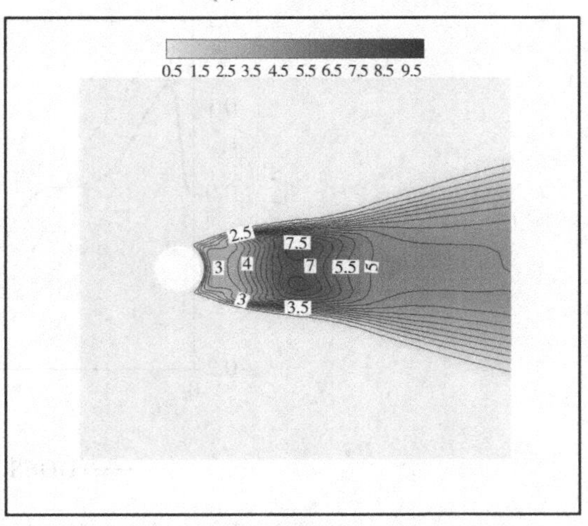

(d) $z/\lambda=0.5$鞍部，DDES

图 3－22 $Re_0=3000$ 波浪圆柱绕流求解湍流黏性系数比云图

与常规圆柱对比，波浪圆柱之所以能有减阻作用，其原因在于流体在流过波浪圆柱的过程中，能在尾部形成展向流动结构。图 3－23 是 PL-DDES 和 DDES 模型所预测的平面

$y/d_m=0.5$ 上的平均展向速度云图。可以看出在圆柱尾部，展向速度不为 0，靠近圆柱的展向速度方向为从节部指向鞍部，离圆柱较远区域展向速度方向为从鞍部指向节部，表明两种 DDES 模型均可求解得到与实验相吻合的展向流动结构。对比两种 DDES 模型所求解的平均展向速度云图，发现 PL-DDES 模型求解得到的展向流动结构区域大于 DDES 模型所得到的区域。图 3－24 是 $y/d_m=0.5$、$z/\lambda=1.5$ 上的平均展向速度分布曲线，对比发现 PL-DDES 模型所得到展向速度的最小值位置离圆柱更远，这说明 PL-DDES 模型可得到更长的回流区域。因此，展向速度的分布对比证明 PL-DDES 模型可求解得到更准确的波浪圆柱绕流的 3D 流动结构。

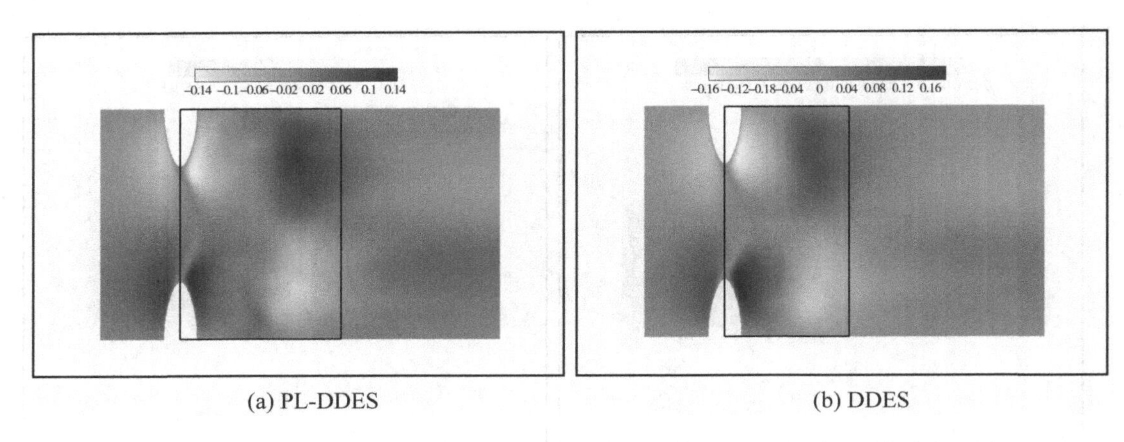

(a) PL-DDES　　(b) DDES

图 3－23　PL-DDES 和 DDES 模型所预测的平面 $y/d_m=0.5$ 上的平均展向速度云图

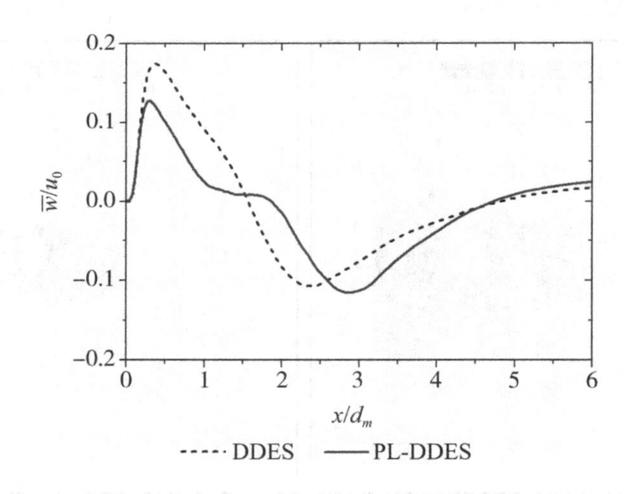

图 3－24　$y/d_m=0.5$、$z/\lambda=1.5$ 上平均展向速度分布曲线

3.3　本章小结

本章考察了 PL-DDES 模型对亚临界 $Re_0 = 3900$ 的圆柱绕流和 $Re_0 = 3000$ 的波浪圆柱绕流的预测能力，并在相同网格条件下，将其预测结果与 SST DDES 模型进行对比，以研究截断长度尺度对模拟亚临界绕流的影响机理。研究发现 PL-DDES 模型相比 DDES 模型具备更优的预测绕流的能力。详细结论如下：

(1)由于 PL-DDES 模型所采用的截断长度尺度小于 DDES 模型所采用的，PL-DDES 模型可得到更小的湍流黏性系数，从而得到更合理的绕流尾迹剪切层不稳定性的发生位置和回流区长度。

(2)两种 DDES 模型预测的绕流分离点和 *St* 数差异较小。但是，PL-DDES 模型所预测得到的阻力系数和升力系数与实验数据和 LES 数据更为吻合，而 DDES 模型的预测结果偏差则较大。

(3)相比 DDES 模型，PL-DDES 模型预测的绕流 3D 流动结构与实验结果和 LES 预测结果更相符。

参考文献

[1] SCHLICHTING H, GERSTEN K. Boundary-Layer Theory[M]. 8th Edition. Berlin: Springer, 2009.

[2] ONG L, WALLACE J. The velocity field of the turbulent very near wake of a circular cylinder [J]. Experiments in Fluids, 1996, 20: 441 - 453.

[3] LOURENCO L . Characteristics of the plane turbulent near wake of a circular cylinder: A particle image velocimetry study[J]. Engineering, Physics 1993, 120: 25 - 32.

[4] PARNAUDEAU P, CARLIER J, HEITZ D, et al. Experimental and numerical studies of the flow over a circular cylinder at Reynolds number 3900[J]. Physics of Fluids, 2008, 20: 85 - 101.

[5] MA X, KARAMANOS G S, KARNIADAKIS G E. Dynamics and low-dimensionality of a turbulent near wake [J]. Journal of Fluid Mechanics, 2000, 410: 29 - 65.

[6] DONG S, KARNIADAKIS G E, EKMEKCI A, et al. A combined direct numerical simulation-particle image velocimetry study of the turbulent near wake[J]. Journal of Fluid Mechanics, 2006, 569: 185 - 207.

[7] BEAUDAN P. Numerical Experiments on the Flow Past a Circular Cylinder at Sub-critical Reynolds Number [J]. Report TF - 62, 1994.

[8] KRAVCHENKO A G, MOIN P. Numerical studies of flow over a circular cylinder at ReD = 3900[J]. Physics of Fluids, 2000, 12: 403 - 417.

[9] MAHESH K, CONSTANTINESCU G, MOIN P. A numerical method for large-eddy simulation in complex geometries[J]. Journal of Computational Physics, 2004, 197: 215 - 240.

[10] BREUER M. Large eddy simulation of the subcritical flow past a circular cylinder: numerical and modeling

aspects[J]. International Journal for Numerical Methods in Fluids, 1998, 28: 1281 – 1302.

[11] FRANKE J, FRANK W. Large eddy simulation of the flow past a circular cylinder at ReD = 3900 [J]. Journal of Wind Engineering and Industrial Aerodynamics, 2002, 90: 1191 – 1206.

[12] MANI A L I, MOIN P, WANG M. Computational study of optical distortions by separated shear layers and turbulent wakes[J]. Journal of Fluid Mechanics, 2009, 625: 273 – 298.

[13] MEYER M, HICKEL S, ADAMS N A. Assessment of Implicit Large-Eddy Simulation with a Conservative Immersed Interface Method for turbulent cylinder flow[J]. International Journal of Heat and Fluid Flow, 2010, 31: 368 – 377.

[14] OUVRARD H, KOOBUS B, DERVIEUX A, et al. Classical and variational multiscale LES of the flow around a circular cylinder on unstructured grids[J]. Computers & Fluids, 2010, 39: 1083 – 1094.

[15] LYSENKO D A, ERTESVÅG I S, RIAN K E. Large-Eddy Simulation of the Flow Over a Circular Cylinder at Reynolds Number 3900 Using the OpenFOAM Toolbox[J]. Flow, Turbulence and Combustion, 2012, 89: 491 – 518.

[16] AFGAN I, KAHIL Y, BENHAMADOUCHE S, et al. Large eddy simulation of the flow around single and two side-by-side cylinders at subcritical Reynolds numbers[J]. Physics of Fluids, 2011, 23: 75 – 101.

[17] ZHANG H, YANG J-M, XIAO L-F, et al. Large-eddy simulation of the flow past both finite and infinite circular cylinders at *Re* = 3900[J]. Journal of Hydrodynamics, 2015, 27: 195 – 203.

[18] 战庆亮，周志勇，葛耀君. *Re* = 3900 圆柱绕流的三维大涡模拟[J]. 哈尔滨工业大学学报，2015, 47: 75 – 79.

[19] 端木玉，万德成. 雷诺数为 3900 时三维圆柱绕流的大涡模拟[J]. 海洋工程，2016, 34: 15 – 24.

[20] 乔永亮，桂洪斌. 无限长圆柱绕流的三维数值模拟[J]. 船舶工程，2015, 37(9): 22 – 26.

[21] LUO D, YAN C, LIU H, et al. Comparative assessment of PANS and DES for simulation of flow past a circular cylinder[J]. Journal of Wind Engineering and Industrial Aerodynamics, 2014, 134: 65 – 77.

[22] JEE S, SHARIFF K. Detached-eddy simulation based on the v2-f model[J]. International Journal of Heat and Fluid Flow, 2014, 46: 84 – 101.

[23] D'ALESSANDRO V, MONTELPARE S, RICCI R. Detached-eddy simulations of the flow over a cylinder at *Re* = 3900 using OpenFOAM[J]. Computers & Fluids, 2016, 136: 152 – 169.

[24] PEREIRA F S, VAZ G, EÇA L, et al. Simulation of the flow around a circular cylinder at *Re* = 3900 with Partially-Averaged Navier-Stokes equations[J]. International Journal of Heat and Fluid Flow, 2018, 69: 234 – 246.

[25] 刘佳，赵瑞，林博希，等. DES 方法圆柱绕流数值模拟[C]. 第十五届全国计算流体力学会议. 2012.

[26] 赵伟文，万德成. 用 SST-DES 和 SST-URANS 方法数值模拟亚临界雷诺数下三维圆柱绕流问题[J]. 水动力学研究与进展，2016, 31: 1 – 8.

[27] WORNOM S, OUVRARD H, SALVETTI M V, et al. Variational multiscale large-eddy simulations of the flow past a circular cylinder: Reynolds number effects[J]. Computers & Fluids, 2011, 47: 44 – 50.

[28] LAM K, WANG F H, LI J Y, et al. Experimental investigation of the mean and fluctuating forces of wavy (varicose) cylinders in a cross-flow[J]. Journal of Fluids and Structures, 2004, 19: 321 – 334.

[29] LAM K, WANG F H, SO R M C. Three-dimensional nature of vortices in the near wake of a wavy cylinder

[J]. Journal of Fluids and Structures, 2004, 19: 815 – 833.

[30] ZHANG W, DAICHIN, LEE S J. PIV measurements of the near-wake behind a sinusoidal cylinder [J]. Experiments in Fluids, 2005, 38: 824 – 832.

[31] LAM K, LIN Y F. Large eddy simulation of flow around wavy cylinders at a subcritical Reynolds number [J]. International Journal of Heat and Fluid Flow, 2008, 29: 1071-1088.

[32] LAM K, LIN Y F, ZOU L, et al. Experimental study and large eddy simulation of turbulent flow around tube bundles composed of wavy and circular cylinders[J]. International Journal of Heat and Fluid Flow, 2010, 31: 32 – 44.

[33] LAM K, LIN Y F, ZOU L, et al. Investigation of turbulent flow past a yawed wavy cylinder[J]. Journal of Fluids and Structures, 2010, 26: 1078 – 1097.

[34] LIN Y F, BAI H L, ALAM M M, et al. Effects of large spanwise wavelength on the wake of a sinusoidal wavy cylinder[J]. Journal of Fluids and Structures, 2016, 61: 392 – 409.

[35] ZOU L, LIN Y-F. Force Reduction of Flow Around a Sinusoidal Wavy Cylinder [J]. Journal of Hydrodynamics, 2009, 21: 308 – 315.

[36] YOON H S, SHIN H, KIM H. Asymmetric disturbance effect on the flow over a wavy cylinder at a subcritical Reynolds number[J]. Physics of Fluids, 2017, 29: 95 – 102.

[37] ZHANG K, KATSUCHI H, ZHOU D, et al. Large eddy simulation of flow over inclined wavy cylinders [J]. Journal of Fluids and Structures, 2018, 80: 179 – 198.

[38] BAI H L, ZANG B, NEW T H. The near wake of a sinusoidal wavy cylinder with a large spanwise wavelength using time-resolved particle image velocimetry[J]. Experiments in Fluids, 2018, 60: 15.

[39] KIM M I, YOON H S. Large eddy simulation of forced convection heat transfer from wavy cylinders with different wavelengths[J]. International Journal of Heat and Mass Transfer, 2018, 127: 683 – 700.

[40] MOON J, YOON H S, KIM H J, et al. Forced convection heat transfer from an asymmetric wavy cylinder at a subcritical Reynolds number [J]. International Journal of Heat and Mass Transfer, 2019, 129: 707 – 720.

[41] 邹琳，林玉峰．亚临界雷诺数下波浪型圆柱绕流的数值模拟及减阻研究[J]．水动力学研究与进展，2010，25：31 – 36.

4 基于定值 Pr_t 数的强制对流传热模拟

在工程领域，预测和控制热量传递对于节约能源和保证设备安全至关重要。湍流的一个重要特性是可强化传热传质，所以工程设备中的流动很多是湍流。因此，研究湍流中的热量传递意义重大。对流传热一般分为强制对流传热、自然对流传热以及混合对流传热，本章主要研究强制对流传热。过滤温度控制方程中的湍流热通量项的封闭是求解温度方程的关键。而封闭湍流热通量项的方法中最为简单的是梯度扩散假设（gradient diffusion hypothesis，GDH）。GDH 方法中，Pr_t 数是影响预测结果的关键参数。本章先探讨了 PL-DDES 模型联合定值 $Pr_t=0.9$ 在预测平板槽道内强制对流传热和库埃特流动与强制对流传热方面的表现，再考察 PL-DDES 模型对波浪槽道内流动与强制对流传热的预测效果。

4.1 平板槽道内强制对流传热模拟

4.1.1 计算条件

平板槽道充分发展流与强制对流传热模拟的计算区域和网格与第 2 章中流动模拟的相同。流动的 Re_τ数为 550、2000、10 000，流体 Pr 数为 0.71。将流向压力梯度设为定值，流向和展向设为周期性边界条件，上下固壁设为速度无滑移边界条件。对于 $Re_\tau=550$ 和 10 000，温度方程中增加均匀分布的定值内热源。对于 $Re_\tau=2000$，上下固壁的温度分别设为 1 和 0，无内热源。温度方程对流项采用有界中心差分格式离散，其含有内热源的形式如下式：

$$\rho\frac{\partial T}{\partial t}+\rho\frac{\partial}{\partial x_i}(u_iT)=\frac{\partial}{\partial x_i}\left[\left(\frac{\mu}{Pr}+\frac{\mu_t}{Pr_t}\right)\frac{\partial T}{\partial x_i}\right]+Q \qquad (4-1)$$

式中，Pr_t 设为定值 0.9。

4.1.2 PL-DDES 模型与 IDDES 模型的对比

本节将对比 PL-DDES 模型与 IDDES 模型预测平板槽道流动与强制对流传热的效果。如图 4-1 所示为 $Re_\tau=550$ 下平板槽道内平均流向速度的分布曲线。对比 DNS 数据[1]，在靠近固壁区域（$y^+<20$），PL-DDES 模型与 IDDES 模型所预测的速度分布和 DNS 数据重合。在远离固壁区域，IDDES 模型预测的速度均大于 DNS 数据，表明其速度分布呈现一

定程度的 LLM 问题。但是，PL-DDES 模型预测的速度分布则没有出现 LLM 问题，与 DNS 数据吻合理想。

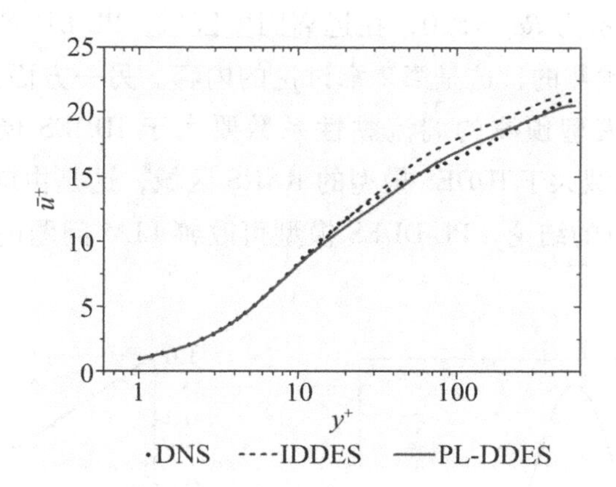

图 4 - 1　$Re_\tau = 550$ 下平板槽道内流体的平均流向速度分布曲线

图 4 - 2 是两种坐标下 $Re_\tau = 550$ 下平板槽道内流体的平均温度分布曲线，温度被摩擦温度[friction temperature，$T_r = (\mathrm{d}\overline{T}/\mathrm{d}y)_{\mathrm{wall}}\mu/u_\tau \rho Pr$]无量纲化。PL-DDES 模型与 IDDES 模型所预测的温度分布，在靠近固壁区域大致与 DNS 数据重合。但是，在槽道中心区域，IDDES 模型预测的温度分布与预测的速度分布一样，均出现 LLM 问题，预测的温度数据大于 DNS 数据；而在此区域内，PL-DDES 模型所预测的温度分布则可较好地与 DNS 数据相吻合。同时，可发现 PL-DDES 所预测的温度在槽道中心区域略小于文献中的 Kader 关联式[2]所计算得到的数据。这是因为 Kader 关联式是基于定热流密度强制对流传热实验拟合的公式，而 DNS 数据则来自变热流密度和定值均匀内热源算例，所以两者存在差异。但是 Kader 关联式可以作为高 Re_τ 数算例的参考数据。

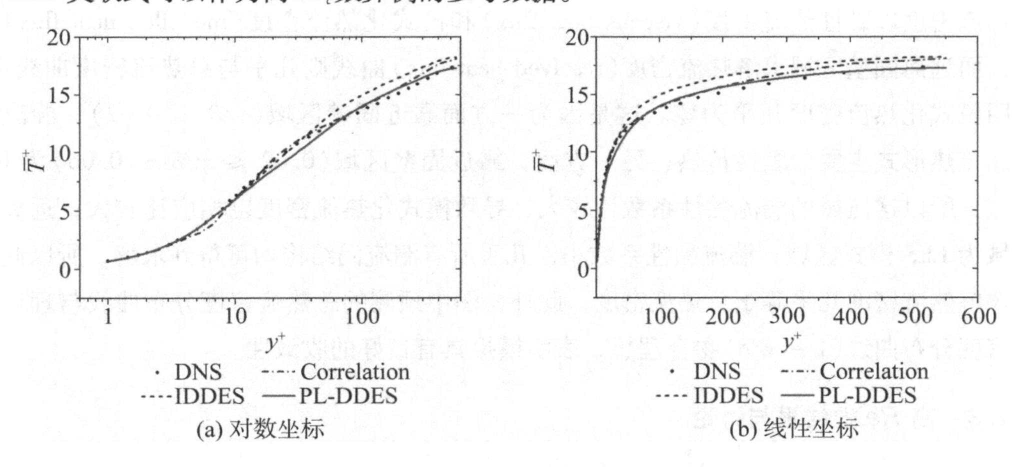

图 4 - 2　两种坐标下 $Re_\tau = 550$ 下平板槽道内流体的平均温度分布曲线

上述结果表明：PL-DDES 模型和 IDDES 模型在靠近固壁区域都能预测出理想的结果；在对数区，无论预测的是速度分布还是温度分布，IDDES 模型都存在 LLM 问题；PL-DDES

模型则具备良好的改善 LLM 问题的能力。对比 DDES 模型，PL-DDES 模型之所以能改善 LLM 问题，其关键在于采用新的截断长度尺度，使之能在远离固壁区域得到更小的湍流黏性系数。如图 4－3 所示为 $Re_\tau=550$，在远离固壁区域，PL-DDES 模型预测的湍流黏性系数小于 IDDES 模型所预测的，这是第 2 章讨论的内容。另一方面，图 4－3 显示：在靠近固壁区域，PL-DDES 模型预测的湍流黏性系数要大于 IDDES 模型预测值，这表明 PL-DDES 模型的 RANS 区域大于 IDDES 模型的 RANS 区域，这是由屏蔽函数和所用 RANS 模型决定的。结合第 2 章的结论，PL-DDES 模型可改善 LLM 问题的根本原因在于其得到了合适的 RANS 区域。

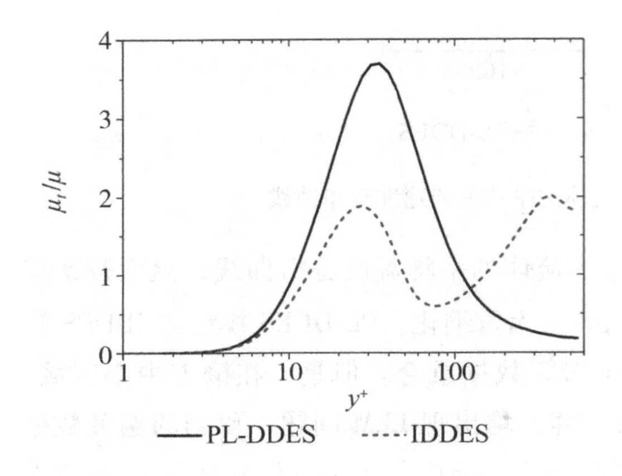

图 4－3　$Re_\tau=550$ 下平板槽道内湍流黏性系数比分布曲线

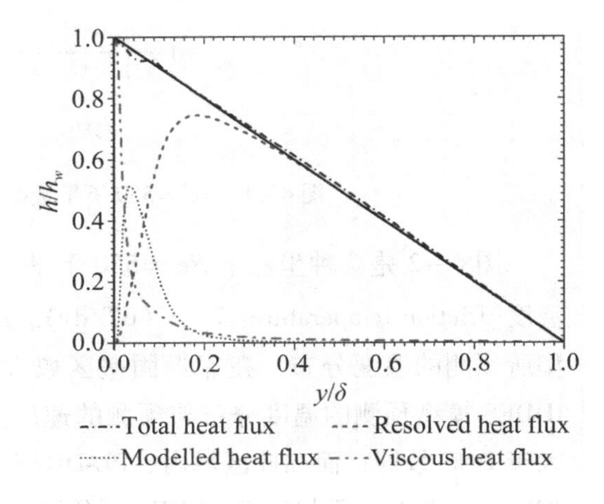

图 4－4　$Re_\tau=550$ 下平板槽道内热流密度分布曲线

图 4－4 是 $Re_\tau=550$ 下平板槽道内热流密度的分布曲线。从图可知，在靠近固壁区域，内热流密度以黏性热流密度（viscous heat flux）和模式化热流密度（modelled heat flux）为主导，而远离固壁区域求解热流密度（resolved heat flux）曲线则几乎与总热流密度曲线重合，证明模式化热流密度几乎为零。这是因为一方面靠近固壁区域（$y/\delta\leqslant0.02$），湍流强度低，传热形式主要为黏性传热；另一方面，靠近固壁区域（$0.02\leqslant y/\delta\leqslant0.06$）为 RANS 区域，所以这区域的湍流黏性系数比较大，导致模式化热流密度也相应比较大；远离固壁区域为 LES 模式区域，湍流黏性系数小，几乎所有湍流涡结构均可得到求解，所以此区域的求解热流密度几乎等于总热流密度。此外，图中预测的总热流密度分布曲线与理论总热流密度分布曲线（$1-y/\delta$）吻合理想，表明模拟具有良好的收敛性。

4.1.3　高 Re_τ 数结果与讨论

4.1.2 节对比了 PL-DDES 模型和 IDDES 模型预测 $Re_\tau=550$ 下平板槽道内流动和传热的表现，本部分将分析 PL-DDES 模型在不同计算条件和高 Re_τ 数下的预测性能。

图 4－5 是 PL-DDES 模型所预测的 $Re_\tau=2000$ 时平板槽道内流体的平均流向速度和平

均温度的分布曲线。对比的速度和温度数据分别来自 Matteo 等[3]和 Sergio 等[1]的 DNS 结果。在靠近固壁区域，预测的速度和温度分布与 DNS 结果重合。在远离固壁区域，预测的速度和温度分布与 DNS 结果吻合良好。需要指出的是，因为边界条件的原因，温度分布在中心区域并不呈现为对数分布。

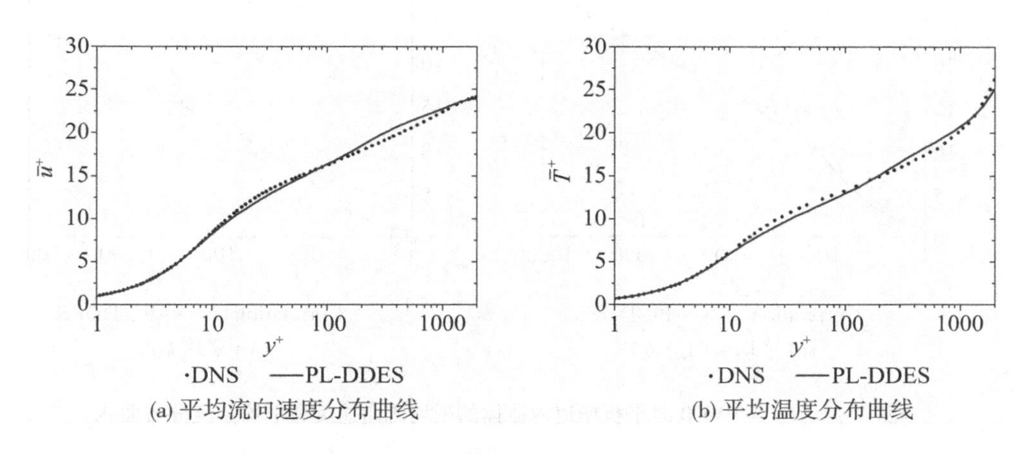

(a) 平均流向速度分布曲线　　(b) 平均温度分布曲线

图 4－5　$Re_\tau=2000$ 下平板槽道内流体的平均流向速度和平均温度分布曲线

图 4－6 是 PL-DDES 模型所预测的 $Re_\tau=2000$ 下平板槽道内热流密度的分布曲线。在靠近固壁区域，黏性热流密度和模式化热流密度占主导；在远离固壁区域，求解热流密度与总热流密度数值较接近，这是因为在远离固壁区域是 LES 模式区域。因为平板间传热是温度差驱动，并非内热源驱动，所以整个区域的总热流密度与固壁热流密度几乎完全相等，正如图 4－6 所示。同时，总热流密度分布曲线与理论总热流密度分布曲线($\gamma=1$)吻合理想，表明模拟具有良好的收敛性。

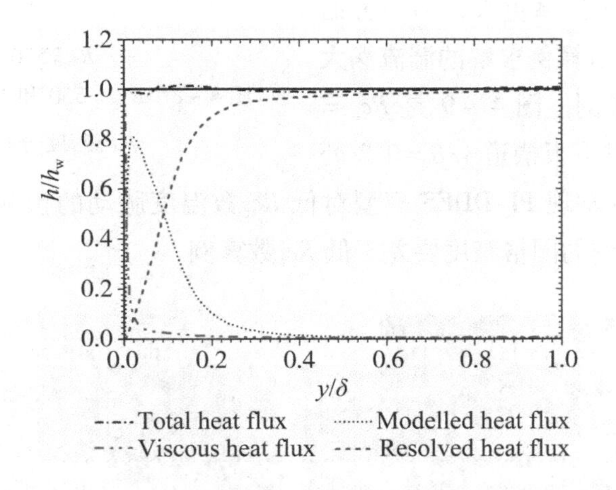

图 4－6　$Re_\tau=2000$ 下平板槽道内的热流密度分布曲线

图 4－7 是 PL-DDES 模型预测的 $Re_\tau=10\,000$ 下平板槽道内流体的平均流向速度和平均温度的分布曲线。对比的速度和温度数据分别来自 Reichardt 等[4]和 Kader 等[2]的关联式

结果。在靠近固壁区域，预测的速度和温度分布与关联式结果重合。在远离固壁区域，预测的速度和温度分布与关联式结果吻合良好。由此可见，PL-DDES 模型对于高 Re_τ数平板槽道流动和传热同样具有良好的预测能力。

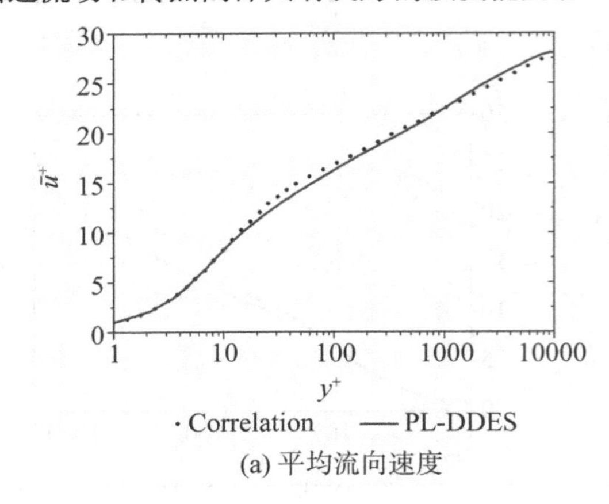

(a) 平均流向速度

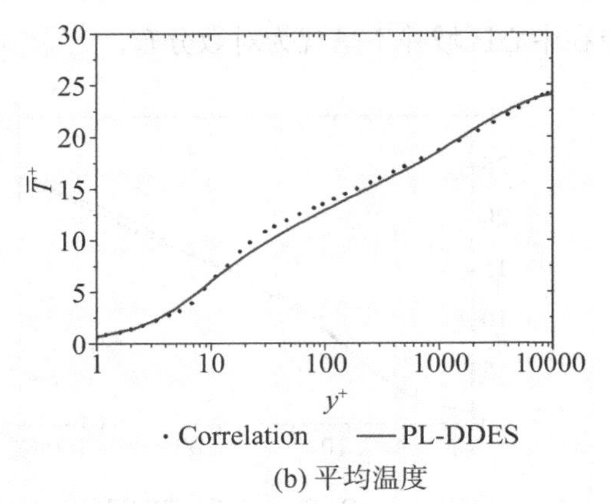

(b) 平均温度

图 4－7 $Re_\tau=10\,000$ 时平板槽道内流体的平均流向速度和平均温度分布曲线

图 4－8 为 $Re_\tau=550$ 和 $Re_\tau=10\,000$ 时平板槽道内热流密度分布情况的对比图。图中显示，在靠近固壁区域，PL-DDES 模型所预测的 $Re_\tau=10\,000$ 下的模式化热流密度大于 $Re_\tau=550$ 的，而远离固壁区域预测的 $Re_\tau=10\,000$ 求解热流密度小于 $Re_\tau=550$。这一方面说明 PL-DDES 模型预测的高 Re_τ数算例的 RANS 区域更大，另一方面说明 LES 区域高 Re_τ数算例求解的湍流涡大小要小于低 Re_τ数算例。图 4－9 是 $Re_\tau=550$ 和 $Re_\tau=10\,000$ 时平板槽道 $y/\delta=0.2$ 处瞬时温度云图，可以发现 PL-DDES 模型对低 Re_τ数温度脉动的预测能力要强于高 Re_τ数。这是因为高 Re_τ数算例的网格精度要差于低 Re_τ数算例。

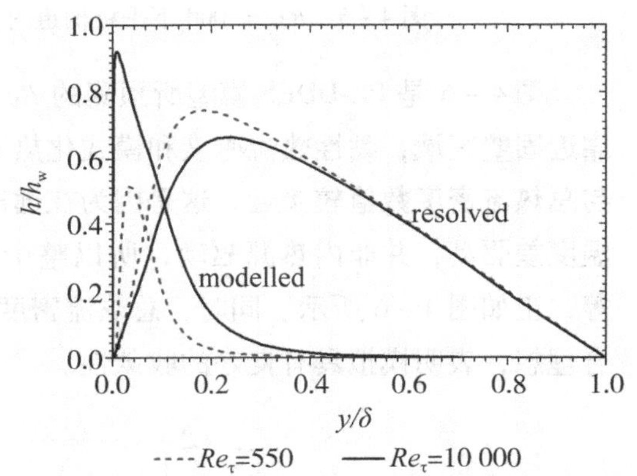

图 4－8 $Re_\tau=550$ 和 $Re_\tau=10\,000$ 时平板槽道内热流密度分布的对比

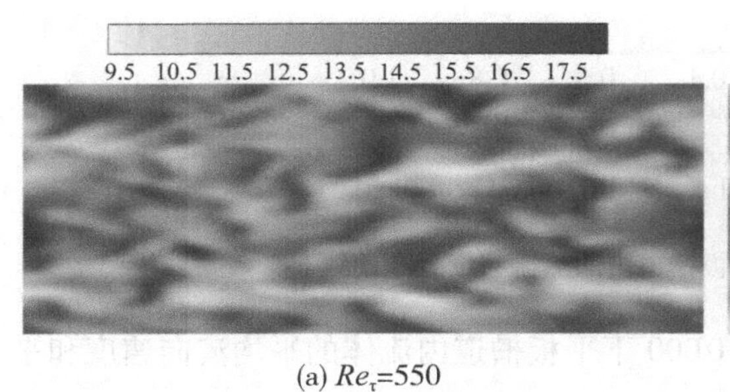

(a) Re_τ=550

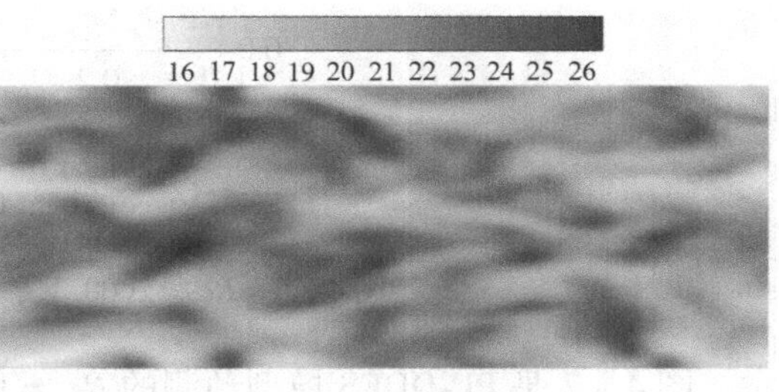

(b) Re_τ=10 000

图 4－9 $Re_\tau=550$ 和 $Re_\tau=10\,000$ 时平板槽道 $y/\delta=0.2$ 处瞬时温度云图对比

4.2　库埃特流动与强制对流传热模拟

4.1 节对平板槽道内低中高 Re_τ 数下流动和强制对流传热进行了模拟研究，其中 PL-DDES 模型的预测结果比较理想。下面将利用 PL-DDES 模型对库埃特流动(Couette flows)与强制对流传热进行模拟。库埃特流动与平板槽道流动的区别在于库埃特流动中是由平板运动来驱动流体流动的。因为库埃特流动也常常出现在工程领域中，且其具备区别于平板槽道流动的流动特性，所以研究者也时常关注和研究库埃特流动及其传热问题。Debusschere 和 Rutland[5] 利用 DNS 方法探讨了库埃特流动和平板槽道流动以及它们在传热方面的相似和差异的地方。Le 和 Papavassiliou[6] 对不同 Pr 数影响库埃特流动和传热进行了 DNS 研究。Pasinato[7] 则采用 DNS 方法研究了库埃特流动和平板槽道流动的速度和温度差异性。本节的研究目的在于对比 PL-DDES 模型的预测数据和 DNS 数据[7]，以评价 PL-DDES 模型在预测库埃特流动与强制对流传热方面的能力。

4.2.1　计算条件

如图 4－10 所示为库埃特流动几何结构和物理条件。其中，库埃特流动几何结构与平板槽道流动相同，但是流向(x)长度、垂直固壁方向(y)长度和展向(z)长度分别为 10δ、2δ 和 3.75δ，其中 $\delta=1$。下平板保持静止，其速度设定为无滑移边界，其温度设为定值 $T_c=0$。上平板速度设定为 $u_w=2$，温度设定为 $T_h=1$。通过平板槽道的平均速度为 $u_b=1$。流向和展向设为周期性边界。时间步长的设置上保证了最大 CFL 小于 0.5。数据的统计在 100 个流通时间之后开始，统计时间大约为 50 个流通时间，物理量平均值取时间和 xz 平面平均。流体流动 $Re_b=u_b\delta/\nu=3000$，流体 Pr 为 0.71。库埃特流动的计算条件和网格划分及其精度信息如表 4－1 所示，流向和展向均为均匀网格。在靠近固壁区域网格进行加密，靠近固壁第一层网格位置为 $y^+=1$。

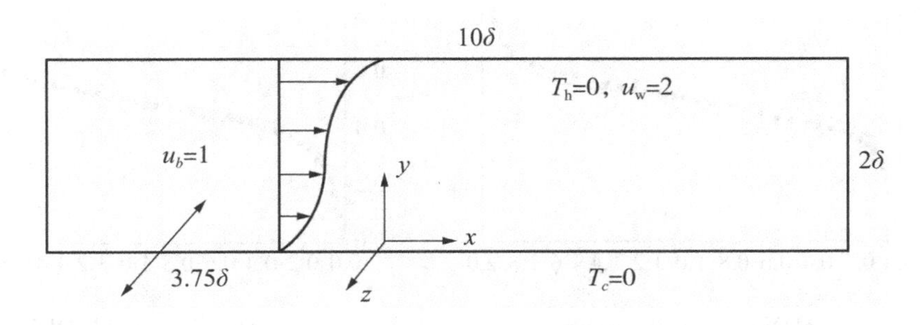

图 4－10　库埃特流动几何结构和物理条件

表 4-1　库埃特流动的计算条件和网格划分及其精度信息

方法	Re_b	Pr	计算域	网格数量	Δx^+	Δz^+
DNS	3000	0.7	$12\delta \times 2\delta \times 2\delta$	$231 \times 200 \times 64$	8.3	5.0
PL-DDES	3000	0.7	$10\delta \times 2\delta \times 3.75\delta$	$80 \times 80 \times 60$	21.0	10.5

4.2.2　结果与讨论

表 4-2 所示为 PL-DDES 模型所预测的库埃特流动的全局参数与 DNS 数据对比表。PL-DDES 模型所预测的摩擦 Re_τ 数为 168，与 DNS 数据（$Re_\tau = 160$）的偏差为 6.0%。预测的摩擦温度 T_τ 为 0.034，与 DNS 数据（$T_\tau = 0.033$）的偏差为 3.0%。预测的 Nu 数为 7.32，与 DNS 数据（$Nu = 7.30$）的偏差为 2.7%。因此，PL-DDES 模型预测的全局参数与 DNS 数据的最大偏差为 6.0%。

表 4-2　库埃特流动全局参数

方法	Re_b	Re_τ	T_τ	Nu 数
DNS	3000	160	0.033	7.30
PL-DDES	3000	168	0.034	7.32

图 4-11 所示为 PL-DDES 模型所预测的库埃特流动平均流向速度和平均温度分布曲线与 DNS 数据对比图。对比 DNS 数据可以看出：靠近固壁区域，PL-DDES 模型所预测的速度和温度分布曲线与 DNS 数据重合；在远离固壁区域，PL-DDES 模型所预测的速度和温度分布曲线沿垂直固壁方向的梯度略大于 DNS 数据，这与 Re_τ 数和 Nu 数的预测（数据偏大）相对应。

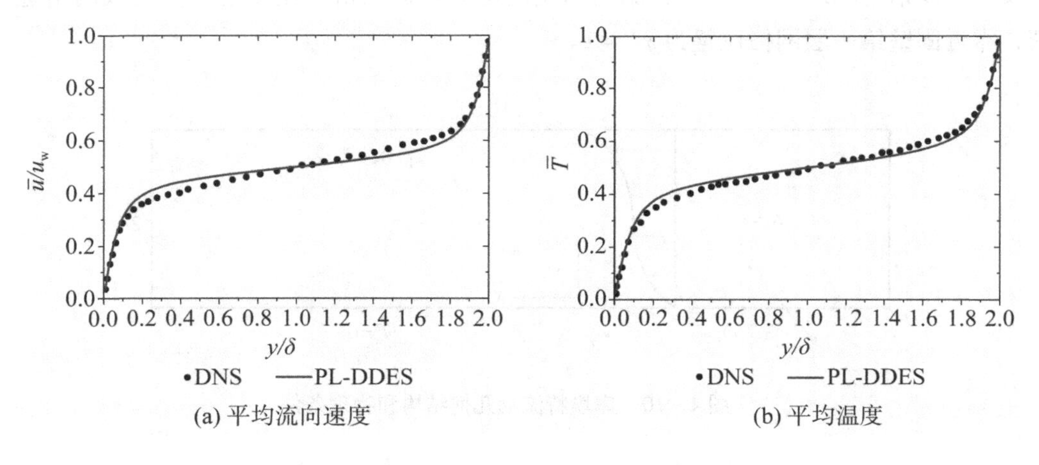

(a) 平均流向速度　　(b) 平均温度

图 4-11　库埃特流动平均流向速度和平均温度分布曲线

图 4－12 所示为 PL-DDES 模型所预测的库埃特流动 RMS 速度和 RMS 温度与 DNS 数据的分布曲线对比图。图 4－12a 显示流向 RMS 速度 u_{RMS} 从固壁到槽道中间呈现出先增大后减小的变化，该变化趋势与平板槽道流动的流向 RMS 速度分布类似。垂直固壁方向 RMS 温度 v_{RMS} 小于展向 RMS 速度 w_{RMS}，这与平板槽道流动相同。但是垂直固壁方向 RMS 温度和展向 RMS 速度从固壁到槽道中间，先增大后几乎保持不变，这与平板槽道流动不同。平板槽道流动中的两者的变化与流向 RMS 速度相同。图 4－12b 显示 RMS 温度从固壁到槽道中间呈现出先增大后减小的变化，其变化趋势与流向 RMS 速度的相同。对比 DNS 数据，PL-DDES 模型在靠近固壁区域的流向 RMS 速度和 RMS 温度预测值略微偏大，而垂直固壁方向和展向的 RMS 速度预测值偏小。造成这种差异的原因是本章所采用的网格精度较低，网格尺寸是 DNS 的两倍多，具体如表 4－1 所示。

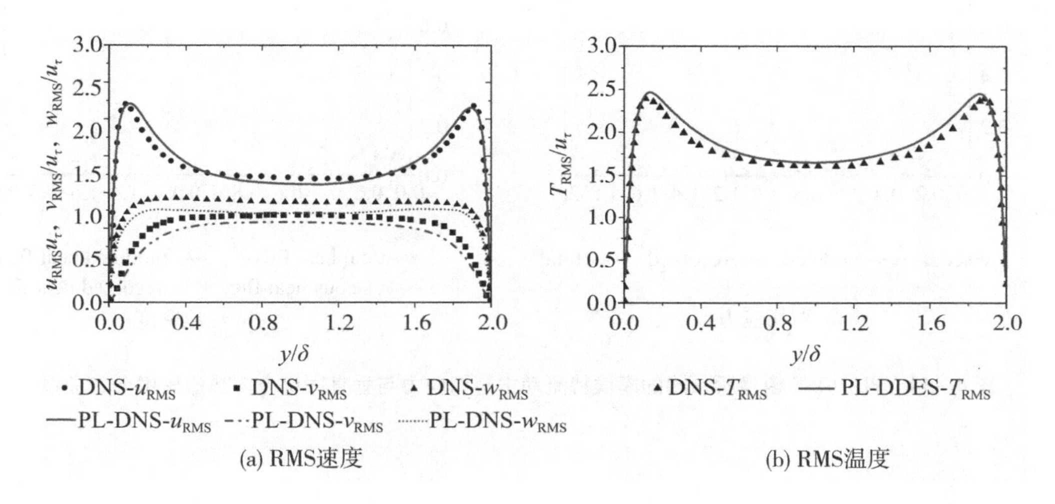

图 4－12　库埃特流动 RMS 速度和 RMS 温度分布曲线对比图

图 4－13 是 PL-DDES 模型所预测的库埃特流动中平均速度和平均温度分布曲线对比图。图中显示，其速度和温度分布曲线几乎重合，这是因为流动和传热的边界条件类似。然而，在垂直固壁方向上，速度的变化略大于温度的变化，即速度的梯度略大于温度梯度，这趋势与 DNS 数据的相同。

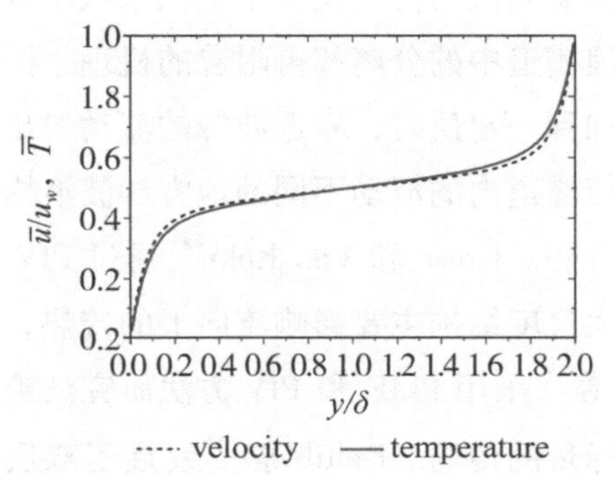

图 4－13　PL-DDES 模型所预测的库埃特流动中平均流向速度和平均温度分布曲线对比图

图4－14是PL-DDES模型所预测的库埃特流动中剪切应力与垂直固壁方向热流密度的分布曲线。如图所示，其剪切应力和热流密度的分布曲线相似，这是因为流动和传热的边界条件类似。由于靠近固壁区域，黏性力和热传导占主导，因此黏性剪切应力和黏性热流密度在该区域均分别大于雷诺剪切应力和湍流热流密度，如图4－14a和图4－14b所示。在槽道中心区域，雷诺剪切应力和湍流热流密度则占主导。另外，模式化的雷诺剪切应力和湍流热流密度在固壁附近区域分别小于求解得到的雷诺剪切应力和热流密度。这是因为本章所采用的网格精度虽然低于DNS，但足够求解出固壁附近大部分的湍流涡结构。

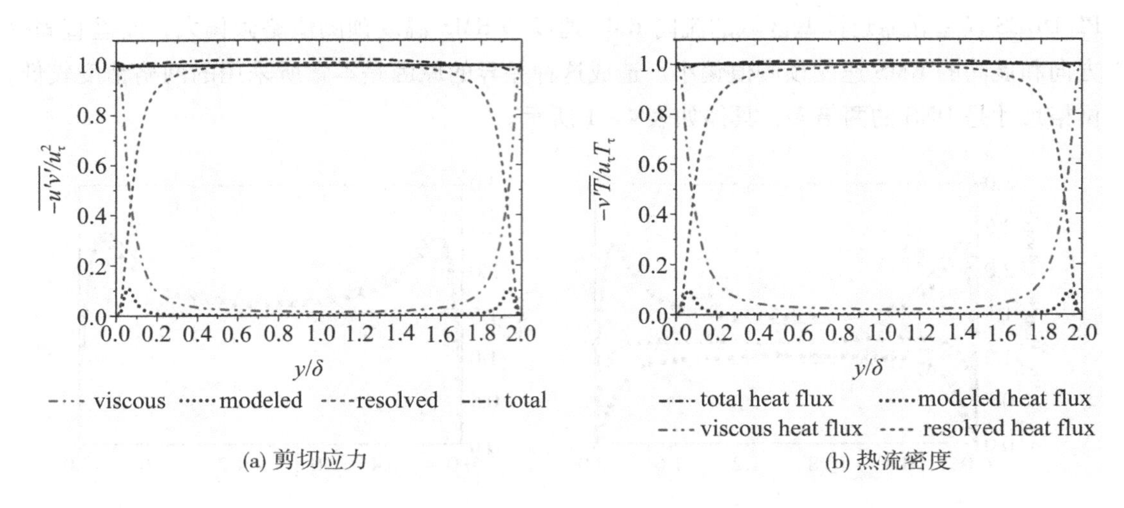

(a) 剪切应力　　(b) 热流密度

图4－14　PL-DDES模型所预测的库埃特流动中剪切应力与垂直固壁方向热流密度分布曲线

4.3　波浪槽道流动与强制对流传热模拟

4.1和4.2节考察了PL-DDES模型结合定值 $Pr_t=0.9$ 对平板槽道内流体的流动与强制对流传热的预测能力。本节将考察PL-DDES模型对分离流与强制对流在传热方面的预测效果。因为波浪槽道中流体的湍流与传热包含了工程领域中复杂传热设备的常见特性，所以许多研究者关注研究波浪槽道中的分离和再附着的机理。同时，波浪固壁经常被用于强化传热。当波浪的波峰增加到一定值时，靠近波峰的流动将出现分离现象，并在波谷上方形成回流区域，这是与平板槽道内的流动不同的地方。波浪槽道流动与传热问题的研究方法有实验方法和数值模拟方法。Kruse和Von Rohr[8]通过PIV实验研究波浪槽道内流动与传热机理，实验结果发现大尺度结构主要影响流向上的传热，小尺度结构主要影响垂直固壁方向上的传热。Wagner等[9]采用PLIF和PIV方法研究波浪槽道内标量传递的规律，研究发现波浪固壁可以强化标量的传输。Dellil等[10]发展了双层RANS模型以预测波浪槽道流动与传热，模拟结果证明该模型可以准确捕捉波浪槽道流动与传热的主要信息。Choi和

Suzuki[11] 采用 LES 模型研究了波幅对分离剪切层和流向涡对于动量和热量传输的影响，发现随着波幅的增大，热量的传输也得到了强化。Mirzaei 等[12,13] LES 方法研究了 Pr 数和波幅对浪槽道流动与传热的影响规律。Wagner 等[14] 和 Gao 等[15] 对比了二维波浪和三维波浪对槽道内流动和传热的影响，LES 模拟结果发现二维波浪具备较优的传热性能。高小明等[16,17] 则关注了波浪固壁柔性和形状对传热性能的影响。文献调研发现，波浪槽道内流体流动与传热的主要数值模拟方法为 LES 方法，本节将对 PL-DDES 模型预测波浪槽道流动与强制对流传热的能力进行研究。

4.3.1 计算条件

波浪槽道的几何结构和 xy 平面网格如图 4－15 所示。整个计算区域大小为 $(l, h, w) = (3L_w, L_w, 2L_w)$，其中 L_w 是一个波长。l、h 和 w 分别表示流向 x、垂直固壁方向 y 和展向 z 的长度。上固壁为平板，位于 $y = h$ 处。下固壁为波浪状，波浪中心位置位于 $y = 0$。波浪的波幅为 a，波幅与波长之比 a/L_w 为 0.05，波浪轮廓为 $y_w = a\cos(2\pi x/L_w)$，流动 $Re_b = u_b h/\nu = 6760$ 或 22400，流体 Pr 为 0.7。根据 PL-DDES 模型计算得到的 $Re_\tau = u_\tau h/\nu = 180$ 或 490，其中 u_τ 为波浪固壁上的平均摩擦速度。波浪槽道流动的计算条件和网格划分及其精度信息如表 4－3 所示。流向和展向均为均匀网格，在靠近固壁区域对网格进行加密处理，靠近固壁第一层网格的位置为 $y^+ = 1 \sim 2$。上下固壁设定为速速无滑移边界，上固壁温度为 $T_h = 1$，下固壁温度为 $T_c = 0$。流向和展向设为周期性边界，其中流向流量设为定值。数据的统计数据在 50 个流通时间之后，统计时间大约为 50 个流通时间。物理量平均值取时间和展向平均。

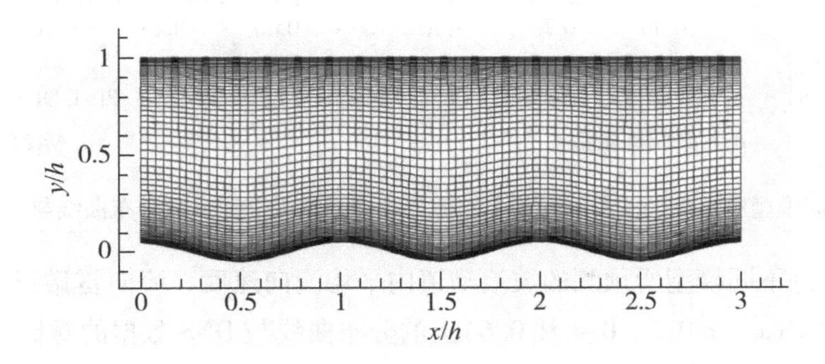

图 4－15 波浪槽道几何结构和网格划分

表 4－3 波浪槽道流动计算条件和网格划分及其精度信息

算例	Re_b	Re_τ	Pr	网格数量	Δx^+	Δz^+
WAVY6760	6760	180	0.7	78 × 64 × 56	18.2	12.6
WAVY22400	22400	490	0.7	84 × 80 × 64	46.4	30.4

4.3.2 PL-DDES 模型与 DDES 模型的预测能力对比

本部分将对比 PL-DDES 模型与 SST DDES 模型(后文简称 DDES 模型)模拟 $Re_b=6760$ 的波浪槽道内流体的流动与强制对流传热的表现。

图 4－16 是 PL-DDES 模型和 DDES 模型预测波浪固壁面上的表面摩擦系数 C_f 与 Nu 数的分布曲线与 LES 数据[11]的对比图。表面摩擦系数计算式为：$C_f=2\tau_w/\rho u_b^2$，其中 τ_w 是局部平均固壁剪切应力。Nu 数计算式为 $Nu=\overline{q_w}h/\lambda(\overline{T_w}-\overline{T_b})$，式中 $\overline{q_w}$、λ、$\overline{T_w}$ 和 $\overline{T_b}$ 分别是局部平均固壁热流密度、热导率、局部平均固壁温度和局部平均温度。图 4－16a 显示 C_f 在波峰附近位置具有最大值，在大部分波谷区域为负值。图 4－16b 显示 Nu 数在波峰附近具有最大值，在波谷附近具有最小值。PL-DDES 模型和 DDES 模型预测的 C_f 和 Nu 数的分布曲线的大致轮廓与 LES 数据相似。但是，DDES 模型预测的 C_f 和 Nu 数在上坡区域 ($0.5\leqslant x/h\leqslant 0.75$) 要小于 LES 数据。而 PL-DDES 模型预测的 C_f 和 Nu 数在整个区域内均与 LES 数据吻合得较好。

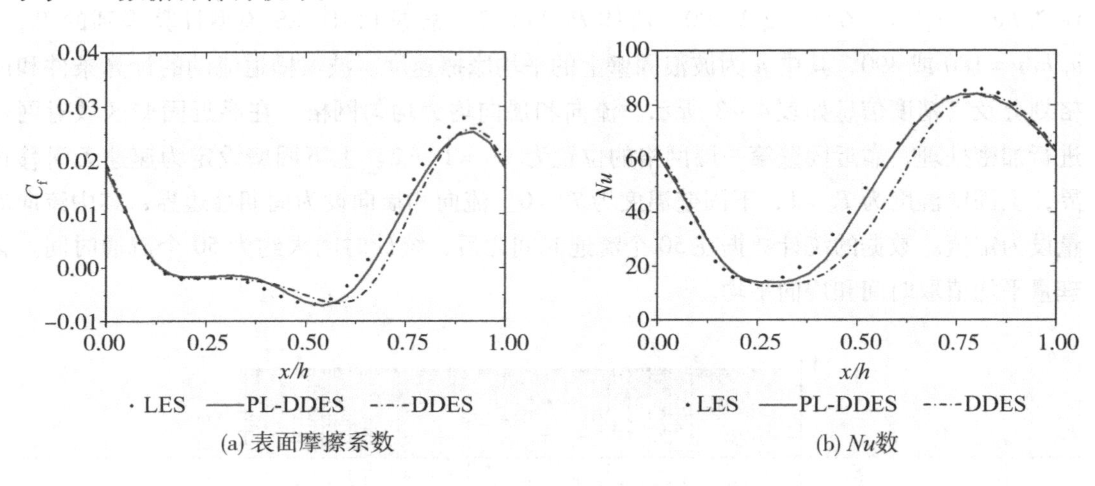

(a) 表面摩擦系数　　(b) Nu数

图 4－16　不同模型所预测的波浪固壁面上的表面摩擦系数 C_f 与 Nu 数分布曲线与 LES 数据的对比图

图 4－17 是不同模型所预测的波浪槽道内平均流向速度、流向雷诺正应力和雷诺剪切应力在不同位置($x/h=0.2$、0.4 和 0.6)上的分布曲线与 DNS 数据的对比图。对比 DNS 数据[18]，可以看出平均流向速度、流向雷诺正应力和雷诺剪切应力在靠近波浪固壁区域的变化均大于波浪槽道中心区域。在位置 $x/h=0.2$ 和 0.4 上，PL-DDES 模型预测的平均流向速度分布与 DNS 数据的偏差小于 DDES 模型所预测的。在位置 $x/h=0.6$ 上，两种模型预测的平均流向速度在靠近波浪固壁区域为负值，这与 DNS 数据相反，证明两模型预测的再附着点靠后于 DNS 预测的再附着点。根据再附着点的定义，得到 PL-DDES 模型和 DDES 模型预测的再附着点分别位于 $x/h=0.66$ 和 $x/h=0.69$。而 DNS 数据的再附着点位于 $x/h=0.60$。证明 PL-DDES 模型预测的再附着点位置与 DNS 数据的偏差更小。两种模型所预测的分离点都位于 $x/h=0.14$，这与 DNS 数据相同。图 4－17b 和图 4－17c 显示雷诺

正应力和雷诺剪切应力在靠近波浪固壁位置有最大值，这是因为该位置是剪切层区域。对比 DNS 数据，两种模型所预测的雷诺流向正应力在靠近波浪固壁区域略微偏小，而在其他区域则吻合理想。在位置 $x/h=0.2$ 和 $x/h=0.6$ 上，PL-DDES 模型所预测的雷诺剪切应力与 DNS 数据吻合良好，而在位置 $x/h=0.4$ 上剪切层区域预测数据则偏小。然而 DDES 模型在位置 $x/h=0.4$ 和 $x/h=0.6$ 上都得到偏小的雷诺剪切应力。同时发现 DDES 模型所预测的雷诺正应力和雷诺剪切应力最大值相比 PL-DDES 模型预测的均距离波浪固壁更远。这证明 DDES 模型所预测的回流区更大也更长，与预测的速度分布得出的结论相同。

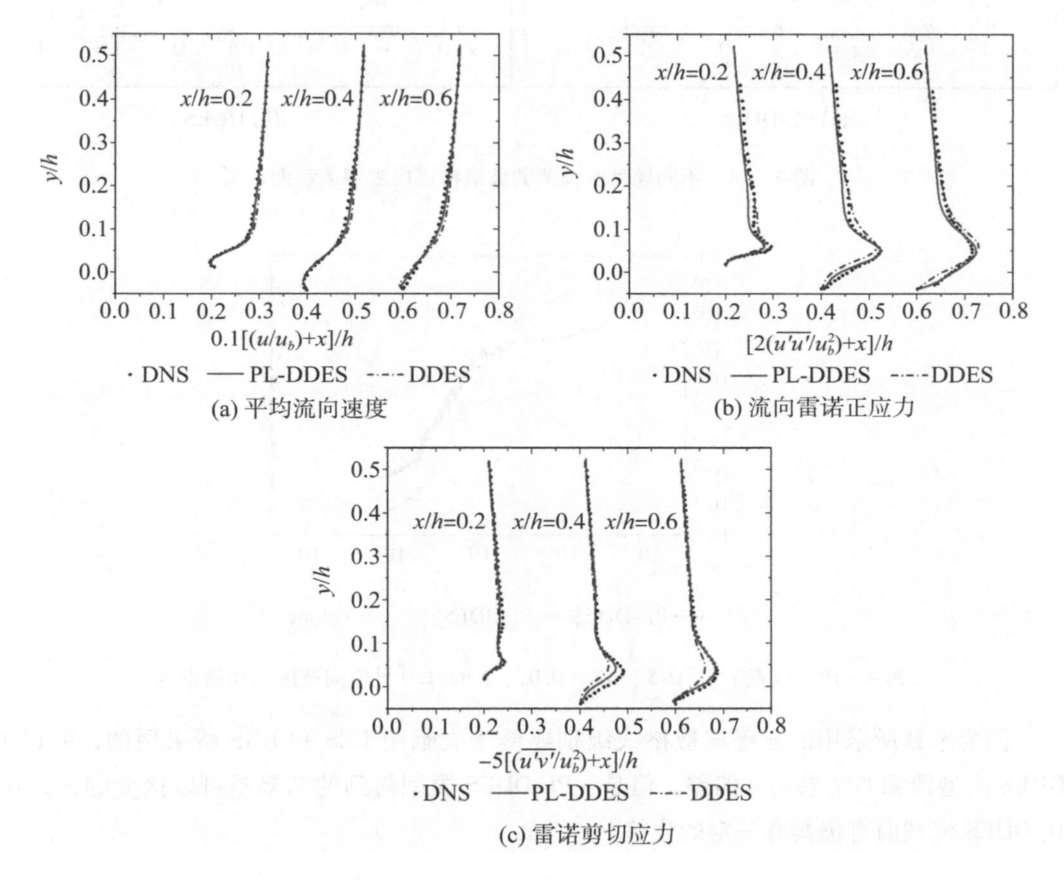

图 4－17 不同模型所预测的波浪槽道内平均流向速度、流向雷诺正应力和雷诺剪切应力在不同位置上的分布曲线与 DNS 数据的对比图

上述结果证明 PL-DDES 模型在预测波浪槽道内流动与强制对流传热方面有着比 DDES 模型更良好的表现。两者的区别关键在于截断长度尺度的差异，第 2 章已经论述了 PL-DDES 模型对比 DDES 模型可求解出更多的湍流脉动。图 4－18 是 PL-DDES 模型和 DDES 模型波浪槽道内求解湍动能对比云图。可以看出在波谷上方的剪切层区域，PL-DDES 模型求解的湍动能大于 DDES 模型求解值。图 4－19 是位置 $x/h=0.5$、$y/h=0.05$、$z/h=1.0$ 处流向速度的功谱密度图。由图可见，对比 DDES 模型所预测的功谱密度曲线，PL-DDES

模型的惯性区更大，并且在高频率区下降更慢。这也证明 PL-DDES 模型可求解更多湍流涡结构，这有助于其得到更理想的速度场和温度场。而 DDES 模型因为所预测的湍流脉动过小导致相应的回流区过长和过大。

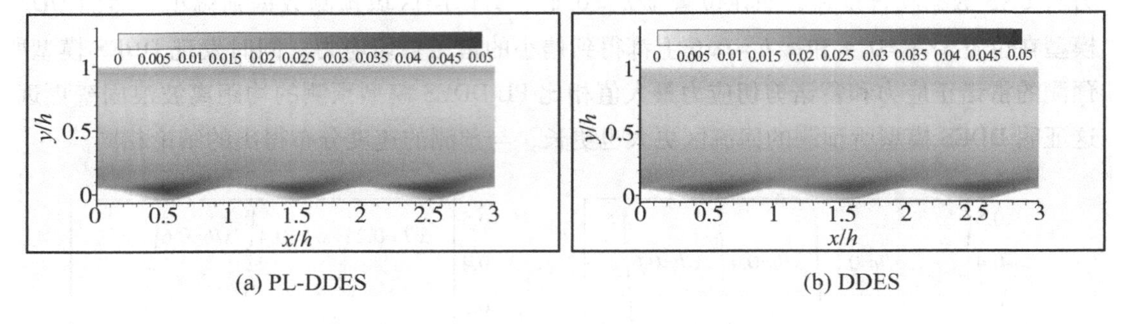

图 4－18　不同模型所预测的波浪槽道内求解湍动能云图

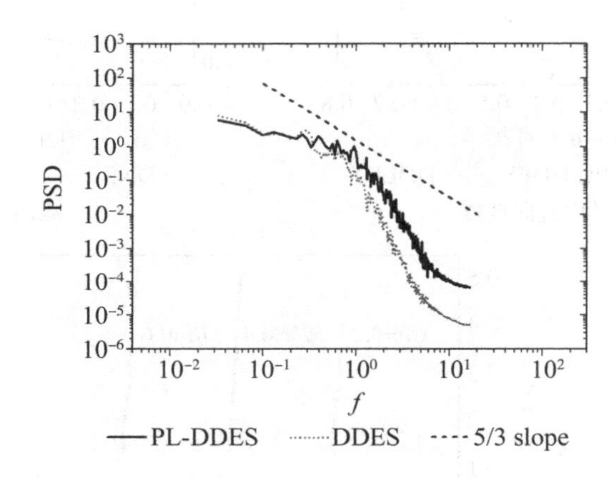

图 4－19　位置 $x/h=0.5$、$y/h=0.05$、$z/h=1.0$ 处流向速度的功谱密度图

因为本章所采用的方程离散格式级别要低于文献中 LES 和 DNS 所采用的，所以 PL-DDES 模型预测的结果仍有偏差。但是，PL-DDES 模型得到的结果是可以接受的，并且对比 DDES 模型而言仍具有一定的优势。

4.3.3　不同 Re_b 数下速度场和温度场的对比

上一部分验证了 PL-DDES 模型对 $Re_b=6760$ 下波浪槽道内流动与强制对流传热具有良好的预测能力。本节将应用 PL-DDES 模型研究不同 Re_b 数对波浪槽道内流动与强制对流传热的影响。

流体流过波浪固壁的显著特点是流动的分离和再附着。图 4－20 是不同 Re_b 数下波浪槽道内流体流动的流线图。可以看出流体流过波峰后出现分离，然后在波谷再附着，最后在后一个波浪上坡区域加速和发展。不同 Re_b 数下流体流动的分离点与再附着点信息对比总结在表 4－4 中。表中数据表明回流区的长度与分离点和再附着点的位置都与 Re_b 数相关。对高 Re_b 数而言，流动的分离点和再附着点的出现都早于低 Re_b 数，回流区长度均短于低 Re_b 数。这与实验观察到的现象相同。

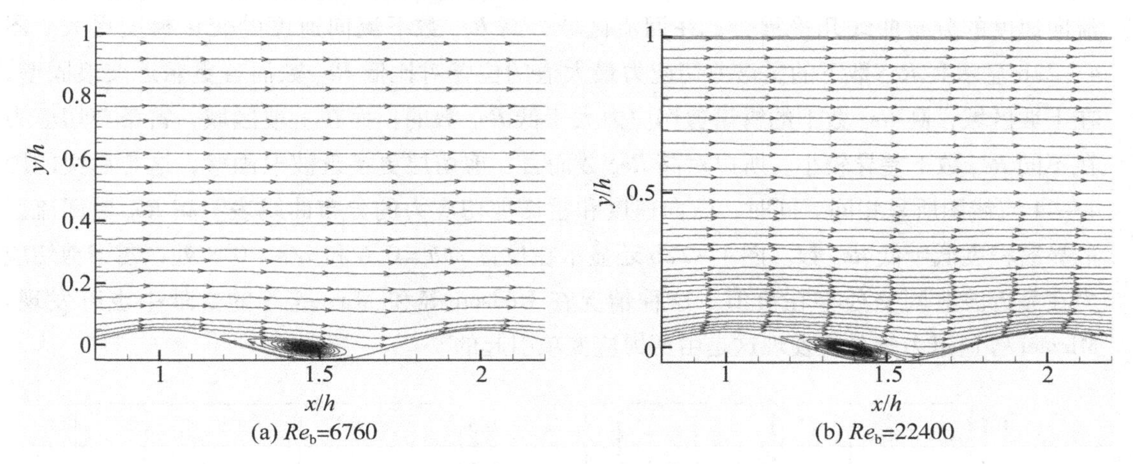

图 4-20　不同 Re_b 数下波浪槽道内流体流动的流线图

表 4-4　不同 Re_b 数下流体流动的分离点与再附着点信息对比表

算例	分离点(x_s/h)	再附着点(x_r/h)	回流区长度(L_r/h)
WAVY6760	0.14	0.66	0.52
WAVY22400	0.10	0.58	0.48

图 4-21 是不同 Re_b 数(Re_b=6760 和 22400)下波浪固壁面上的表面摩擦系数 C_f 与 Nu 数的分布曲线对比图。C_f和 Nu 数的最大值和最小值都分别出现在波峰附近和波谷附近。不同 Re_b 数下，C_f和 Nu 数在波浪固壁上的分布曲线的轮廓相似，但是拐点位置有所不同。高 Re_b 数的拐点都早于低 Re_b 数。由于高 Re_b 数的湍流强度更强，因此高 Re_b 数的 Nu 数大于低 Re_b 数的 Nu 数，正如图 4-21b 所示。

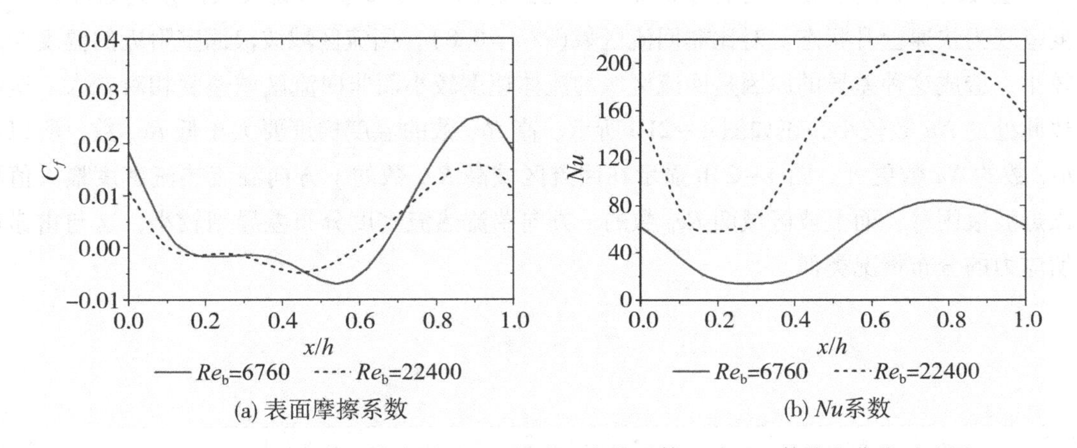

图 4-21　不同 Re_b 数下波浪固壁面上的表面摩擦系数 C_f 与 Nu 数分布曲线对比图

图 4-22 是在不同 x/h 位置(x/h=0.2、0.4、0.6 和 0.8)处于不同 Re_b 数下波浪槽道

内平均流向速度与雷诺剪切应力分布曲线的对比图。图 4－22a 显示 PL-DDES 模型所预测的平均流向速度的分布曲线与实验数据吻合理想；在远离波浪固壁区域，不同 Re_b 数下的流向速度的分布曲线几乎重合；在回流区域，高 Re_b 数下流向速度的变化梯度更大。图 4－22b 显示高 Re_b 数下的雷诺剪切应力最大值的位置对比低 Re_b 数而言更靠近波浪固壁；在下坡区域，高 Re_b 数下的雷诺剪切应力大于低 Re_b 数的；而在上坡区域，雷诺剪切应力在不同 Re_b 数下差异较小。所以对高 Re_b 数而言，剪切层更接近波浪固壁，这与后文的图 4－44 流线图所呈相同。同时，流向速度和雷诺剪切应力的分布曲线表明高 Re_b 数回流区的显著程度低于低 Re_b 数。图 4－22b 还显示在位置 $x/h=0.6$ 和 $x/h=0.8$ 处，雷诺剪切应力在靠近波浪固壁处存在负值。这种情况在 Hodson 等和 Mirzaei 等的文献中也有发现。Mirzaei 等通过力学分析发现这是由压力应变项引起的。

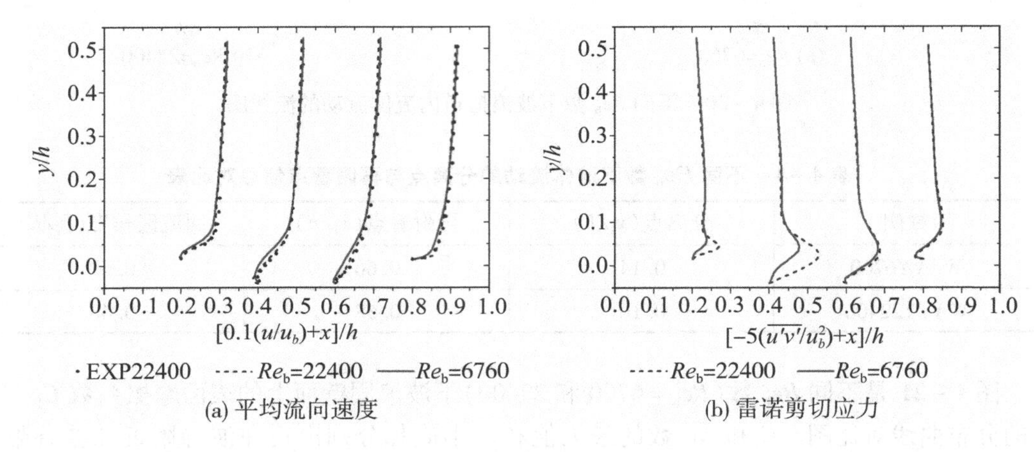

4－22　不同 x/h 位置处不同 Re_b 数下波浪槽道内平均流向速度与雷诺剪切应力分布曲线对比图

图 4－23 是在不同位置（$x/h=0.2$、0.4、0.6 和 0.8）处于不同 Re_b 数下波浪槽道内时平均温度与 y 方向热流密度的分布曲线对比图。图 4－23a 显示在波浪固壁附近流体的温度呈现为快速上升状态。对比非回流区域（$x/h=0.8$），回流区域波浪固壁附近的温度梯度较小，造成这种差异的原因是回流区域的流体速度较小而非回流区域速度相对较大。这导致此处的 Nu 数较小，正如图 4－21b 所示。高 Re_b 数的温度梯度要大于低 Re_b 数，所以高 Re_b 数的 Nu 数更大。图 4－23b 显示在回流区域高 Re_b 数的 y 方向湍流热流密度最大值更靠近波浪固壁，而上坡区域两 Re_b 数的 y 方向湍流热流密度分布差异则较小，这与雷诺剪切应力的分布情况类似。

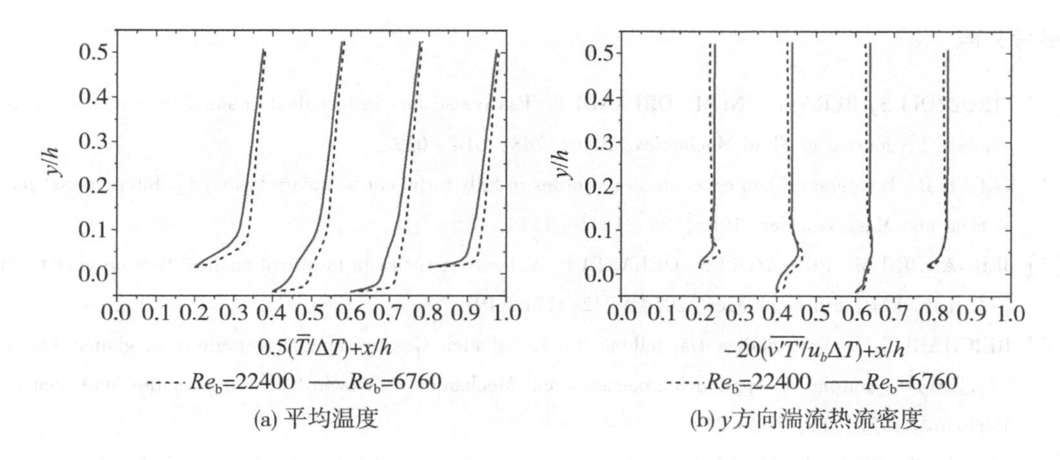

(a) 平均温度　　(b) y方向湍流热流密度

图 4－23　不同 Re_b 数下波浪槽道内时均温度与 y 方向湍流热流密度分布曲线对比图

4.4 本章小结

本章探讨了 PL-DDES 模型联合定值 $Pr_t=0.9$ 在预测强制对流传热方面的表现。主要的研究内容和结论如下：

(1)对比了 PL-DDES 模型和 IDDES 模型在预测 $Re_\tau=550$ 下平板槽道内流场和温度场的能力。在对数区，IDDES 模型所预测的无论是速度分布还是温度分布都存在 LLM 问题；PL-DDES 模型因为得到比 IDDES 模型得到更大的 RANS 区域而具备良好的改善 LLM 问题的能力，结合第 2 章结论证明只有合适的 RANS 区域才可以避免 LLM 问题。

(2)运用 PL-DDES 模型对 $Re_\tau=2000$ 和 10000 下平板槽道内流场和温度场进行模拟。结果表明 PL-DDES 模型对于高 Re_τ数平板槽道强制对流传热同样具有良好的预测能力。

(3)利用 PL-DDES 模型对库埃特流动与强制对流传热进行模拟，并对比 DNS 数据。结果发现 PL-DDES 模型网格精度在低于 DNS 网格的条件下，可得到理想的模拟结果。

(4)对比了 PL-DDES 模型和 DDES 模型在预测 $Re_b=6760$ 下波浪槽道内流场和温度场的表现。在剪切层区，对比 DDES 模型，PL-DDES 模型因为所采用的截断长度尺度更小而可对更多湍流涡结构进行求解，因而有助于得到更理想的速度场和温度场。应用 PL-DDES 模型研究不同 Re_b 数对波浪槽道内流动与强制对流传热的影响，模拟结果表明 PL-DDES 模型所预测的高 Re_b 数结果与实验数据吻合得较为理想，并发现高 Re_b 数的回流区更小、更短以及 Nu 数更大。

上述结论证明 PL-DDES 模型联合定值 $Pr_t=0.9$ 不仅可以改善温度分布 LLM 问题，而且可以准确预测较复杂的湍流强制对流传热。

参考文献

[1] PIROZZOLI S, BERNARDINI M, ORLANDI P. Passive scalars in turbulent channel flow at high Reynolds number[J]. Journal of Fluid Mechanics, 2016, 788: 614 - 639.

[2] KADER B. Temperature and concentration profiles in fully turbulent boundary layers[J]. International Journal of Heat and Mass Transfer, 1981, 24: 1541 - 1544.

[3] BERNARDINI M, PIROZZOLI S, ORLANDI P. Velocity statistics in turbulent channel flow up to Ret = 4000 [J]. Journal of Fluid Mechanics, 2014, 742: 171 - 191.

[4] REICHARDT H. Vollständige Darstellung der turbulenten Geschwindigkeitsverteilung in glatten Leitungen [J]. ZAMM - Journal of Applied Mathematics and Mechanics / Zeitschrift für Angewandte Mathematik und Mechanik, 1951, 31: 208 - 219.

[5] DEBUSSCHERE B, RUTLAND C. Turbulent scalar transport mechanisms in plane channel and Couette flows [J]. International Journal of Heat and Mass Transfer, 2004, 47: 1771 - 1781.

[6] LE P M, PAPAVASSILIOU D. Turbulent Heat Transfer in Plane Couette Flow[J]. Journal of Heat Transfer, 2005, 128: 53 - 62.

[7] PASINATO H. Velocity and temperature dissimilarity in fully developed turbulent channel and plane Couette flows[J]. International Journal of Heat and Fluid Flow, 2011, 32: 11 - 25.

[8] KRUSE N, RUDOLF VON ROHR P. Structure of turbulent heat flux in a flow over a heated wavy wall [J]. International Journal of Heat and Mass Transfer, 2006, 49: 3514 - 3529.

[9] WAGNER C, KUHN S, RUDOLF VON ROHR P. Scalar transport from a point source in flows over wavy walls[J]. Experiments in Fluids, 2007, 43: 261 - 271.

[10] DELLIL A, AZZI A, JUBRAN B. Turbulent flow and convective heat transfer in a wavy wall channel [J]. Heat and Mass Transfer, 2004, 40: 793 - 799.

[11] CHOI H, SUZUKI K. Large eddy simulation of turbulent flow and heat transfer in a channel with one wavy wall[J]. International Journal of Heat and Fluid Flow, 2005, 26: 681 - 694.

[12] MIRZAEI M, DAVIDSON L, SOHANKAR A, et al. The effect of corrugation on heat transfer and pressure drop in channel flow with different Prandtl numbers[J]. International Journal of Heat and Mass Transfer, 2013, 66: 164 - 176.

[13] MIRZAEI M, SOHANKAR A, DAVIDSON L, et al. Large Eddy Simulation of the flow and heat transfer in a half-corrugated channel with various wave amplitudes[J]. International Journal of Heat and Mass Transfer, 2014, 76: 432 - 446.

[14] WAGNER C, KENJEREŠ S, VON ROHR P. Dynamic large eddy simulations of momentum and wall heat transfer in forced convection over wavy surfaces[J]. Journal of Turbulence, 2011, 12: N7.

[15] GAO X, LI W, WANG J. Heat transfer and flow characteristics in a channel with one corrugated wall [J]. Science China Technological Sciences, 2014, 57: 2177 - 2189.

[16] 汪健生，李康宁，高小明. 刚性波纹面与柔性波纹面传热及流动特性[J]. 化工学报，2012，63：3418 - 3427.

[17] MAAß C, SCHUMANN U. Direct Numerical Simulation of Separated Turbulent Flow over a Wavy Boundary [M]. Wiesbaden: Vieweg Teubner Verlag, 1996.

5 槽道内混合对流传热模拟

无论是在自然界还是在工程领域，对流传热过程往往不是单一传热方式，而是强制对流传热和自然对流传热的混合作用。第 4 章对 PL-DDES 模型联合定值 $Pr_t = 0.9$ 在预测强制对流传热方面作了探讨，结果表明 PL-DDES 模型具备良好的预测强制对流传热的能力。本章将探讨 PL-DDES 模型联合定值 $Pr_t = 0.9$ 在预测混合对流传热方面的能力。

5.1 平板槽道内混合对流传热模拟

平板槽道内混合对流传热是最为简单的流动与混合对流传热问题。大量的实验和数值模拟方法已对此类问题进行了各种研究，最早的实验研究追溯到 20 世纪 60 年代。当湍流流动方向向上，与重力方向相反时，冷固壁附近的流动为阻碍流(opposing flows)，热固壁附近的流动为援助流(aiding flows)。实验数据表明在阻碍流中湍流强度和传热得到了强化，而在援助流中则相反[1-5]。Kasagi 等[6]采用 DNS 方法定量地确证了此机理，他们研究了平板温度差下槽道内的混合对流传热问题，定量地发现湍流传递速率在阻碍流中得到了强化而在援助流中得到了弱化。You 等[7]关注被加热圆管内向上流和向下流混合对流传热问题。其 DNS 结果表明，在向上流中，传热系数随着热流密度的增加先减小后增加，而向下流中，传热系数一直增加。Niemann 等[8]运用 DNS 研究在方形管道内浮力对低 Pr 数流体二次流的影响。其他有关湍流混合对流传热的 DNS 研究可参看相关文献[9-12]。除 DNS 方法之外，LES 方法也是研究湍流混合对流传热的数值模拟方法。Yin 等[14]对比了两种动态亚格子模型在预测平板槽道内混合对流传热方面的效果，研究发现动态非线性亚格子模型的表现更优。Keshmiri 等[15]运用 Smagorinsky 亚格子模型分别研究了圆管和平板槽道内的混合对流传热。

对于高 Re 数湍流，DNS 和 LES 模型对网格精度的要求非常高，特别在靠近固壁附近区域。因此，RANS 模型成为模拟湍流和传热最为广泛应用的模拟方法。文献[16-21]中，线性和非线性 RANS 模型都被用于研究湍流混合对流传热。虽然 RANS 模型对网格精度要求不高，但由于其对于复杂湍流预测的准确度较差，基于此，该作者新构建了一种联合 RANS/LES 模型。调研文献发现，对于联合 RANS/LES 模型在预测湍流混合对流传热方面的研究较少。本节将系统地研究 PL-DDES 模型在湍流混合对流传热模拟方面的表现。

本节首先对比两种 DDES 模型和一种 LES 模型在平板槽道内混合对流传热模拟的效

果。两种 DDES 模型是 PL-DDES 模型和 IDDES 模型，LES 模型选用 WALE 模型。进一步，PL-DDES 模型被应用于研究不同 Ri 数对平板槽道内混合对流传热的影响。

5.1.1 计算条件

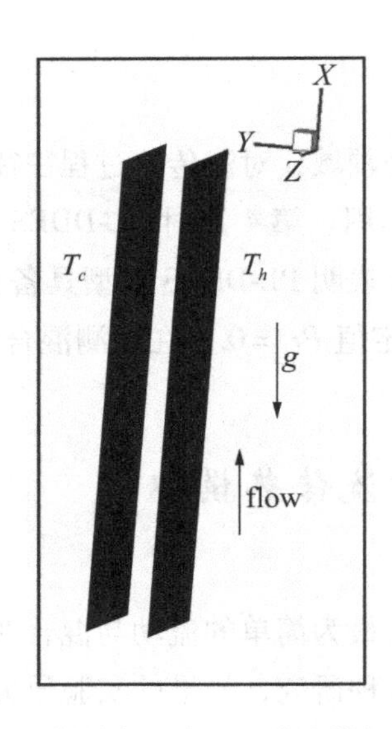

图 5－1 平板槽道内混合对流传热模拟的几何结构

表 5－1 平板槽道内混合对流传热计算条件和网格划分

方法	Re_b	Pr	Ri	Re_τ	网格数量	Δx^+	Δz^+
DNS	4494	0.71	0.048	300		—	—
WALE	4494	0.71	0.048	285	80×60×60	28.5	14.3
IDDES	4494	0.71	0.048	289	80×60×60	28.9	14.5
PL-DDES	4494	0.71	0.048	299	80×60×60	29.9	15.0

平板槽道内混合对流传热模拟的几何结构如图 5－1 所示。计算区域的流向 x、垂直固壁方向 y 和展向 z 长度分别为 8δ、δ 和 3δ，其中 δ 是槽道宽度。流体反重力向上流动。流体的 $Pr=0.71$，流动的 $Re_b=u_b\delta/\nu=4494$，$Gr=g\beta_t\cdot\Delta T\cdot\delta^3/\nu^2=9.6\times10^5$，对应的 $Ri=Gr/Re_b^2=0.048$。以 Kasagi 等[6]的 DNS 数据作为参考数据。不同模拟条件下平板槽道内混合对流传热的计算条件和网格划分如表 5－1 所示。靠近固壁的第一层网格的位置为 $y^+=0.5$，并且在靠近固壁区域网格被加密。流向和展向的网格为均匀网格。流向和展向设定为周期性边界条件。流向的流量设为定值。固壁设定为速度无滑移边界。左固壁为低温 $T_c=0$，右固壁为高温 $T_h=1$，温差为 $\Delta T=T_h-T_c=1$。时间步长的设置上保证了最大 CFL 小于 0.5。数据的统计在 60 个流通时间之后开始，统计时间大约为 50 个流通时间，物理量平均值取时间和 xz 平面平均。

本章认为浮力的影响遵循 Boussinesq 近似，所以动量和温度控制方程如下：

$$\frac{\partial}{\partial t}(\rho u_i) + \frac{\partial}{\partial x_j}(\rho u_i u_j) = -\frac{\partial p}{\partial x_i} + \frac{\partial}{\partial x_j}\left[(\mu + \mu_t)\left(\frac{\partial u_i}{\partial x_j} + \frac{\partial u_j}{\partial x_i}\right)\right] + \delta_{1i}\rho g \beta_t (T - T_0) \quad (5-1)$$

$$\frac{\partial}{\partial t}(\rho T) + \frac{\partial}{\partial x_i}(\rho u_i T) = \frac{\partial}{\partial x_i}\left[\left(\frac{\mu}{Pr} + \frac{\mu_t}{Pr_t}\right)\frac{\partial T}{\partial x_i}\right] \quad (5-2)$$

式中，β_t 为热膨胀系数，Pr_t 设定为第 4 章已验证的 0.9。

5.1.2　各湍流模型模拟平板槽道内混合对流传热的评价

表 5－2　平板槽道内混合对流传热表面摩擦系数 C_f 和 Nusselt 数

模拟方法	C_{f-h}		C_{f-c}		Nu_h		Nu_c	
	数值	偏差	数值	偏差	数值	偏差	数值	偏差
DNS	0.00990	—	0.00790	—	7.42	—	20.94	—
WALE	0.00941	−4.9%	0.00690	−12.6%	6.60	−10.8%	18.93	−10.6%
IDDES	0.00973	−1.7%	0.00694	−12.1%	7.55	1.8%	18.58	−11.3%
PL-DDES	0.01021	3.1%	0.00764	−3.3%	7.62	2.7%	19.85	−5.2%

表 5－1 和 5－2 呈现了一些表征平板槽道内混合对流传热的参数。表 5－1 显示 WALE、IDDES 和 PL-DDES 模型所预测的摩擦 $Re_\tau = u_\tau \delta/\nu$ 都小于 DNS 所得数据，其中 u_τ 是冷固壁和热固壁上的平均摩擦速度。但是，对比 DNS 数据，PL-DDES 模型的偏差最小，仅为 −0.33%，WALE 模型的偏差最大。表 5－2 是预测的冷热固壁表面摩擦系数 C_f 和 Nu 数，C_f 和 Nu 数的计算式可通过查询文献[6]获得。对比 DNS 数据，WALE 模型预测的 C_f 和 Nu 数的偏差最大。预测结果表明热固壁 C_{f-h} 大于冷固壁 C_{f-c}，这与 DNS 数据相同。这是因为浮力在靠近热固壁区域援助流动，继而形成援助流，而在靠近冷固壁区域阻碍流动，形成阻碍流。但是，热固壁的 Nu_h 数小于冷固壁的 Nu_c 数。这是因为冷热固壁的热流密度相同，但冷固壁的热传导效应大于热固壁。三个模型预测的冷固壁的 C_f 和 Nu 数相比 DNS 数据都偏小。PL-DDES 模型预测值的偏差最小，偏差的绝对值小于 5.5%。而 WALE 模型和 IDDES 模型的偏差绝对值大于 10.0%。对于热固壁的 C_f 和 Nu 数而言，PL-DDES 模型和 IDDES 模型的预测准确性优于 WALE 模型。PL-DDES 模型和 IDDES 模型预测值的偏差绝对值小于 5.0%。上述结果表明 PL-DDES 模型对 C_f 和 Nu 数的预测效果最优。

两种 DDES 模型相对 WALE 模型预测 C_f 和 Nu 数更为准确的内在原因在于两种 DDES 模型靠近固壁区域是以 RANS 模型计算的。两种 DDES 模型在固壁区域所使用的模拟方法是 RANS 模拟，导致该区域的模式化湍动能大于 WALE 模型预测值。这有助于更准确地预测固壁剪切应力。在热固壁上，PL-DDES 模型与 IDDES 模型的预测效果相当，但是在冷固壁上，PL-DDES 模型更具备优势。这是因为在靠近冷固壁区域，湍流强度更大，这对该区域的网格精度提出了更高的要求。而 PL-DDES 模型相对 IDDES 模型具备更大的 RANS 区域，所以在靠近冷固壁区域，PL-DDES 模型所需要的网格精度更低。因此 PL-DDES 模型在对冷固壁的 C_f 和 Nu 数的预测上更具优势。

图 5－2 是不同模型所预测的平均流向速度和平均温度的分布曲线与 DNS 数据的对比图。由于浮力的存在，速度呈现非对称分布，如图 5－2a 所示，速度的最大值位置靠近热固壁。对比 DNS 数据，在阻碍流或冷固壁附近区域，三个模型预测的速度都偏大，这是因为三个模型预测的固壁剪切应力偏小所导致的。PL-DDES 模型所预测的速度分布与 DNS 数据吻合得最为理想。图 5－2b 显示：在援助流区域，三个模型所预测的温度分布与 DNS 数据吻合得较好；在阻碍流区域，三个模型所预测的温度都大于 DNS 数据，但是 PL-DDES 模型的预测偏差最小。

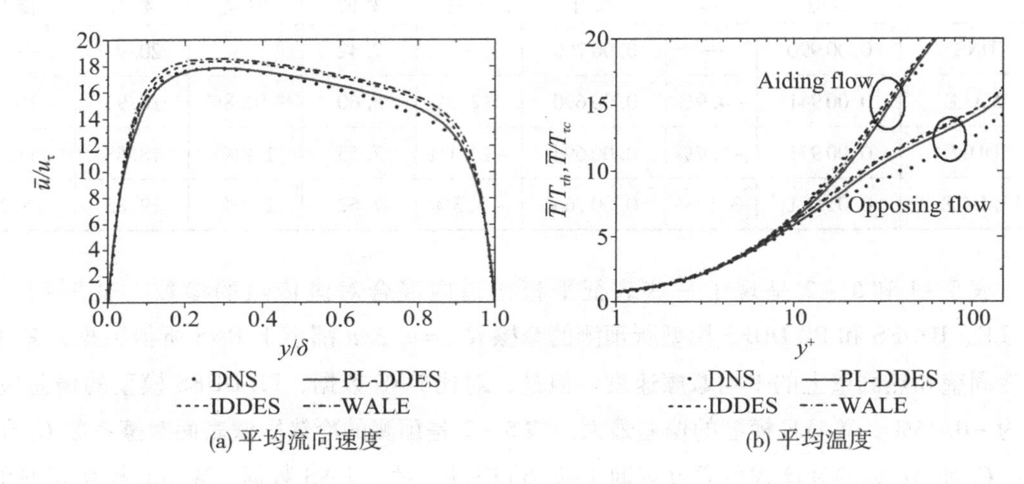

(a) 平均流向速度 (b) 平均温度

图 5－2　不同模型所预测的平均流向速度和平均温度分布曲线与 DNS 数据的对比图

图 5－3 是各方法求解得到的 RMS 速度的分布曲线。可以看出，阻碍流的 RMS 速度大于援助流，这是因为受浮力影响，雷诺应力在阻碍流中增加，而在援助流中减小。图 5－4 是靠近固壁的瞬时流向速度云图，可以证明阻碍流的湍流强度更大。总体而言，三个模型所求解的 RMS 速度变化轮廓与 DNS 数据相似。在阻碍流区域，除流向 RMS 速度之外，其他 RMS 速度预测值均小于 DNS 数据。在靠近固壁区域，垂直固壁方向和展向的 RMS 速度偏差在阻碍流区域更为显著。这是因为阻碍流区域的雷诺应力更大，对网格的要求会更高，而两区域的网格大小一样，导致阻碍流区域的网格精度更差，继而导致阻碍流区域的预测值与 DNS 数据的误差更大。

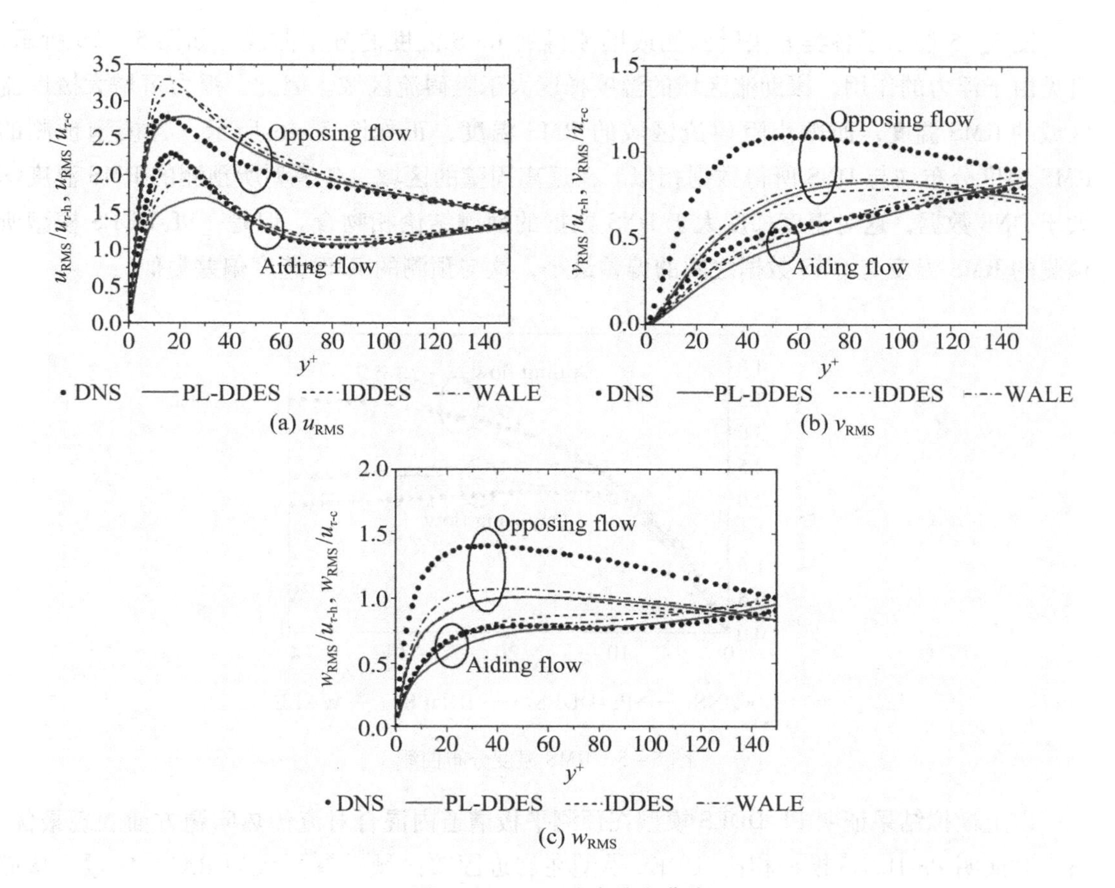

图 5-3 RMS 速度分布曲线

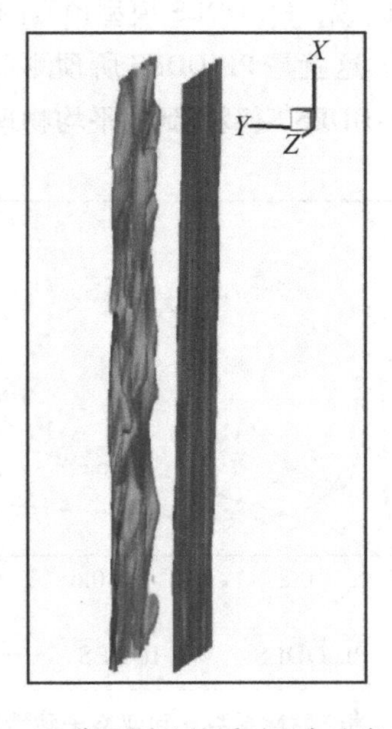

图 5-4 靠近固壁的瞬时流向速度云图

图 5－5 展示了各类方法所预测或模拟得到 RMS 温度的分布曲线。如图 5－2b 所示，可见由于浮力的作用，援助流区域的温度梯度大于阻碍流区域。因此，浮力可增大援助流区域的 RMS 温度，而减小阻碍流区域的 RMS 温度，正如图 5－5 所示。各模型预测的 RMS 温度分布均与 DNS 所得数据相似。在远离固壁的区域，各模型所预测的 RMS 温度均大于 DNS 数据，这对温度梯度大于 DNS 数据的预测结论相吻合。但是，PL-DDES 模型所预测的 RMS 温度与 DNS 数据之间的偏差最小，这与预测的 RMS 速度偏差类似。

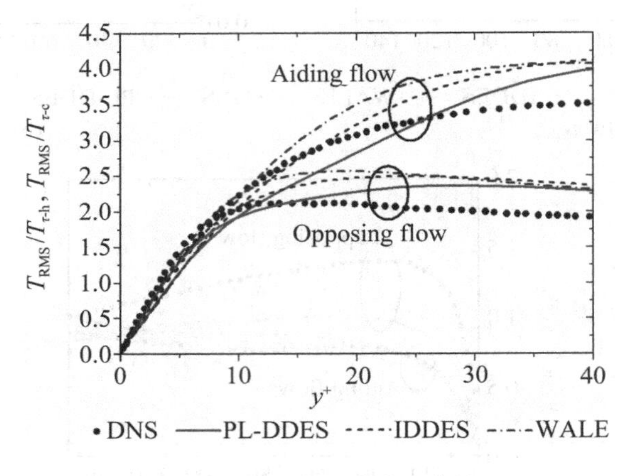

图 5－5　RMS 温度分布曲线

以上模拟结果证明 PL-DDES 模型在预测平板槽道内混合对流传热问题方面表现最优。第 4 章证明 PL-DDES 模型相比 IDDES 模型在靠近固壁区域具有更大的 RANS 区域，从而可得到更优的平均物理量。图 5－6 是各模型预测的湍流黏性系数比和亚格子黏性比的分布曲线。图中显示，靠近固壁区域，PL-DDES 模型预测的湍流黏性系数最大，证明相应模式化湍动能和 RANS 区域最大。这就是 PL-DDES 所预测求解的 RMS 速度和 RMS 温度各模型中为最小的原因，同时是 PL-DDES 模型得到的平均物理量偏差最小的原因。

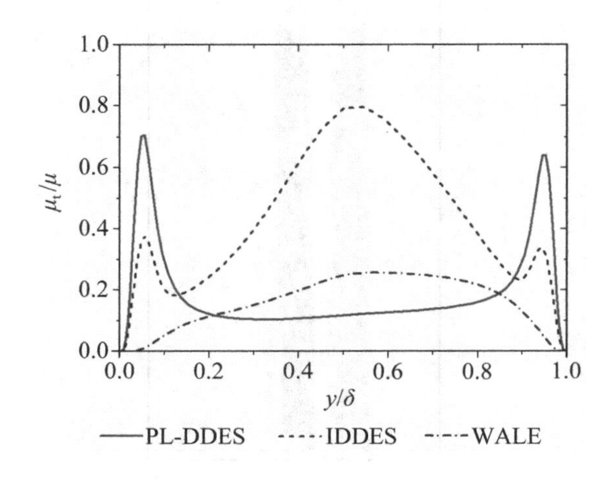

图 5－6　湍流黏性系数比和亚格子黏性比分布曲线

图 5 - 7 是各模型所预测的平板槽道内混合对流传热的雷诺剪切应力和垂直固壁方向湍流热流密度（以下简称湍流热流密度）的分布曲线对比图。由于浮力的影响，雷诺剪切应力和湍流热流密度在阻碍流区域均显增加趋势，而在援助流区域减小。如图 5 - 7 所示，各模型所预测的雷诺剪切应力和湍流热流密度与 DNS 数据分布相似。靠近固壁区域，PL-DDES 模型和 IDDES 模型预测的雷诺剪切应力和湍流热流密度的偏差小于 WALE 模型。这与对 C_f 和 Nu 数的预测值情况相对应。

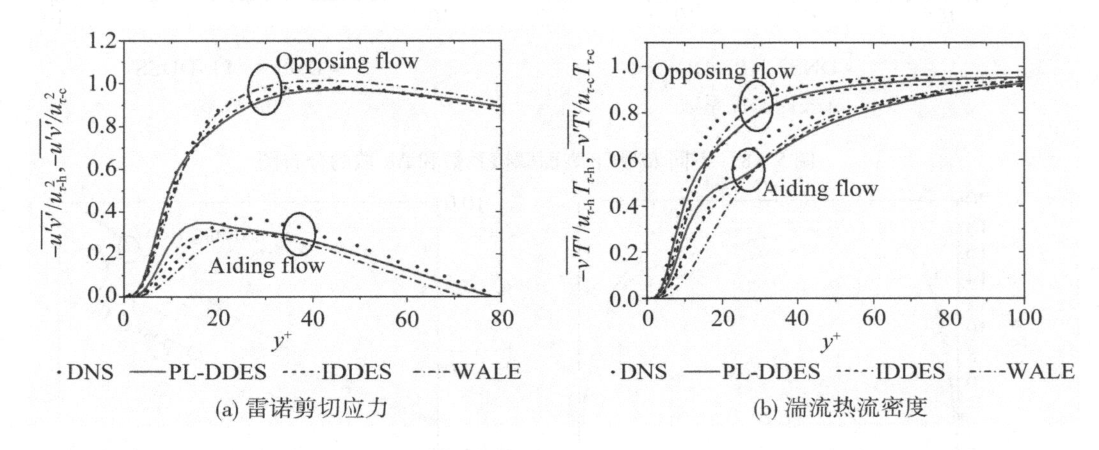

图 5 - 7　各模型所预测的平板槽道内混合对流传热的雷诺剪切应力和垂直固壁方向湍流热流密度分布曲线对比图

根据 PL-DDES 模型、IDDES 模型和 WALE 模型预测的各物理量表明：在相同网格条件下两个 DDES 模型均具备着优于 WALE 模型的预测能力；对比其他模型，PL-DDES 模型在阻碍流区域的预测效果最优。虽然 PL-DDES 模型对雷诺应力和湍流热流密度的预测准确性不理想，但其平均物理量的预测结果与 DNS 数据吻合良好。

5.1.3　*Ri* 数的影响

PL-DDES 模型已被证明对混合对流传热具备着理想的预测能力。本节将运用此模型来探讨 Ri 数对槽道内流动和传热的影响。其中，Ri 数分别取 0.025、0.048 和 0.1，Re_b = 4494 保持不变。网格数量和划分方式亦保持不变。

如图 5 - 8 所示为不同 Ri 数下表面摩擦系数 C_f 和 Nu 数的分布图。图中显示 C_f 在援助流区域随 Ri 数的增大而增加，在阻碍流区域则较小。Nu 数则呈现相反规律，这与 DNS 研究结果相同。对比 DNS 结果发现，PL-DDES 模型预测的 C_f 和 Nu 数较为理想。

如图 5 - 9 所示为不同 Ri 数下流场的平均流向速度和平均温度的分布曲线。图 5 - 9a 显示 Ri 数越大，速度分布的非对称性程度越大，速度最大值位置越靠近热固壁。图 5 - 9b 显示温度分布曲线在援助流区域向上偏移，而在阻碍流区域向下偏移。随着 Ri 数的增加，援助流区域温度梯度增加，阻碍流区域温度梯度减小。

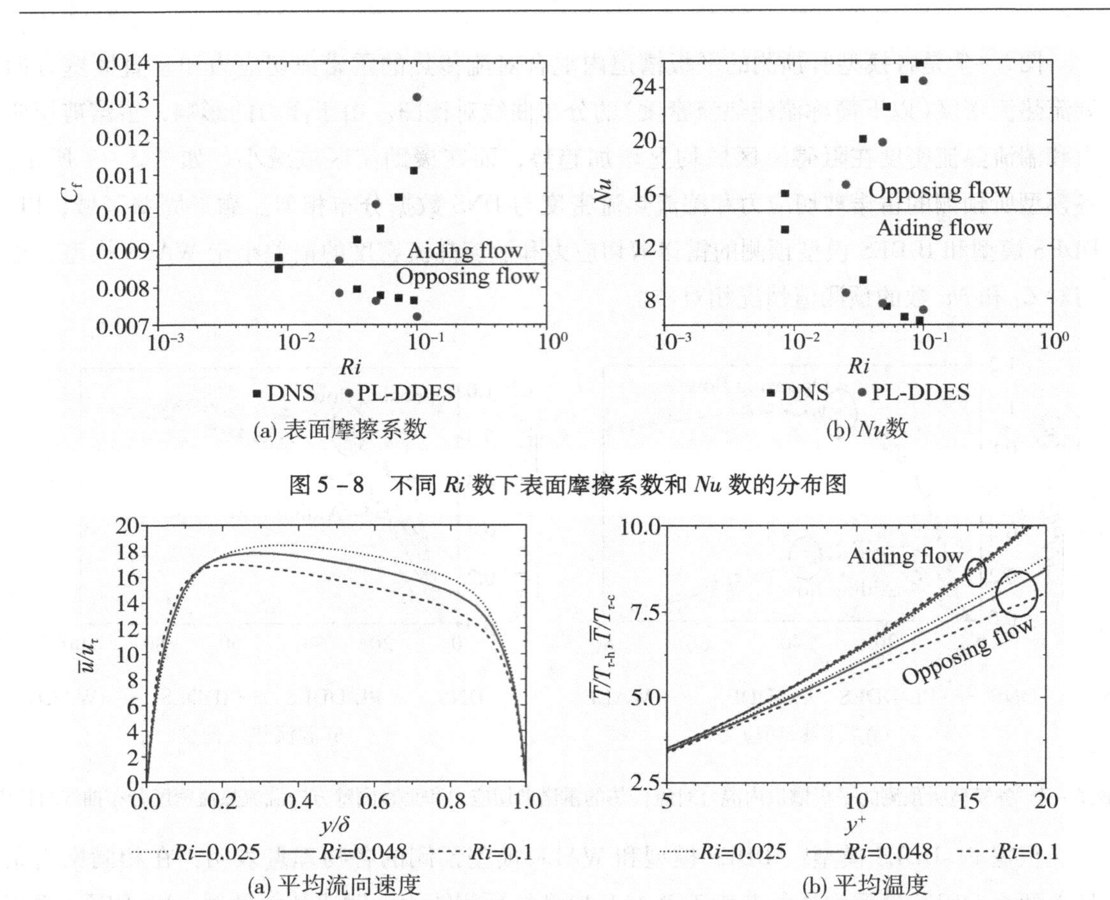

图 5－8　不同 *Ri* 数下表面摩擦系数和 *Nu* 数的分布图

图 5－9　不同 *Ri* 数下平均流向速度和平均温度的分布曲线

图 5－10 展示了不同 *Ri* 数下雷诺剪切应力和垂直固壁方向湍流热流密度的分布曲线。图中显示：流体的雷诺剪切应力和湍流热流密度随 *Ri* 数增加，在阻碍流区域增减，而在援助流区域减小；两者在阻碍流中的变化程度均显著于援助流；雷诺剪切应力受 *Ri* 数的影响显著于湍流热流密度所受影响。

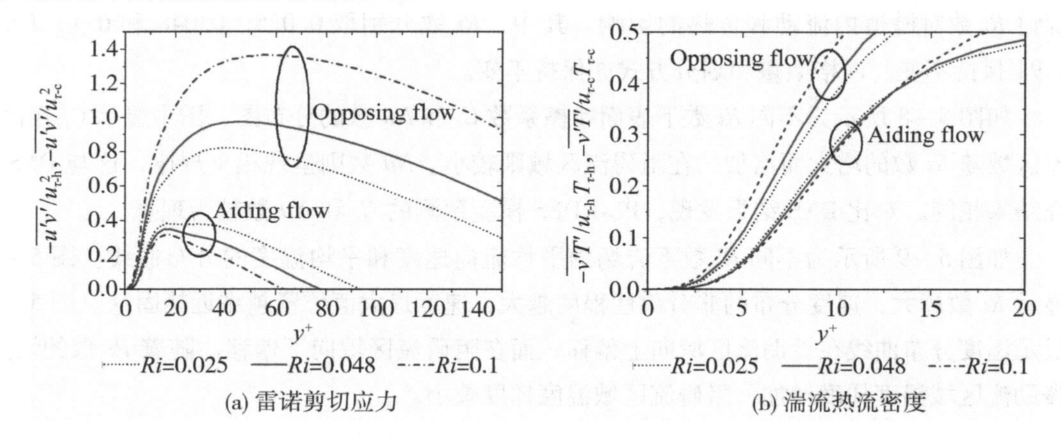

图 5－10　不同 *Ri* 数下雷诺剪切应力和垂直固壁方向湍流热流密度分布曲线

上述结果都与 DNS 研究结果相同。因此，本节模拟结果证明 PL-DDES 模型在预测不同 Ri 数的混合对流传热方面依然具有良好的准确性。

5.2 同轴圆筒槽道内混合对流传热模拟

圆筒槽道是工程领域中一种常见的设备，广泛应用于核反应器、换热器和石油输送通道等场合。同轴圆筒槽道内充分发展湍流(圆筒槽道内流动)不同于平板槽道内流动或圆管内流动，其包含两种不同的边界层。早期有关圆筒槽道内流动的研究集中在速度和剪切应力的分布情况方面。且早期实验结果发现最大速度和零剪切应力条件下流体的位置是重合的[22,23]。但是后来，Lawn 和 Elliott[24]、Rehme[25]、Nouri 等人[26]、Escudier 等人[27]以及 Rodriguez-Corredor 等人[28]通过实验发现这两个位置并不重合。

随着计算机计算能力的提升，有关圆筒槽道内流动的数值模拟研究越来越多。Chung 等人[29]运用 DNS 方法研究 $Re_b=8900$ 下圆筒槽道内的流动，发现外固壁区域的湍流强度强于内固壁区域，而且内外径比越大两者的差异越大。Liu 和 Lu[30]利用 LES 方法研究 Re_b 数对圆筒槽道内速度场的影响，模拟结果表明，Re_b 数越大，速度分布在槽道中心区域越平整。因为 DNS 和 LES 方法对网格精度要求极高，所以 RANS 模型因其网格精度要求低而得到广泛应用。Azouz 和 Shirazi[31]发展了一种容易实现并且计算量小的零方程 RANS 模型，研究发现该发展的模型与双方程 RANS 模型在预测圆筒槽道内流动方面有相当的准确度。Xiong 等人[32]利用 ANSYS CFX 内含 SST k-ω 模型系统研究了圆筒槽道内流动，模拟结果经与 DNS 数据和实验数据对比，展现出了较好的准确性。但是，RANS 模型往往模式化大部分湍流涡，导致其在模拟分离流等复杂湍流时误差较大。

除了圆筒槽道内流场的流动，圆筒槽道内的传热因在工业中日益凸显的重要性同样受到研究者们的广泛重视。圆筒槽道内强化对流传热[33-35]和混合对流传热[36,37]的实验研究在许多文献中有所述及，但更详尽的信息往往仍需通过数值模拟研究来获取。Malik 和 Pletcher[38]对比了三种 RANS 模型结合定值 $Pr_t=0.9$ 在预测圆筒槽道内的流动和传热方面的效果。Marocco 等人[39]利用 RANS 模型结合动态 Pr_t 研究了圆筒槽道内 $Pr=0.021$ 液态金属湍流援助流的流场和温度场。Forooghi 等人[40]利用 RANS 模型研究了不同内外径和不同偏心率下圆筒槽道内混合对流传热弱化的现象。Marocco[41]利用联合 LES/DNS 方法对比研究了 $Pr=0.021$ 液态金属在圆筒槽道内强制对流传热和混合对流传热的机理。Chung 和 Sung[42]利用 DNS 方法研究曲率半径对圆筒槽道内强制对流传热的影响。Nikitin 等人[43]和 Ould-Rouiss 等人[44]运用 DNS 方法分别关注了内外热流密度比和偏心率对圆筒槽道内强制对流传热的影响。吕逸君等人[45]通过 LES 研究发现液态金属流体湍流换热过程中分子热传导占主导地位。

通过文献调研发现圆筒槽道内传热的数值模拟方法主要是 RANS 模型、LES 模型和

DNS 方法。由于 RANS 模型在模拟复杂湍流时准确性较低，以及 LES 模型和 DNS 方法对网格的高要求，联合 RANS/LES 方法可被视为研究和预测圆通槽道湍流传热具可行性的替代方案。同时，文献调研发现几乎没有有关联合 RANS/LES 方法研究圆筒槽道内流动和传热的研究。因此，本节将填补这一空白。

本节将先利用 PL-DDES 模型、IDDES 模型和 WALE 模型模拟 $Re_b=26\,600$ 下的圆筒槽道内充分发展湍流，并结合相应模拟效果对三种模型进行评价；再利用 PL-DDES 模型定量地探讨浮力对圆筒槽道内流动和混合对流传热的影响。

5.2.1 计算条件

圆筒槽道的几何结构如图 5－11 所示，流体在内外固壁中间沿 z 轴正方向流动。圆筒的内外径之比 $R_i/R_o=0.5$，内外固壁距离为 2δ，流向(z)长度为 8δ，展向(周向)范围为与 DNS 研究相同的 1/4 全周向，即 90°范围。

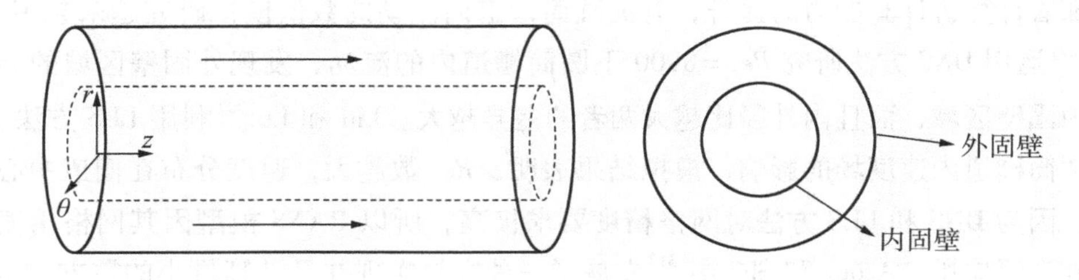

图 5－11 圆筒槽道几何结构

如表 5－3 所示为圆筒槽道内的流动条件和网格划分设定。网格在流向均匀划分，在展向角度均匀划分。靠近内外固壁的第一层网格位置为 $r^+\approx 1$。

表 5－3 圆筒槽道内流动条件和网格划分

模型	Re_b	$Re_{\tau i}$	$Re_{\tau o}$	网格数量 $N_\theta\times N_r\times N_z$	$(R_i\Delta\theta)^{+i}$	$(R_o\Delta\theta)^{+o}$	Δz^{+i}	Δz^{+o}
RANS	26 600	376	370	–	–	–	–	–
WALE	26 600	350	306	60×90×80	18.3	31.8	35.0	30.6
IDDES	26 600	365	328	60×90×80	19.0	34.1	36.5	32.8
PL-DDES	26 600	385	351	60×90×80	20.0	36.5	38.5	35.1

对于混合对流传热模拟，重力方位为 z 轴负方向。保持 $Re_b=26\,600$ 不变，Gr 数分别取 $Gr=qg\beta_t D^4/(\lambda\nu^2)=0$、$1.09\times10^{10}$ 和 4.33×10^{10}，相对应 Bo 数为 $Bo=8\times10^4 Gr/(Re_b^{3.425}Pr^{0.8})=0$、0.8 和 3.2。

这里认为浮力的影响遵循 Boussinesq 近似，动量方程如式(5－1)所示。温度方程为：

$$\frac{\partial}{\partial t}(\rho T)+\frac{\partial}{\partial x_i}(\rho u_i T)=\frac{\partial}{\partial x_i}\left[\left(\frac{\mu}{Pr}+\frac{\mu_t}{Pr_t}\right)\frac{\partial T}{\partial x_i}\right]+Q \tag{5-3}$$

式中，Q 是一均匀且不变的内热源，Pr_t 取定值 0.9。

流向和展向设定为周期性边界条件，流向流量设为定值。内外固壁速度设为无滑移边界，温度设为 $T_w=0$。时间步长的设置上保证了最大 CFL 小于 0.5。数据的统计在 60 个流通时间之后开始，统计时间大约为 50 个流通时间。物理量平均值取时间和 $r\theta$ 平面平均。

5.2.2 各湍流模型模拟同轴圆筒槽道流动的对比

本部分讨论 PL-DDES 模型、IDDES 模型和 WALE 模型对 $Re_b=26\,600$ 下圆筒槽道内充分发展湍流的预测效果。文献中的实验数据[24]和 RANS 模拟结果[32]作为参考数据。

如图 5-12 所示为靠近内固壁区域（内区域）和靠近外固壁区域（外区域）的三种模型预测的平均流向速度与实验数据分布曲线的对比图。靠近固壁区域$[(r-R_i)^+<10]$，三种模型预测的速度与实验值几乎重合。在内区域的中心位置$[(r-R_i)^+>10]$，IDDES 模型和 WALE 模型得到的速度对比实验值而言偏大，而 PL-DDES 模型则得到了与实验值偏差较小的速度分布。在外区域的中心位置$[(R_o-r)^+>10]$，三种模型预测的速度都大于实验值，但 PL-DDES 模型的预测偏差最小。三种模型的速度偏差在于它们所预测的固壁剪切应力的偏差。文献表明所采用的 RANS 模型可以预测得到与实验值吻合得较好的速度分布，因此该文献得到的固壁表面摩擦系数 C_f 可作为参照数据。如表 5-4 所示为文献中 RANS 模型与本节中 PL-DDES 模型、IDDES 模型和 WALE 模型所预测的各内外固壁 C_f 对比表。对于内固壁 C_{fi}，对比 RANS 模型，WALE 模型和 IDDES 模型的预测值偏小，导致速度分布在槽道中心区域呈现 LLM 问题。对于外固壁 C_{fo}，三种模型的预测值都小于 RANS 模型，但 PL-DDES 模型预测的偏差最小。同时发现各模型对内固壁 C_{fi} 的预测偏差均小于外固壁 C_{fo}，这是因为内区域的网格精度高于外区域，如表 5-3 所示。还需要指出的是内固壁 C_{fi} 往往大于外固壁 C_{fo}，这是因为内外固壁的曲率半径不同。

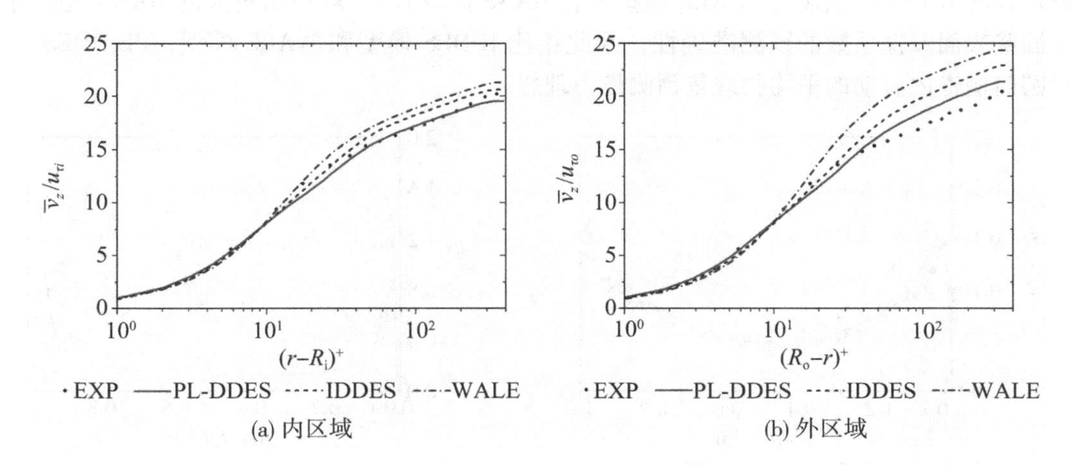

(a) 内区域 (b) 外区域

图 5-12 各模型所预测的圆筒槽道内外区域的平均流向速度分布曲线与实验数据的对比图

表 5－4　圆筒槽道固壁表面摩擦系数 C_f 对比表

	RANS	WALE	IDDES	PL-DDES
C_{fi}	0.00639	0.00549	0.00601	0.00669
C_{fo}	0.00619	0.00420	0.00483	0.00554

如图 5－13 所示为圆筒槽道内流动中雷诺剪切应力的分布曲线，其中雷诺剪切应力已被外固壁剪切应力无量纲化。可以观察到，PL-DDES 模型和 IDDES 模型所预测的雷诺剪切应力数值与实验值和 RANS 模型预测值吻合理想。但是 WALE 模型在靠近内固壁区域预测值偏大，这是由于 WALE 模型预测的外固壁 C_{fo} 的偏差过小。

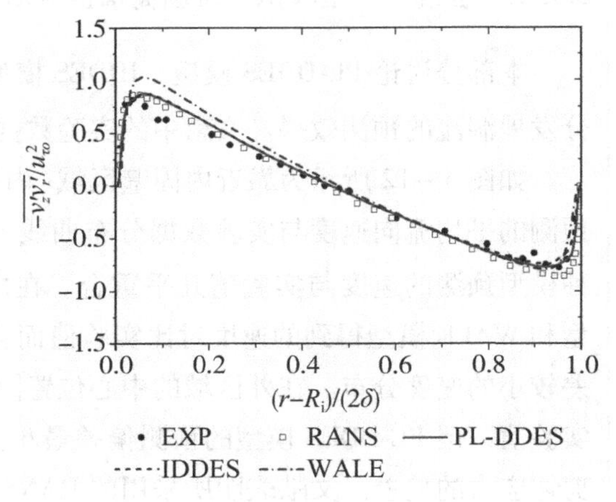

图 5－13　圆筒槽道内雷诺剪切应力分布曲线

综上发现，通过对比 IDDES 模型和 WALE 模型在圆筒槽道内流动预测中的表现，PL-DDES 模型预测的结果最为理想。其根本原因在于 PL-DDES 模型能划分出比 IDDES 模型和 WALE 模型更大的 RANS 区域，这有助于更准确地模拟复杂流动现象。

如图 5－14 所示为三种模型求解 RMS 流向速度的分布曲线。可以看出 PL-DDES 模型预测的 RMS 流向速度在靠近固壁区域最小，并且小于实验值。这是因为 PL-DDES 得到的湍流黏性在靠近固壁区域最大，如图 5－15 所示。由图 5－15 可观察到 PL-DDES 模型在靠近固壁区域预测的湍流黏性系数比最大，在槽道中心区域则最小。这表明在 PL-DDES 计算得到的靠近固壁区域的湍动能或湍流涡被模式化得最多。在这几类模型中，PL-DDES 模型得到的 RANS 区域最大(WALE 模型没有 RANS 区域)。文献指出更大的 RANS 区域可改善固壁表面摩擦系数的预测准确性，因此相比 IDDES 模型和 WALE 模型，PL-DDES 模型对圆筒槽道内流动的平均物理量预测最为理想。

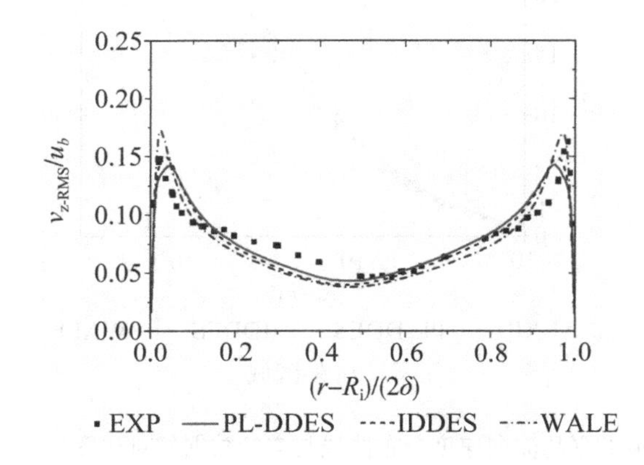

图 5－14　圆筒槽道内求解流向 RMS 速度分布曲线

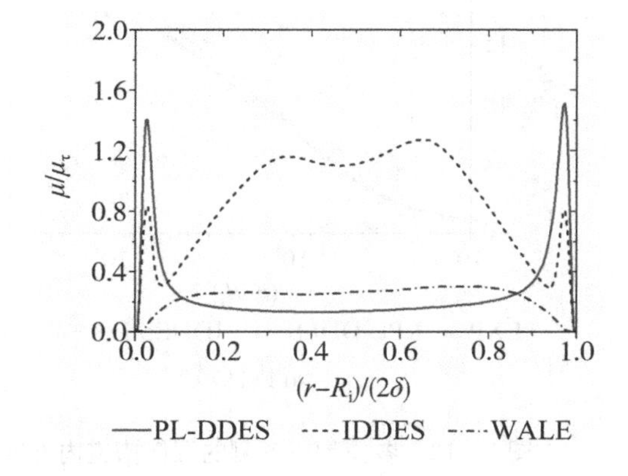

图 5－15　圆筒槽道内求解湍流黏性系数比或亚格子黏性系数比分布曲线

5.2.3　基于 PL-DDES 模型的混合对流传热模拟

5.2.2 的模拟结果证明 PL-DDES 模型在预测圆筒槽道内流动上的效果最为理想。本节将运用 PL-DDES 模型研究浮力对圆筒槽道内流动与传热的影响。在不同 Bo 数下流动条件和网格划分及其精度如表 5-5 所示。因为在温度方程(5-3)中的内热源 Q 是正的，而流体是向上反重力流动，所以该流动为阻碍流。

表 5-5　不同 Bo 数下流动条件和网格精度

算例	Re	Pr	Bo	$Re_{\tau i}$	$Re_{\tau o}$	网格数量 $N_\theta \times N_r \times N_z$	$(Ri\Delta\theta)^{+i}$	$(R_o\Delta\theta)^{+o}$	Δz^{+i}	Δz^{+o}
Case1	26600	0.71	0	385	351	60×90×80	20.0	36.5	38.5	35.1
Case2	26600	0.71	0.8	380	322	60×90×80	19.7	33.5	38.0	32.2
Case3	26600	0.71	3.2	339	236	60×90×80	17.6	24.5	33.9	23.6

如表 5-6 所示为不同 Bo 数下固壁表面摩擦系数 C_f 和 Nu 数。Bo 数增大时，内外固壁上的表面摩擦系数 C_{fi} 和 C_{fo} 都减小。这是因为浮力与流动方向相反，浮力在靠近固壁区域阻碍流体流动，导致该区域流场的流动速度减小，如图 5-16a 所示，因此 C_{fi} 和 C_{fo} 都减小。C_{fo} 的变化率大于 C_{fi}，对应外区域的速度梯度减小的程度大于内区域，如图 5-16a 所示。Nu 数随 Bo 数增大而增大，这是因为浮力使雷诺应力和湍流传热得到了增强，从而使得换热系数增大。同时，内外固壁上的 Nu_i 数和 Nu_o 数的变化率差别较小。还可发现 Nu_i 数总是大于 Nu_o 数，这是内外固壁上的热流密度 q_i 和 q_o 的差异所导致的。

表 5-6　不同 Bo 数下固壁表面摩擦系数 C_f 和 Nu 数

算例	C_{fi}		C_{fo}		Nu_i		Nu_o	
	数值	变化率	数值	变化率	数值	变化率	数值	变化率
Case1	0.00669	—	0.00554	—	70.56	—	59.70	—
Case2	0.00651	2.7%	0.00468	15.5%	88.11	24.9%	75.11	25.8%
Case3	0.00516	22.9%	0.00251	54.7%	110.76	56.9%	97.03	62.5%

根据能量平衡，可得到 q_i 和 q_o 的计算式如下：

$$q_i = Q\frac{R_{T2}^2 - R_i^2}{2R_i} \tag{5-4}$$

$$q_o = Q\frac{R_o^2 - R_{T2}^2}{2R_o} \tag{5-5}$$

式中，R_{T2} 是零径向湍流热流密度位置离圆心的距离。根据式(5-4)和式(5-5)可以得到 q_i 和 q_o 的比值如下：

$$\frac{q_i}{q_o} = \frac{\chi_1 - \chi_1\chi_2^2}{\chi_2^2 - \chi_1^2} \tag{5-6}$$

式中，χ_1 是内外径之比，即 $\chi_1 = Ri/R_o = 0.5$，χ_2 是内径与零径向湍流热流密度位置离圆心的距离之比，即 $\chi_2 = Ri/R_{T2}$。式(5-4)和式(5-5)与圆筒槽道内流动的内外固壁剪切应力计算式相似。实验和 DNS 数据证明圆筒槽道内流动中内固壁剪切应力大于外固壁剪切应力，因此相对应 q_i 大于 q_o。根据本章 PL-DDES 计算得到的χ_2 的最大值为 0.691，代入式(5-6)得到 $q_i/q_o > 1$，这验证了 q_i 大于 q_o 的结论。因此在本章 Bo 数研究范围内，Nu_i 数总是大于 Nu_o 数。

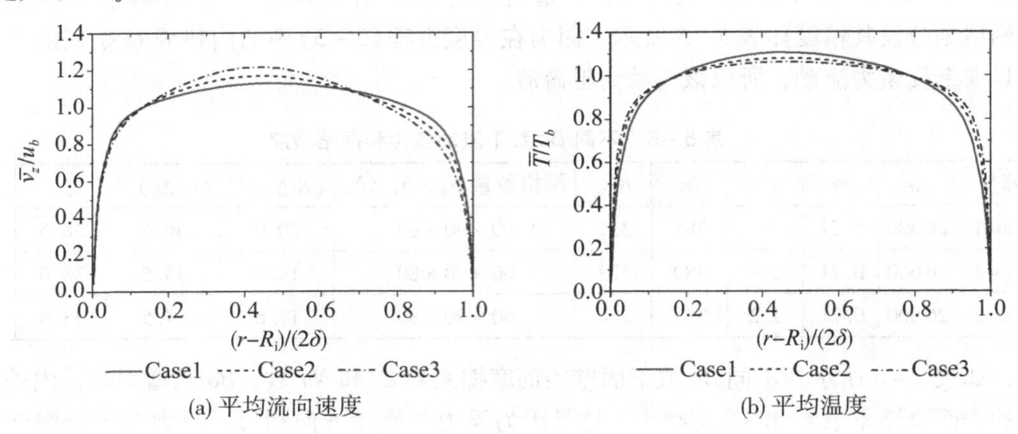

(a) 平均流向速度　　(b) 平均温度

图 5-16　不同 Bo 数下平均流向速度和平均温度分布曲线对比图

如图 5-16 所示为不同 Bo 数下平均流向速度和平均温度的分布曲线对比图。由于曲率半径的影响，$Bo=0$ 时的速度分布呈现非对称性，并且最大速度位置靠近内固壁。Bo 数越大，相应速度分布的非对称性的程度越大。最大温度位置与最大速度位置一样靠近内固壁，但是温度分布的非对称性程度小于速度分布。表 5-7 所示为不同 Bo 数下最大速度位置(P_{v1})、零剪切应力位置(P_{v2})、最大温度位置(P_{T1})和零径向湍流热流密度位置(P_{T2})的对比表。可以看出，P_{v1} 和 P_{T1} 随着 Bo 数增大向内固壁偏移。$Bo=0$ 时，P_{T1} 比 P_{v1} 更靠近内固壁，但是 $Bo=0.8$ 和 3.2 时，P_{v1} 则更靠近内固壁。这证明 P_{v1} 受 Bo 数的影响更大，正如速度分布的非对称性。

表 5-7　不同 Bo 数下最大速度位置 P_{v1}、零剪切应力位置 P_{v2}、最大温度位置 P_{T1} 和零径向湍流热流密度位置 P_{T2} 对比表

算例	P_{v1}		P_{v2}		P_{T1}		P_{T2}	
	位置 $(R_{v1}-Ri)/2\delta$	偏移度 $1-(R_{v1}-Ri)/\delta$	位置 $(R_{v1}-Ri)/2\delta$	偏移度 $1-(R_{v1}-Ri)/\delta$	位置 $(R_{v1}-Ri)/2\delta$	偏移度 $1-(R_{v1}-Ri)/\delta$	位置 $(R_{v1}-Ri)/2\delta$	偏移度 $1-(R_{v1}-Ri)/\delta$
Case1	0.466	6.8%	0.461	7.8%	0.461	7.8%	0.456	8.8%
Case2	0.438	12.4%	0.431	13.8%	0.460	8.0%	0.450	10.0%
Case3	0.425	15.0%	0.422	15.6%	0.458	8.4%	0.446	10.8%

图 5-17 是不同 Bo 数下雷诺剪切应力和径向湍流热流密度的分布曲线对比图。可以看出，零雷诺剪切应力位置 P_{v2} 和零径向湍流热流密度位置 P_{T2} 都靠近内固壁。由表 5-7 可见，$Bo=0$ 时 P_{T2} 比 P_{v2} 更靠近内固壁，但是 $Bo=0.8$ 和 3.2 时，P_{v2} 则更靠近内固壁。这证明 P_{v2} 受 Bo 数的影响更大。

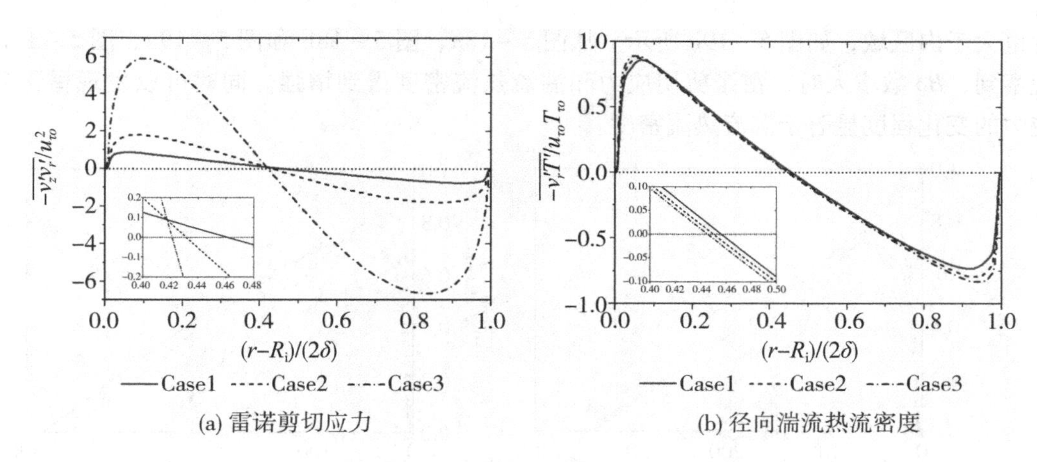

(a) 雷诺剪切应力　　(b) 径向湍流热流密度

图 5－17　不同 Bo 数下雷诺剪切应力和径向湍流热流密度分布曲线对比图

图 5－18 和图 5－19 分别是不同 Bo 数下雷诺剪切应力和径向湍流热流密度的分布曲线及其对比图。从图 5－18c 可以看出外区域的雷诺剪切应力大于内区域，这是因为外区域因体积大于内区域从而能支持更多的湍动能或湍流涡结构。同样，外区域的湍流热流密

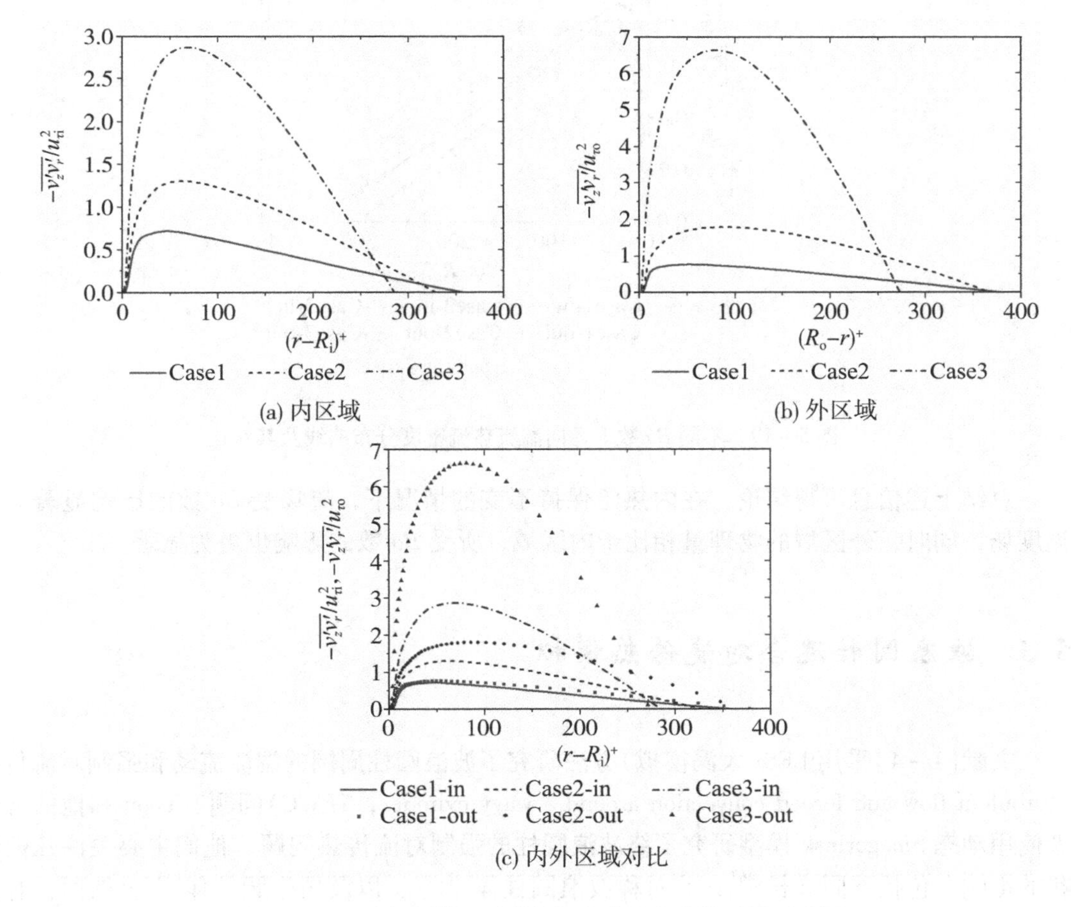

(c) 内外区域对比

图 5－18　不同 Bo 数下雷诺剪切应力分布曲线及其对比图

度也大于内区域，如图 5－19c 所示。从图 5－18a、图 5－18b 和图 5－19a、图 5－19b 可观察到，*Bo* 数增大时，雷诺剪切应力和湍流热流密度得到增强。同时可以发现雷诺剪切应力的变化程度显著于湍流热流密度。

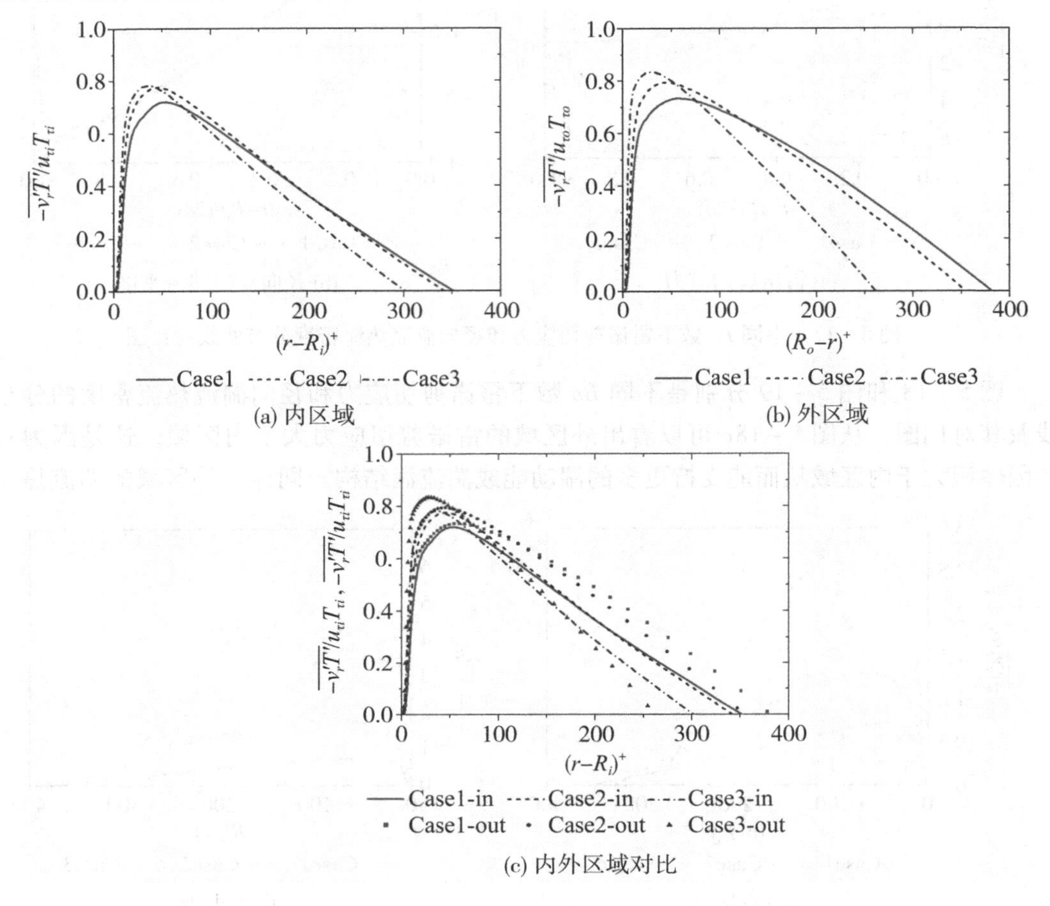

图 5－19　不同 *Bo* 数下径向湍流热流密度分布曲线及其对比

总结上述信息可得结论：在内热源保持不变的情况下，流场受 *Bo* 数的影响显著大于温度场；同时，外区域的物理量相比于内区域，所受 *Bo* 数的影响也更为显著。

5.3　波浪圆柱混合对流传热模拟

文献[1－4]采用 LES（大涡模拟）方法研究了波浪圆柱周围的湍流流动和强制对流传热（turbulent flow and forced convection around a wavy cylinder，TFWC）问题。Yoon 和他的合作者使用动态 Smagorinsk 模型研究了绕波浪圆柱的强制对流传热问题，他们主要关注几何形状的影响，包括不同波长[46]，非对称波浪圆柱体[47,48]，以及仿生圆柱体[49]。然而，有关波浪圆柱周围湍流和混合对流的研究较少，目前只有一些关于圆柱周围层流和湍流混合对流研究报道[50-55]。

Badr[50]研究了流体垂直向上流动（平行流动，亦称平行流）和垂直向下流动（相反流动，亦称相反流）两种情况下，等温水平圆柱周围的层流混合对流换热问题，发现平行流动时 Nu 数随着 Gr 数的增加而不断增加。Chang 和 Sa[51]研究了 $Re=100$ 时圆柱周围的混合对流传热问题，数值模拟结果表明，在 $Gr<500$ 时，Nu 数单调增加；在 $500<Gr<1500$ 时，Nu 数单调减小。Gandikota 等[52]研究了在 $50<Re<15$ 下，浮力对加热/冷却圆柱周围混合对流传热的影响，在临界 Ri 值之后，Nu 数以更快的速度增加，而在 Ri 为负值时则几乎保持不变。

Boirlaud 等[54]采 DNS 方法研究了混合对流状态受热圆柱的湍流尾迹，最引人注意的是由于重力向上偏离，在加热条件下圆柱尾迹所展现出的不对称性。Stark 和 Bergman[55]比较了两种 SST 湍流模型和三种 $k-\varepsilon$ 模型在预测圆柱体横流混合对流传热问题方面的性能，发现 SST 湍流模型预测的对流换热系数与 DNS 计算结果吻合较好。

以上报道证明了混合对流是复杂的，并且经常出现在自然界和工程应用中。此外，浮力或与温度相关的热力学性质影响着圆柱体周围的流体流动和传热。然而，目前主要受学者们广泛关注的是圆柱体周围的层流[50-53]和非等温流动[56-58]。由于现有研究缺乏对波浪圆柱周围混合对流问题的关注，故而有必要对波浪圆柱周围混合对流的机理进行研究。

5.3.1 计算条件

计算区域的流向(x)、纵向(y)和展向(z)方向的长度分别为 $24d_m$、$16d_m$ 和 $6d_m$，如图 5-20 所示。波浪圆柱体的直径用公式 $d_z=d_m+2a\cos(2\pi z/\lambda)$ 表示，其中 d_m 为平均直径，a 为波幅 $0.15d_m$，λ 为波长 $6d_m$。施加匀速 u_0 和温度 T_0 的入口边界位于距离波浪圆柱 $8d_m$ 处；出口边界处的压力设为0；侧壁设为对称边界；展向为周期性边界条件；波浪圆柱表面采用无滑移固壁条件，保持温度大于 T_0 的恒定 T_w；普朗特数 $Pr=0.7$，雷诺数 $Re=u_0d_m/\nu=3000$；格拉晓夫数 $Gr=g\beta_t(T_w-T_0)d_m^3/\nu^2$ 为 -2.7×10^6、0、2.7×10^6，对应理查森数 $Ri=Gr/Re^2$ 为 -0.3、0、0.3。当 $Ri=-0.3$ 时，流体向下流动，它被称为“相反流动”，当 $Ri=0.3$ 时，流体向上流动，它被称为“平行流动”。

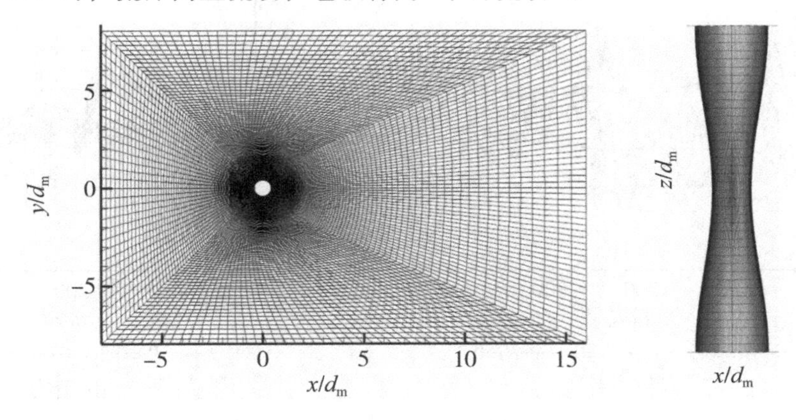

图 5-20 计算区域和网格划分

5.3.2 网格划分

表5－8给出了波浪圆柱绕流的计算区域、网格数量和展向网格间距（Δz），显示Δz小于文献的LES所采用的网格大小。网格围绕圆柱体表面加密，第一层网格位于$r^{+}=1\sim2$附近。为了验证网格的无关性，采用$N_{xy}\times Nz=40\,000\times60$的细网格来计算相同案例。粗细网格下，时间平均阻力系数分别为0.891和0.899，$z/\lambda=0.333$处回流区长度分别为2.94和2.91。同时，时间平均Nu数分别为25.55和25.65。这表明，细网格条件并不会使PL-DDES计算结果产生显著差异。因此，本章采用表5－8中的网格。

表5－8　波浪圆柱绕流的计算区域、网格数量和展向网格间距

方法	计算区域	网格数量 $N_{xy}\times N_z$	Δz
PL-DDES	六面体 $24d_m\times16d_m\times6d_m$	$28\,000\times40$	$0.15d_m$
Lin-LES[59]	六面体 $24d_m\times16d_m\times6.06d_m$	$16\,000\times100$	$0.06d_m$
Kim-LES[45]	圆柱体 $32d_m\times6.06d_m$	$62\,500\times121$	$0.05d_m$
Moon-LES[47]	六面体 $24d_m\times16d_m\times6.06d_m$	$23\,664\times148$	$0.04d_m$

5.3.3 流场分析

不同Ri下阻力系数和升力系数随时间变化的曲线如图5－21所示。平行流（$Ri=0.3$）与无浮力流（$Ri=0$）相比，C_d增大，C_l变化幅度更大，而相反流（$Ri=-0.3$）C_d减小，C_l变化平缓。不同Ri数下波浪圆柱尾部$y/d=0$出平均流向速度沿x方向的分布曲线如图5－22所示。在平行流中，流向速度的拐点向圆柱体移动；在相反流中，拐点则远离圆柱体。表5－9总结了不同Ri数下波浪圆柱混合对流的流动参数的对比情况。对于相反流，St、$\overline{C_d}$和C_{l-RMS}减小，但L_r/d_m增大，平行流则相反。

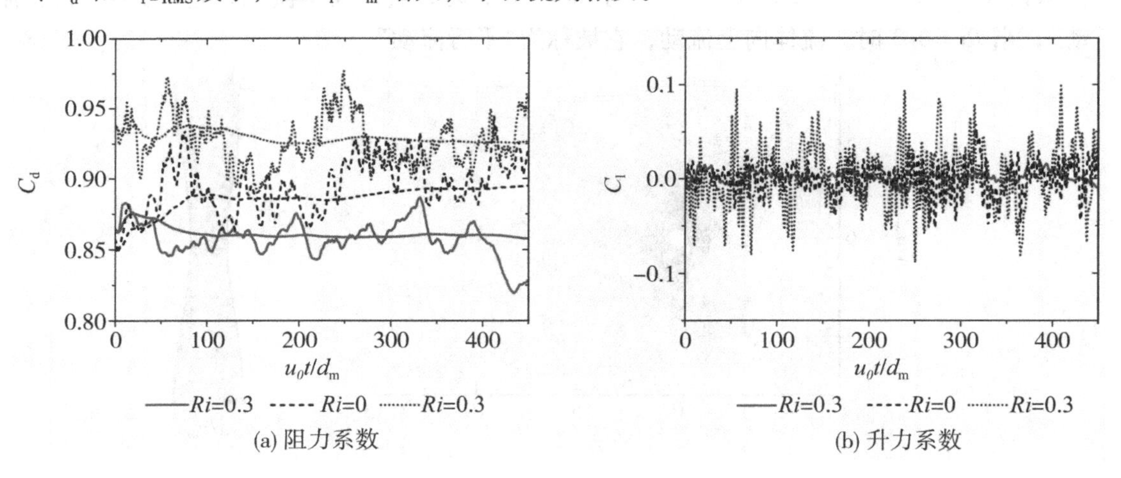

图5－21　不同Ri数下阻力系数和升力系数随时间的变化曲线

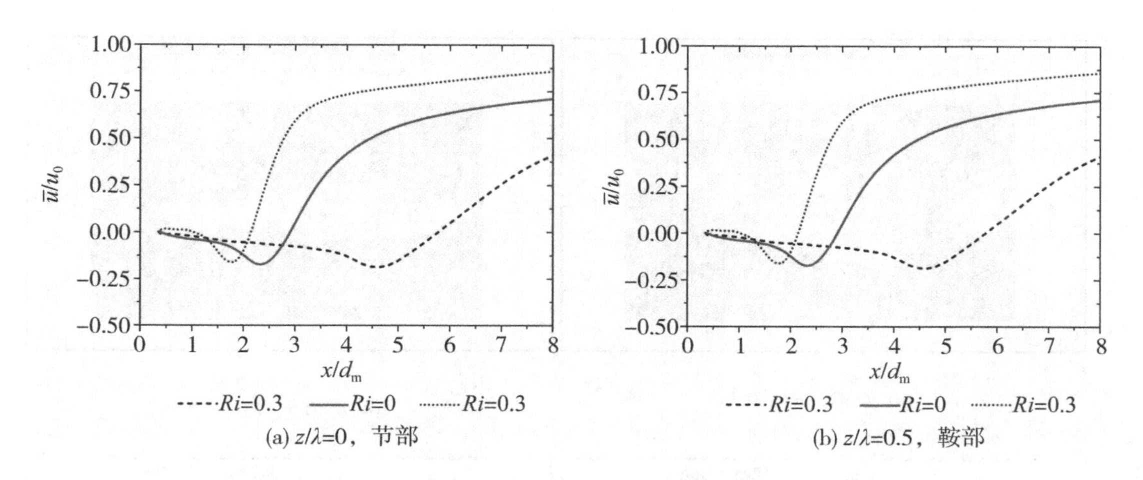

图 5－22 不同 Ri 数下波浪圆柱尾部 $y/d=0$ 处平均流向速度沿 x 方向的分布曲线

表 5－9 不同 Ri 数下波浪圆柱混合对流的流动参数对比

Ri	St	L_r/d_m 变化率		$\overline{C_d}$ 变化率	C_{1-RMS}
		$z/\lambda=0$	$z/\lambda=0.5$		
−0.3	0.013	6.123%～88.4%	5.755%～98.8%	0.857%～−4.2%	0.006
0	0.179	3.250	2.895	0.895	0.016
0.3	0.208	2.452%～−24.5%	2.140%～−26.1%	0.927%～3.6%	0.033

在相反流中，圆柱体被冷却，气流垂直向下流动，浮力增大了尾部涡的长度 L_r/d_m，并且抑制了涡诱导振动 C_{1-RMS}。如图 5－23 所示为不同 Ri 数下于不同位置上的瞬时流向速度云图，由图可以看出由于浮力的作用，相对于无浮力流，相反流的 KH 不稳定性在更下游出现，且尾流中的再循环区增大。相反，当流动方向与重力方向相反(平行流动)时，再循环区缩小，涡诱导振动增强。

波浪圆柱流与圆柱流的重要区别在于波浪圆柱流动的尾迹中有沿展向流动结构形成。沿展向流动结构是减小阻力和抑制涡诱导振动的原因。图 5－24 所示为不同 Ri 数下 $y/d_m=0.5$ 平面上的时间平均展向速度云图。展向速度呈现的是反对称分布，说明在近圆柱区流体形成了三维的流动结构。在实验和 LES 研究中也发现了相同的展向流动结构[46－48]。与无浮力流动相比，相反流和平行流的三维流动结构区域分别被压缩和扩大。因此，阻力在相反流中减小，在平行流中增大，如表 5－9 所示。

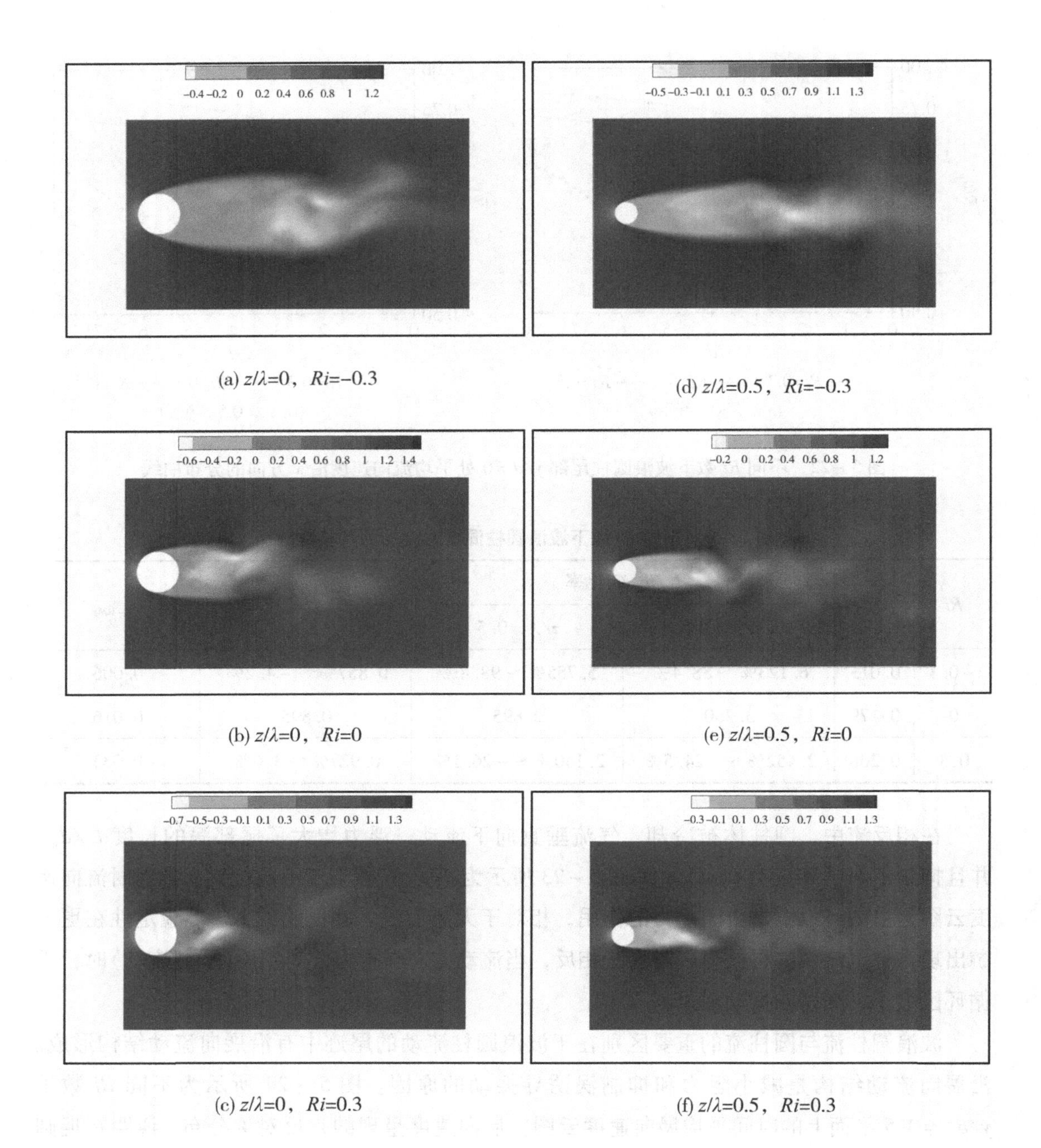

(a) $z/\lambda=0$，$Ri=-0.3$

(d) $z/\lambda=0.5$，$Ri=-0.3$

(b) $z/\lambda=0$，$Ri=0$

(e) $z/\lambda=0.5$，$Ri=0$

(c) $z/\lambda=0$，$Ri=0.3$

(f) $z/\lambda=0.5$，$Ri=0.3$

图 5－23　不同 *Ri* 数下于不同位置上的瞬时流向速度云图

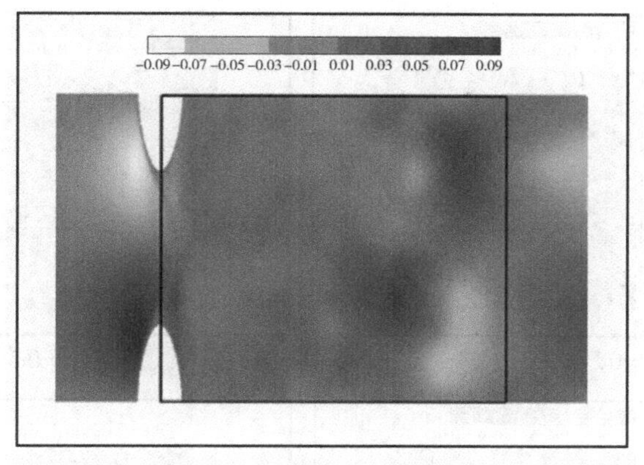

(a) Ri=-0.3

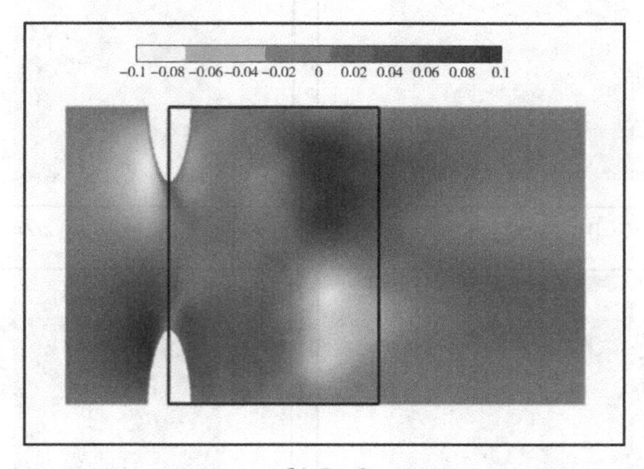

(b) Ri=0

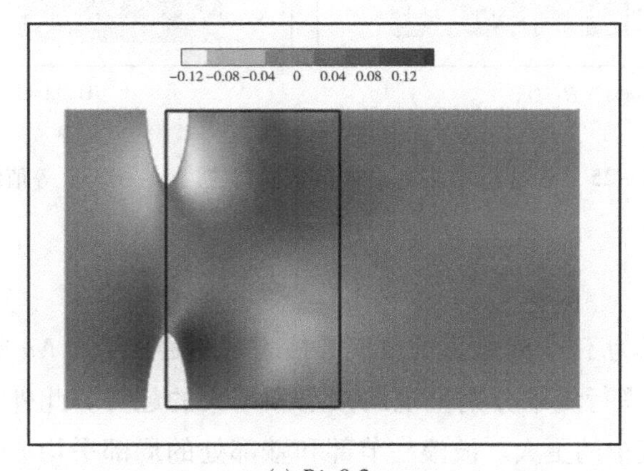

(c) Ri=0.3

图 5-24　不同 Ri 数下 $y/d_m=0.5$ 平面上的时间平均展向速度云图

图 5-25 所示为不同 Ri 数下的求解雷诺剪切应力(r-RSS) $\overline{u'v'}/u_0^2$ 等值线云图。在相反流和平行流中，r-RSS 的峰值分别向下游和上游移动。峰的两极在相反流中与波浪圆柱距离更远，而在平行流中与波浪圆柱距离更近。在相反流中，KH 不稳定区域增大。

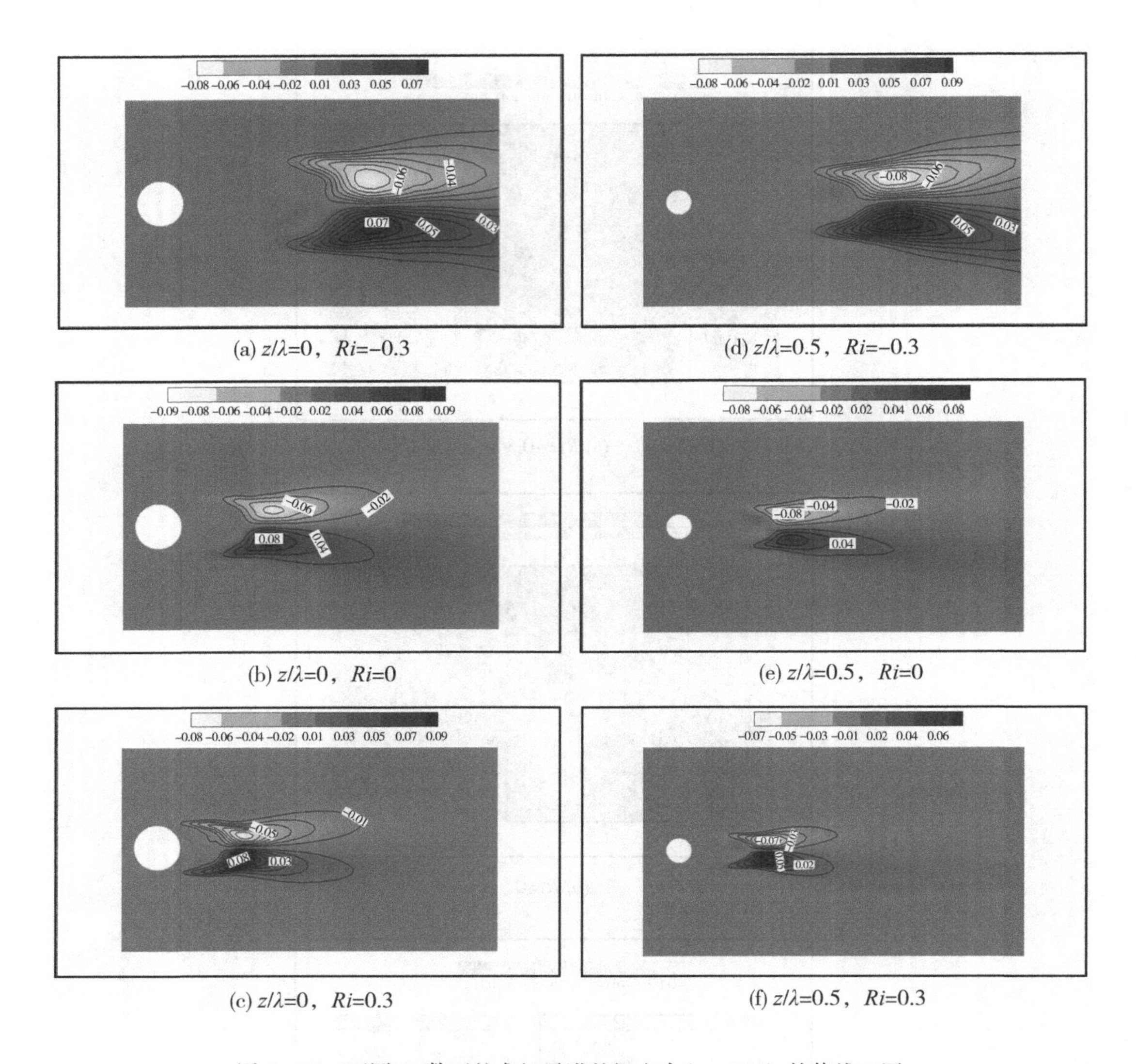

(a) z/λ=0，Ri=-0.3 (d) z/λ=0.5，Ri=-0.3

(b) z/λ=0，Ri=0 (e) z/λ=0.5，Ri=0

(c) z/λ=0，Ri=0.3 (f) z/λ=0.5，Ri=0.3

图 5－25 不同 Ri 数下的求解雷诺剪切应力(r－RSS) 等值线云图

5.3.4 传热分析

如表 5－10 所示为不同 Ri 数下的波浪圆柱表面的时间平均 Nu 数及其变化率，可以看出 Nu 数在相反流和平行流中分别呈现出减小和增大的趋势。此外，在平行流中的 Nu 数的变化率比在相反流中的更大。波浪柱节部和鞍部处的局部平均 Nu 数曲线如图 5－26 所示。对于平行流，局部 Nu 数大于非浮力流的局部 Nu 数。而对于相反流，迎风面局部 Nu 数较小，背风面局部 Nu 数较大。

表 5－10 不同 Ri 数下的波浪圆柱表面的时间平均 Nu 数及其变化率

Ri 数	Nu 数	变化率
－0. 3	24. 43	－4. 4%
0	25. 55	0
0. 3	28. 93	13. 2%

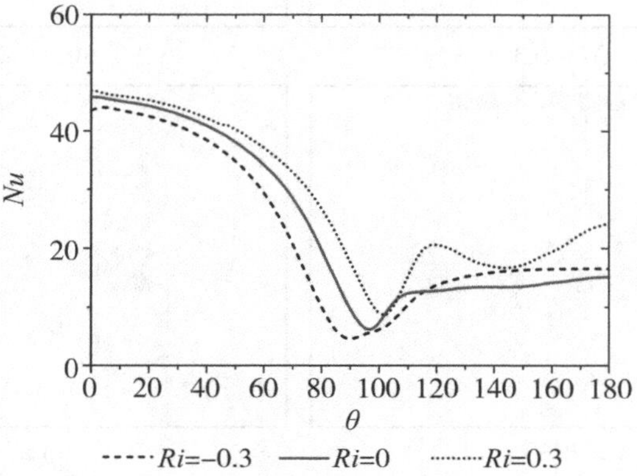

(a) $z/\lambda=0$，节部

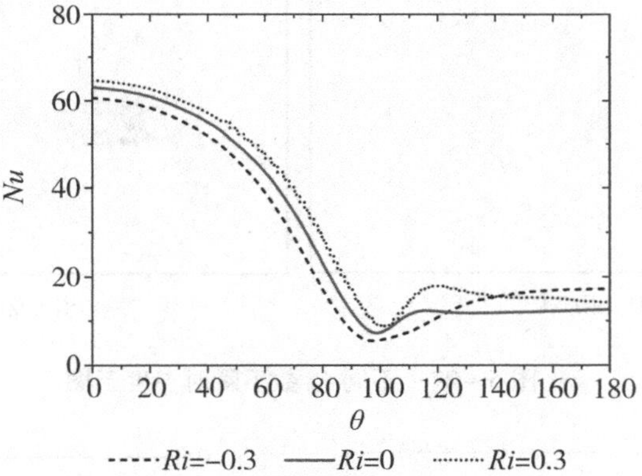

(b) $z/\lambda=0.5$，鞍部

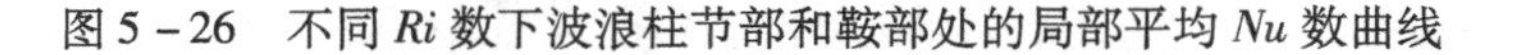

图 5－26 不同 Ri 数下波浪柱节部和鞍部处的局部平均 Nu 数曲线

对于相反流，由于浮力作用，KH 不稳定性出现在更下游的位置，如图 5－23 所示。这导致瞬时温度开始出现波动现象的位置远离圆柱，如图 5－27 和图 5－28 所示。结果表明：在相反流中，圆柱周围以层流混合对流为主。由于圆柱周围速度下降导致时间平均 Nu 数减小[49]。对于平行流，尾迹表面附近的瞬时温度比非浮力流更加混乱，如图 5－27 和图 5－28 所示。因此，湍流混合对流在尾迹区起着至关重要的作用。但迎风区仍以层流混合对流为主。迎风面涡量的增大[49]和尾流区湍流涡的存在导致了 Nu 数的增加。

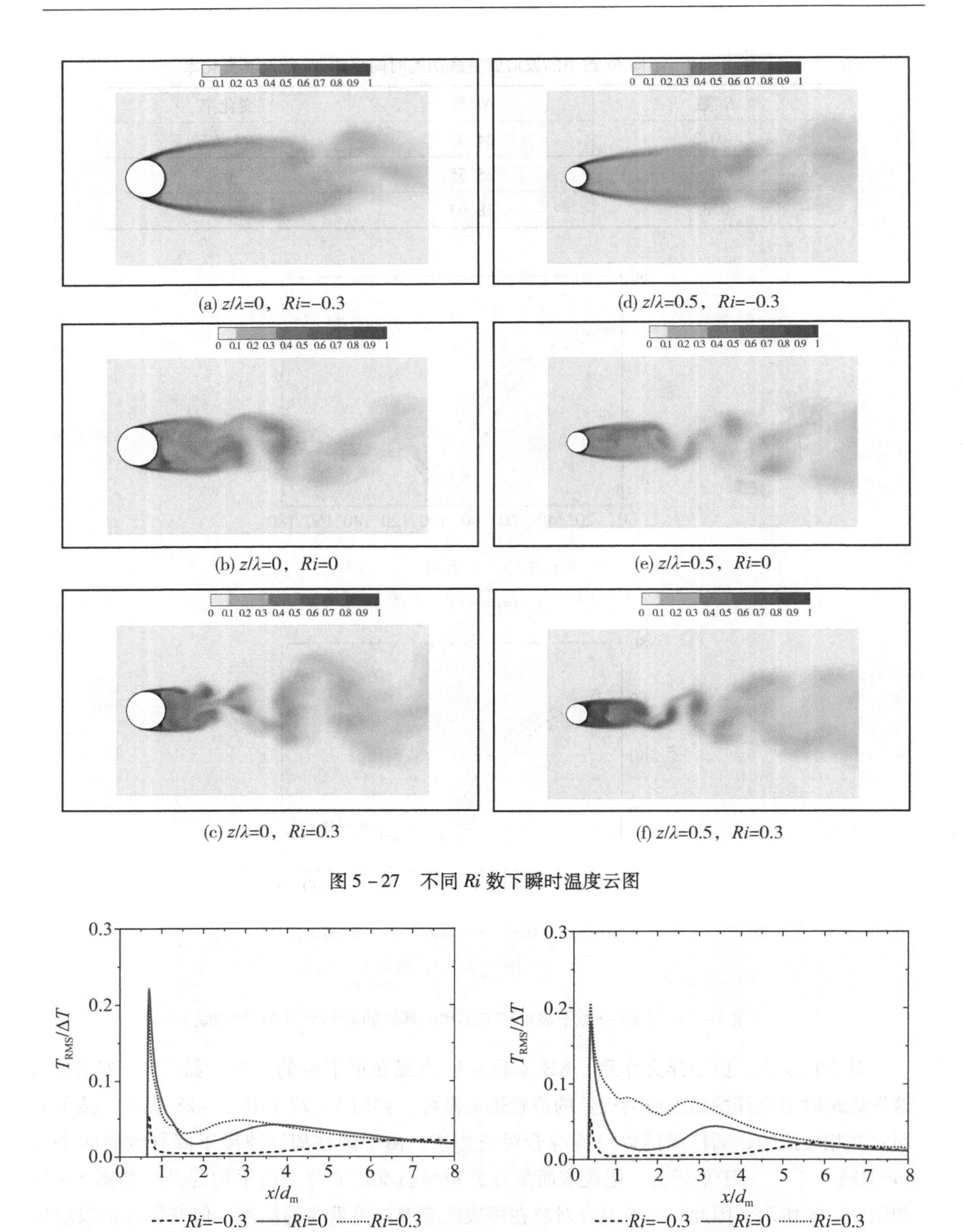

图 5-27　不同 Ri 数下瞬时温度云图

图 5-28　不同 Ri 数下波浪圆柱尾部 $y/d=0$ 上温度波动曲线

如图 5－29 所示为不同 Ri 数下的流向求解湍流热流密度云图(resolved streamwise turbulent heat flux，r-sTHH)。所有案例中，迎风面上均以层流混合对流为主，故迎风面的 r-sTHH 很小。对于相反流，由于回流区较长，回流区仍以层流混合对流为主，回流区的 r-sTHH 小于非浮力流。此外，从图 5－29 还可以看出，由于浮力的作用，平行流中 r-sTHH 的增大，导致了对流的增强。

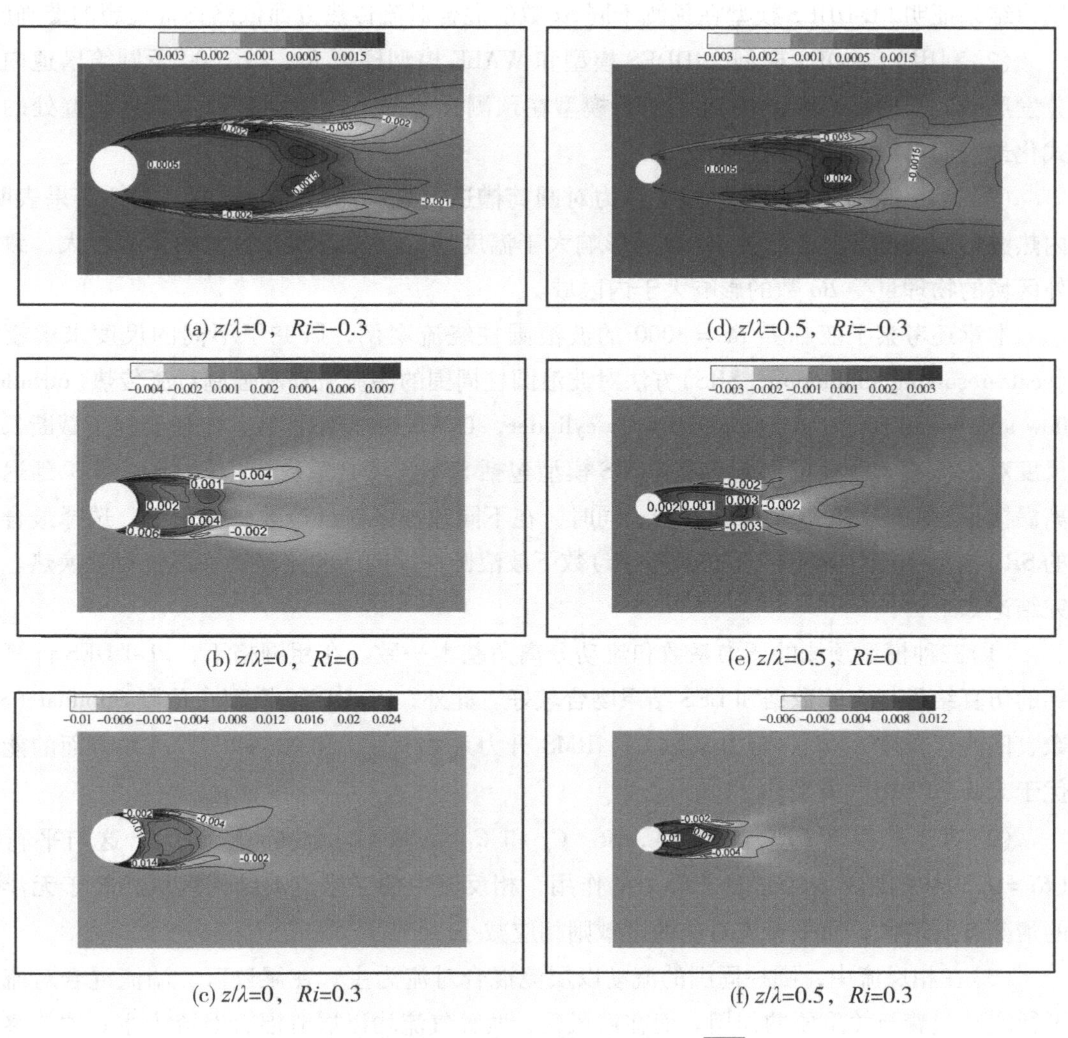

图 5－29 在不同 Ri 数下流向求解湍流热流密度[$\overline{u'T'}/(u_0\Delta T)$]云图

5.4 本章小结

本章在第 4 章的基础上，运用 PL-DDES 模型联合定值 $Pr_t=0.9$ 对混合对流传热进行了预测并加以评价。主要的研究内容和结论如下：

(1)对比了两种 DDES 模型和一种 LES 模型在模拟平板槽道内混合对流传热方面的效果。两种 DDES 模型分别是 PL-DDES 模型和 IDDES 模型，LES 模型选取 WALE 模型。预测结果表明：两种 DDES 模型在相同网格条件下因为具有靠近固壁的 RANS 区域而具备优于 WALE 模型的预测能力；PL-DDES 模型因为靠近固壁模式化湍动能最大使其在阻碍流区域内预测效果最优。应用 PL-DDES 模型研究 *Ri* 数的变化对槽道内流动和传热的影响，模拟结果证明 PL-DDES 模型在预测不同 *Ri* 数的混合对流传热方面依然具备理想的准确度。

(2)利用 PL-DDES 模型、IDDES 模型和 WALE 模型模拟 $Re_b = 26\,600$ 下圆筒槽道内充分发展湍流。模拟结果证明 PL-DDES 模型在预测圆筒槽道内流动时因为靠近固壁处的模式化最大而可得到最为理想的结果。

(3)运用 PL-DDES 模型研究了浮力对圆筒槽道内流动与传热的影响。模拟结果表明：内热源不变情况下，流场受 *Bo* 数的影响大于温度场；此外，因外区域的体积更大，致使外区域的物理量受 *Bo* 数的影响大于内区域。

本章还考察了亚临界 $Re = 3000$ 的波浪圆柱绕流案例，研究了不同的尺度求解模拟(scale-resolving simulation，SRS)方法对波浪圆柱周围的湍流流动和强制对流传热(turbulent flow and forced convection around a wavy cylinder，TFWC)的模拟性能，定量研究了截断长度尺度对 SRS 模型预测的影响机理。SRS 模型包括 SST 尺度自适应模拟(SAS)、SST 延迟分离涡模拟(DDES)和 PL-DDES 模型。同时，在不同理查德森(*Ri*)数的情况下，选择最合适的 SRS 模型用于计算不同理查德森(*Ri*)数下波浪圆柱周围的湍流流动和混合对流换热。研究结论如下：

(1)三种模型预测的压力系数和流动分离角基本一致。在粗网格下，PL-DDES 计算得到的仿真结果与实验数据和 LES 结果吻合较好。此外，PL-DDES 模型在预测 Strouhal (*St*)数、回流区长度 L_r/d_m、阻力系数 C_d、RMS 升力系数 C_{1-RMS} 和 Nusselt (*Nu*)数方面的能力优于 SAS 和 DDES 模型。

(2)对于相反流($Ri = -0.3$)，*St*、C_d 和 C_{1-RMS} 减小，但 L_r/d_m 增大。这与平行流($Ri = 0.3$)中的结果相反。由于浮力的作用，相反流中的三维流动结构区域相较于无浮力的情况有所增大，而平行流对应的区域则相应减小。

(3)在相反流中，圆柱周围的流动以层流混合对流为主。在尾迹区，湍流混合对流对平行流动起着至关重要的作用。而在迎风区，两种气流均以层流混合对流为主。这最终导致时间平均 *Nu* 数在相反流中减小，而在平行流中增大。

参考文献

[1] METAIS B. Forced, mixed, and free convection regimes[J]. Journal of Heat Transfer, 1964, 86: 295-296.

[2] CARR A D, CONNOR M A, BUHR H O. Velocity, temperature, and turbulence measurements in air for pipe flow with combined free and forced convection[J]. Journal of Heat Transfer, 1973, 95: 445-452.

[3] EASBY J P. The effect of buoyancy on flow and heat transfer for a gas passing down a vertical pipe at low turbulent reynolds numbers[J]. International Journal of Heat and Mass Transfer, 1978, 21: 791 - 801.

[4] MASAMOTO N, KEISUKE F, HIROMASA U, et al. Buoyancy effects on turbulent transport in combined free and forced convection between vertical parallel plates[J]. International Journal of Heat and Mass Transfer, 1980, 23: 1325 - 1336.

[5] WANG J, LI J, JACKSON J D. A study of the influence of buoyancy on turbulent flow in a vertical plane passage[J]. International Journal of Heat and Fluid Flow, 2004, 25: 420 - 430.

[6] KASAGI N, NISHIMURA M. Direct numerical simulation of combined forced and natural turbulent convection in a vertical plane channel[J]. International Journal of Heat and Fluid Flow, 1997, 18: 88 - 99.

[7] YOU J, YOO J Y, CHOI H. Direct numerical simulation of heated vertical air flows in fully developed turbulent mixed convection[J]. International Journal of Heat and Mass Transfer, 2003, 46: 1613 - 1627.

[8] NIEMANN M, BLAZQUEZ-NAVARRO R, SAINI V, et al. Buoyancy impact on secondary flow and heat transfer in a turbulent liquid metal flow through a vertical square duct[J]. International Journal of Heat and Mass Transfer, 2018, 125: 722 - 748.

[9] EL-SAMNI O, YOON H, CHUN H. Direct numerical simulation of turbulent flow in a vertical channel with buoyancy orthogonal to mean flow[J]. International Journal of Heat and Mass Transfer, 2005, 48: 1267 - 1282.

[10] BAE J, YOO J, CHOI H. Direct numerical simulation of turbulent supercritical flows with heat transfer [J]. Physics of Fluids, 2005, 17: 105104.

[11] CHU X, LAURIEN E, MEELIGOT D M. Direct numerical simulation of strongly heated air flow in a vertical pipe[J]. International Journal of Heat and Mass Transfer, 2016, 101: 1163 - 1176

[12] 阳祥，李增耀，陶文铨．浮升力在竖直通道湍流中的作用[J]．西安交通大学学报，2011，45: 21 - 25.

[13] YIN J, WANG B-C, BERGSTROM D J. Large-eddy simulation of combined forced and natural convection in a vertical plane channel[J]. International Journal of Heat and Mass Transfer, 2007, 50: 3848 - 3861.

[14] KESHMIRI A, COTTON M A, ADDAD Y, et al. Turbulence models and large eddy simulations applied to ascending mixed convection flows[J]. Flow, Turbulence and Combustion, 2012, 89: 407 - 434.

[15] WANG J, LI J, HE S, et al. Computational simulations of buoyancy-influenced turbulent flow and heat transfer in a vertical plane passage[J]. Proceedings of the Institution of Mechanical Engineers, Part C: Journal of Mechanical Engineering Science, 2004, 218: 1385 - 1397.

[16] BALAJI C, HÖLLING M, HERWIG H. Entropy generation minimization in turbulent mixed convection flows [J]. International Communications in Heat and Mass Transfer, 2007, 34: 544 - 552.

[17] KIM W S, HE S, JACKSON J D. Assessment by comparison with DNS data of turbulence models used in simulations of mixed convection[J]. International Journal of Heat and Mass Transfer, 2008, 51: 1293 - 1312.

[18] SHAHRAEENI M, RAISEE M. Investigation of turbulent mixed convection of air flow in vertical tubes using a zonal turbulence model[J]. International Journal of Heat and Fluid Flow, 2010, 31: 179 - 190.

[19] DEHOUX F, LECOCQ Y, BENHAMADOUCHE S, et al. Algebraic modeling of the turbulent heat fluxes using the elliptic blending approach—application to forced and mixed convection regimes [J]. Flow, Turbulence and Combustion, 2012, 88: 77 - 100.

[20] VANPOUILLE D, AUPOIX B, LAROCHE E. Development of an explicit algebraic turbulence model for buoyant flows-Part 1: DNS analysis [J]. International Journal of Heat and Fluid Flow, 2013, 43: 170 - 183.

[21] BRIGHTON J, JONES J. Fully Developed Turbulent Flow in Annuli[J]. Journal of Basic Engineering, 1964, 86: 835 - 842.

[22] QUARMBY A. On the Use of the Preston Tube in Concentric Annuli [J]. The Journal of the Royal Aeronautical Society, 1967, 71: 47 - 49.

[23] LAWN C, ELLIOTT C. Fully Developed Turbulent Flow through Concentric Annuli [J]. Journal of Mechanical Engineering Science, 1972, 14: 195 - 204.

[24] REHME K. Turbulent flow in smooth concentric annuli with small radius ratios [J]. Journal of Fluid Mechanics, 1974, 64: 263 - 288.

[25] NOURI J, UMUR H, WHITELAW J. Flow of Newtonian and non-Newtonian fluids in concentric and eccentric annuli[J]. Journal of Fluid Mechanics, 1993, 253: 617 - 641.

[26] ESCUDIER M, GOULDSON I, JONES D. Flow of shear-thinning fluids in a concentric annulus [J]. Experiments in Fluids, 1995, 18: 225 - 238.

[27] RODRIGUEZ-CORREDOR F, BIZHANI M, ASHRAFUZZAMAN M, et al. An Experimental Investigation of Turbulent Water Flow in Concentric Annulus Using Particle Image Velocimetry Technique[J]. Journal of Fluids Engineering, 2014, 136(5): 051203.

[28] CHUNG S, RHEE G, SUNG H. Direct numerical simulation of turbulent concentric annular pipe flow: Part 1: Flow field[J]. International Journal of Heat and Fluid Flow, 2002, 23: 426 - 440.

[29] LIU N-S, LU X-Y. Large eddy simulation of turbulent concentric annular channel flows[J]. International Journal for Numerical Methods in Fluids, 2004, 45: 1317 - 1338.

[30] AZOUZ I, SHIRAZI S A. Evaluation of Several Turbulence Models for Turbulent Flow in Concentric and Eccentric Annuli[J]. Journal of Energy Resources Technology, 1998, 120: 268 - 275.

[31] XIONG X, RAHMAN M, ZHANG Y. RANS Based computational fluid dynamics simulation of fully developed turbulent newtonian flow in concentric annuli[J]. Journal of Fluids Engineering, 2016, 138: 091202 - 091202 - 9.

[32] HEIKAL M R F, WALKLATE P J, HATTON A P. The effect of free stream turbulence level on the flow and heat transfer in the entrance region of an annulus [J]. International Journal of Heat and Mass Transfer, 1977, 20: 763 - 771.

[33] 孙中宁，阎昌琪，谈和平，等．窄环隙流道强迫对流换热实验研究[J]．核动力工程，2003，24: 350 - 353.

[34] ZENG H Y, QIU S Z, JIA D N. Investigation on the characteristics of the flow and heat transfer in bilaterally heated narrow annuli [J]. International Journal of Heat and Mass Transfer, 2007, 50: 492 - 501.

[35] KANG S, PATIL B, ZARATE J A, et al. Isothermal and heated turbulent upflow in a vertical annular channel-Part I. Experimental measurements[J]. International Journal of Heat and Mass Transfer, 2001, 44: 1171 - 1184.

[36] MAUDOU L, CHOUEIRI G H, TAVOULARIS S. An experimental study of mixed convection in vertical, open-ended, concentric and eccentric Annular Channels [J]. Journal of Heat Transfer, 2013, 135 (9): 072502.

[37] MALIK M R, PLETCHER R H. A study of some turbulence models for flow and heat transfer in ducts of annular cross-section[J]. Journal of Heat Transfer, 1981, 103: 146 - 152.

[38] MAROCCO L. Hybrid LES/DNS of turbulent forced and aided mixed convection to a liquid metal flowing in a vertical concentric annulus[J]. International Journal of Heat and Mass Transfer, 2018, 121: 488 - 502.

[39] MAROCCO L, VALMONTANA A, WETZEL T. Numerical investigation of turbulent aided mixed convection of liquid metal flow through a concentric annulus[J]. International Journal of Heat and Mass Transfer, 2017, 105: 479 - 494.

[40] FOROOGHI P, ABDI I A, DAHARI M, et al. Buoyancy induced heat transfer deterioration in vertical concentric and eccentric annuli[J]. International Journal of Heat and Mass Transfer, 2015, 81: 222 - 233.

[41] CHUNG S Y, SUNG H J. Direct numerical simulation of turbulent concentric annular pipe flow: Part 2: Heat transfer[J]. International Journal of Heat and Fluid Flow, 2003, 24: 399 - 411.

[42] NIKITIN N, WANG H, CHERNYSHENKO S. Turbulent flow and heat transfer in eccentric annulus [J]. Journal of Fluid Mechanics, 2009, 638: 95 - 116.

[43] OULD-ROUISS M, REDJEM-SAAD L, LAURIAT G. Direct numerical simulation of turbulent heat transfer in annuli: Effect of heat flux ratio[J]. International Journal of Heat and Fluid Flow, 2009, 30: 579 - 589.

[44] 吕逸君，彭勇升，葛志浩等. 大涡模拟研究液态金属在环形管道内的湍流换热[J]. 中国科学技术大学学报，2015(11)：917 - 922.

[45] KIM M, YOON H. Large eddy simulation of forced convection heat transfer from wavy cylinders with different wavelengths[J]. International Journal of Heat and Mass Transfer, 2018, 127: 683 - 700.

[46] MOON J, YOON H, KIM H, et al. Forced convection heat transfer from an asymmetric wavy cylinder at a subcritical Reynolds number[J]. International Journal of Heat and Mass Transfer, 2019, 129: 707 - 720.

[47] YOON H, MOON J, KIM M. Effect of a double wavy geometric disturbance on forced convection heat transfer at a subcritical Reynolds number[J]. International Journal of Heat and Mass Transfer, 2019, 141: 861 - 875.

[48] YOON H, NAM S, KIM M. Effect of the geometric features of the harbor seal vibrissa based biomimetic cylinder on the forced convection heat transfer[J]. International Journal of Heat and Mass Transfer, 2020, 159: 120086.

[49] BADR H. Laminar combined convection from a horizontal cylinder—parallel and contra flow regimes[J]. International Journal of Heat and Mass Transfer, 1984, 27(1): 15 - 27.

[50] CHANG K, SA J. The effect of buoyancy on vortex shedding in the near wake of a circular cylinder[J]. Journal of Fluid Mechanics, 1990, 220: 253 - 266.

[51] GANDIKOTA G, AMIROUDINE S, CHATTERJEE D, et al. The effect of aiding/opposing buoyancy on

two-dimensional laminar flow across a circular cylinder[J]. Numerical Heat Transfer, Part A: Applications, 2010, 58(5): 385-402.

[52] SALIMIPOUR E. A numerical study on the fluid flow and heat transfer from a horizontal circular cylinder under mixed convection[J]. International Journal of Heat and Mass Transfer, 2019, 131: 365-374.

[53] BOIRLAUD M, COUTON D, PLOURDE F. Direct Numerical Simulation of the turbulent wake behind a heated cylinder[J]. International Journal of Heat and Fluid Flow, 2012, 38: 82-93.

[54] STARK J, BERGMAN T. Prediction of convection from a finned cylinder in cross flow using direct simulation, turbulence modeling, and correlation-based methods[J]. Numerical Heat Transfer, Part A: Applications, 2017, 71(6): 591-608.

[55] JOGEE S, PRASAD B, ANUPINDI K. Large-eddy simulation of non-isothermal flow over a circular cylinder [J]. International Journal of Heat and Mass Transfer, 2020, 151: 119426.

[56] SIRCAR A, KIMBER M, ROKKAM S, et al. Turbulent flow and heat flux analysis from validated large eddy simulations of flow past a heated cylinder in the near wake region[J]. Physics of Fluids, 2020, 32 (12): 125119.

[57] JOGEE S, ANUPINDI K. Near-wake flow and thermal characteristics of three side-by-side circular cylinders for large temperature differences using large-eddy simulation[J]. International Journal of Heat and Mass Transfer, 2022, 184: 122324.

[58] LIN Y, BAI H, ALAM M, et al. Effects of large spanwise wavelength on the wake of a sinusoidal wavy cylinder[J]. Journal of Fluids and Structures, 2016, 61: 392-409.

6 一种新的延迟分离涡模拟 PLES

文献研究表明，在双方程 DDES 模型中，可通过增加截断长度尺度减小生成项或增大耗散项，从而使流动的分离涡流得到处理。然而，DDES 模型的 LES 模式无法使用给定的 LES 模型。此外，前期研究表明，使用 SGS 亚格子黏性[1,2]来限制雷诺应力可能会引发严重的 GIS 问题。因此，利用 SGS 亚格子黏性计算雷诺应力要求具有较强的屏蔽函数，但目前还没有关于这种强屏蔽函数的研究报道。基于此，本章提出了一种直接借鉴 SGS 亚格子黏性概念的 DDES 模型。新的 DDES 模型不仅考虑了 GIS、LLM 和 RANS-LES 过渡缓慢等问题，而且提供了一种从不同 SGS 亚格子黏性中获益的方法，从而提高该模型的实用性。

6.1 PLES 联合湍流模型的建立

6.1.1 计算过程

连续性和动量控制方程如下：

$$\frac{\partial \rho}{\partial t} + \frac{\partial}{\partial x_j}(\rho u_j) = 0 \tag{6-1}$$

$$\frac{\partial}{\partial t}(\rho u_i) + \frac{\partial}{\partial x_j}(\rho u_i u_j) = -\frac{\partial p}{\partial x_i} + \frac{\partial}{\partial x_j}\left[(\mu + \mu_t)\left(\frac{\partial u_i}{\partial x_j} + \frac{\partial u_j}{\partial x_i}\right)\right] \tag{6-2}$$

式中，u_i 为速度，p、ρ 和 μ 分别为压力、流体密度和黏度。μ_t 由湍流模型或 DDES 方程闭合。

底层的 RANS 模型为 BSL $k-\omega$ 模型[3]，该模型边界层内使用 k-ω 模型工作，边界层外部区域标准 k-ε 模型工作。湍流动能 k 和比耗散率 ω 的输运方程为：

$$\frac{\partial}{\partial t}(\rho k) + \frac{\partial}{\partial x_i}(\rho u_i k) = P_k - \rho\beta^* k\omega + \frac{\partial}{\partial x_i}\left[\left(\mu + \frac{\mu_t}{\sigma_k}\right)\frac{\partial k}{\partial x_i}\right] \tag{6-3}$$

$$\frac{\partial}{\partial t}(\rho\omega) + \frac{\partial}{\partial x_i}(\rho u_i \omega) = \alpha\frac{\omega}{k}P_k - \rho\beta\omega^2 + \frac{\partial}{\partial x_i}\left[\left(\mu + \frac{\mu_t}{\sigma_\omega}\right)\frac{\partial \omega}{\partial x_i}\right] + 2(1-F)\frac{\rho}{\sigma_{\omega 2}\omega}\frac{\partial k}{\partial x_i}\frac{\partial \omega}{\partial x_i} \tag{6-4}$$

湍动能生成项的计算过程如下：

$$P_k = \mu_t S^2$$

$$S = \sqrt{2S_{ij}S_{ij}}$$

$$S_{ij} = 0.5\left(\frac{\partial u_i}{\partial x_j} + \frac{\partial u_j}{\partial x_i}\right) \tag{6-5}$$

其中，湍流黏性系数的计算公式如下：

$$\mu_t = \rho k/\omega \tag{6-6}$$

架桥函数 F 的计算公式，模型参数 σ_k、σ_ω、α、β 的取值与文献[3]相同。

6.1.2 PLES 模型

为了解析出更多湍流涡，双方程 DDES 模型的生成项或耗散项分别减小或增大。这里为了利用 SGS 涡黏性系数，LES 区域的湍流黏性系数被始终小于 RANS 湍流黏性系数的 SGS 涡黏性系数取代，从而耗散生成项。k 方程的生成项计算公式如下：

$$\begin{aligned} P_{\mathrm{PLES}} &= f_{\mathrm{d}}P_k + (1.0 - f_{\mathrm{d}})\mu_{\mathrm{SGS}}S^2 \\ &= f_{\mathrm{d}}P_k + (1.0 - f_{\mathrm{d}})\frac{\mu_{\mathrm{SGS}}}{\mu_t}\mu_t S^2 \\ &= f_{\mathrm{d}}P_k + (1.0 - \mathrm{f}_d)\frac{\mu_{\mathrm{SGS}}}{\mu_t}P_k \end{aligned} \tag{6-7}$$

式中，屏蔽函数 f_{d} 的计算过程如下：

$$\begin{aligned} f_{\mathrm{d}} &= \max(f_{\mathrm{d1}}, f_{\mathrm{d2}}) \\ f_{\mathrm{d1}} &= \min[2\exp(-9r_1^2), 1.0] \\ f_{\mathrm{d2}} &= \tanh[(C_{\mathrm{d1}}r_2)^{C_{\mathrm{d2}}}] \\ r_1 &= 0.25 - d_{\mathrm{W}}/h_{\max} \\ r_2 &= \frac{k_\omega t}{\kappa^2 d_{\mathrm{W}}^2\sqrt{0.5(S^2 + \Omega^2)}} \end{aligned} \tag{6-8}$$

式中，Ω、d_{W} 和 $h_{\max}$ 分别为涡度值、湍流涡到最近固壁的距离、网格单元最长边的长度。常数 C_{d1} 和 C_{d2} 的值分别为 14.0 和 3.0。κ 代表 von Kármán 常数，其值为 0.41。当屏蔽函数 $f_{\mathrm{d}} = 1.0$ 时，湍流模式为 RANS 模式，否则为 LES 模式。

在 DDES 模型中，新的 LES 模式利用 LES 的 SGS 涡黏性系数来限制生成项，因此新的 DDES 模型被称为限制生成项涡模拟(production-limited eddy simulation，PLES)模型。新的 LES 模式将 RANS 模型与传统的 LES 模型进行了通用的结合，适合于引入不同的 SGS 涡黏性系数。在不同的 SGS 涡黏性系数下，该模型可以处理不同的复杂湍流流动。此外，由于 SGS 涡黏性系数所施加的应力水平较低，可较大程度地耗散模式化湍动能，在剪切层中产生快速的 RANS-LES 转换。

由于具有正确的壁面渐近特性，将(WALE)模型[4]自适应局部涡黏性系数选为 PLES 模型中的 SGS 涡黏性系数。WALE 涡黏性系数的计算过程如下：

$$\mu_{\mathrm{SGS}} = \rho L_s^2 \frac{(S_{ij}^d S_{ij}^d)^{3/2}}{(S_{ij}S_{ij})^{5/2} + (S_{ij}^d S_{ij}^d)^{5/4}} \tag{6-9}$$

$$L_S = 0.325V^{1/3} \tag{6-10}$$

$$S_{ij}^d = 0.5(g_{ij}^2 + g_{ji}^2) - (1/3)\delta_{ij}g_{kk}^2 \tag{6-11}$$

$$g_{ij} = \partial u_i / \partial x_j \tag{6-12}$$

以上提出了一种基于 SGS 涡黏性系数的 DDES 模型，并将该模型命名为 PLES 模型。为了验证该模型的性能，本章对零压力梯度边界层、槽道流和后向台阶流进行模拟分析。将简化版的经改善的 DDES(IDDES)模型[5]选为对比模型。

6.2 结果与讨论

6.2.1 零压力梯度边界层流动

在模糊网格上进行零压力梯度边界层(zero-pressure gradient boundary layer, ZPGBL)模拟，为研究 PLES 模型在改善 GIS 问题上的能力。在 ZPGBL 模拟中，$Re_x = xu_0/\nu = 5\times10^6$ 前的流向网格尺寸为 $Re_x = 10^7$ 处边界层厚度 δ_{bl}，$Re_x = 5\times10^6$ 后的网格和展向网格尺寸为 $0.1\delta_b$。

如图 6-1 所示为各方所得表面摩擦系数 C_f 和最大湍流黏性系数比。从图中可以看出，预测的 C_f 与 $Re_x = 6\times10^6$ 之前的实验和 BSL 结果吻合较好。在 $Re_x = 6\times10^6$ 后，两种联合模型的 C_f 与实验和 BSL 结果的误差越来越大。这是由 LES 区域逐渐变大所导致的。

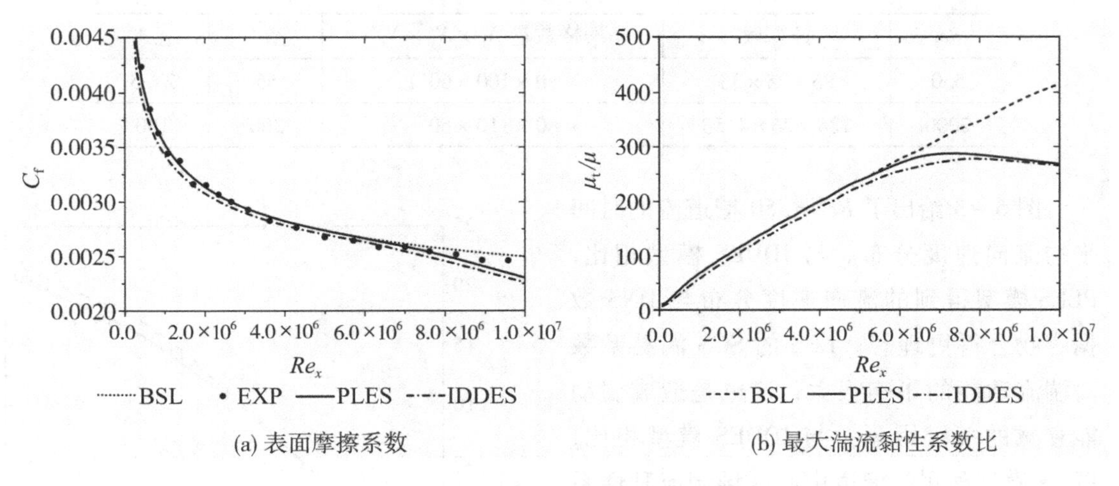

(a) 表面摩擦系数　　(b) 最大湍流黏性系数比

图 6-1 平板上表面摩擦系数 C_f 和最大湍流黏性系数比

由图 6-1a 还可观察到，PLES 模型所预测的 C_f 大于 IDDES 模型预测值，以 BSL 结果作为基准，PLES 预测值在 $Re_x = 10^7$ 时的最大误差为 -1.3%。相应地，湍流黏性系数比呈现出与图 6-1b 所示一致的规律。由于边界层内形成 LES 区，在 $Re_x = 6\times10^6$ 后湍流黏性系数减小。图 6-2 给出了 $Re_x = 7.4\times10^6$ 时的湍流黏性系数比，结果表明：IDDES 湍流黏性小于 PLES 湍流黏性，导致 C_f 误差较大。

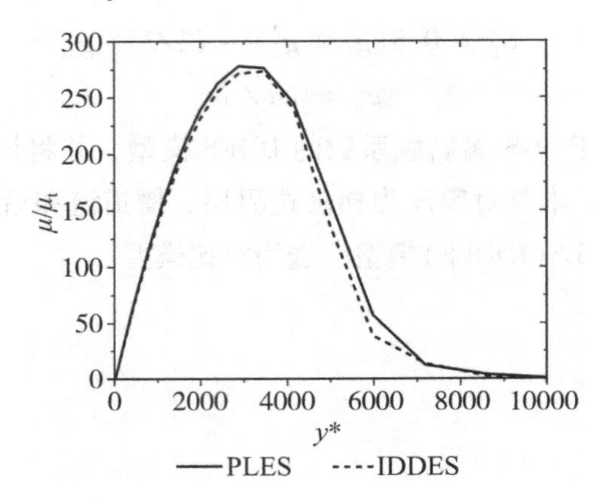

图 6－2　$Re_x = 7.4 \times 10^6$ 处湍流黏性系数比

综上所述，与 IDDES 模型相比，PLES 模型在缓解 GIS 问题方面具有更好的性能。

6.2.2　槽道流动

本案例为充分发展槽道流，并旨在探讨速度分布的 LLM 问题。所采用的槽道流案例相应的计算域、网格和摩擦 Re_τ 数（$Re_\tau = \delta u_\tau / \nu$，其中 u_τ 和 δ 分别是通道的摩擦速度和半高度）总结在表 6－1 中。靠近固壁的第一个网格放置在 $y^+ = 1$ 处。

表 6－1　槽道流的 Re_τ、计算域和网格精度

Re_τ	计算域	网格数量 $N_x \times N_y \times N_z$	Δx^+	Δz^+
550	$8\delta \times 2\delta \times 3\delta$	$80 \times 100 \times 60$	55	27.5
2000	$12\delta \times 2\delta \times 4.5\delta$	$80 \times 110 \times 60$	300	150

图 6－3 给出了 $Re_\tau = 550$ 槽道流的时间平均流向速度分布。与 IDDES 模型相比，PLES 模型得到的流向速度分布与 DNS 数据[6]吻合得更理想。LES 的 SGS 涡黏系数对湍流动能的影响很大，这也是造成湍动能衰减的关键因素。与 IDDES 模型相比，PLES 模型预测的槽道中心区域湍流黏性系数较小，如图 6－4 所示。该模型在近壁面区域获得较大的湍流黏性系数。这有利于在中心区域解析出更多的湍流尺度，并在壁面附近表现出良好的 RANS 模式，是消除 LLM 问题的原因。

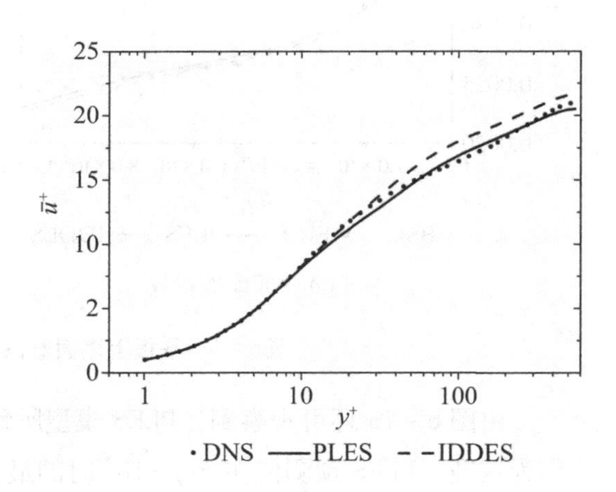

图 6－3　$Re_\tau = 550$ 槽道流的时间平均流向速度分布

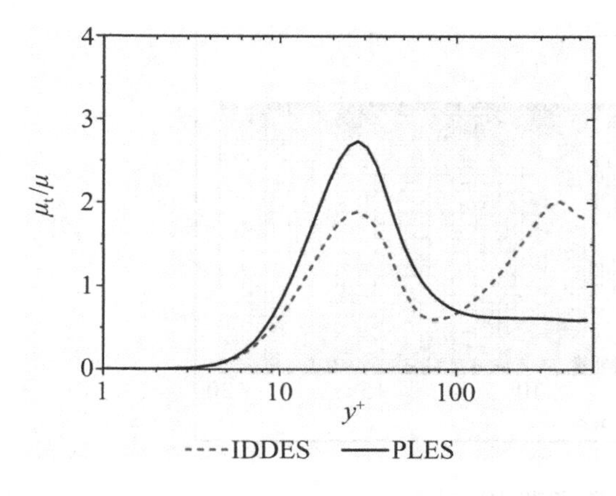

图 6－4 $Re_\tau=550$ 时槽道流的湍流黏性系数比

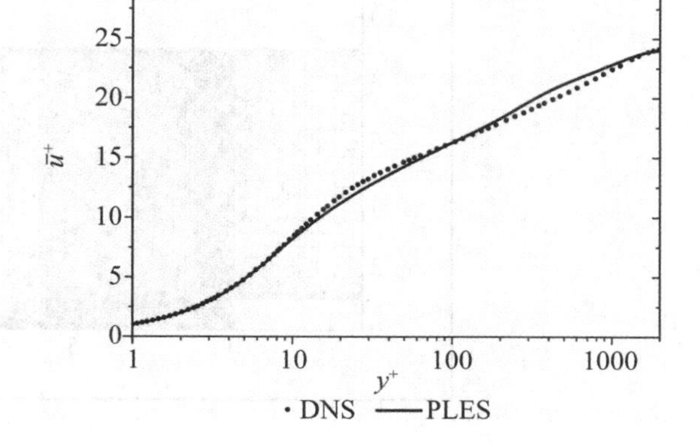

图 6－5 $Re_\tau=2000$ 时槽道流的时间平均流向速度分布

对于较高的摩擦雷诺系数如 $Re_\tau=2000$ 条件下，其仿真结果如图 6－5 所示，PLES 模型给出了满意的预测结果。通过对 $Re_\tau=550$ 和 2000 条件下槽道流的预测，证明 PLES 模型可消除 LLM 问题。

6.2.3 后台阶流动

在实际工程应用中，常存在较为复杂的湍流流动现象，如后台阶流动（也称后台阶流）。此外，后台阶流已经成为测试 DDES 模型的基准案例。后台阶流是 DDES 模型检查缓慢的 RANS-LES 转换问题的代表案例。后台阶流计算域的流向（x）、垂直流向（y）和展向（z）方向分别为 $24h$、$9h$ 和 $3h$，h 为台阶高度。进口位于 $x/h=-4$ 处，膨胀比为 1.125，如图 6－6 所示。基于台阶高度和自由速度 u_0 的 Re_0 数为 37 000。边界层厚度为 1.5h。流动条件与 Driver 和 Seegmiller[7] 的实验相同，该实验提供了参照数据。

利用 $N_{xy}\times N_z=22700\times30$（细网格）和 15630×24（糙网格）两种网格离散计算域，台阶周围网格密集，靠近固壁的 y^+ 为 1 ～ 2。上下固壁设为无滑移固壁边界，展向为周期性。通过初步的 BSL $k-\omega$ RANS 计算，给出了进口边界条件。统计时间约为 40 个流通时间（一次完整的流动过程所耗费的时间称为 1 个流通时间）。最终在展向方向平均统计结果。数据的统计在 20 个流通时间初始效可被消除（在此期间，避免使统计出现误差）后开始，时间间隔设置为 0.005 h/u_0，使 CFL 低于 2。

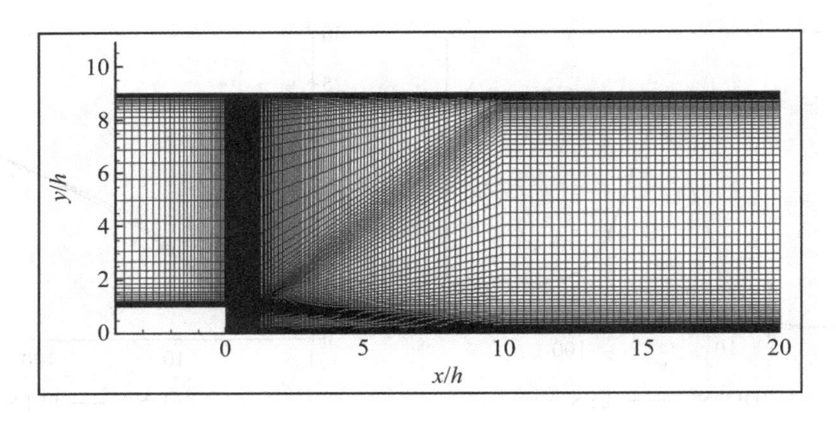

图 6-6　后台阶流动网格

如图 6-7 所示为沿台阶底部壁面的表面摩擦系数 C_f 预测值分布曲线与实验数据的对比图。PLES 模型计算结果与实验结果基本一致，而 IDDES 计算结果与实验结果有显著差异。同时，两种网格上的模拟结果相差不大。PLES 模型给出的 $C_f=0$ 点即流体再附着的位置与实验吻合较好。而 IDDES 模型高估了流动回流区域($C_f<0$ 区域)。

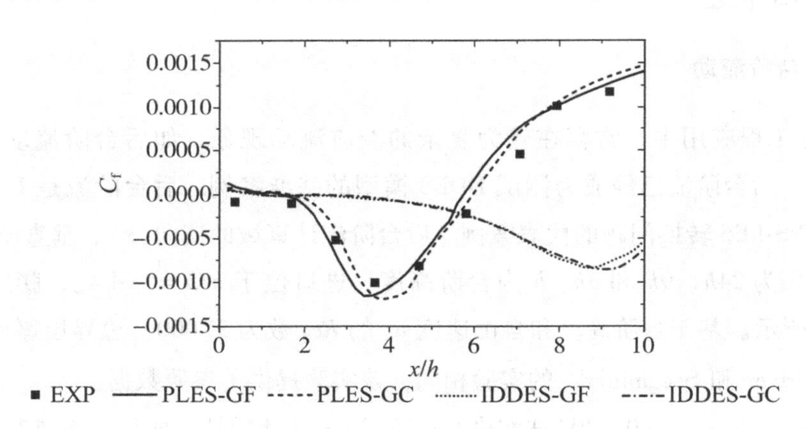

图 6-7　沿台阶底部壁面的表面摩擦系数 C_f 预测值分布曲线与实验数据的对比图

图 6-8 绘制了 GC 条件下不同位置($x/h=2, 4, 6, 8$)的时间平均流向速度预测值分布曲线与实验数据的对比图。显然，在 GC(糙网格)上，PLES 模型预测的速度分布比 IDDES 模型预测的速度分布与实验数据更为吻合。特别是在 $x/h=6$ 和 8 的位置，且接近底壁的区域，由 PLES 计算得到的速度和实验得到的速度为正值，而由 IDDES 计算得到的速度为负值，这意味着 IDDES 模型对流动回流区长度的预测值偏大。

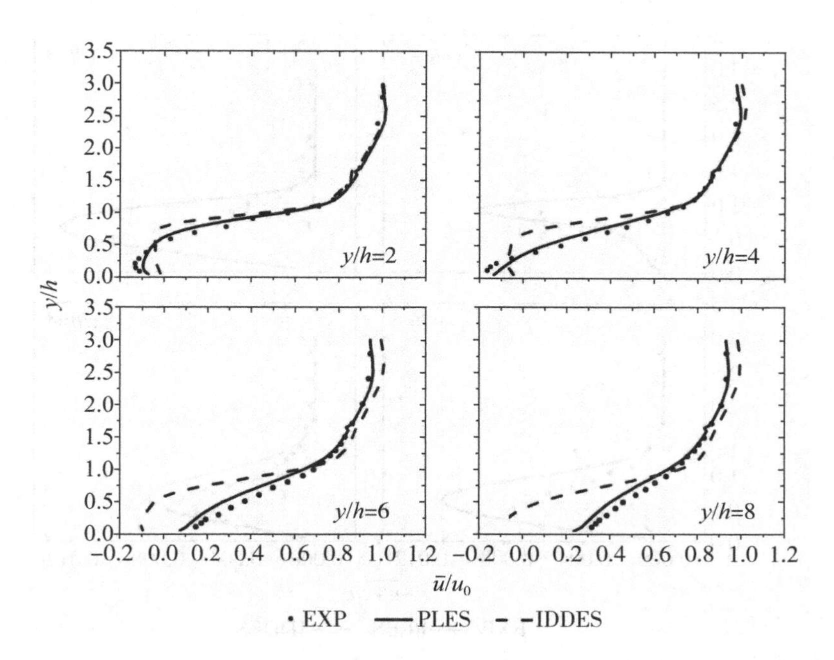

图 6－8　GC 下不同 x/h 位置（$x/h=2, 4, 6, 8$）的时间平均流向速度分布曲线与实验数据对比图

图 6－9 和图 6－10 分别显示了 GC 上不同位置的求解湍动能（r-*TKE*）和求解雷诺剪切应力（r-RSS）剖面。r-*TKE* 定义为 $0.5(u'^2+v^2)/u_0{}^2$，与实验研究相同。在 PLES 模型的预测中，大多数位置的最大 r-*TKE* 被低估，最大 r-*TKE* 的点距离底部更远。最大 r-RSS 被高估，最大 r-RSS 位置高于实验结果，该误差可通过改进网格和应用脉动入口边界的措施来消除。

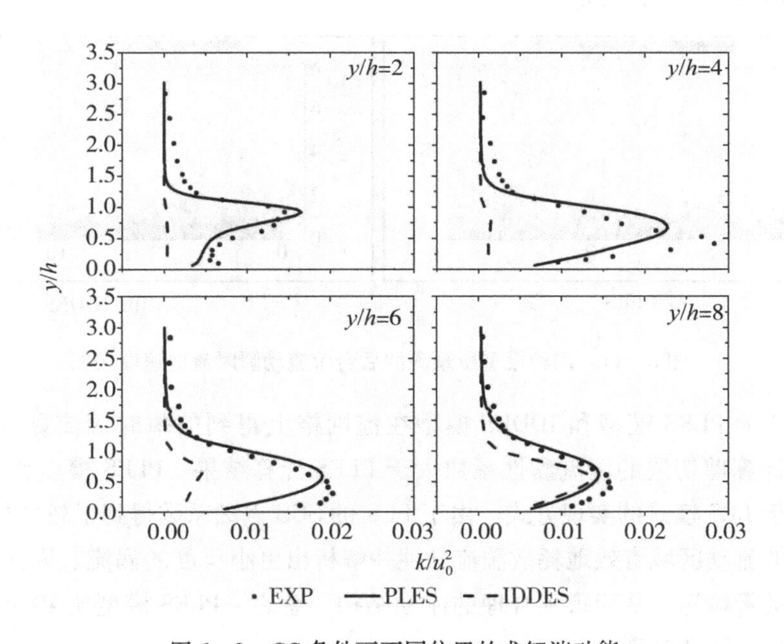

图 6－9　GC 条件下不同位置的求解湍动能

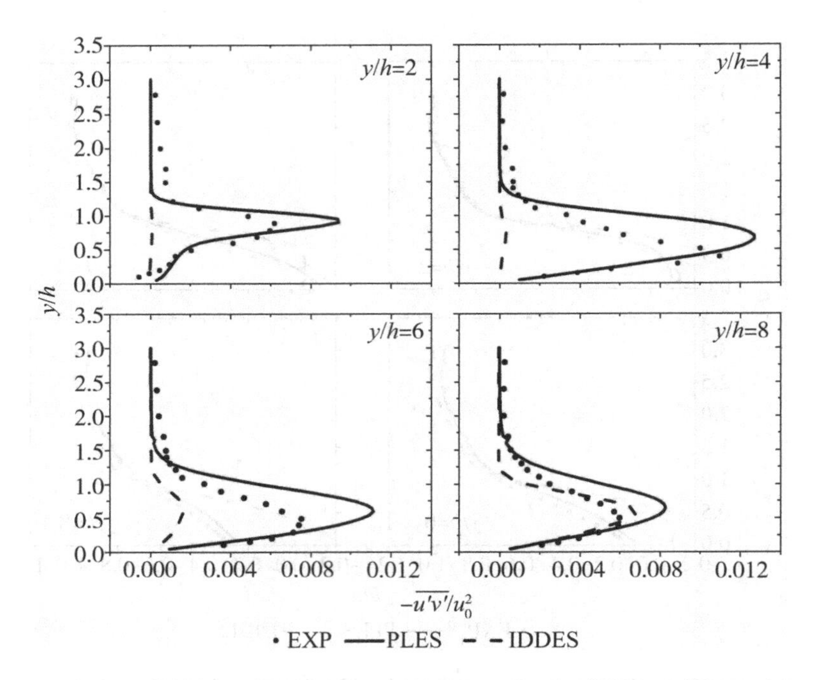

图 6－10　GC 条件下不同位置的求解雷诺剪切应力预测值与实验数据的对比图

由图 6－9 和图 6－10 均可观察得到，除 $x/h=8$ 外，IDDES 模型在所有位置给出的 r-*TKE* 和r-RSS 都要比 PLES 模型预测值与实验值小得多。后台阶流动的瞬时流向速度如图 6－11 所示。结果表明，由于存在 KH 不稳定性，PLES 模型比 IDDES 模型得到了更多的湍流涡结构。这证明了 PLES 模型具有更快的 RANS-LES 转换速度，能比 IDDES 模型更迅速地解锁台阶后的 KH 不稳定性。

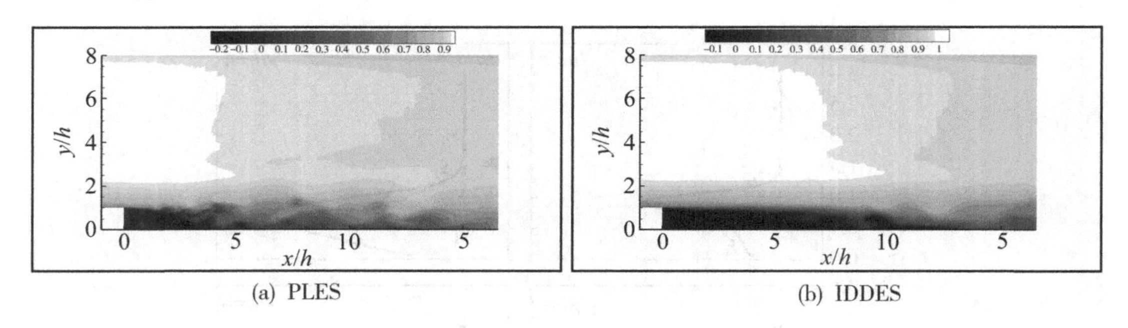

图 6－11　两种模型所预测的后台阶流动瞬时流向速度云图

图 6－12 为 PLES 模型和 IDDES 模型在糙网格上得到的瞬时湍流黏性系数比云图。IDDES 模型计算剪切层的湍流黏性系数大于 PLES 计算结果。PLES 模型和 IDDES 模型的不同之处在于 LES 模式的实现方式。由于 LES 的 SGS 涡黏系数得到了较低的模式湍动能，可在台阶后的流动区域有效地耗散湍流黏性并解析出更小尺度的涡流。因此，该模型能够给出足够的动量输运，从而得到合理的流动结构。总之，PLES 模型比 IDDES 模型具有更快的 RANS-LES 转换速度。

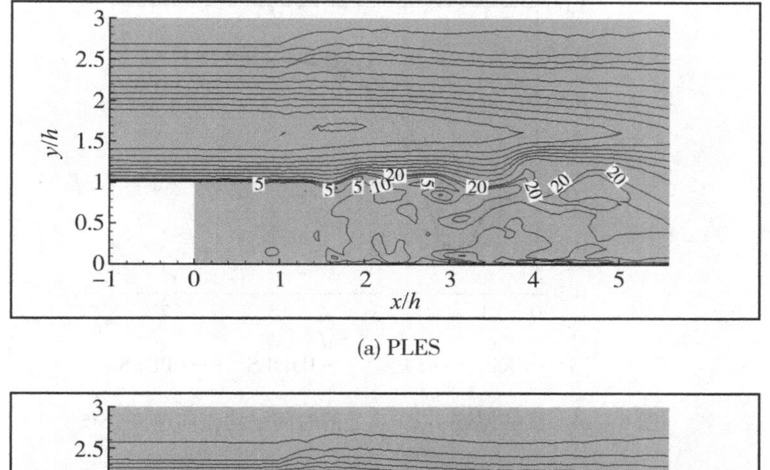

(a) PLES

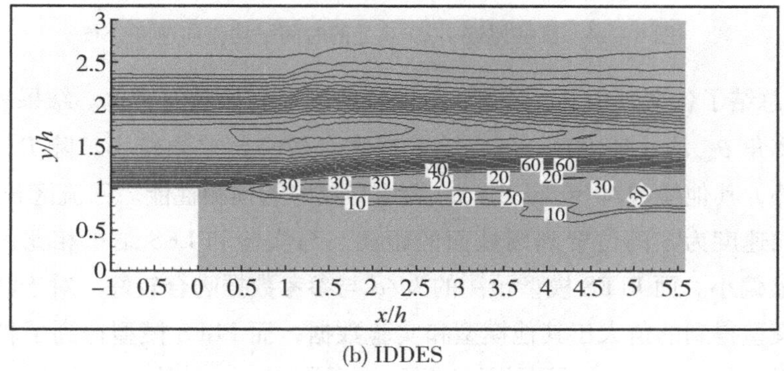

(b) IDDES

图 6-12 后台阶流动的瞬时湍流黏性系数比云图

6.3 圆柱绕流

圆柱绕流的计算条件和数值模拟方法可查阅第 3 章。

如图 6-13 所示为沿圆柱体流场的压力系数 C_p 预测值分布曲线及实验数据对比图。PLES 模型的预测结果[8]与实验和 LES 模型吻合得较好，而 IDDES 模型对背风面 C_p 的预测值则偏低。圆柱尾迹 $y/d=0$ 处的时间平均流向速度分布曲线如图 6-14 所示。结果表明，PLES 模型与实测数据和 LES 数据具有较好的吻合性。而 IDDES 模拟得到的流向速度曲线向上偏移并向圆柱移动，与实验数据存在较大差异。

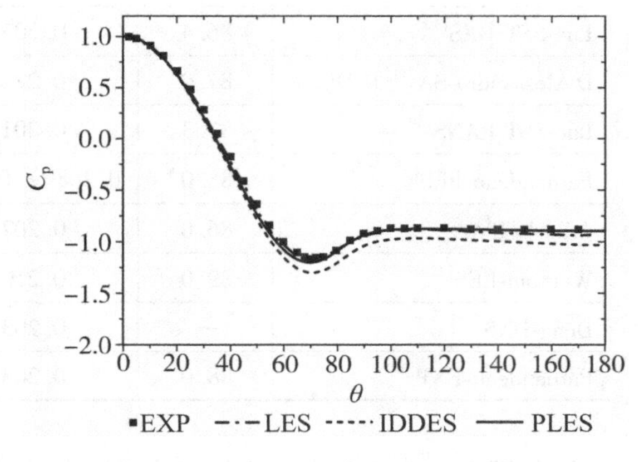

图 6-13 沿圆柱体的压力系数 C_p 预测值分布曲线及实验数据对比图

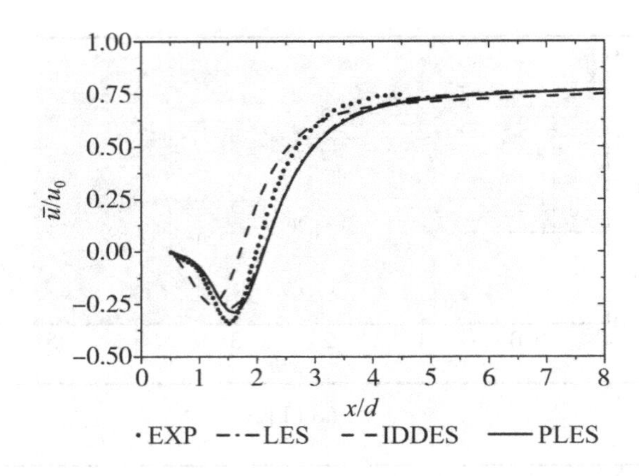

图 6 – 14 圆柱尾迹 $y/d=0$ 处的时间平均流向速度分布

表6 – 2 总结了各文献中 $Re_0=3900$ 下圆柱绕流全局参数的对比。结果表明，各模型预测的流动分离角 θ_{sep} 均小于 90°，与实验数据吻合较好，差异较小。除 D' alessandro – SA IDDES 模型外，其他模型对 Strouhal（St）数均有较好的预测性能。回流区长度 L_r/d 定义为时间平均流向速度为零的位置到圆柱面的距离。与实验和 LES 结果相比，IDDES 模型对 L_r/d 的预测值偏小。而 PLES 模型预测的 L_r/d 与参考数据吻合较好。对于时间平均阻力系数，IDDES 模型得到的值大于其他模型和实验数据；而 PLES 模型得到了较为满意的阻力系数计算结果。与 Afan-LES 预测的均方根阻力系数 C_{d-RMS} 和均方根升力系数 C_{l-RMS} 相比，IDDES 模型的预测值是参考值的两倍，而 PLES 模型的预测值令人满意。

表 6 – 2 $Re_0=3900$ 下圆柱绕流全局参数的对比

方法	θ_{SEP}	St	L_r/d	$\overline{C_d}$	C_{d-RMS}	C_{l-RMS}
PLES	86.4	0.209	1.61	0.99	0.038	0.110
IDDES	88.1	0.209	1.15	1.09	0.064	0.244
Jee-DES[9]	86.1	0.214	1.44	1.00	—	—
Luo-SST DES[10]	86.4	0.203	1.46	1.01	—	—
D'Alessandro-SA[11] IDDES	87.0	0.222	1.43	1.02	—	0.146
Luo-SST PANS[10]	87.3	0.201	1.20	1.06	—	—
Parnaudeau-LES[8]	88.0	0.208 ± 0.002	1.56	—	—	—
Afan-LES[12]	86.0	0.207	1.49	1.02	0.033	0.137
Wornom-LES[13]	89.0	0.210	1.45	0.99	—	0.110
Dong-DNS[14]	—	0.203	1.59	—	—	—
Parnaudeau-EXP[8]	88.0	0.208	1.49	—	—	—

如图 6 – 15 所示为圆柱绕流中不同 x/d 处的时间平均流向速度和时间平均竖向速度的分布曲线。PLES 模型模拟预测的流向速度在近圆柱尾迹 $x/d=1.06$ 处呈 U 形分布，在下

游 $x/d=1.54$ 和 $x/d=2.02$ 处呈 V 形分布，与实验数据一致。而 IDDES 模型预测的近圆柱尾迹 $x/d=1.06$ 和 $x/d=1.54$ 的流向速度分布为 V 形，下游 $x/d=2.02$ 的流向速度分布为 U 形，与实验数据存在较大差异。竖向速度方面，PLES 模型预测数据与实验数据吻合得较好，而 IDDES 模型预测数据与实验数据存在显著差异。

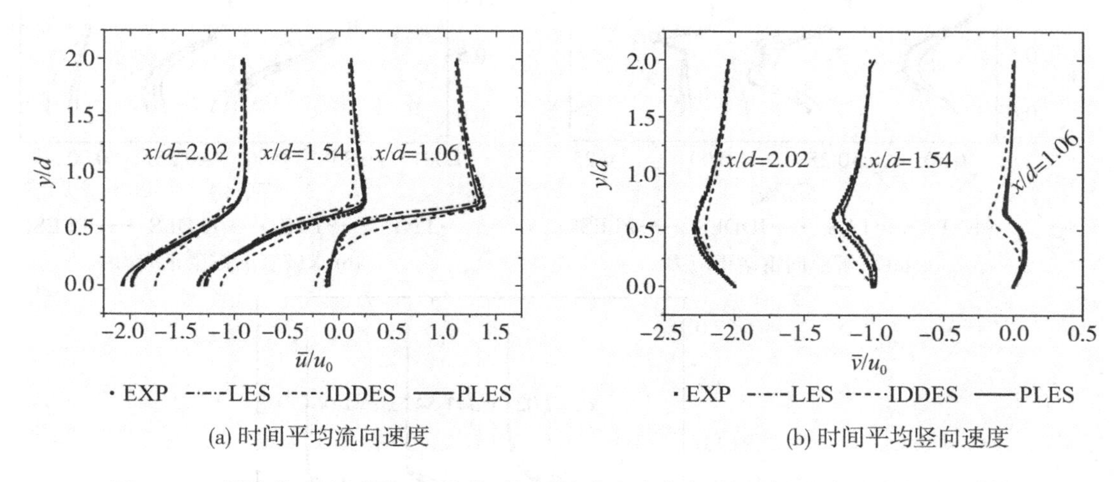

(a) 时间平均流向速度　　(b) 时间平均竖向速度

图 6－15　圆柱绕流中不同 x/d 处的时间平均流向速度和时间平均竖向速度的分布曲线

图 6－16 给出了圆柱尾迹 $y/d=0$ 处的求解流向正应力（r-sRNS）分布。结果表明：实验结果有两个峰，而 LES、IDDES 和 PLES 结果均仅有一个峰。此外，IDDES 模型预测的峰值位置比 PLES 模型预测的峰值位置更靠近圆柱。

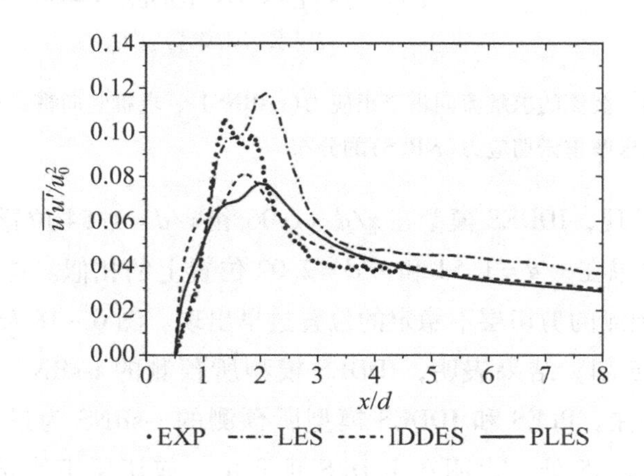

图 6－16　圆柱尾迹 $y/d=0$ 处的求解流向正应力（r－sRNS）分布

圆柱绕流的求解流向雷诺正应力（r-sRNS）、求解竖向雷诺正应力（r-tRNS）和求解雷诺切应力（r-RSS）的分布如图 6－17 所示。表明 PLES 模型低估了 r-sRNS 和 r-tRNS，这是因为部分 RNS 被模式化。在 DDES 模拟中，r-sRNS 和 r-tRNS 偏差过大的预测分别发生在 $x/d=1.06$ 和 $x/d=1.54$ 位置上。图 6－17c 表明，PLES 模型给出的 r-RSS 与实验和 LES 结果吻合良好，然而 IDDES 模型数据与参考数据有较大差异。

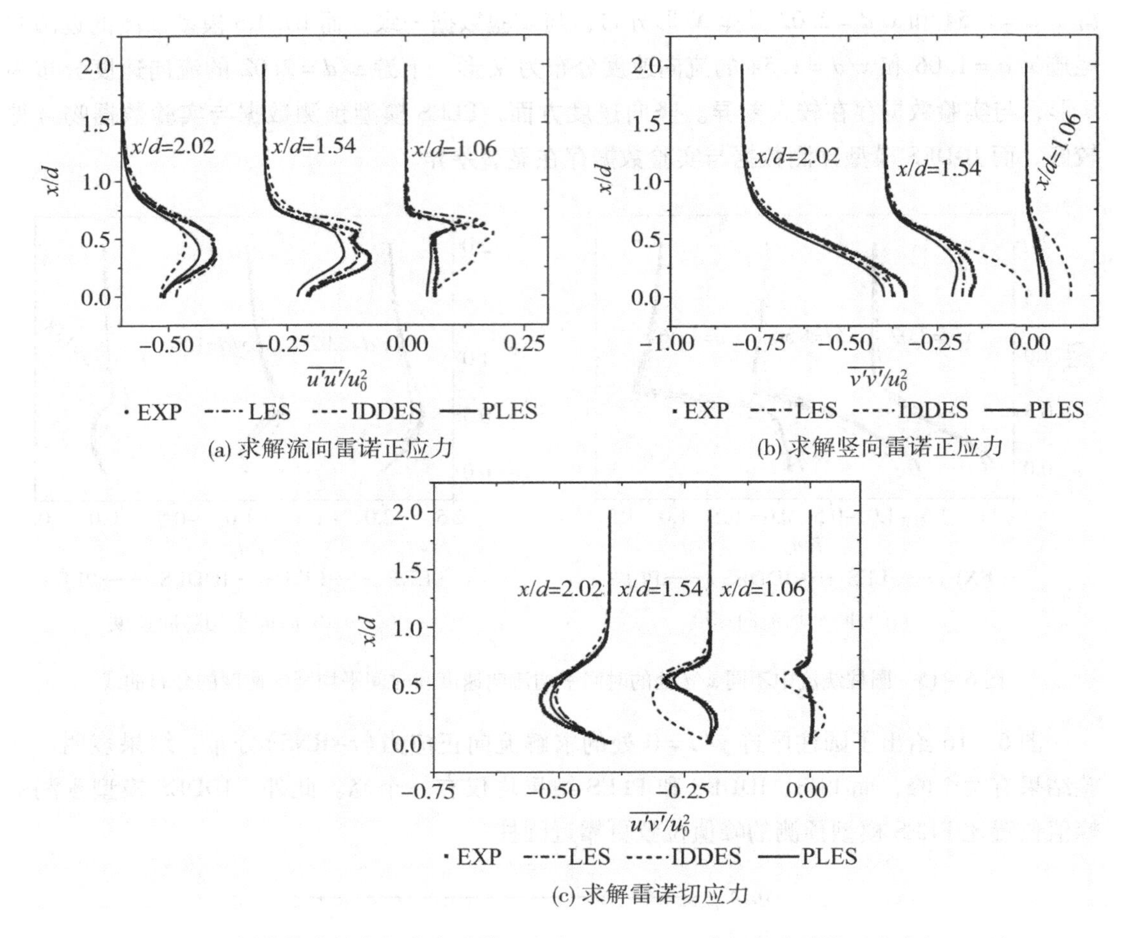

(a) 求解流向雷诺正应力

(b) 求解竖向雷诺正应力

(c) 求解雷诺切应力

图 6－17　圆柱绕流的求解流向雷诺正应力（r-sRNS）、求解竖向雷诺正应力（r-tRNS）和求解雷诺切应力（r-RSS）的分布

分析图 6－17 发现，IDDES 模型在 $x/d=1.06$ 和 $x/d=1.54$ 位置上得到的变量分布分别与 PLES 和实验结果在 $x/d=1.54$ 和 $x/d=2.02$ 位置上的相似。这表明 IDDES 模型低估了回流区长度，所预测的剪切层不稳定的位置过早出现。图 6－18 显示了圆柱绕流的求解流向雷诺正应力的云图。结果表明，IDDES 模型所预测的 r-sRNS 为最大值时的位置比 PLES 模型更接近圆柱。PLES 和 IDDES 模型所预测的 r-sRNS 为最值时的位置，分别在 $x/h=1.75$ 和 $x/h=1.35$ 处。表明在 IDDES 预测中，剪切层不稳定性位置更接近圆柱。r-sRNS 的等高线还表明，在 IDDES 计算中回流区长度比在 PLES 计算中要短。

与 PLES 模型相比，IDDES 模型对尾迹区湍流黏性系数预测过大。如图 6－19 所示为 PLES 模型和 IDDES 模型所预测的圆柱绕流中尾迹区湍流黏性系数比云图。从图 6－19 可以看出，在圆柱附近 IDDES 湍流黏性系数远大于 PLES 湍流黏性系数，而圆柱附近湍流黏性系数应该很小。这导致了剪切层失稳的早期出现和过小的回流区。然而，由于其 LES 模式，PLES 模型计算出了合理的流动结构和尾迹湍流黏性系数。

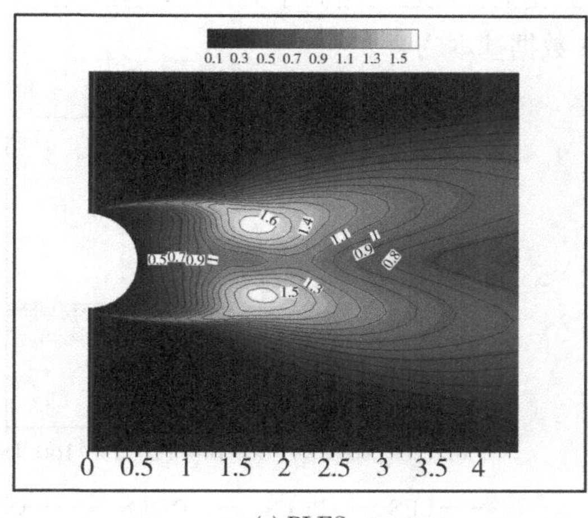
(a) PLES

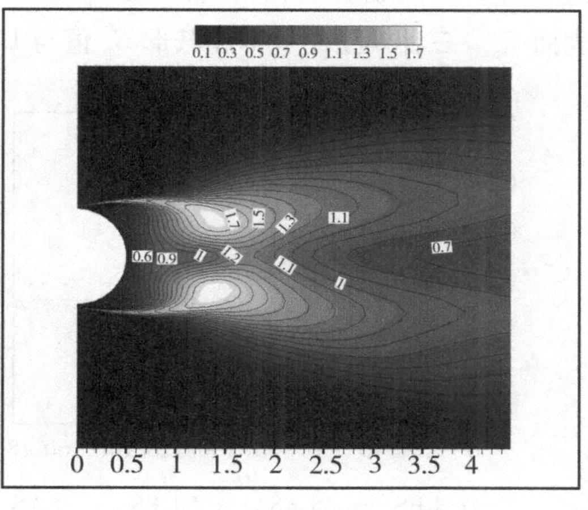
(b) IDDES

图 6－18　圆柱绕流的求解流向雷诺正应力云图

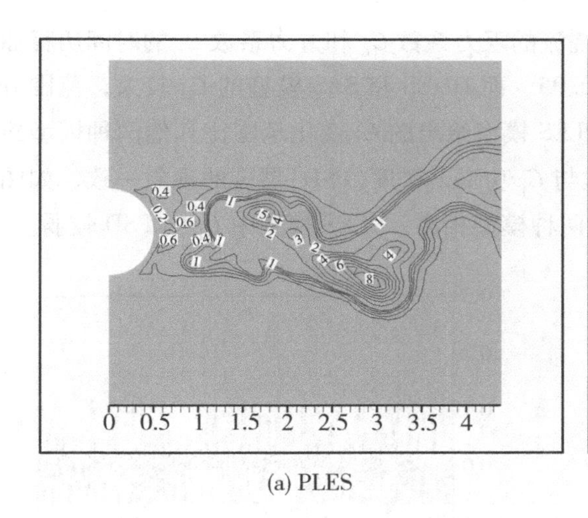
(a) PLES

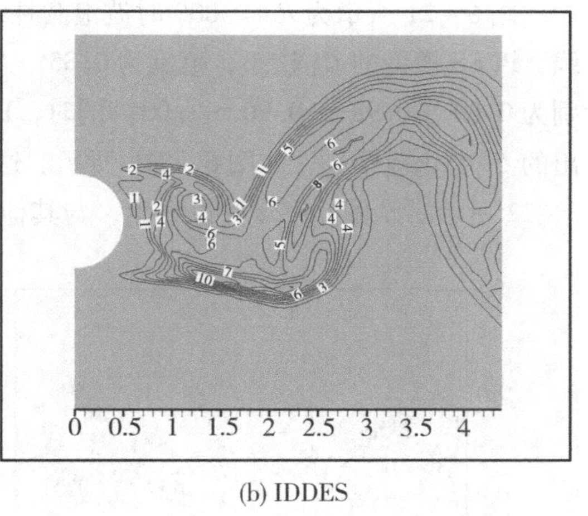
(b) IDDES

图 6－19　不同模型所预测的圆柱绕流中尾迹区湍流黏性系数比云图

综上所述，一方面，在网格分辨率较低的情况下，PLES 模型具有较好的圆柱绕流预测性能。另一方面，由于采用了新的 LES 模式，在相同网格分辨率上，PLES 模型比 IDDES 模型具有更好的预测性能。

6.4　波浪圆柱绕流

波浪圆柱绕流的计算条件和数值方法可查阅第 3 章，选取参考文献[81]的实验结果和数值结果作为参考数据。如图 6－20 所示为压力系数 C_p 沿波浪圆柱表面的分布曲线。SAS

模型和 DDES 模型预测的节点表面 C_p 与 LES 数据的匹配程度略高于 PLES 模型预测的节点表面 C_p。三种模型的节部和鞍部 C_p 值与 LES 数据基本吻合。

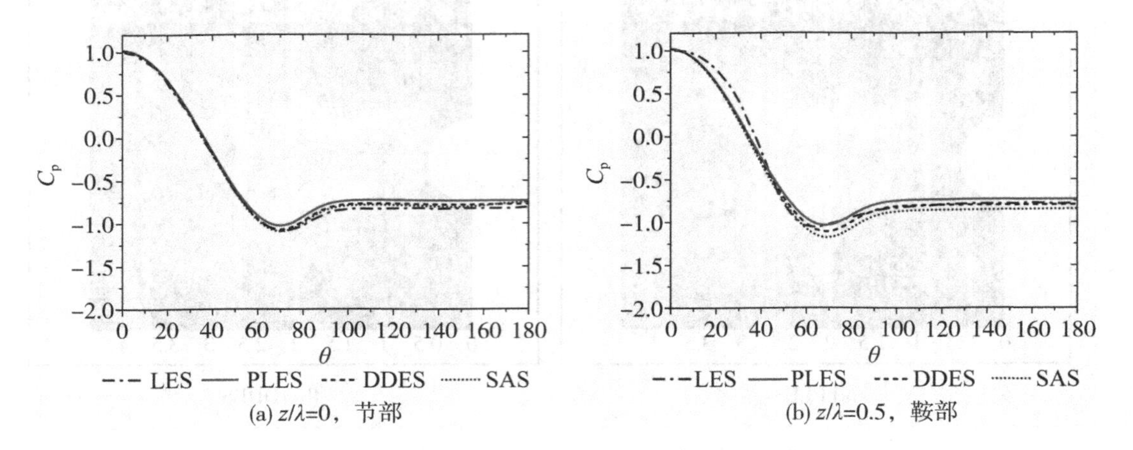

(a) $z/\lambda=0$，节部　　(b) $z/\lambda=0.5$，鞍部

图 6－20　压力系数 C_p 沿波浪圆柱表面的分布曲线

图 6－21 所示为 $Re=3000$ 时波浪圆柱绕流的阻力系数 C_d 和升力系数 C_l 的时间历程曲线。PLES 模型的 C_d 较小，范围为 0.85～0.95，而 DDES 和 SAS 模型的 C_d 较大，范围分别为 0.89～0.98 和 0.90～1.03。同时，PLES 模型给出的 C_l 变化范围比其他两种模型给出的 C_l 变化范围小，如图 6－21b 所示。这与 C_l 功率谱密度(PSD)展现的现象一致，如图 6－22 所示。从图 6－22 可以看出，与其他两种模型相比，PLES 模型中 C_l 的 PSD 较弱。

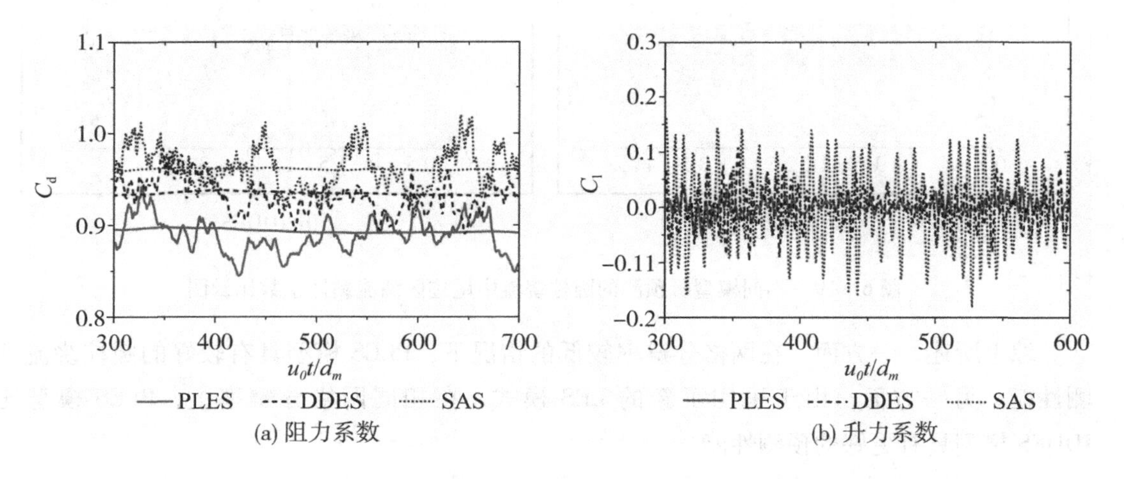

(a) 阻力系数　　(b) 升力系数

图 6－21　$Re=3000$ 时波浪圆柱绕流的阻力系数和升力系数的时间历程曲线

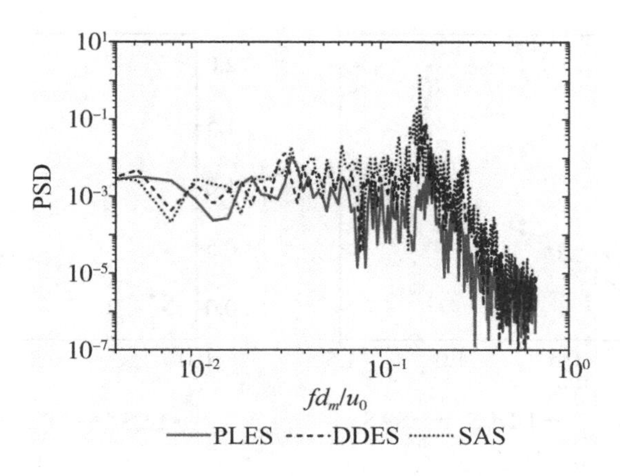

图 6－22　升力系数 C_l 功率谱密度图

如图 6－23 所示为 $Re = 3000$ 时波浪圆柱绕流尾迹 $y/d = 0$ 处的时间平均流向速度分布。可以看出，PLES 计算得到的流向速度与实验结果和参考文献[81]的 LES 结果吻合得较好。而 SAS 和 DDES 模拟预测的流向速度分布向波浪圆柱移动，与实验数据和 LES 数据有显著差异。此外，还指出 DDES 的预测效果优于 SAS。

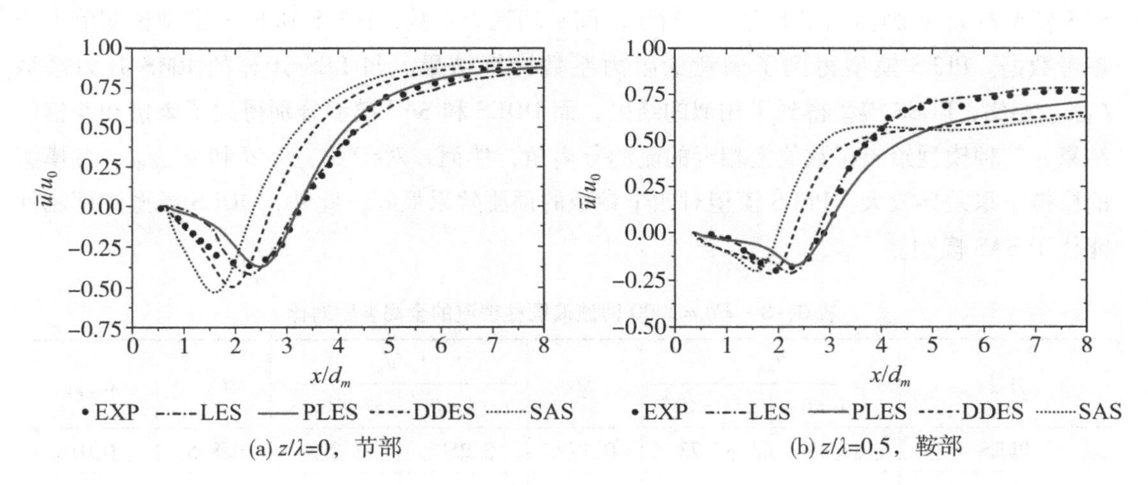

图 6－23　$Re = 3000$ 时波浪圆柱绕流尾迹 $y/d = 0$ 处的时间平均流向速度分布

如图 6－24 所示为 $Re = 3000$ 时波浪圆柱绕流在 $x/d_m = 3$ 处的时间平均流向速度分布。PLES 模型预测的流向流速呈 V 形分布，与 LES 数据吻合。而 SAS 和 DDES 模型给出的是 U 形分布，与 LES 结果差异较大。

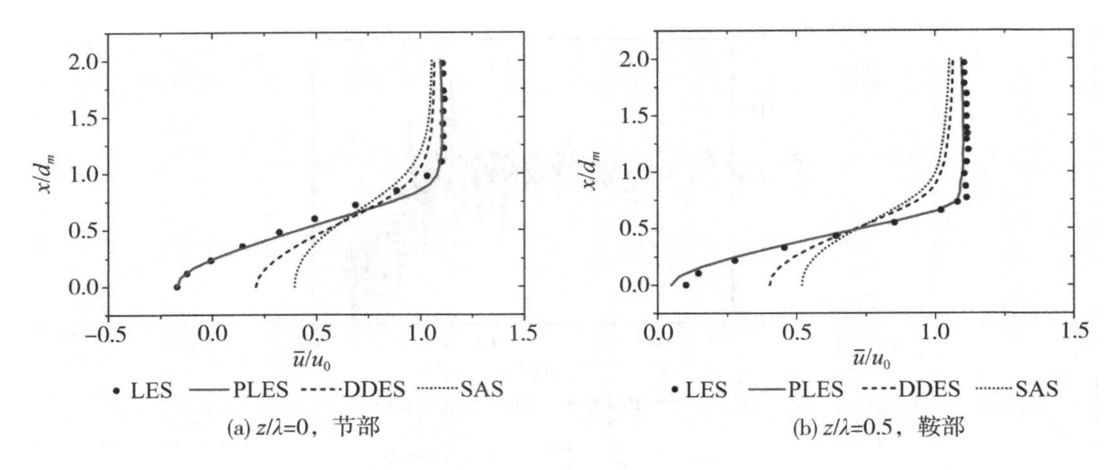

图 6-24 $Re=3000$ 时波浪圆柱绕流在 $x/d_m=3$ 处的时间平均流向速度分布

表 6-3 总结了各方法下 $Re=3000$ 时波浪圆柱绕流的全局参数对比。结果表明，三种模型预测的分离角 θ_{sep} 均小于 90°，与 LES 数据吻合较好，SAS 的结果误差最小。各种模型的 Strouhal(St)数预测值偏小，但 PLES 预测误差最小。与 PL-DDES 模型相比，DDES 和 SAS 模型对 L_r/d 的预测误差更大。对于时间平均阻力系数，DDES 和 SAS 模型预测值大于参考数据。PLES 模型得到了满意的阻力系数计算结果。与 LES 计算的 RMS 升力系数 C_{l-RMS} 相比，PLES 模型得到了相似的结果，而 DDES 和 SAS 模型分别得到了 2 倍和 5 倍的结果。三种模型给出了数值上相近的流动分离角，然而，对于 St、L_r/d 和 C_{l-RMS}，各模型的模拟结果差异较大。PLES 模型对四个参数的预测效果最好；此外，DDES 模型的预测性能优于 SAS 模型。

表 6-3 $Re=3000$ 时波浪圆柱绕流的全局参数对比

方法	θ_{sep}		St	L_r/d_m		$\overline{C_d}$	C_{l-RMS}
	$z/\lambda=0$	$z/\lambda=0.5$		$z/\lambda=0$	$z/\lambda=0.5$		
PLES	86.38	85.73	0.179	3.250	2.895	0.895	0.016
DDES	87.45	86.31	0.164	2.721	2.301	0.931	0.033
SAS	88.01	87.12	0.161	2.381	2.010	0.959	0.072
Lin-LES[15]	88.88	88.53	0.187	3.309	2.810	0.904	0.013
Moon-LES[16]	—	—	0.180	—	—	0.893	0.015

6.5 本章小结

本章提出了一种新的亚格子(SGS)涡黏性系数限制生成项的延迟分离涡模拟(DDES)，

即限制生成项涡模拟(PLES)。为了验证 PLES 模型的能力，分别对零压力梯度边界层(ZPGBL)、槽道流动、后台阶流动和圆柱绕流进行了模拟分析。研究结论如下：

(1)为缓解网格诱导分离(grid-induced separation，GIS)问题，采用增强屏蔽功能的屏蔽函数。ZPGBL 仿真结果表明，与 IDDES 模型相比，PLES 模型在缓解 GIS 问题方面具有更好的性能。

(2)PLES 模型预测槽道流速度与 DNS 数据吻合良好，且只有一个对数区域，表明 PLES 模型可消除速度的 LLM 对数区偏差问题。

(3) LES 的 SGS 涡黏系数强化了湍动能的耗散，使 PLES 模型可捕捉到更多的剪切层湍流涡，继而给出足够的动量输运，得到合理的回流结构。良好的后台阶流动预测性能，证明了 PLES 模型具有比 IDDES 模型更快的 RANS-LES 转换速度。

(4)与 IDDES 模型相比，由于含新的 LES 模式，PLES 模型解析出尾迹区较小的湍流黏性。因此，PLES 模型得到合理的剪切层失稳位置和回流区尺寸。一阶和二阶物理量的仿真结果表明，PLES 模型在模拟圆柱绕流上具有比 IDDES 模型更好的性能。

(5)PLES、DDES、SAS 三种模型给出了相似的波浪圆柱绕流分离角。然而，对于 St、L_r/d 和 $C_{1-\mathrm{RMS}}$，模拟结果差异较大。PLES 模型对四个参数的预测效果最好，DDES 模型的性能优于 SAS 模型。

参考文献

[1] WALTERS D, BHUSHAN S, ALAM M, et al. Investigation of a dynamic hybrid RANS/LES modelling methodology for finite-volume CFD simulations[J]. Flow, turbulence and combustion, 2013, 91: 643 - 667.

[2] HASSAN E, BOLES J, AONO H, et al. Supersonic jet and crossflow interaction: Computational modeling [J]. Progress in Aerospace Sciences, 2013, 57: 1 - 24.

[3] MENTER F R. Two-equation eddy-viscosity turbulence models for engineering applications [J]. AIAA Journal, 1994, 32: 1598 - 1605.

[4] NICOUD F, DUCROS F. Subgrid-scale stress modelling based on the square of the velocity gradient tensor [J]. Flow, Turbulence and Combustion, 1999, 62: 183 - 200.

[5] GRITSKEVICH M S, GARBARUK A V, SCHÜTZE J, et al. Development of DDES and IDDES formulations for the k-ω shear stress transport model[J]. Flow, Turbulence and Combustion, 2012, 88: 431 - 449.

[6] BERNARDINI M, PIROZZOLI S, ORLANDI P. Velocity statistics in turbulent channel flow up to 4000[J]. Journal of Fluid Mechanics, 2014, 742: 171 - 191.

[7] DRIVER D M, SEEGMILLER H L. Features of a reattaching turbulent shear layer in divergent channel flow [J]. AIAA journal, 1985, 23(2): 163 - 171.

[8] PARNAUDEAU P, CARLIER J, HEITZ D, et al. Experimental and numerical studies of the flow over a circular cylinder at Reynolds number 3900[J]. Physics of Fluids, 2008, 20(8): 085101.

[9] JEE S, SHARIFF K. Detached-eddy simulation based on the v2-f model[J]. International Journal of Heat and Fluid Flow, 2014, 46: 84 - 101.

[10] LUO D, YAN C, LIU H, et al. Comparative assessment of PANS and DES for simulation of flow past a circular cylinder[J]. Journal of Wind Engineering and Industrial Aerodynamics, 2014, 134: 65 - 77.

[11] D'ALESSANDRO V, MONTELPARE S, RICCI R. Detached-eddy simulations of the flow over a cylinder at $Re = 3900$ using OpenFOAM[J]. Computers & Fluids, 2016, 136: 152 - 169.

[12] AFGAN I, KAHIL Y, BENHAMADOUCHE S, et al. Large eddy simulation of the flow around single and two side-by-side cylinders at subcritical Reynolds numbers[J]. Physics of Fluids, 2011, 23(7): 075101.

[13] WORNOM S, OUVRARD H, SALVETTI M V, et al. Variational multiscale large-eddy simulations of the flow past a circular cylinder: Reynolds number effects[J]. Computers & Fluids, 2011, 47(1): 44 - 50.

[14] DONG S, KARNIADAKIS G E, EKMEKCI A, et al. A combined direct numerical simulation-particle image velocimetry study of the turbulent near wake[J]. Journal of Fluid Mechanics, 2006, 569: 185 - 207.

[15] LIN Y F, BAI H L, ALAM M M, et al. Effects of large spanwise wavelength on the wake of a sinusoidal wavy cylinder[J]. Journal of Fluids and Structures, 2016, 61: 392 - 409.

[16] MOON J, YOON H S, KIM H J, et al. Forced convection heat transfer from an asymmetric wavy cylinder at a subcritical Reynolds number[J]. International Journal of Heat and Mass Transfer, 2019, 129: 707 - 720.

7 亚格子模型对 PLES 模型的影响机理研究

第 6 章提出了一种新的亚格子(SGS)涡黏性系数限制生成项的延迟分离涡模拟(DDES)，即限制生成项涡模拟(PLES)。PLES 模型将 RANS 模型与 LES 模型进行了通用的结合，模型中可引入不同的SGS 涡黏性系数。在不同的SGS 涡黏性系数下，预测该模型可以处理不同的复杂湍流流动。本章将探索亚格子 SGS 模型对 PLES 模型的影响机理。选取应用比较广泛的三种亚格子模型，即选用 SL(Smagorinsky-Lilly)[1]、VREMAN[2] 和 WALE[3]模型为对比模型；建立相对应的三种 PLES 模型，即 PLES-SL 模型、PLES-VREMAN 模型和 PLES-WALE 模型；以平板槽道流动和球体绕流为计算案例，探索亚格子模型对 PLES 模型预测湍流的影响机理。

7.1 控制方程

本章的流体为不可压缩牛顿流体，连续性和动量控制方程如下：

$$\frac{\partial \rho}{\partial t}+\frac{\partial}{\partial x_j}(\rho u_j)=0 \tag{7-1}$$

$$\frac{\partial}{\partial t}(\rho u_i)+\frac{\partial}{\partial x_j}(\rho u_i u_j)=-\frac{\partial p}{\partial x_i}+\frac{\partial}{\partial x_j}\left[(\mu+\mu_t)\left(\frac{\partial u_i}{\partial x_j}+\frac{\partial u_j}{\partial x_i}\right)\right] \tag{7-2}$$

式中，u_i 为速度，p、ρ 和 μ 分别为压力、流体密度和黏度。μ_t 由 PLES 模型闭合。

PLES 模型的底层的 RANS 模型为 BSL $k-\omega$ 模型[4]，湍流动能 k 和比耗散率 ω 的输运方程为：

$$\frac{\partial}{\partial t}(\rho k)+\frac{\partial}{\partial x_i}(\rho u_i k)=P_k-\rho\beta^* k\omega+\frac{\partial}{\partial x_i}\left[\left(\mu+\frac{\mu_t}{\sigma_k}\right)\frac{\partial k}{\partial x_i}\right] \tag{7-3}$$

$$\frac{\partial}{\partial t}(\rho \omega)+\frac{\partial}{\partial x_i}(\rho u_i \omega)=\alpha\frac{\omega}{k}P_k-\rho\beta\omega^2+\frac{\partial}{\partial x_i}\left[\left(\mu+\frac{\mu_t}{\sigma_\omega}\right)\frac{\partial \omega}{\partial x_i}\right]+ 2(1-F)\frac{\rho}{\sigma_{\omega 2}\omega}\frac{\partial k}{\partial x_i}\frac{\partial \omega}{\partial x_i} \tag{7-4}$$

湍动能生成项的计算公式如下：

$$P_k=\mu_t S^2, S=\sqrt{2S_{ij}S_{ij}}, S_{ij}=\frac{1}{2}\left(\frac{\partial u_i}{\partial x_j}+\frac{\partial u_j}{\partial x_i}\right) \tag{7-5}$$

湍流黏性系数的计算公式如下：

$$\mu_t = \frac{\rho k}{\omega} \tag{7-6}$$

架桥函数 F 的计算公式，模型参数 σ_k、σ_ω、α、β 的取值与文献[4]相同。

7.2 不同亚格子黏性的 PLES 模型

PLES 模型利用 SGS 涡黏性系数耗散生成项，k 方程的生成项计算公式如下：

$$\begin{aligned} P_{\mathrm{PLES}} &= f_d P_k + (1.0 - f_d)\mu_{\mathrm{SGS}} S^2 \\ &= f_d P_k + (1.0 - f_d)\frac{\mu_{\mathrm{SGS}}}{\mu_t}\mu_t S^2 \\ &= f_d P_k + (1.0 - f_d)\frac{\mu_{\mathrm{SGS}}}{\mu_t} P_k \end{aligned} \tag{7-7}$$

式中，屏蔽函数 f_d 的计算过程如下：

$$\begin{aligned} f_d &= \max(f_{d1}, f_{d2}) \\ f_{d1} &= \min\{2\exp(-9r_1^2), 1.0\} \\ f_{d2} &= \tanh[(C_{d1} r_2)^{C_{d2}}] \\ r_1 &= 0.25 - d_W/h_{\max} \\ r_2 &= \frac{k_\omega t}{\kappa^2 d_W^2 \sqrt{0.5(S^2 + \Omega^2)}} \end{aligned} \tag{7-8}$$

式中，Ω，d_W 和 $h_{\max}$分别为涡度值、涡流与最近固壁的距离、网格单元最长边的长度。常数 C_{d1}和 C_{d2}的值分别为 14.0 和 3.0。κ 为 von Kármán 常数，其值为 0.41。当屏蔽函数f_d = 1.0 时，湍流模式为 RANS 模式，否则为 LES 模式。μ_{SGS}为亚格子黏性系数，三种亚格子模型的涡黏性系数计算如式(7-9)及式(7-10)所示。

SL 涡黏性系数计算如下：

$$\mu_{\mathrm{SGS}} = \rho(C_s\Delta)^2 S \tag{7-9}$$

$$\Delta = V^{1/3} \tag{7-10}$$

式中，V 为网格单元的体积；C_s 为模型参数，取值 0.1。

VREMAN 涡黏性系数计算如下：

$$\mu_{\mathrm{SGS}} = \rho c\sqrt{\frac{B_\beta}{\alpha_{ij}\alpha_{ij}}} \tag{7-11}$$

其中，

$$\alpha_{ij} = \frac{\partial u_j}{\partial x_i} \tag{7-12}$$

$$\beta_{ij} = \Delta^2 \alpha_{mi} \alpha_{mj} \tag{7-13}$$

$$B_\beta = \beta_{11}\beta_{22} - \beta_{12}^2 + \beta_{11}\beta_{33} - \beta_{13}^2 + \beta_{22}\beta_{33} - \beta_{23}^2 \tag{7-14}$$

式中，c 为模型参数，取值0.025。

WALE 涡黏性系数的计算过程如下：

$$\mu_{SGS} = \rho L_s^2 \frac{(S_{ij}^d S_{ij}^d)^{3/2}}{(S_{ij}S_{ij})^{5/2} + (S_{ij}^d S_{ij}^d)^{5/4}} \tag{7-15}$$

式中，

$$L_S = 0.325V^{1/3} \tag{7-16}$$

$$S_{ij}^d = \frac{g_{ij}^2 + g_{ji}^2}{2} - \frac{\delta_{ij} g_{kk}^2}{3},\ g_{ij} = \frac{\partial u_i}{\partial x_j} \tag{7-17}$$

7.3 平板槽道流动

$Re_\tau=2000$ 的平板槽道充分发展流的流向（x 方向）、垂直固壁方向（y 方向）和展向（z 方向）长度分别为 8δ、2δ 和 3δ。摩擦 Re 数 $Re_\tau=\delta u_\tau/\nu$，其中 u_τ 是摩擦速度，δ 是平板槽道高度的一半。其网格划分如图7－1所示，垂直固壁方向第一层网格 $y^+=1.0$，流向和展向的网格尺寸均匀分布。为考察网格精度的影响，选取了两种网格精度，如表7－1所示。

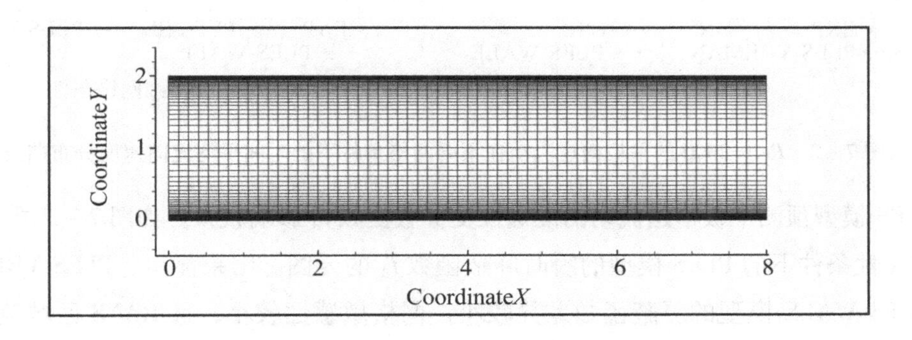

图7－1 $Re_\tau=2000$ 的平板槽道流动的网格划分示意图

表7－1 $Re_\tau=2000$ 的平板槽道流动网格划分情况

网格	网格数量	Δx^+	Δz^+
粗网格	60×90×45	266	133
细网格	80×100×60	200	100

流向和展向设置为周期性边界条件；上下平板固壁设置为速度无滑移壁面；在流向（x 方向）动量方程加载均匀源项驱动流体流动；时间项离散采用二阶隐式格式；动量方程对

流项采用有界中心差分 BCD 格式；k 和 ω 方程的对流项采用二阶迎风格式；所有方程的扩散项采用中心差分格式；速度压力耦合采用 SIMPLEC 方法；时间步长的设置上保证计算域内最大 CFL 小于 0.5；物理量平均值取时间和 xz 平面平均。

如图 7-2 所示为 $Re_\tau=2000$ 的平板槽道流动在不同网格条件下的时间平均流向速度分布曲线。由图可以观察到：对数区内，三种模型预测的速度曲线与 DNS 结果[5]和实验结果[6]吻合较好，均消除了对数区偏差(LLM)问题。三种模型预测的速度曲线大致相同，但仍有差异：PLES-VREMAN 模型和 PLES-WALE 模型预测的结果差异很小；粗网格条件下，PLES-SL 模型在槽道中心区域的预测值小于 DNS 结果；细网格条件下，PLES-SL 模型的预测值与实验结果最为吻合。

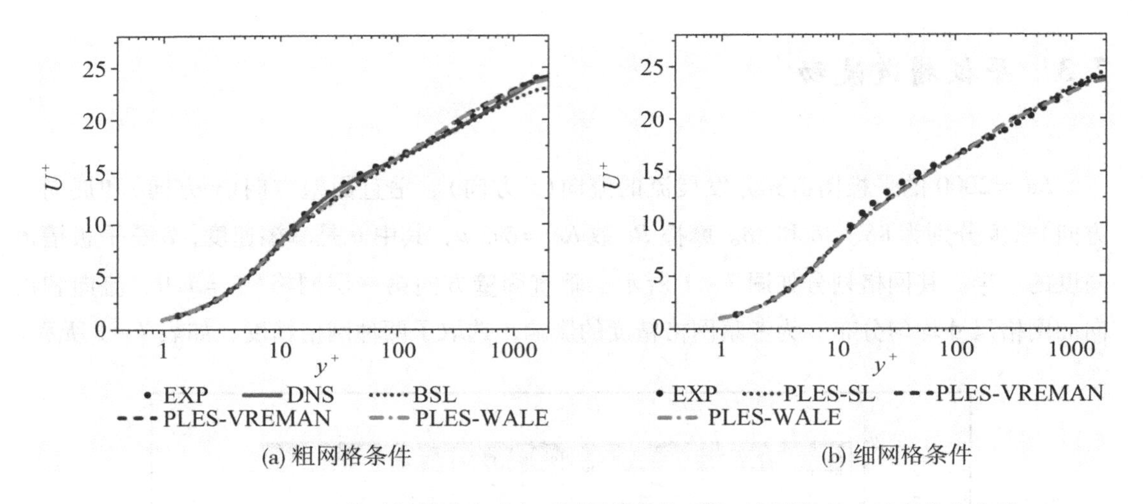

图 7-2　$Re_\tau=2000$ 的平板槽道流动在不同网格条件下的时间平均流向速度分布曲线

PLES 模型预测平板槽道流动的准确性受屏蔽函数 f_d 影响较大。如图 7-3 所示为不同亚格子黏性条件下的 PLES 模型的瞬时屏蔽函数 f_d 的云图。结果显示：PLES-VREMAN 模型和 PLES-WALE 模型的屏蔽函数差异较小，网格敏感性较小，且 RANS 区域范围较小。网格精度对 PLES-SL 模型的影响很大，粗网格下，槽道内全区域为 RANS 区域，表面模拟结果为 RANS 模型的结果；而细网格下，PLES-SL 模型可得到 RANS 区域和 LES 区域，且 RANS 区域的范围大于其他模型预测的范围，如图 7-4 所示。图 7-4 展示了不同亚格子黏性条件下的 PLES 模型的时均屏蔽函数分布曲线。图示结果定量揭示了以上结论，还证明了 PLES-SL 模型所预测的 RANS-LES 过渡区域范围最大，PLES-VREMAN 模型次之，PLES-WALE 模型的最小。

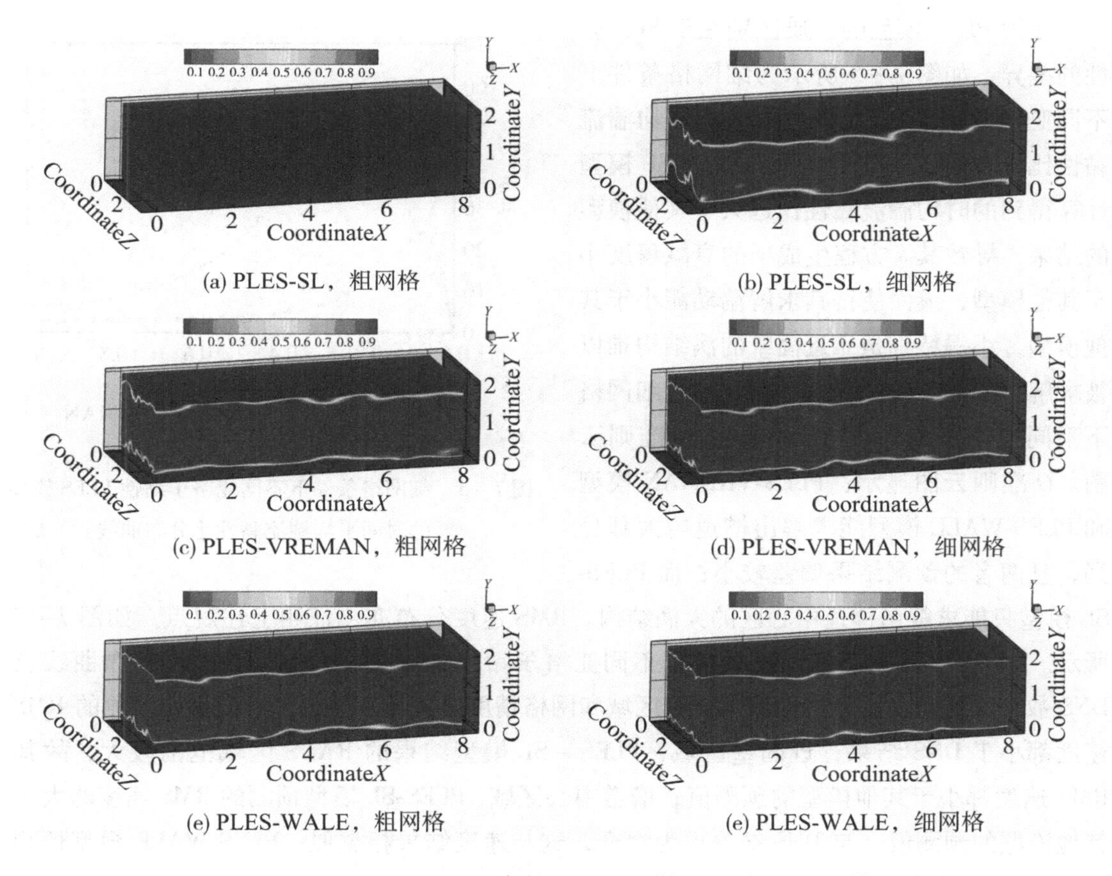

(a) PLES-SL，粗网格　(b) PLES-SL，细网格

(c) PLES-VREMAN，粗网格　(d) PLES-VREMAN，细网格

(e) PLES-WALE，粗网格　(e) PLES-WALE，细网格

图7－3　不同亚格子黏性条件下的PLES模型的瞬时屏蔽函数云图

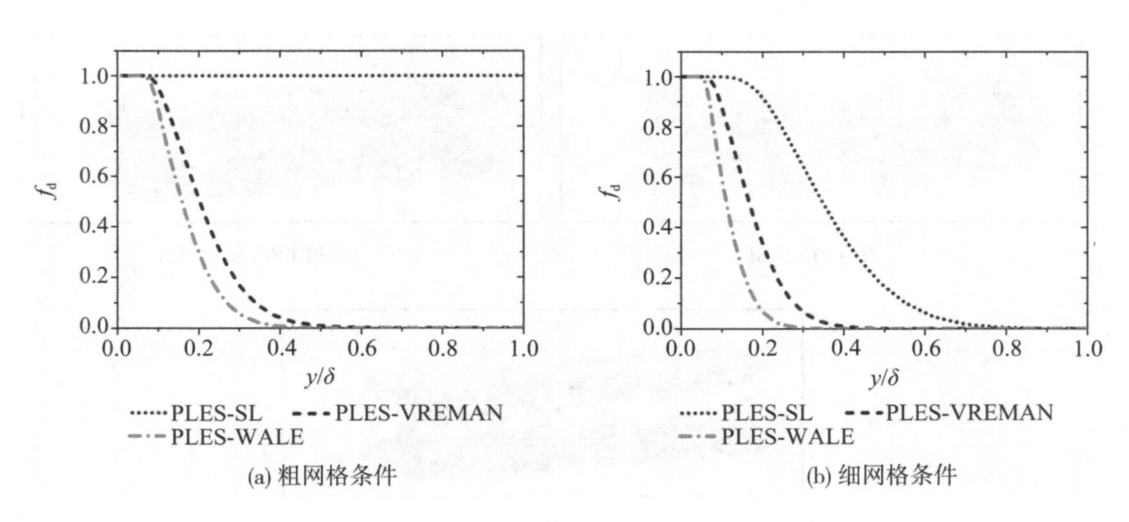

(a) 粗网格条件　(b) 细网格条件

图7－4　不同亚格子黏性条件下的PLES模型的时间平均屏蔽函数分布曲线

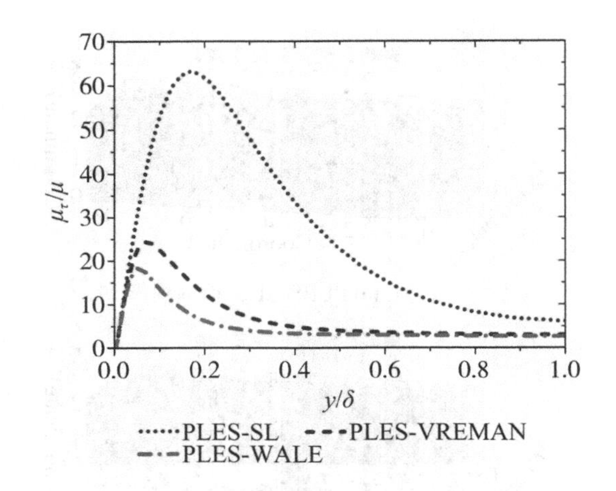

图7－5　细网格条件下不同亚格子黏性PLES模型的时间平均湍流黏性比分布曲线

三种PLES模型的本质区别在于SGS黏性的差异。如图7－5所示为细网格条件下不同亚格子黏性PLES模型的时间平均湍流黏性比分布曲线。结果显示：PLES-SL模型计算得到的时均湍流黏性比远大于其他模型的结果，导致其k方程生成项的衰减程度小于其他模型，继而使得其求解湍动能小于其他模型，小涡特别是靠近固壁的涡结构难以被求解，如图7－6所示。图7－6是细网格下不同亚格子黏性PLES模型的Q准则云图。Q准则云图显示：PLES-VREMAN模型和PLES-WALE模型能求解出槽道内大部分涡，且两者的预测结果偏差较小；而PLES-SL模型只能求解出槽道中心区的大涡结构。RMS速度分布亦可证明上述观点，如图7－7所示。图7－7展示了细网格条件下不同亚格子黏性PLES模型的RMS速度分布曲线及DNS数据对比图。由于近固壁RANS区域和网格精度有差异的原因，各模型所预测的RMS速度都小于DNS结果；近固壁区域，PLES－SL模型结果的RANS区域范围较大，故其RMS速度都小于其他模型的预测值；槽道中心区域，PLES-SL模型预测的RMS速度略大于其他模型的预测值，与DNS结果更为吻合，这与速度结果相类似；PLES-WALE模型预测的RMS速度略大于PLES-VREMAN模型的预测值。

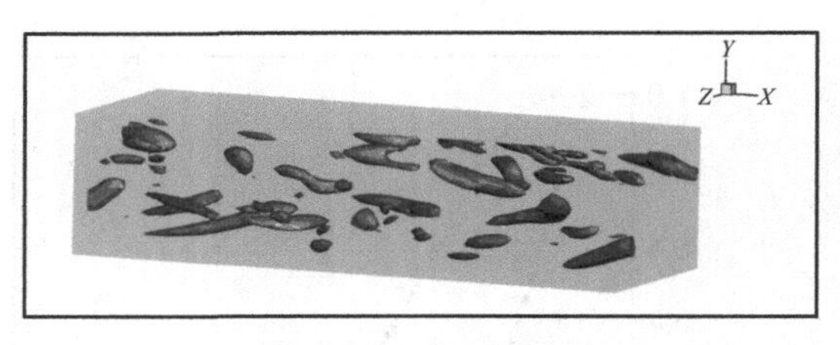

(a) PLES-SL

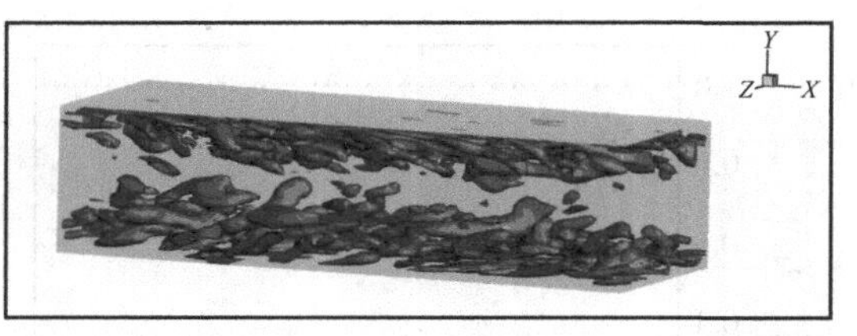

(b) PLES-VREMAN

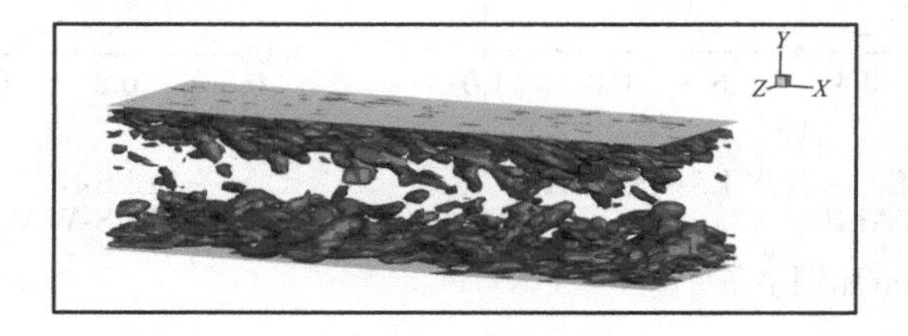

(c) PLES-WALE

图7－6　细网格条件下不同亚格子黏性PLES模型的Q准则云图

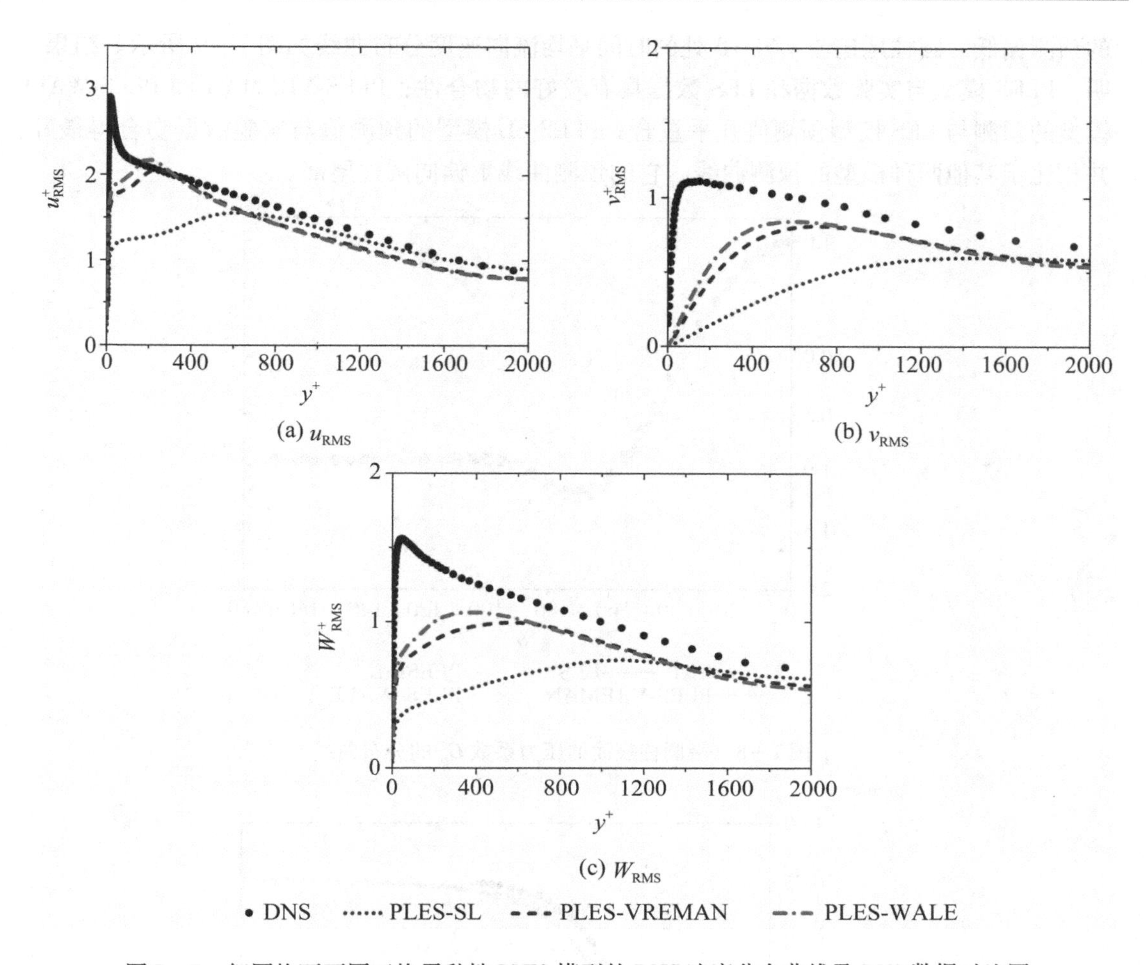

图 7－7　细网格下不同亚格子黏性 PLES 模型的 RMS 速度分布曲线及 DNS 数据对比图

总结可知：亚格子模型对 PLES 模型的性能有着重要的影响；由于 SL 亚格子模型预测的湍流黏性最大，导致 PLES-SL 模型得到范围最大的 RANS 区域，故而造成其在近固壁区域可求解的涡结构最少，且 RMS 速度最小；VREMAN 和 WALE 亚格子模型计算得到的湍流黏性差异较小，PLES-WALE 模型的结果略大，故而其在近固壁区域的 RANS 区域范围和 RMS 速度略大；PLES-SL 模型受网格的影响最大，其他两种模型受网格影响较小；三种模型均消除了速度分布 LLM 问题，但在细网格下 PLES-SL 模型的速度预测值准确性略高于其他模型。

7.4　圆柱绕流

圆柱绕流的计算条件和数值模拟方法可查阅第 3 章。

如图 7－8 所示为沿圆柱体表面的压力系数 C_p 的分布曲线。三种基于不同亚格子黏性的 PLES 模型与实验结果和 LES 模型的预测结果吻合较好，而 PLES-SL 模型对背风面 C_p

的预测偏低。圆柱尾迹流 $y/d=0$ 处的时间平均流向速度分布曲线如图 7－9 所示。结果表明：PLES 模型与实验数据和 LES 数据具有较好的吻合性；PLES-VREMAN 和 PLES-WALE 模型的预测与 LES 模型预测值几乎重合；PLES-SL 模型的预测值与实验数据吻合得最好，并相比于其他两种模型的预测曲线，它的预测曲线更偏向圆柱尾部。

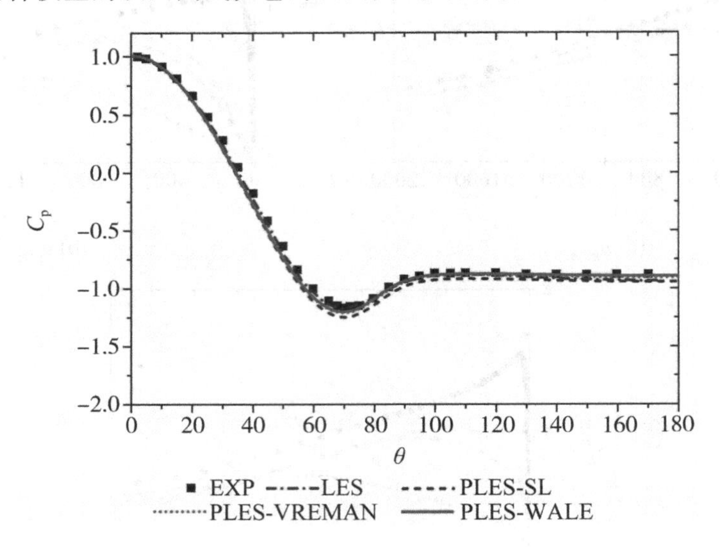

图 7－8　沿圆柱表面的压力系数 C_p 的分布曲线

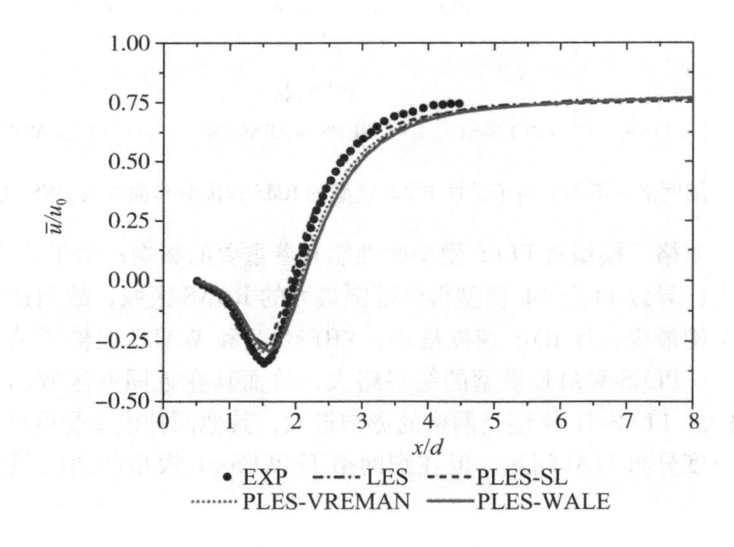

图 7－9　圆柱尾迹流 $y/d=0$ 处的时间平均流向速度分布曲线

表 7－2 总结了各模型 $Re_0=3900$ 圆柱绕流全局参数的对比。结果表明：各模型预测的流动分离角 θ_{sep} 均小于 90°，其中 PLES-SL 模型的预测值与 Parnaudeau 的实验数据相同；各模型对 Strouhal（St）数均有较好的预测性能；与实验结果相比，PLES-SL 模型的圆柱尾部回流区长度 L_r/d 预测值偏小，PLES-WALE 模型的 L_r/d 预测值偏大，PLES-VREMAN 模型的预测较为准确；对于时间平均阻力系数 $\overline{C_d}$，三种 PLES 模型的预测值均与实验数据吻

合良好；均方根阻力系数 C_{d-RMS} 而言，PLES-SL 模型的预测值最小；三个均方根升力系数 C_{l-RMS} 相比，PLES-SL 模型的预测值最大，证明其预测的圆柱尾部涡街摆动较大。

表 7－2　Re_0 = 3900 的圆柱绕流全局参数对比

方法	θ_{sep}	St	L_r/d	$\overline{C_d}$	C_{d-RMS}	C_{l-RMS}
PLES-SL	88.0	0.208	1.41	1.03	0.026	0.142
PLES-VREMAN	86.9	0.209	1.51	1.01	0.035	0.113
PLES-WALE	86.4	0.209	1.61	0.99	0.038	0.110
Parnaudeau-EXP[7]	88.0	0.208	1.49	—	—	—
Lourenco-EXP[8]	85 ± 2	0.215 ± 0.005	1.33 ± 0.2	0.98 ± 0.05	—	—

如图 7－10 所示为圆柱绕流的时均流向速度和时均竖向速度的分布曲线。图示表明：整体而言，三种 PLES 模型预测的速度曲线均与实验数据吻合良好；细微观察，PLES-SL 模型的预测值的误差较大，特别是时均竖向速度；PLES-VREMAN 模型的预测值最为接近实验数据。

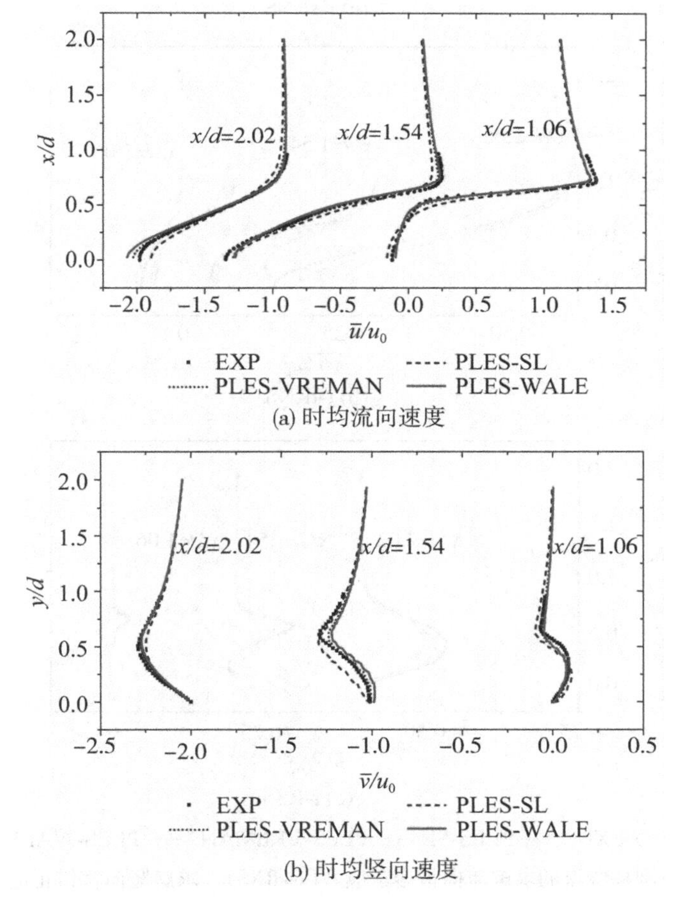

(a) 时均流向速度

(b) 时均竖向速度

图 7－10　圆柱绕流的时均流向速度和时均竖向速度的分布曲线

圆柱绕流的求解流向雷诺正应力(r-sRNS)、求解竖向雷诺正应力(r-tRNS)和求解雷诺切应力(r-RSS)的分布曲线如图 7 - 11 所示。整体而言，受限于网格精度条件，三种模型预测的应力值几乎都小于实验值；对比发现，三种模型中，PLES-SL 模型的 r-tRNS 和 r-RSS 预测值最大，PLES-VREMAN 模型预测值次之，PLES-WALE 模型预测值最小，这是 PLES-SL 模型预测的圆柱尾部涡街摆动较大导致的；分析 r-sRNS 发现：在 $x/d = 1.06$ 和 1.54 位置上，PLES-SL 模型的预测值达到最大，而在 $x/d = 2.02$ 位置上预测值则最小，这是其预测的回流区存在压缩效应导致的。

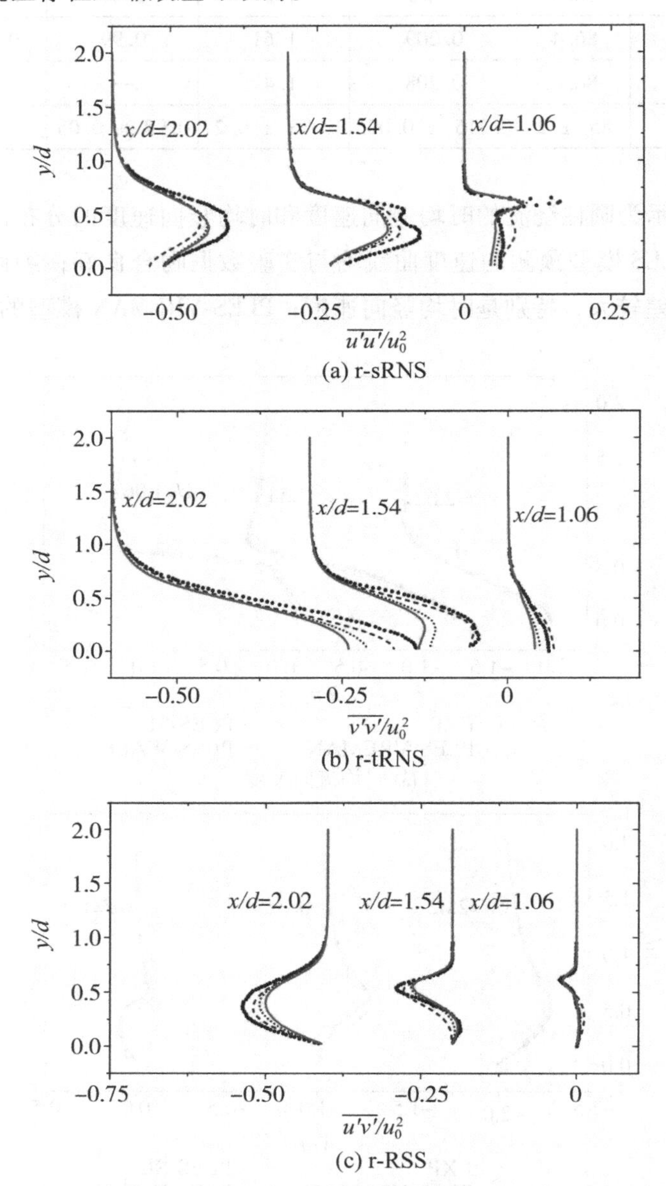

图 7 - 11　圆柱绕流的求解流向雷诺正应力(r-sRNS)、求解竖向雷诺正应力(r-tRNS)和求解雷诺切应力(r-RSS)的分布曲线

总结发现：三种PLES模型对实验结果的预测结果误差存在差异。具体而言，PLES-SL模型预测的尾部回流区较小，但涡街摆动较大，这是其预测的湍流黏性较大导致的。如图7－12所示为圆柱尾部湍流黏性系数比的云图。由图片可观察到，在圆柱附近和剪切层，PLES-SL模型预测的湍流黏性系数大于其他模型的预测值，而圆柱附近的实际湍流黏性系数应该很小。这导致了剪切层失稳的位置在离圆柱更近处出现，从而导致圆柱尾部涡街摆动较大和回流区的压缩。

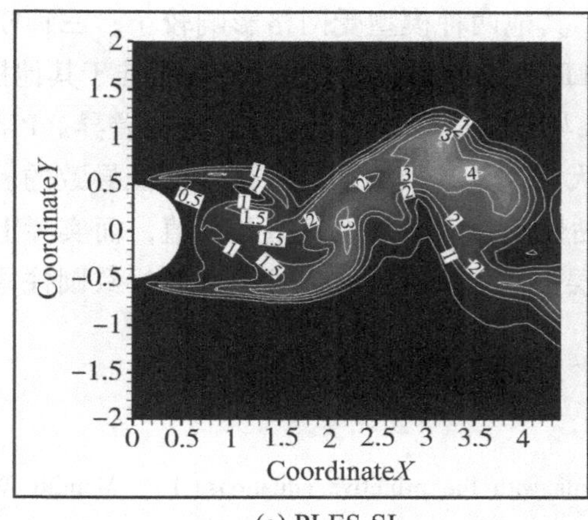

(a) PLES-SL

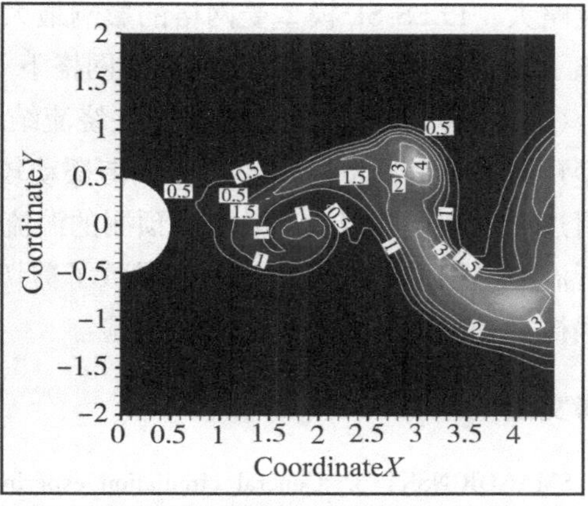

(b) PLES-VREMAN

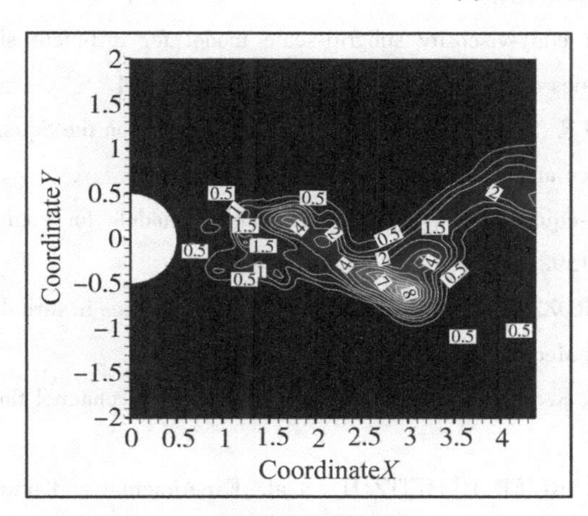

(c) PLES-WALE

图7－12　圆柱尾部湍流黏性系数比云图

7.5　本章小结

本章探索了亚格子SGS模型对PLES模型的影响机理。选取应用比较广泛的三种亚格子模型，即SL(Smagorinsky-Lilly)、VREMAN和WALE模型，为对比模型；建立相对应的三种 PLES 模型，即 PLES-SL 模型、PLES-VERMAN 模型和 PLES-WALE 模型；以平板槽道流动和圆柱绕流为计算案例，探究亚格子模型对 PLES 模型预测湍流的影响机理。主要结论如下：

（1）亚格子模型对 PLES 模型的性能有着重要的影响；由于 SL 亚格子模型预测的湍流黏性系数最大，PLES-SL 模型可得到的 RANS 区域范围最大，故而该模型在近固壁区域可求解的涡结构最少，RMS 速度最小；VREMAN 和 WALE 亚格子模型计算得到的湍流黏性差异较小，PLES-WALE 模型的结果略大，故而其在近固壁区域的 RANS 区域范围和 RMS 速度略大；PLES-SL 模型受网格的影响最大，其他两种模型受网格影响较小；三种模型均消除了速度分布 LLM 问题，但在细网格下 PLES-SL 模型的速度预测值略精准于其他模型。

（2）三种 PLES 模型的预测圆柱绕流结果与实验结果吻合良好，但存在差异。PLES-SL 模型预测的尾部回流区较小，但涡街摆动较大，这是其预测的湍流黏性特征导致的。在圆柱附近和剪切层，PLES-SL 模型预测的湍流黏性系数大于其他模型预测值，而实际上圆柱附近湍流黏性系数应该很小。这导致了剪切层失稳现象的提前出现，从而导致圆柱尾部出现涡街摆动较大和回流区压缩的效应。

参考文献

[1] SMAGORINSKY J. General circulation experiments with the primitive equations[J]. Monthly Weather Review, 1963, 91: 99-164.

[2] VREMAN A W. An eddy-viscosity subgrid-scale model for turbulent shear flow: Algebraic theory and applications[J]. Physics of fluids, 2004, 16(10): 3670-3681.

[3] NICOUD F, DUCROS F. Subgrid-Scale Stress Modelling Based on the Square of the Velocity Gradient Tensor [J]. Flow, Turbulence and Combustion, 1999, 62: 183-200.

[4] MENTER F R. Two-equation eddy-viscosity turbulence models for engineering applications[J]. AIAA Journal, 1994, 32: 1598-1605.

[5] BERNARDINI M, PIROZZOLI S, ORLANDI P. Velocity statistics in turbulent channel flow up to Ret = 4000 [J]. Journal of Fluid Mechanics, 2014, 742: 171-191.

[6] SCHULTZ M, FLACK K. Reynolds-number scaling of turbulent channel flow[J]. Physics of Fluids, 2013, 25(2): 025104.

[7] PARNAUDEAU P, CARLIER J, HEITZ D, et al. Experimental and numerical studies of the flow over a circular cylinder at Reynolds number 3900[J]. Physics of Fluids, 2008, 20: 085101.

[8] LOURENCO L. Characteristics of the plane turbulent near wake of a circular cylinder: A particle image velocimetry study[J]. Engineering, Physics, 1993, 120: 25-32.

8 基于 PLES 的孤立建筑绕流数值模拟研究

2018 年，全球约有 55.3% 的人口生活在城市地区。到 2025 年，由于城市化的快速发展，这一比例预测将提高到 58.3%[1]。行人高度处的气流结构会对城市热岛效应和污染物的扩散产生强烈影响，城市人口的增加也意味着受到行人高度处的气流影响的人数与日俱增。Blocken[2]指出，在行人高度处存在高风速会导致行人产生不适或甚至陷入危险境地。建筑周围的气流亦对污染物扩散、热岛效应和风的舒适度起着决定性的作用。

基于风洞实验和现场测试可以对孤立建筑周围的气流进行研究，但是实验带来的成本可能是非常昂贵的。计算流体动力学(CFD)可作为研究气流组织的另一种选择。湍流模型的选择是影响湍流 CFD 模拟预测精度的最关键因素。雷诺平均 NS 模型（reynolds averaged navier-stokes，RANS)是文献中常用的模型[3-7]。研究表明标准 k-ε 模型无法对风洞实验中屋顶出现的分离流现象进行预测。但是，经修正的 k-ε 模型，例如，LK（Kato 和 Launder）和 MLK(修正后的 Kato 和 Launder) k-ε 模型[3-5]的模拟结果出现了分离流。Tominaga[6]使用了 5 种不同的湍流模型，即标准 k-ε 模型、RNG k-ε 模型、可实现 k-ε 模型、标准 k-ω 模型和剪切应力传输（shear stress transport，SST）k-ω 模型对建筑绕流进行了研究，发现只有 RNG k-ε 能够预测屋顶的分离流现象。上述修正模型改善了对屋顶的分离流湍动能的预测准确性，但在尾迹区的预测效果仍不佳。

An 和 Fung[8]通过对 SST k-ω 模型的阻尼函数进行修正，在尾流区域得到了令人满意的模拟结果。Ehrhard 和 Moussiopoulos[9]研究表明采用非线性涡黏性模型来预测建筑物周围的流动结果优于线性涡黏性模型的结果。Wright 和 Easom[10]的工作表明，非线性 k-ε 模型能更为准确地得到风工程的模拟结果，但在对压力分布的预测方面则存在较大误差。Shao[11]比较了三种非线性 k-ε 模型用于预测大气边界层内孤立高层建筑周围风流动方面的性能。瞬时模拟结果表明，Craft 模型预测的建筑物后方的回流区长度最短，横向速度波动最大。结果表明，瞬时 RANS 模型的性能优于定常 RANS 模型，但仍然高估了尾迹区和顶部的流动分离。Shirzadi 等[12,13]利用随机优化和蒙特卡罗采样技术提高了 RANS 湍流模型的精度。但这种方法需要基于精确的实验结果，不适合在没有实验数据的情况下对复杂建筑物周围的气流进行预测。

大涡模拟(large eddy simulation，LES)模型可以对大涡进行解析，对小涡流进行建模，是一种高精度的瞬态湍流模型。LES 在消耗更多内存和 CPU 时间的前提下，可提供比 RANS 更好的性能。Huang[14] 和 Tominaga[15] 的研究表明，LES 的性能优于 SRANS。Gousseau 等[16] 比较了 Smagorinsky 模型的标准版本及其动态版本两种不同的亚格子(subgrid-scale，SGS)模型对高层建筑周围气流的预测性能，其结果表明 $C_s = 0.1$ 的标准 Smagorinsky 模型提供的结果最为准确。Bazdidi-Tehrani 等[17]研究了网格分辨率对 LES 模型预测孤立立方体建筑周围气流扩散精度的影响。Okaze 等[18]分析了当 LES 模型用于预测孤立建筑周围气流时，影响湍流统计量的因素。

此外，学者还采用混合 RANS/LES 模型和 RANS 模型与 LES 模型相结合的嵌入式 LES (embedded LES，ELES)模型来模拟建筑周围的气流[19-23]。Liu 等[19-21]比较了 LES 模型和延迟分离涡模拟(delayed detached eddy simulation，DDES)模型在高层建筑周围气流预测中的性能，发现网格数量较低时，DDES 模型的预测结果较好。Jadidi 等[22]和 Foroutan 等[23]采用 ELES 模型研究了建筑周围气流和污染物的扩散情况。Jadidi 等[22]指出 ELES 模型所需的 CPU 时间低于 LES 模型。

研究表明，在相对较低的计算能力下，ELES 模型可提供较为准确的建筑物周围气流的预测结果。但是，在 ELES 模型中处理 RANS-LES 和 LES-RANS 的交界面，过程则比较复杂。并且，ELES 模型所预测的建筑物周围的湍动能偏大，原因在于 RANS 模型的使用。因此，研究底层 RANS 模型的影响是必要的。

综上可得，LES 模型对计算能力的要求很高，而 ELES 方法比较复杂并且对湍动能估计过高。因此，本章旨在开发一种基于 PLES 模型的简便、准确、高效地预测孤立建筑周围气流的方法，并且分析底层 RANS 模型对新方法性能的影响。这对揭示其他复杂建筑物或建筑群周围的气流机制有一定的帮助。本章 RANS 的底层模型选用应用广泛的已作改进的 k-ω 模型，包括 BSL（Baseline）k-ω 和 SST k-ω 模型。

8.1 案例介绍

本章采用 Meng 和 Hibi 的实验数据[24]作为对比数据，以考察 PLES 模型在预测大气边界层下建筑绕流上的性能，Meng 和 Hibi 的实验数据在以往的许多研究中被广泛选择作为参照数据。计算域大小在 x、y、z 方向分别为 $21b$、$11b$、$11.25b$(b 为建筑宽度)，建筑模型大小为 $b \times b \times 2b$，如图 8-1 所示为孤立建筑绕流的计算域，建筑模型位于 $x=0$，$y=0$ 处，空气沿着 x 轴流动。其中，雷诺数 Re 为 2.4×10^4；b 为建筑宽度，取值 0.08 m；u_h 为建筑高度 $z=2b$ 速度，取值为 4.49 m/s。图 8-2 所示的 Meng 和 Hibi 实验中测点的流动参数为对比对象。

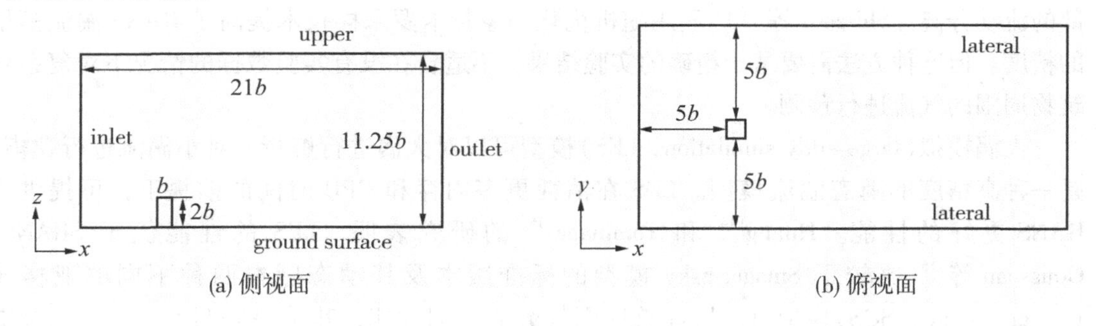

(a) 侧视面　　(b) 俯视面

图 8-1　孤立建筑绕流的计算域

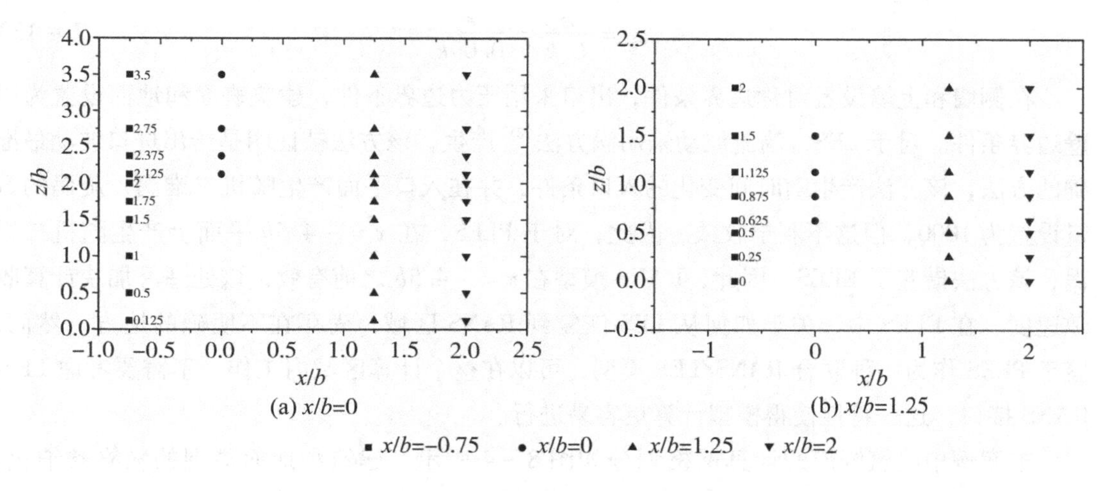

图 8－2　Meng 和 Hibi 实验测量点

8.2　计算条件与网格划分

本案例中入口边界的速度和湍动能与 Meng 和 Hibi 的风洞实验的入口速度和湍动能相同，其分布图如图 8－3 所示。湍流耗散率 ε 和比耗散率 ω 由式(7－12)和式(7－13)计算。

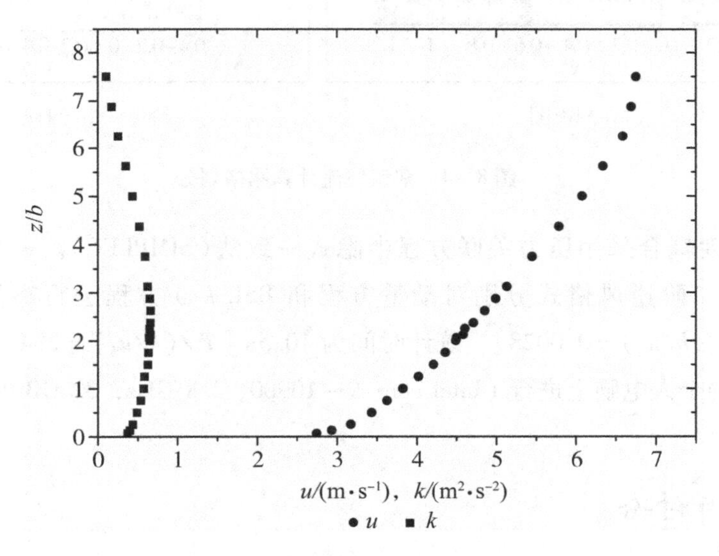

图 8－3　入口边界的速度和湍动能分布图

$$\varepsilon = C_{\mu}^{1/2} k \frac{\mathrm{d}u}{\mathrm{d}z} \tag{7-12}$$

$$\omega = \frac{\varepsilon}{C_\mu k} = \frac{\varepsilon}{0.09k} \tag{7-13}$$

在侧墙和上墙设置对称边界条件，出口采用压力边界条件，建筑表面和地面设置为固壁边界条件。对于LES，湍流波动采用涡方法[25]产生，该方法被证明是给出进口波动最准确的方法，该方法产生随时间变化的入口条件，并在入口平面产生随机二维涡，旋涡的数量设置为1000，但这不利于收敛。因此，对于PLES，在$x=-4.5b$平面上产生随机二维涡，该方法借鉴了ELES。因此，RANS模型在$x=-4.5b$之前有效，该处理可加快计算收敛速度。在ELES中，关于如何从LES恢复到RANS区域，尚存在不明确的地方。然而，鉴于PLES作为一种联合RANS/LES模型，可以在整个计算区域内工作，不需要考虑LES-RANS接口，这一特性使得模拟计算更容易进行。

本案例中建筑绕流的计算网格划分如图8-4所示，建筑和地面周围的网格被细化，保持y^+低于5.0。建筑侧使用27个网格划分，基本网格的数量约为120万，称为BG(基本网格)。网格独立性研究采用约60万的粗网格(粗网格，CG)和约230万的细网格(细网格，FG)。

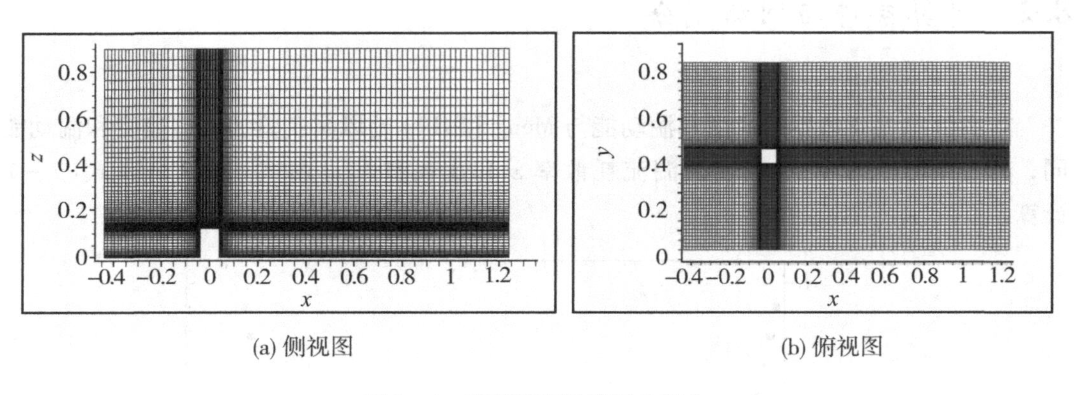

(a) 侧视图　　(b) 俯视图

图8-4　建筑绕流计算网格划分

压力-速度耦合采用压力关联方程半隐式一致法(SIMPLEC)。采用有界中心差分(BCD)格式和二阶逆风格式分别对动量方程和BSL k-ω方程进行离散。时间步长为1.0×10^{-4}s[$(t/(h/u_h)=0.0028$]，统计时间为10.5s [$T_s/(h/u_h)=294$]。所有案例在一台20核CPU的个人电脑上进行(Intel core i9-10900, 2.8 GHz; 32 GB内存)。

8.3 结果与讨论

8.3.1 网格分辨率和统计时间的独立性研究

首先，对获得最终物理量的网格分辨率和统计时间进行独立性分析。为了定量评估比较数据与基准数据或实验数据之间的偏差程度，引入了归一化均方误差(*NMSE*)。*NMSE* 的计算方法如下：

$$NMSE = \frac{\sum_i [(\phi_{ref-i} - \phi_i)^2]}{\frac{1}{N^2}\sum_i \phi_{ref-i} \times \sum_i \phi_i} \tag{8-1}$$

其中，ϕ_{ref-i}与ϕ_i分别为实验数据或基准数据与比较数据，N为数据个数。

图8-5所示为不同网格下流体时间平均流向速度的对比图。以GF为基准数据，GC和GB的*NMSE*值分别为0.0015和0.0013。因此，基本网格分辨率足以获得独立于网格的最终模拟结果。

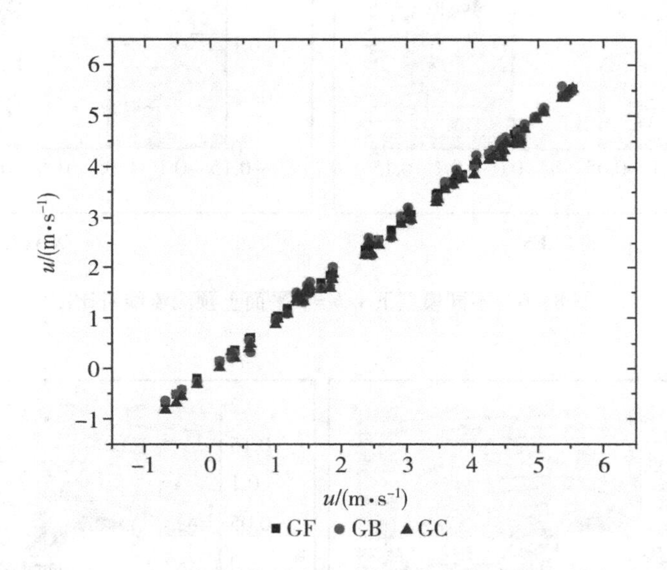

图8-5 不同网格下流体时间平均流向速度对比图

此外，统计时间也是影响最终结果的另一个因素。以10.5s的结果为基准数据，6.5s和8.5s的流向速度的*NMSE*值分别为0.0093和0.0021，所以统计8.5s的时间可得到最终的结果。

8.3.2 PLES和WALE结果

为了验证PLES模型对孤立建筑绕流预测的准确性和有效性，采用WALE模型(LES模型)作为对比模型。

如图8-6和图8-7所示分别为不同模型下$y/b=0$和$z/b=1$平面上所预测的流线的对比图。当空气在孤立的建筑周围流动时，分为四部分流动。第一部分气流在地面分离，形成近地涡，并在迎风面向下流动，在迎风面角落附近形成微小的涡1。第二部分气流在迎风面向上流动，在迎风顶角处分离，形成屋顶涡。这种气流可以重新附着在屋顶上，但在背风的屋顶角落分离，形成尾流涡。这种分离的气流再次附着在地面，然后在背风的建筑角落附近形成微小的涡 2。另外两部分气流对称向两侧流动，在迎风侧转角分离，形成侧涡，如图 8－7 所示。这些气流会重新附着在侧面，就像屋顶上的漩涡一样，但又会在背风角分离，形成尾流涡。总结可知在孤立的建筑周围形成了许多复杂的涡流，PLES 模型和 WALE 模型都可捕捉到这些复杂的气流。

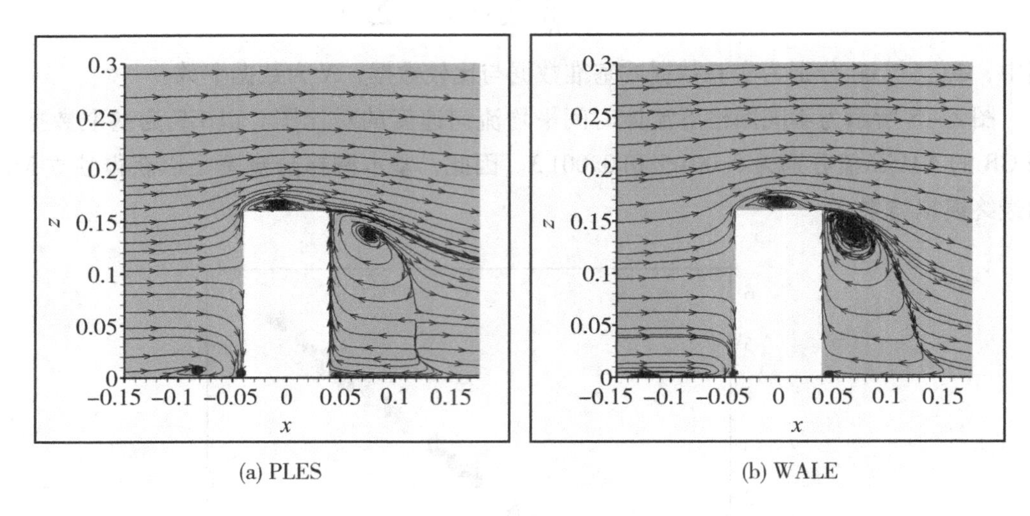

(a) PLES (b) WALE

图 8－6 不同模型下 $y/b=0$ 平面上预测流线对比图

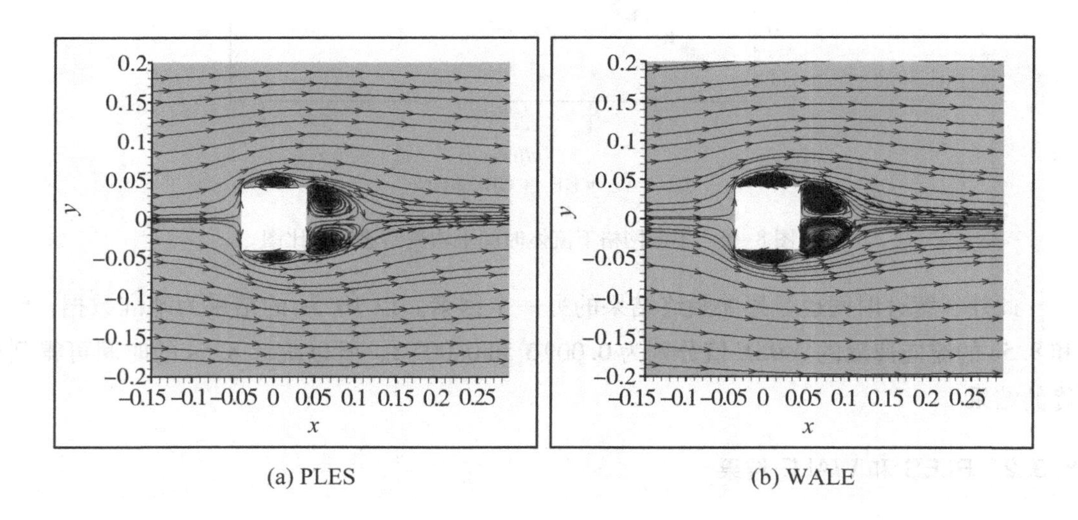

(a) PLES (b) WALE

图 8－7 不同模型下 $z/b=1$ 平面上预测流线对比图

如图 8－8 所示为 $y/b=0$ 和 $z/b=1.25$ 平面上流体理想的时间平均流向速度和实验数据对比。结果表明，模拟结果与实验结果吻合得较理想，只有个别位置与实验结果吻合得较差。在直线($x=2b$，$y=0b$) 近地区上，WALE 预测曲线比 PLES 预测曲线更符合实验结果。而在($x=1.25b$，$z=1.25b$) 和 ($x=2b$，$z=1.25b$)线上，PLES 模型获得了更理想的曲线。

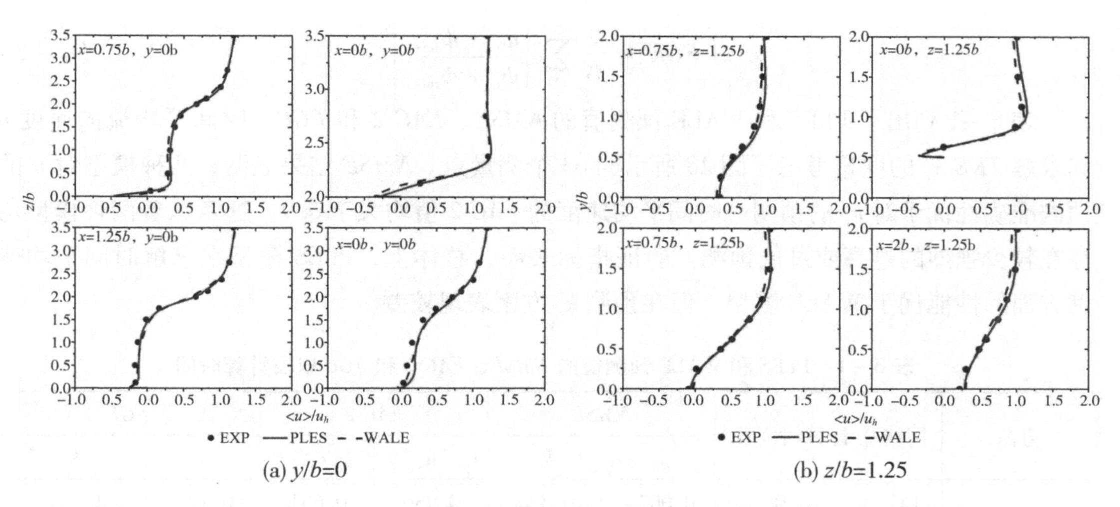

(a) y/b=0　　(b) z/b=1.25

图 8－8　$y/b=0$ 和 $z/b=1.25$ 平面上流体的时间平均流向速度预测值和实验数据对比图

图 8－9 给出了 $y/b=0$ 和 $z/b=1.25$ 平面的湍动能[TKE, $0.5(u_{\mathrm{rms}}^2+v_{\mathrm{rms}}^2+w_{\mathrm{rms}}^2)$]与实验数据的对比。总湍动能($TKE$)是 DDES 模型中模式化 TKE 和求解 TKE 之和。确认模式化 TKE 小于建筑周围总 TKE 的 5%，所以此处忽略模式化 TKE。研究发现，PLES 模型和 WALE 模型并不能给出非常精确的 TKE，这一点在之前的文献中也有所揭示。此外，PLES 模型得到了过高的 TKE。这是由于在 RANS-LES 转换处增加了湍动能，在 ELES 模型时也发现了同样的问题。

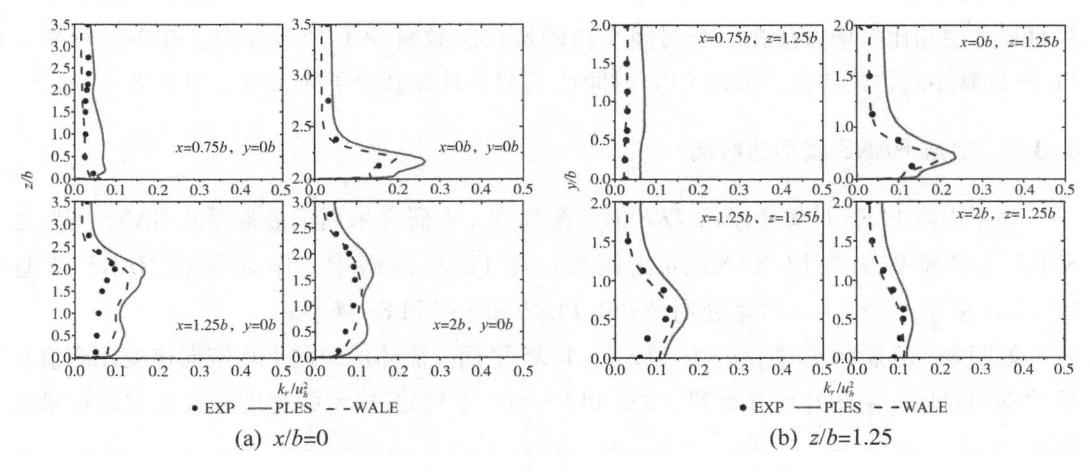

(a) x/b=0　　(b) z/b=1.25

图 8－9　$y/b=0$ 和 $z/b=1.25$ 平面的湍动能预测值与实验数据的对比

为了准确量化预测结果与实验结果的一致性，本研究使用了包括 $NMSE$、$FAC\,2$ 和 FGE 在内的验证指标。区间为[0, 1]的 $FAC\,2$(因子 2)表示预测结果的总体表现不常出现强烈的超预测或低预测。区间为[0, 2]的 FGE(分数粗误差)描述了预测结果的总体平均绝对误差。$NMSE$、$FAC\,2$ 和 FGE 的理想值分别为 0、1 和 0。$FAC\,2$ 和 FGE 的计算公式如下：

$$FAC\,2=\frac{1}{N}\sum_i F_i, F_i=\begin{cases}1, \text{if } 0.5\leqslant \phi_i/\phi_{\mathrm{ref}-i}\leqslant 2\\ 0, \text{otherwise}\end{cases} \tag{8-2}$$

$$FGE = \frac{2}{N}\sum_{i}\left|\frac{\phi_i - \phi_{\text{ref}-i}}{\phi_i + \phi_{\text{ref}-i}}\right| \tag{8-3}$$

表8－1列出了PLES和WALE预测值的*NMSE*、*FAC* 2和*FGE*。时间平均流向速度u和求解*TKE* k_r的度量考虑了图28所示的63个测量点。*NMSE*结果表明，两种模型对u的预测准确性优于对k_r的预测，时间平均速度的*FAC* 2值均大于0.9。这意味着两种模型均存在较少强烈的过高或过低预测。验证指标表明，总体上，PLES模型在求解时间平均速度方面的性能优于WALE模型，但在预测k_r方面表现较差。

表8－1　PLES和WALE预测值的*NMSE*、*FAC* 2和*FGE*以及计算时间

方法	网格	计算时间/h	*NMSE*		*FAC* 2		*FGE*	
			u	k_r	u	k_r	u	k_r
PLES	CG	120	0.0031	0.323	0.936	0.651	0.192	0.528
	BG	233	0.0034	0.319	0.936	0.603	0.208	0.529
	FG	470	0.0047	0.361	0.905	0.603	0.239	0.594
WALE	CG	135	0.0042	0.122	0.936	0.940	0.253	0.196
	BG	359	0.0062	0.121	0.905	0.936	0.222	0.272
	FG	740	0.0049	0.159	0.921	0.936	0.219	0.242

在相同的时间步长和收敛准则下，PLES模型一个时间步内的迭代次数较少。与WALE方法相比，该方法在一个时间步内的迭代次数减少了55%左右。在本研究中，在PLES计算中获得最终值所需的CPU时间比WALE计算减少了约35%，如表8－1所示。

8.3.3　底层RANS模型的影响

为了提高PLES计算中求解*TKE*的预测精度，本研究采用了最常用的RANS模型之一SST k-ω模型作为底层RANS对比模型。在PLES模型中，作为底层RANS模型的BSL k-ω模型和SST k-ω模型分别是BSL PLES和SST PLES模型。

如图8－10所示为在$y/b=0$和$z/b=1.25$平面上流体的时间平均流向速度预测值与实验数据的对比。由图片可观察到，BSL PLES和SST PLES模型的速度分布与实验结果吻合较好。

如图8－11所示为$y/b=0$和$z/b=1.25$平面上湍动能预测值与实验数据的对比图。结果表明，SST PLES模型能获得较满意的求解*TKE*预测结果。SST PLES模型预测的建筑物前($x/b=-0.75$，$y/b=0$)和屋顶上($x/b=0$，$y/b=0$)的求解*TKE*与实验结果吻合得较理想。而在近建筑物的区域内($x/b=1.25$，$y/b=0$和$x/b=1.25$，$z/b=1.25$)，SST PLES模型仍然高估了求解*TKE*。此外，在($x/b=1.25$，$y/b=0$)和($x/b=2$ $z/b=0$)位置，BSL PLES模型得到两个峰值。而SST PLES模型只给出了一个峰，与实验结果吻合较好。

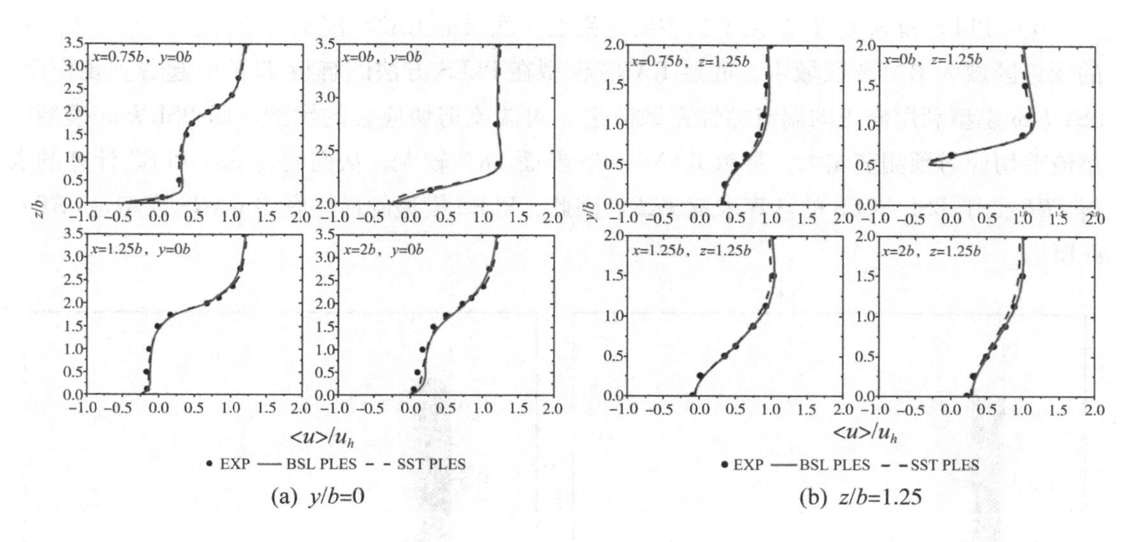

(a) $y/b=0$ (b) $z/b=1.25$

图8－10 $y/b=0$ 和 $z/b=1.25$ 平面上流体的时间平均流向速度预测值与实验数据的对比图

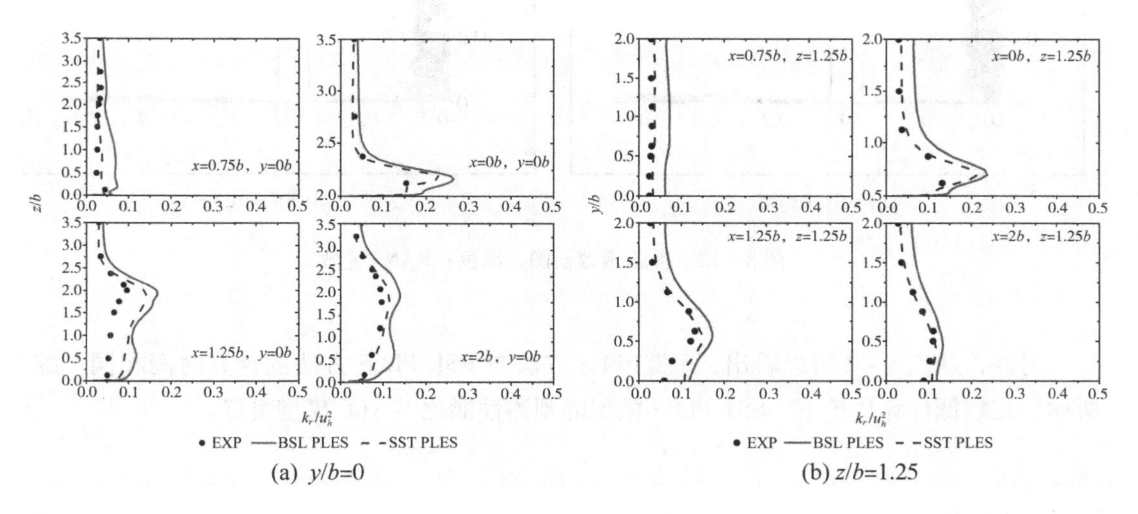

(a) $y/b=0$ (b) $z/b=1.25$

图8－11 $y/b=0$ 和 $z/b=1.25$ 平面上湍动能预测值与实验数据的对比图

表8－2列出了BSL PLES、WALE和SST PLES预测值的*NMSE*、*FAC*2和*FGE*。数据表明，在对u的预测方面，SST PLES模型的性能与WALE模型和BSL PLES模型相当。然而，在预测求解*TKE*方面，与其他两种模型相比，SST PLES模型展现了更佳的性能。

表8－2 BSL PLES、WALE和SST PLES预测值的*NMSE*、*FAC*2和*FGE*和计算时间

方法	网格	计算时间/h	*NMSE*		*FAC*2		*FGE*	
			u	k_r	u	k_r	u	k_r
BSL PLES	BG	233	0.0034	0.319	0.936	0.603	0.208	0.529
WALE	BG	359	0.0062	0.119	0.905	0.936	0.222	0.272
SST PLES	BG	233	0.0036	0.091	0.952	0.968	0.220	0.221

BSL PLES 和 SST PLES 模型的主要区别在于底层的 RANS 模型有差异。图 8－12 所示的深色区域为 RANS 区域中，底层 RANS 模型在 PLES 方法的解析 *TKE* 中起着重要作用。SST k-ω 模型利用修正的湍流黏性系数改进了对湍流剪切应力的预测。而 BSL k-ω 模型的湍流剪切应力预测值偏大，导致 RANS-LES 界面 *TKE* 较大，从而使得 SST PLES 计算的求解 *TKE* 低于 BSL PLES 的计算求解 *TKE*。因此，PLES 模型的最优底层 RANS 模型是 SST k-ω 模型。

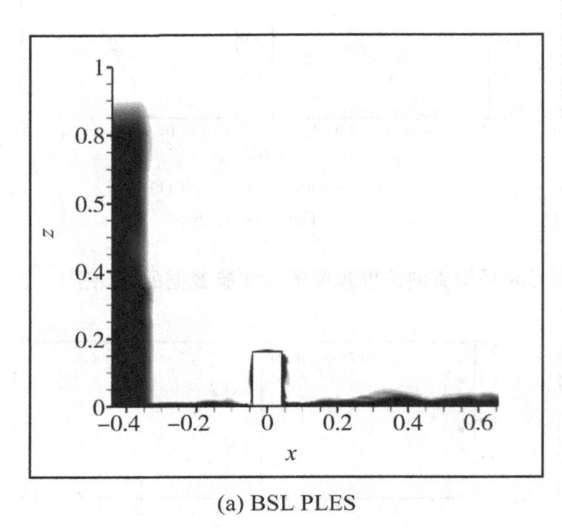

(a) BSL PLES

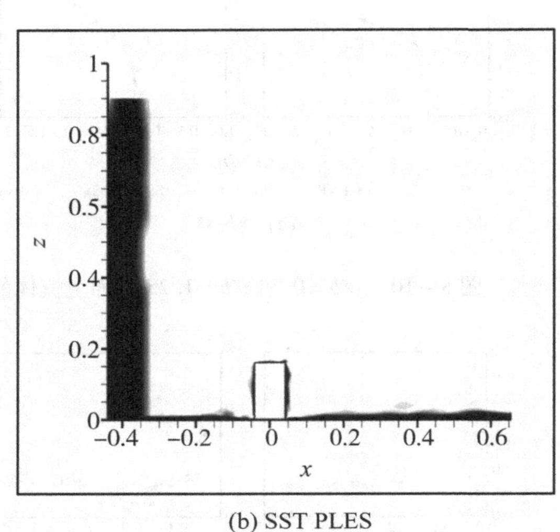

(b) SST PLES

图 8－12　屏蔽函数云图，深色：RANS 区域

另外，从表 8－2 可以看出，SST PLES 方法与 BSL PLES 方法的计算时间相同。综上所述，在较低计算代价下，SST PLES 模型的预测性能比 WALE 模型更好。

8.4　本章小结

本章提出了一种基于 PLES 模型的高效预测建筑物周围气流的模拟方法。在距离进口距离为 b(建筑宽度)的界面 $x=-4.5b$ 处，采用涡方法将模式化湍动能转换为流动脉动，有助于优化流动模拟的收敛性。PLES 模型是一种联合的 RANS/LES 模型，适用于整个计算区域，故无需考虑 LES-RANS 界面，简化了计算过程。为了验证 PLES 模型预测建筑物周围气流的准确性和高效性，采用 WALE 模型(LES 模型)在相同网格上对同一案例进行计算。同时，研究了底层 RANS 模型对 PLES 模型性能的影响。底层的 RANS 模型选取 BSL k-ω 和 SST k-ω 模型。得出以下几点结论：

(1)仿真结果表明，BSL PLES 模型的时间平均气流参数预测值与实验数据吻合良好，湍动能(*TKE*)预测值则偏大。

（2）SST PLES 模型对流向流速的预测性能与 WALE 模型和 BSL PLES 模型相当。同时，SST PLES 模型给出了更好的湍动能结果。因此，建议 PLES 方法的底层 RANS 模型采用 SST k-ω 模型。

（3）该方法所需计算时间约为 LES 计算时间的65%。

参考文献

[1] NATIONS U, 2018 Revision of world urbanization prospects[M]. USA: United Nations, 2018.

[2] BLOCKEN B, STATHOPOULOS T, VAN BEECK J. Pedestrian-level wind conditions around buildings: Review of wind-tunnel and CFD techniques and their accuracy for wind comfort assessment[J]. Building and Environment, 2016, 100: 50 – 81.

[3] MOCHIDA A, TOMINAGA Y, MURAKAMI S, et al. Comparison of various k-ε models and DSM applied to flow around a high-rise building-Report on AIJ cooperative project for CFD prediction of wind environment[J]. Wind and Structures, An International Journal, 2002, 5(2 – 4): 227 – 244.

[4] YOSHIE R, MOCHIDA A, TOMINAGA Y, et al. Cooperative project for CFD prediction of pedestrian wind environment in the Architectural Institute of Japan [J]. Journal of wind engineering and industrial aerodynamics, 2007, 95(9 – 11): 1551 – 1578.

[5] TOMINAGA Y, MOCHIDA A, MURAKAMI S, et al. Comparison of various revised k-ε models and LES applied to flow around a high-rise building model with 1 : 1 : 2 shape placed within the surface boundary layer[J]. Journal of wind engineering and industrial aerodynamics, 2008, 96(4): 389 – 411.

[6] TOMINAGA Y. Flow around a high-rise building using steady and unsteady RANS CFD: Effect of large-scale fluctuations on the velocity statistics[J]. Journal of Wind Engineering and Industrial Aerodynamics, 2015, 142: 93 – 103.

[7] MOHAMED M, WOOD D. Modifications to Reynolds-averaged Navier-Stokes turbulence models for the wind flow over buildings[J]. International Journal of Sustainable Energy, 2017, 36(3): 225 – 241.

[8] AN K, FUNG J C H. An improved SST k-ω model for pollutant dispersion simulations within an isothermal boundary layer[J]. Journal of Wind Engineering and Industrial Aerodynamics, 2018, 179: 369 – 384.

[9] EHRHARD J, MOUSSIOPOULOS N. On a new nonlinear turbulence model for simulating flows around building-shaped structures[J]. Journal of Wind Engineering and Industrial Aerodynamics, 2000, 88(1): 91 – 99.

[10] WRIGHT N, EASOM G. Non-linear k-ε turbulence model results for flow over a building at full-scale [J]. Applied Mathematical Modelling, 2003, 27(12): 1013 – 1033.

[11] SHAO J, LIU J, ZHAO J. Evaluation of various non-linear k-ε models for predicting wind flow around an isolated high-rise building within the surface boundary layer[J]. Building and Environment, 2012, 57: 145 – 155.

[12] SHIRZADI M, MIRZAEI P, NAGHASHZADEGAN M. Improvement of k-epsilon turbulence model for CFD simulation of atmospheric boundary layer around a high-rise building using stochastic optimization and Monte Carlo sampling technique[J]. Journal of Wind Engineering and Industrial Aerodynamics, 2017, 171: 366 – 379.

[13] SHIRZADI M, MIRZAEI P A, TOMINAGA Y. RANS model calibration using stochastic optimization for accuracy improvement of urban airflow CFD modeling [J]. Journal of Building Engineering, 2020, 32: 101756.

[14] HUANG S, LI Q, XU S. Numerical evaluation of wind effects on a tall steel building by CFD[J]. Journal of constructional steel research, 2007, 63(5): 612-627.

[15] TOMINAGA Y, STATHOPOULOS T. Numerical simulation of dispersion around an isolated cubic building: model evaluation of RANS and LES[J]. Building and Environment, 2010, 45(10): 2231-2239.

[16] GOUSSEAU P, BLOCKEN B, VAN HEIJST G J F. Quality assessment of Large-Eddy Simulation of wind flow around a high-rise building: Validation and solution verification[J]. Computers & Fluids, 2013, 79: 120-133.

[17] BAZDIDI-TEHRANI F, GHAFOURI A, JADIDI M. Grid resolution assessment in large eddy simulation of dispersion around an isolated cubic building[J]. Journal of Wind Engineering and Industrial Aerodynamics, 2013, 121: 1-15.

[18] OKAZE T, KIKUMOTO H, ONO H, et al. Large-eddy simulation of flow around an isolated building: A step-by-step analysis of influencing factors on turbulent statistics [J]. Building and Environment, 2021, 202: 108021.

[19] LIU J, NIU J. CFD simulation of the wind environment around an isolated high-rise building: An evaluation of SRANS, LES and DES models[J]. Building and Environment, 2016, 96: 91-106.

[20] LIU J, NIU J, MAK C M, et al. Detached eddy simulation of pedestrian-level wind and gust around an elevated building[J]. Building and Environment, 2017, 125: 168-179.

[21] LIU J, NIU J. Delayed detached eddy simulation of pedestrian-level wind around a building array-The potential to save computing resources[J]. Building and Environment, 2019, 152: 28-38.

[22] JADIDI M, BAZDIDI-TEHRANI F, KIAMANSOURI M. Embedded large eddy simulation approach for pollutant dispersion around a model building in atmospheric boundary layer [J]. Environmental Fluid Mechanics, 2016, 16: 575-601.

[23] FOROUTAN H, TANG W, HEIST D K, et al. Numerical analysis of pollutant dispersion around elongated buildings: an embedded large eddy simulation approach[J]. Atmospheric Environment, 2018, 187: 117-130.

[24] MENG Y, HIBI K. Turbulent measurments of the flow field around a high-rise building [J]. Wind Engineers, JAWE, 1998, 1998(76): 55-64.

[25] MATHEY F, COKLJAT D, BERTOGLIO J P, et al. Assessment of the vortex method for large eddy simulation inlet conditions[J]. Progress in Computational Fluid Dynamics, An International Journal, 2006, 6(1-3): 58-67.

9 孤立建筑周围污染物扩散数值模拟研究

9.1 引言

全球城市化的加速给城市带来了来源不同(如工业、空调系统、交通等)的许多污染物，这些污染物严重影响室内和室外环境。如建筑物附近的空气污染便是一个重要的环境问题[1,2]。其中污染物的扩散受建筑物周围气流和温度的影响，而周围的气流受建筑物的形状和位置的影响。研究孤立建筑物周围污染物的扩散机制对于理解当前城市复杂的污染物扩散机制而言是必要的。

孤立建筑物周围气流和污染物扩散的数值模拟研究方法涉及 RANS、大涡模拟(LES)、嵌入式 LES 模拟(ELES)和尺度自适应模拟的湍流模型[3-11]。总结文献中的模拟结果发现 LES 模型的预测性能优于 RANS 模型，而 ELES 模型比 LES 模型更能有效地得到准确的结果。

此外，Gousseau 等[12]利用 LES 方法分析了湍流组分传输机制，从而深入了解了污染物的扩散机理。Tominaga 和 Stathopoulos[13]进行了 RANS 和非定常 RANS 模拟，了解了大尺度流动对污染物扩散的影响，并得出非定常 URANS 可以提高平均浓度预测的准确性的结论。Zhang 等[14]研究发现，高层建筑对风的影响显著区分了靠近墙体的污染物迎风排放和背风排放的扩散规律。Yu 等[15]采用风洞测量和数值模拟的方法研究了来风角度对中国香港典型高层建筑周围污染物扩散的影响，发现 90°的来风角度是建筑周围污染物扩散路径的过渡角。Keshavarzian 等[16]对高层建筑附近不同位置大气污染物的扩散进行了数值研究。Tominaga 和 Stathopoulos[17]的数值模拟结果揭示了浮力对近场污染物扩散机制的影响。Bazdidi-Tehrani 等[18]和 Zhou 等[19]探讨了热分层对孤立高层建筑周围污染物扩散的影响。

以上研究主要考察了大尺度流动、来风角度、污染物位置和热分层对孤立建筑周围污染物扩散的影响。此外，还有一些文献报道了建筑物形状对污染物扩散的影响。Jiang 和 Yoshie[20]通过 LES 揭示了侧面宽度比和污染物位置对湍流边界层中孤立高层建筑周围流动和污染物扩散所产生影响的规律。随着侧面宽度比的减小，建筑后方再循环的流动区域增大，旋涡增强。这些复杂的湍流流场对建筑物周围不同位置释放的污染物的扩散模式有着显著的影响。Keshavarzian 等[21]采用 LES 模拟方法了解了建筑截面对孤立建筑周围污染物扩散的影响。四种建筑截面分别为方形、倒角、弧形和圆形，发现圆形和弧形建筑的临界排放水平低于倒角和方形建筑。Jiang[20] 和 Keshavarzian 的[21] 研究中的模拟结果证实，建筑物的形状对孤立建筑物周围的气流和污染物扩散有显著影响。本章采用文献[22] 提出的一种有效的数值方法，探究了高度和宽度对孤立建筑周围气流和污染物扩散的影响机理。

由于污染物作为被动标量在空气中扩散，因此数值模拟污染物扩散的关键挑战是湍流模型，这涉及雷诺或亚格子应力和湍流标量通量的闭合。已有数项研究报道[5,6,23-26]，LES 模型在预测建筑物周围气流方面优于 RANS 模型。而考虑入流波动的 LES 模型在每个时间步长后需经过多次迭代后才收敛[8-10]。因此，更少迭代次数而不降低预测精度的 ELES 模型是一个更好的选择。ELES 模型的缺点是 LES 与 RANS 过渡处理的复杂性，这增加了求解过程的复杂性。为了有效而快速地模拟建筑物周围的气流和污染物扩散，本章采用第 8 章所提出的研究方法。

9.2 案例介绍

如图 9 - 1 所示为对照案例的计算区域，这与东京理工大学[27] 进行的实验一致。高度 $h=2b$，边长 $b=0.08$ m，宽度 $w=b$。缩尺建筑模型位于 $x=-b$，$y=0$，$z=0$。污染物从地面直径为 0.005m 的圆孔排放。该洞位于距离背风墙 0.5b 处。对照案例的雷诺数为 $Re=u_h h/v=1.5\times104$，其中 $h=0.16$ m 和 $u_h=1.4$ m/s（高度 h 处来风速度 1.4 m/s）。来风入口位于 $x=-6b=-0.48$ m 处。在这项研究中，建筑模型的宽度和高度变化，而侧面宽度保持不变。表 9 - 1 总结了该案例相关的详细的几何尺寸，案例 A、B 和 C 研究高度变化的影响，案例 A、D 和 E 研究宽度变化的影响。计算域的大小根据 AIJ 指南[28] 设置。

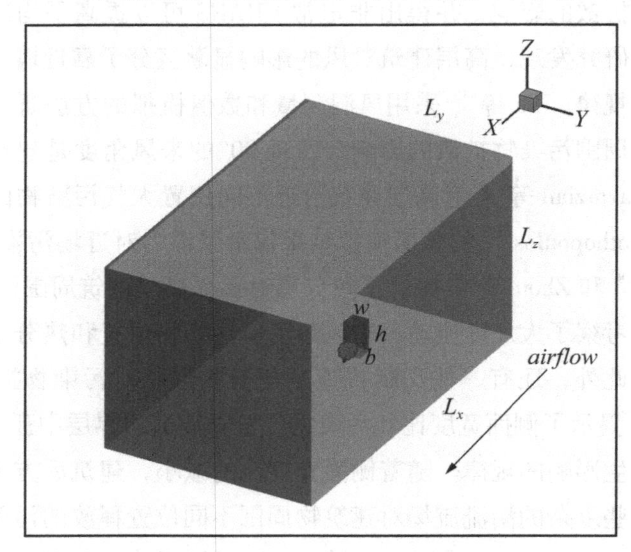

图 9 - 1　对照案例计算区域

表 9-1　该案例相关详细几何尺寸

案例	建筑尺寸 $h \times b \times w$/m	计算区域 $L_x \times L_y \times L_z$
A(对照案例)	$0.16 \times 0.08 \times 0.08(2b \times b \times b)$	$16b \times 11b \times 12b$
B	$0.08 \times 0.08 \times 0.08(b \times b \times b)$	$16b \times 11b \times 6b$
C	$0.24 \times 0.08 \times 0.08(3b \times b \times b)$	$16b \times 11b \times 18b$
D	$0.16 \times 0.08 \times 0.16(2b \times b \times 2b)$	$16b \times 17b \times 12b$
E	$0.16 \times 0.08 \times 0.24(2b \times b \times 3b)$	$16b \times 27b \times 12b$

9.3　模拟方法

9.3.1　控制方程

空气可假设为不可压缩和牛顿流体，其连续性、动量和浓度控制方程分别如下：

$$\frac{\partial \rho}{\partial t} + \frac{\partial}{\partial x_i}(\rho\, \bar{u}_i) = 0 \tag{9-1}$$

$$\frac{\partial}{\partial t}(\rho\, \bar{u}_i) + \frac{\partial}{\partial x_j}(\rho\, \bar{u}_i\, \bar{u}_j) = -\frac{\partial \bar{p}}{\partial x_i} + \frac{\partial}{\partial x_j}\left[(\mu + \mu_t)\left(\frac{\partial \bar{u}_i}{\partial x_j} + \frac{\partial \bar{u}_j}{\partial x_i}\right)\right] \tag{9-2}$$

$$\frac{\partial}{\partial t}(\rho \bar{c}) + \frac{\partial}{\partial x_i}(\rho \bar{u}_i \bar{c}) = D\frac{\partial^2 \bar{c}}{\partial x_i^2} - \frac{\partial J_i}{\partial x_i} \tag{9-3}$$

式中，u_i 和 u_j 为速度分量，p 和 ρ 是空气的压力和密度，c 是污染物浓度，μ 是黏性系数。D 是分子扩散系数，湍流浓度通量 J_i 定义为：

$$J_i = -\frac{\mu_t}{Sc_t}\frac{\partial \bar{c}}{x_i} \tag{9-4}$$

式中，湍流 Sc_t 取值为 0.7 [20,21]。

数值模拟采用了文献[22]提出的方法，该方法主要基于 PLES 模型[29]展开。底层的 RANS 模型是 SST k-ω 模型[30]。详细的数学模型可以在文献[22，29]中找到。

9.3.2　边界条件和网格

来风入口处流体的流动速度(u)和湍动能(k)分布如图 9-2 所示，由风洞实验结果[27]得出。湍流耗散率(ε)和比耗散率(ω)的计算公式如下：

$$\varepsilon = C_\mu^{1/2} k \frac{\mathrm{d}u}{\mathrm{d}z} \tag{9-5}$$

$$\omega = \frac{\varepsilon}{C_\mu k} = \frac{\varepsilon}{0.09k} \tag{9-6}$$

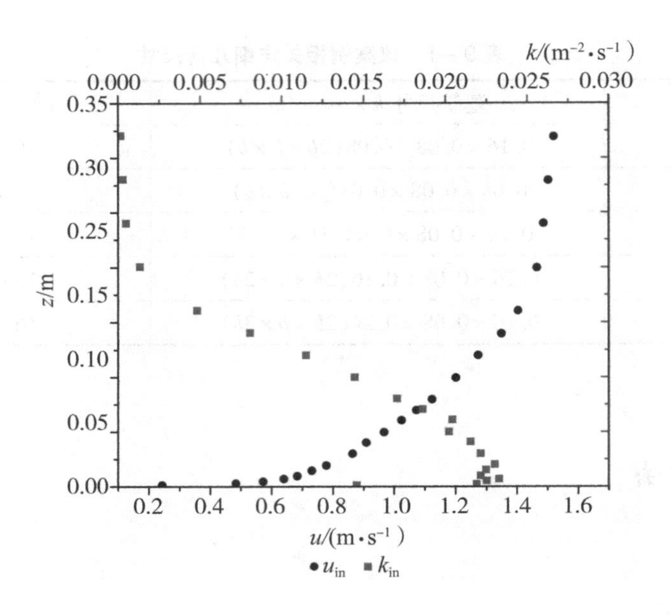

图 9-2 来风入口处流体的流动速度和湍动能分布图

在出口处采用出口压力边界条件，在建筑物和地表面设置无滑移固壁边界条件，侧面和上表面为对称边界。在 $x=-5b$ 平面上使用涡方法[31]生成随机二维涡。5%乙烯含量的空气为污染物并以 $q=9.17\times10^{-6}\,\mathrm{m^3/s}$ 的流量从孔中被释放。

图 9-3 描述了对照案例中使用的网格条件。近固壁边界区域采用多面体网格，核心区域采用六面体网格。靠近固壁边界的网格细化，以保证壁面 y^+ 小于 8.0。建筑侧面使用 25 个网格进行离散化，建筑附近的区域网格尺寸为 5 mm；外区域均匀离散，网格尺寸为 19.2 mm。来风入口采用网格尺寸为 0.5 mm 的多面体网格进行均匀离散。基准网格中的单

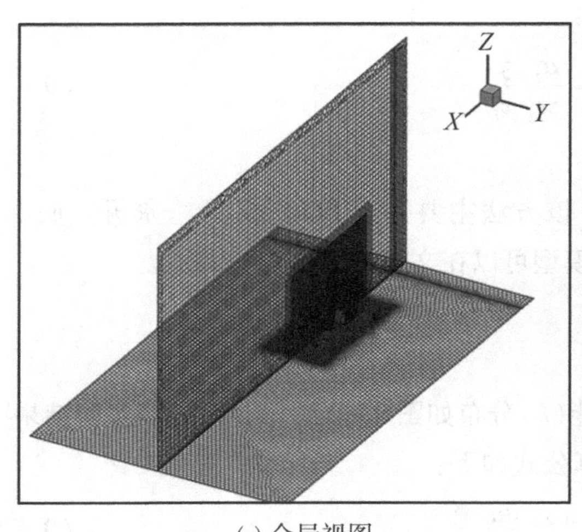

(a) 全局视图

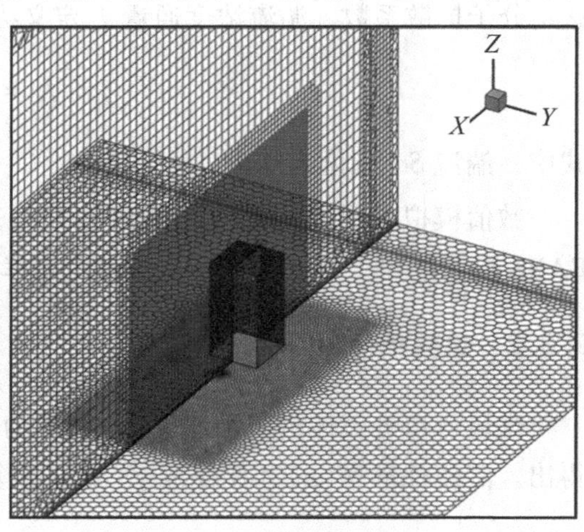

(b) 放大视图

图 9-3 对照案例的网格条件

元格数量约为 90 万个。为了网格无关性研究，使用了约 170 万个的精细网格。以精细网格得到的模拟数据为参考数据，选取 $x/(2b)=0.375$、0.625、1.0、1.5 线上预测的平均（时间平均）流速，得到基准网格的 *NMSE* 值为 0.0012，证实了基准网格分辨率给出的结果与网格无关。案例 B、C、D、E 的网格数分别为 60 万、160 万、160 万、220 万个。数值方法与文献[22]中使用的方法相同。时间步长设定为 0.0004 s，统计时间为 28 s。

9.4 结果与讨论

9.4.1 模型方法准确性验证

为了验证数值模拟方法的正确性，将对照案例下的预测结果与实验数据进行了比较。图 9-4 和图 9-5 分别为在平面 $y/h=0$ 上流体的平均流速 u/u_h 和平均浓度 c/C_0 预测值与实验数据的对比曲线图，式中 $C_0=0.05q/[u_h(2b)^2]$。使用的模拟方法得到的平均流速与实验数据吻合较好。然而，对于平均浓度，模拟结果与实验结果之间存在较大的差异。这种误差与先前的 LES 方法[18,19]得到的误差情况一致。Zhou 等[19]认为误差来自风洞实验接近地面的浓度测量误差。这里认为浓度通量的简单建模方法忽略了应力的各向异性，这可能导致了结果的偏差。尽管如此，这种简单的方法仍被广泛应用于预测污染物的扩散[20,21]。

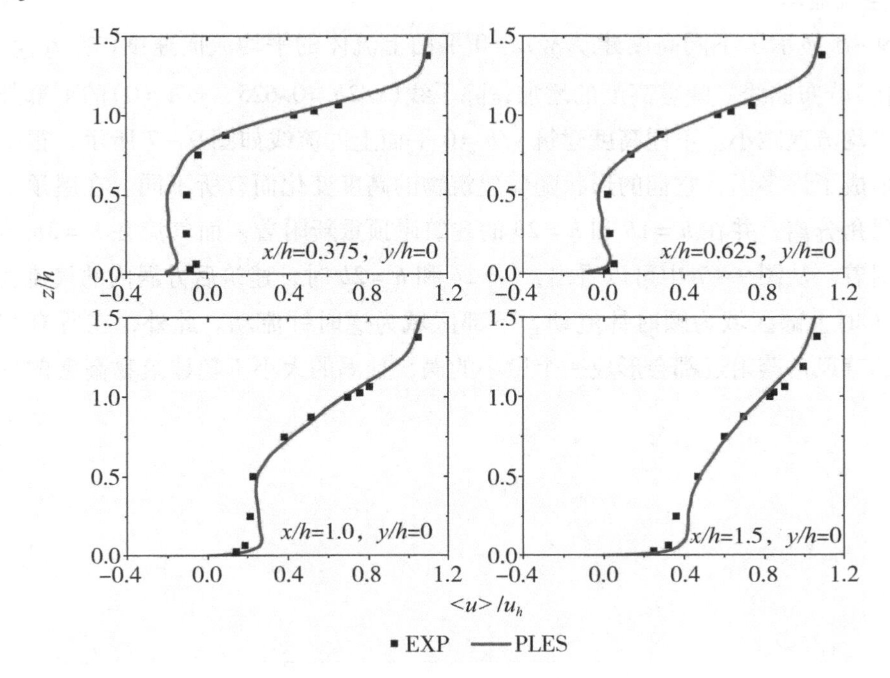

图 9-4 平面 $y/h=0$ 上流体的流向平均速度预测值与实验值对比曲线图

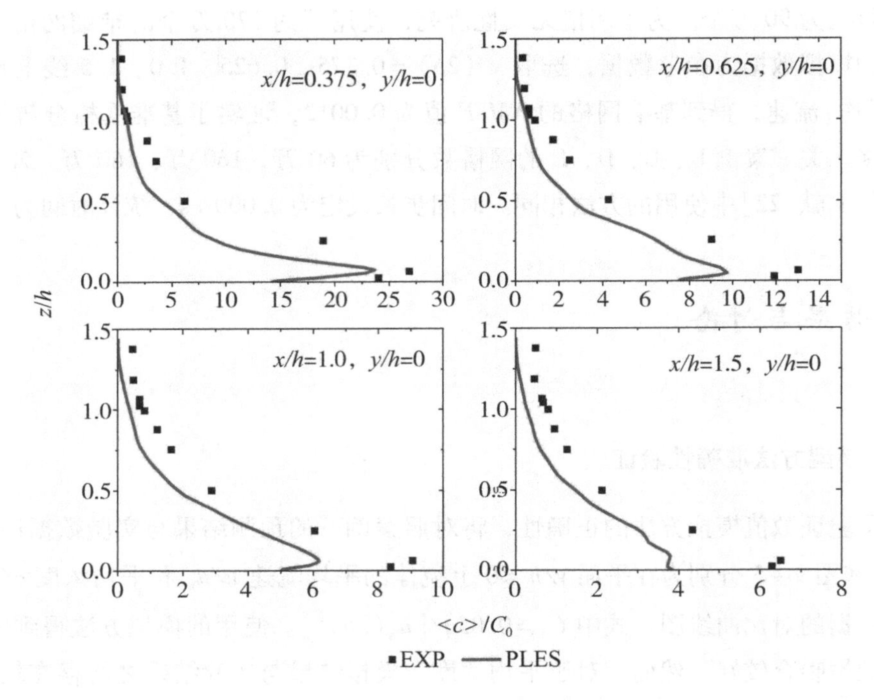

图 9-5 平面 $y/h=0$ 上污染物平均浓度预测值与实验值对比曲线图

9.4.2 高度的影响

1. 空气流动

图 9-6 显示了不同高度建筑 $y/h=0$ 平面上流体的平均流向速度（被 $u_{h=2b}=1.4$ m/s 无量纲化）分布曲线。随着高度的增加，除了线（$x/2b=0.625$，$y/h=0$）的下部外，建筑物后面的平均流速减小。不同高度建筑 $y/h=0$ 平面上的流线如图 9-7 所示，很明显，建筑物周围形成了许多涡，它们的形状随着建筑物的高度变化而有所不同。在屋顶上，气流在屋顶迎风角分离，并在 $h=1b$ 和 $h=2b$ 的建筑屋顶重新附着，而气流在 $h=3b$ 建筑屋顶上则未再附着。从图 9-7 中可以看出，$h=1b$ 和 $h=2b$ 时，建筑后方涡内的气流为顺时针流动，$h=b$ 时上部区域为顺时针流动，下部区域为逆时针流动。此外，在所有案例下，在建筑物的背风角落附近都会形成一个微小的涡，且涡的大小不随建筑物高度的变化而有显著差异。

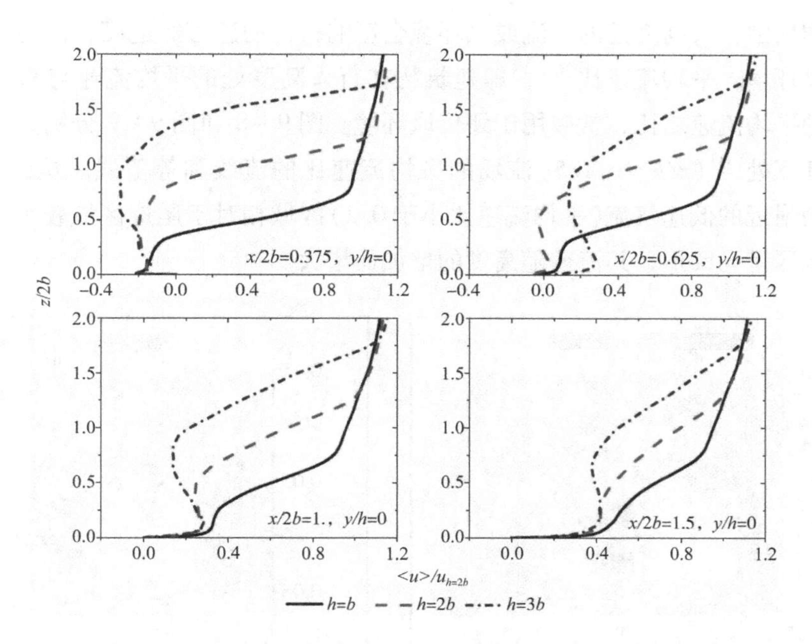

图 9-6　不同高度建筑 $y/h=0$ 平面上气流的平均流向速度（被 $u_h=2b=1.4$ m/s 无量纲化）分布图

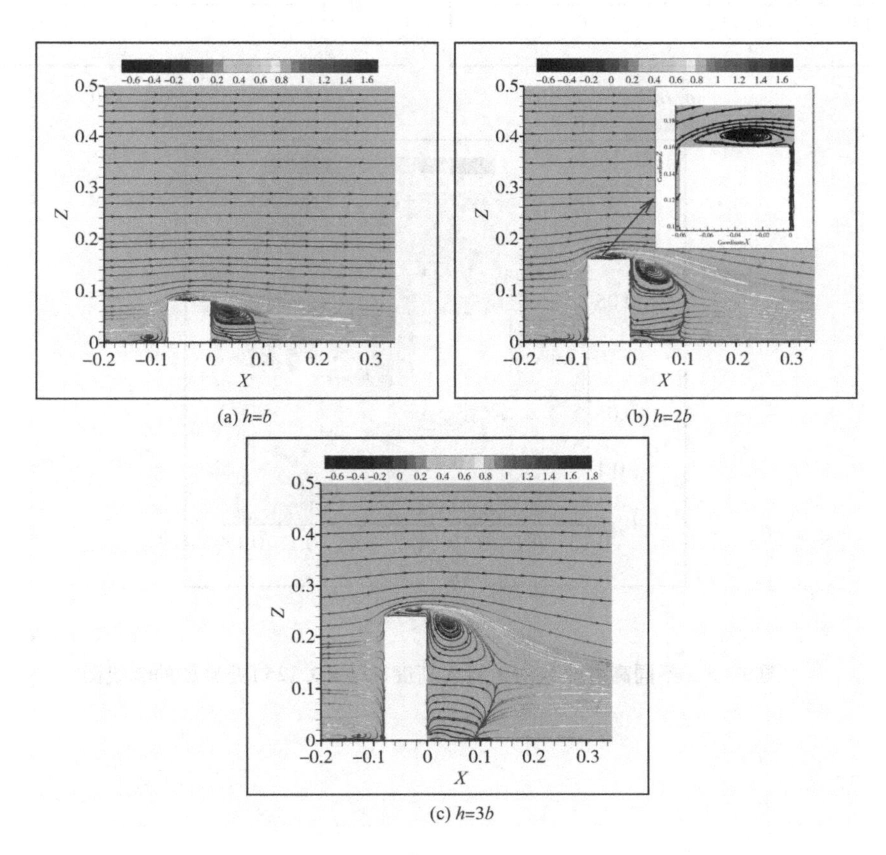

图 9-7　不同高度建筑 $y/h=0$ 平面上的流线图

建筑物周围行人高度处的气流或风环境会影响行人的感官舒适度，因为高气流会营造不舒适的风环境。平均流速比[32]，即建筑物在行人高度处的平均流速与来风入口处相同高度位置的平均流速之比，常被用于评价风环境。图9－8和图9－9分别为不同高度建筑附近行人高度处[33]（$z/b=0.125$）流场的平均流速比的流线和等值线。从图9－9可以看出，建筑物附近的低速气流（平均流速比小于0.2）区域相对于尾迹区域较小。尾迹区域中的低速气流区呈马蹄形，其流速随高度的增加而增大。

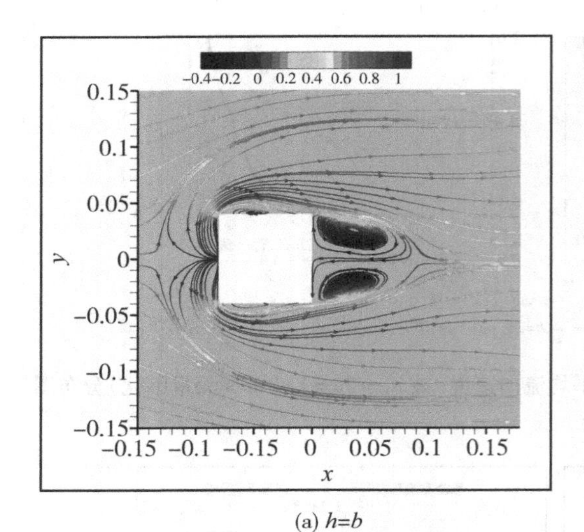

(a) $h=b$

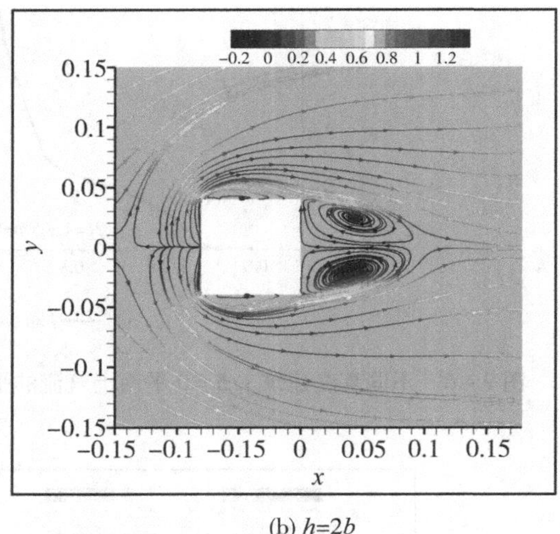

(b) $h=2b$

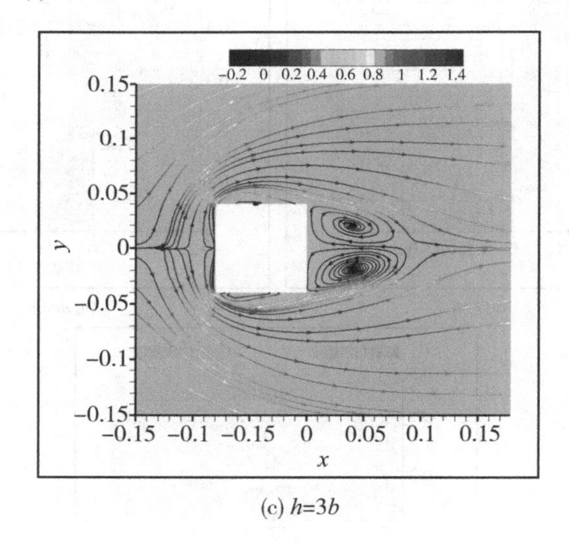

(c) $h=3b$

图9－8　不同高度建筑附近行人高度（$z/b=0.125$）处流场的流线图

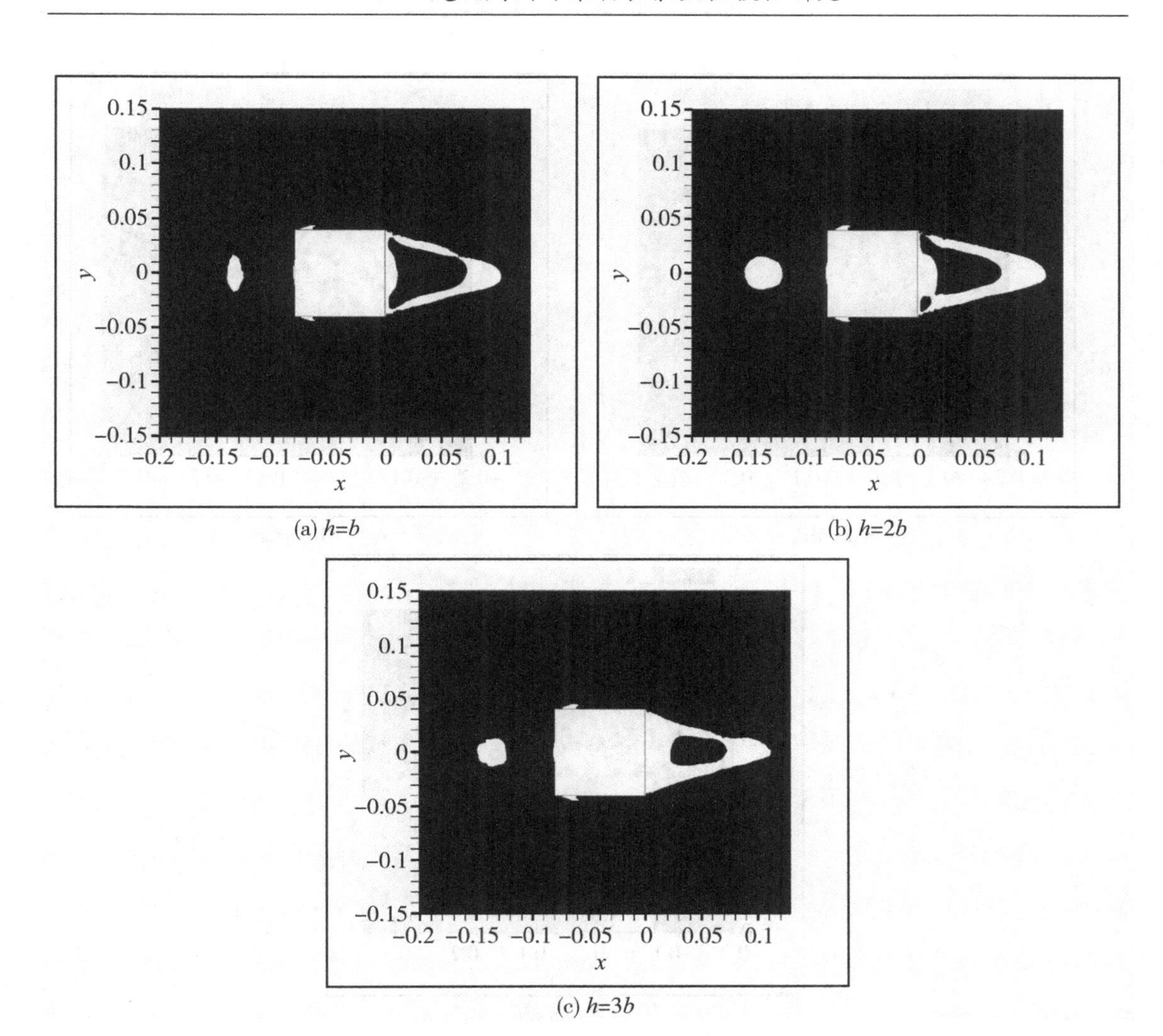

(a) $h=b$

(b) $h=2b$

(c) $h=3b$

图 9－9　不同高度建筑附近行人高度处($z/b=0.125$)流场平均流速比的等值线：白色表示小于 0.2；黑色表示大于 0.2

图 9－10 给出了不同高度建筑 $y/h=0$ 平面上的求解湍流能（被 $u_{h=2b}{}^2$ 无量纲化）的云图。求解湍动能的最大值位于较矮建筑的屋顶上方和较高建筑的后方。在屋顶上的峰值随着高度的增加而向下游移动。此外，最高的建筑在建筑后方获得最大的湍动能。图 9－11 显示了不同高度建筑附近行人高度($z/b=0.125$)处的求解湍动能云图，发现在最高的建筑周围观察到的湍动能最大，这表明其周围气流波动幅度最大。

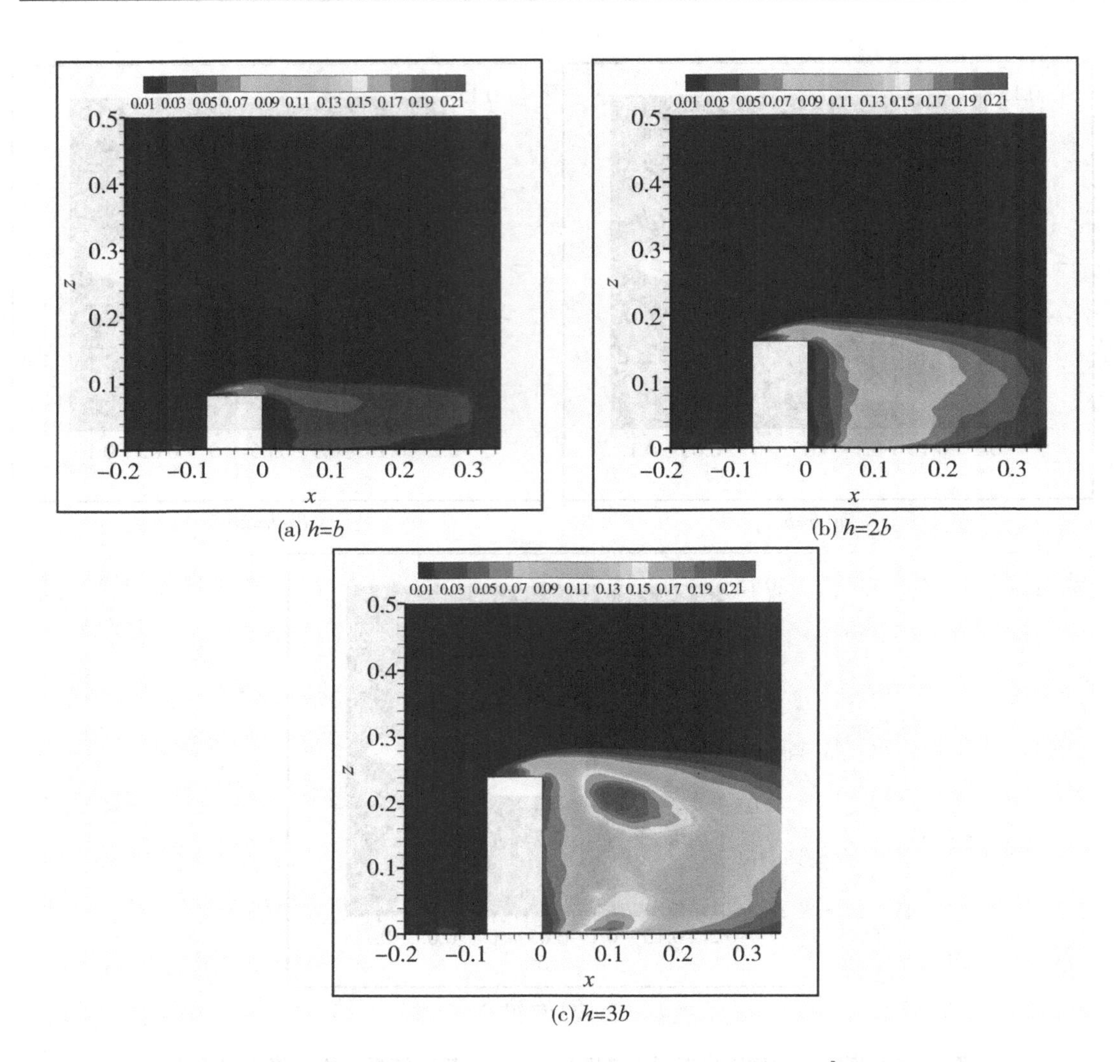

图 9-10　不同高度建筑 $y/h=0$ 平面上的求解湍流能（*TKE*）（被 $u_{h=2b}{}^2$ 无量纲化）的云图

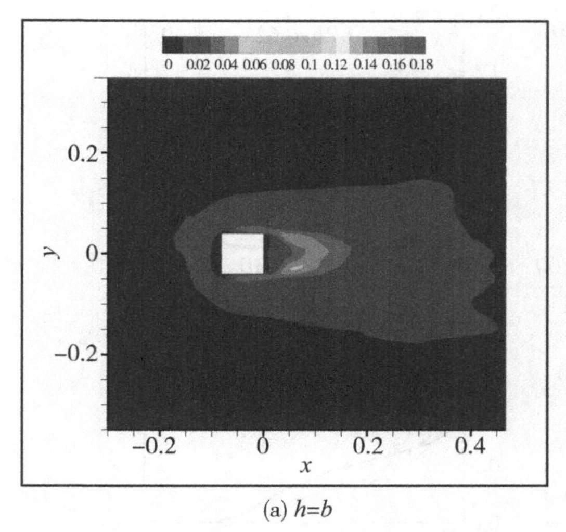

(a) $h=b$

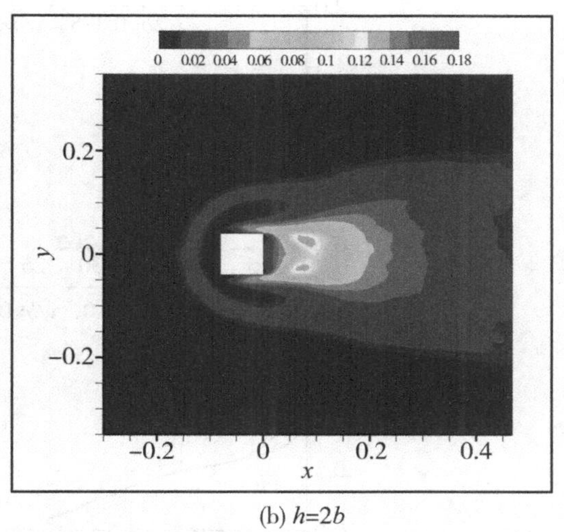

(b) $h=2b$

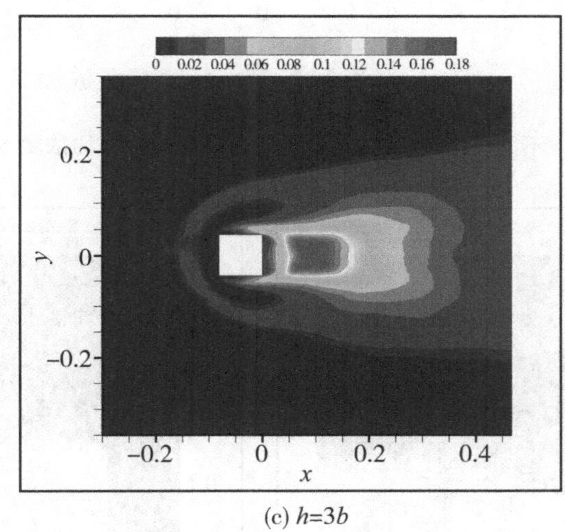

(c) $h=3b$

图 9－11　不同高度建筑附近行人高度($z/b=0.125$)处的求解湍动能云图

2. 污染物扩散

不同高度建筑 $y/h=0$ 平面上的污染物平均浓度 c/C_0(被 C_0 无量纲化)分布曲线如图 9－12 所示。在较低区域，除了近污染源区域[$x/(2b)=0.375$]外，建筑物高度越低，污染物浓度越大。而高层建筑周围的污染物浓度在高层区域更高。由于较矮建筑物后面的涡流较小，污染物被限制在高度较低的区域，如图 9－13 所示。

图 9－13 显示了不同高度建筑 $y/h=0$ 平面上的污染物平均浓度 c/C_0 云图。对于高度较低的建筑物，污染物被限制在高度较低的区域，进而被输送到更远的尾流区域。较高的建筑周围污染物上升到更高的区域。这种现象是由于尾流再循环区的高度越大，越高的建筑物附近湍动能越大。

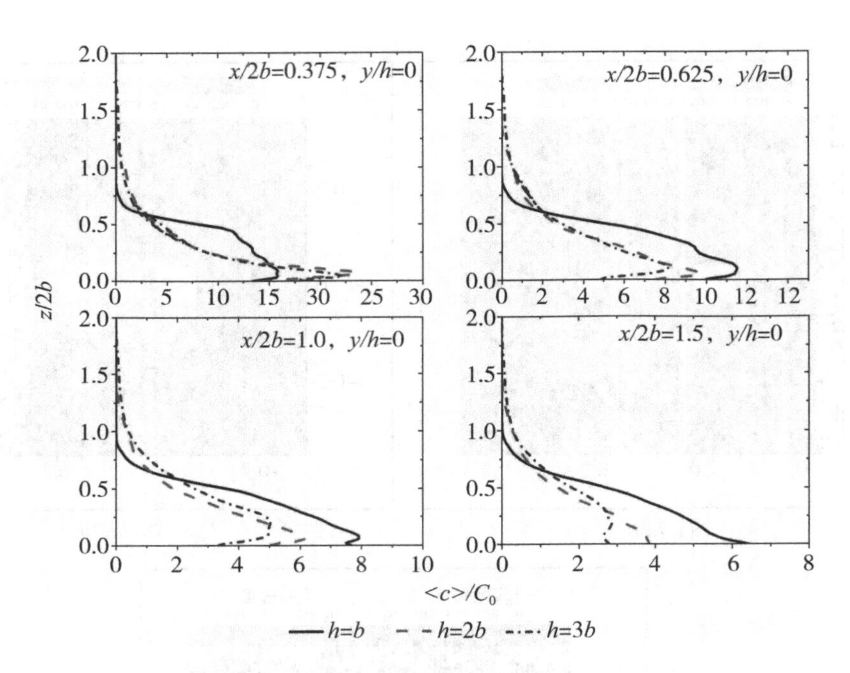

图 9－12　不同高度建筑 $y/h=0$ 平面上的污染物平均浓度 c/C_0 分布曲线

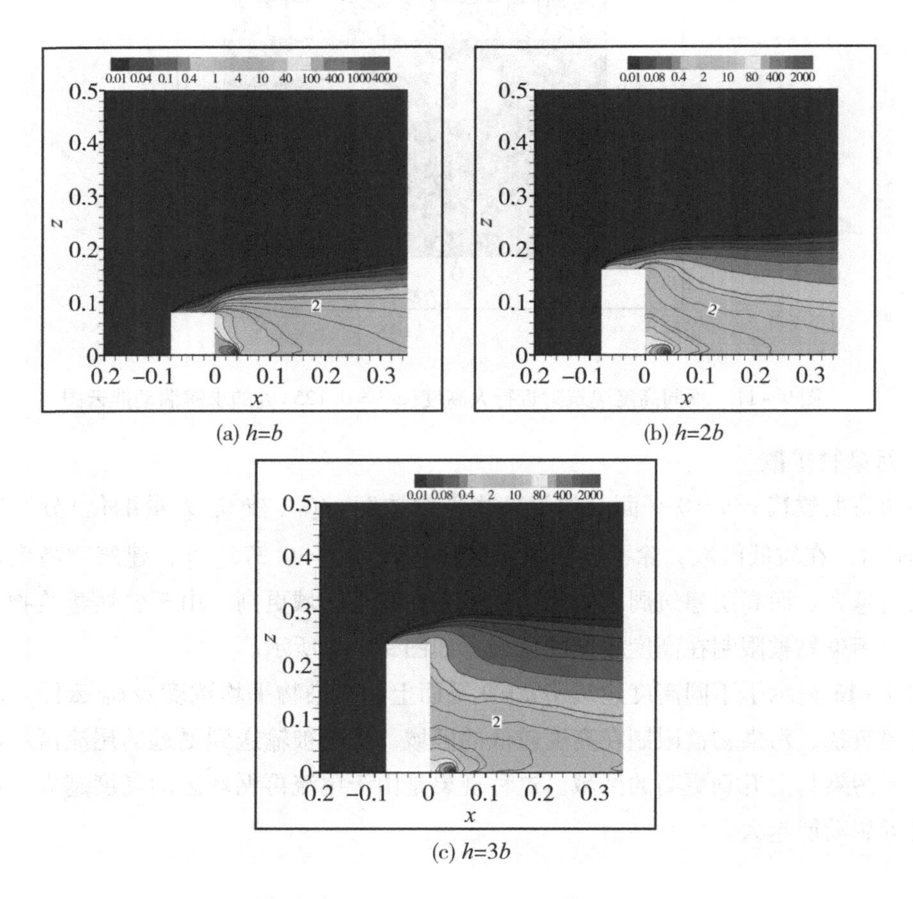

图 9－13　不同高度建筑 $y/h=0$ 平面上的污染物平均浓度 c/C_0 云图

如图9－14所示为不同高度建筑的行人高度处污染物平均浓度的等值线。建筑物后面较高浓度区域($c/C_0>2$)随着建筑物高度的增加而受到抑制。在行人高度处，较矮建筑的尾流区域由于向较高区域的输运受到限制而储存了更多的污染物。

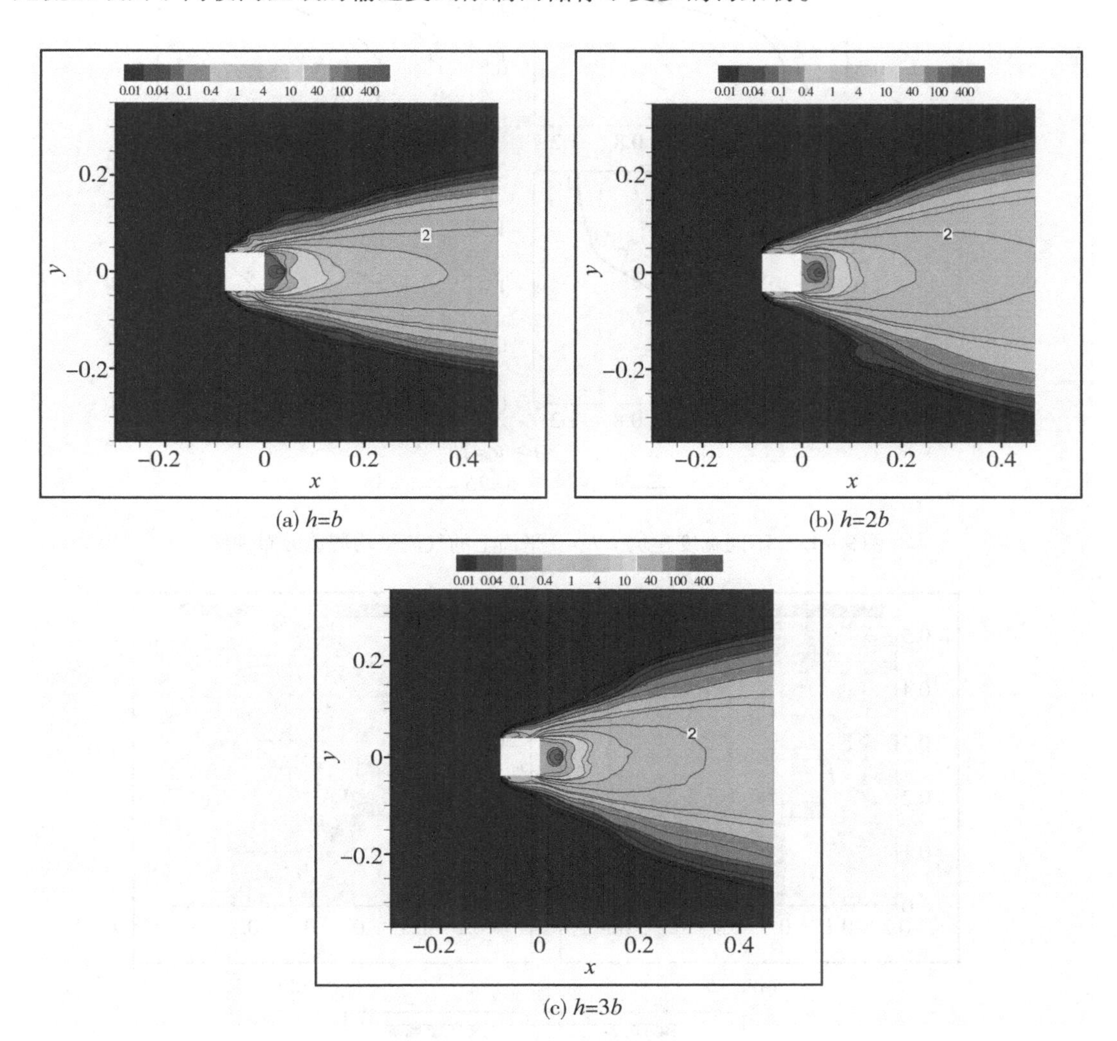

(a) $h=b$　(b) $h=2b$　(c) $h=3b$

图9－14　不同高度建筑的行人高度处污染物平均浓度的等值线

9.4.3　宽度的影响

1. 空气流动

如图9－15所示为不同宽度建筑 $y/h=0$ 平面上的气流平均流速分布曲线。建筑周围较低区域流场的平均流速随着宽度的减小而增大。而在高度较高区域，平均流速随宽度的增加而增加。不同宽度建筑 $y/h=0$ 平面上流场的流线如图9－16所示。在屋顶上，气流在迎风的屋顶角分离，并在 $w=1b$ 的建筑屋顶处再附着。而气流在 $w=2b$ 和 $3b$ 建筑屋顶处则不存在再附着流动。此外，建筑前后的涡的大小随着宽度的增加而增大。

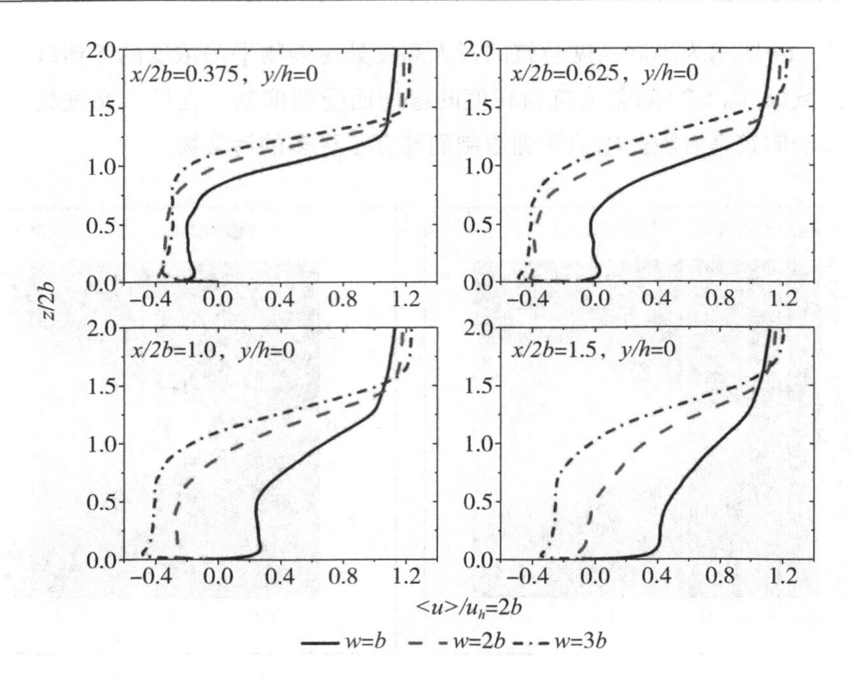

图 9－15　不同宽度建筑 $y/h=0$ 平面上的气流平均流速分布曲线

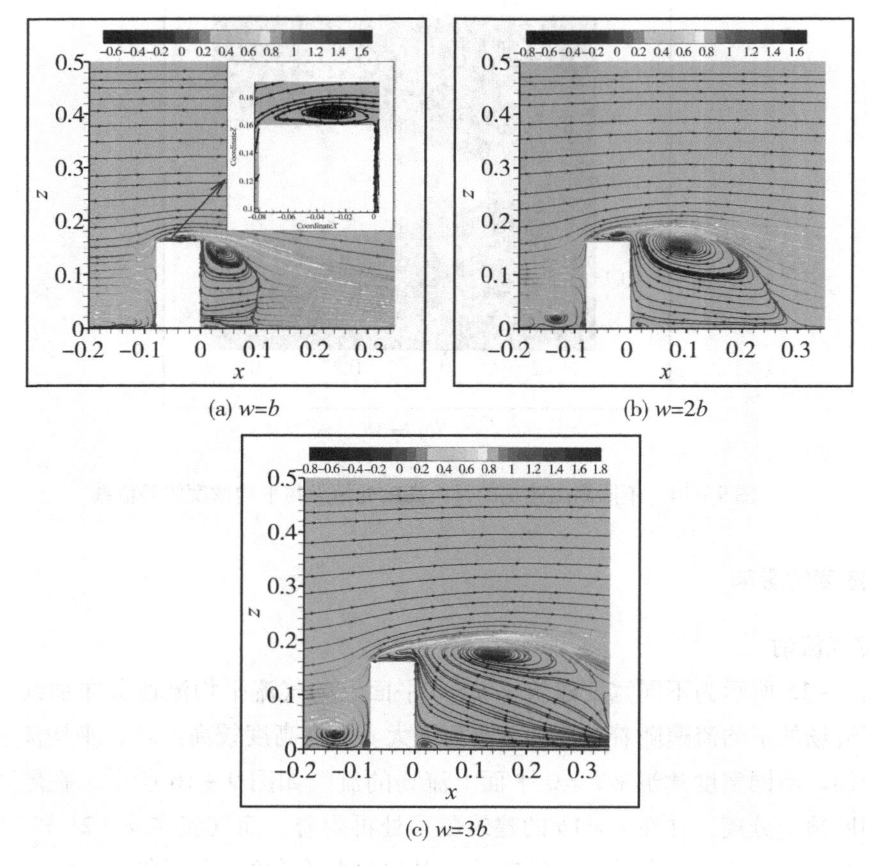

图 9－16　不同宽度建筑 $y/h=0$ 平面上流场的流线图

图9－17和图9－18分别给出了不同宽度建筑行人高度（$z/b=0.125$）处流场的流线图和平均流速比等值线图。从图9－18可以看出，建筑物前方的低速气流（平均流速比小于0.2）区域面积小于尾迹区域。$w=b$时，尾迹区域中的低速气流区呈马蹄形；当$w=2b$和$3b$时，其变为蘑菇形。行人高度处的低速气流区域随着建筑宽度的增加而变大，并逐渐远离建筑。

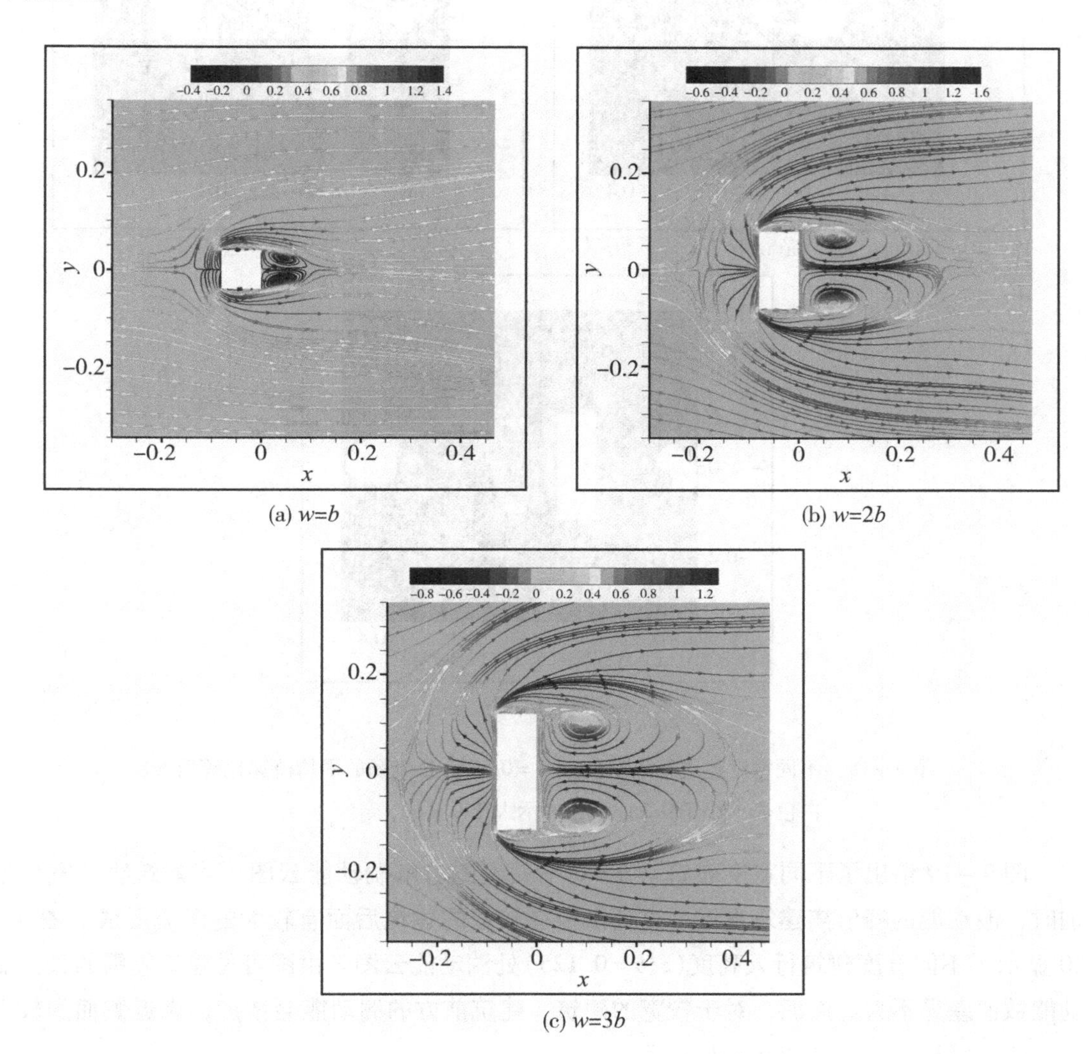

(a) $w=b$　(b) $w=2b$　(c) $w=3b$

图9－17　不同宽度建筑行人高度（$z/b=0.125$）处流场的流线图

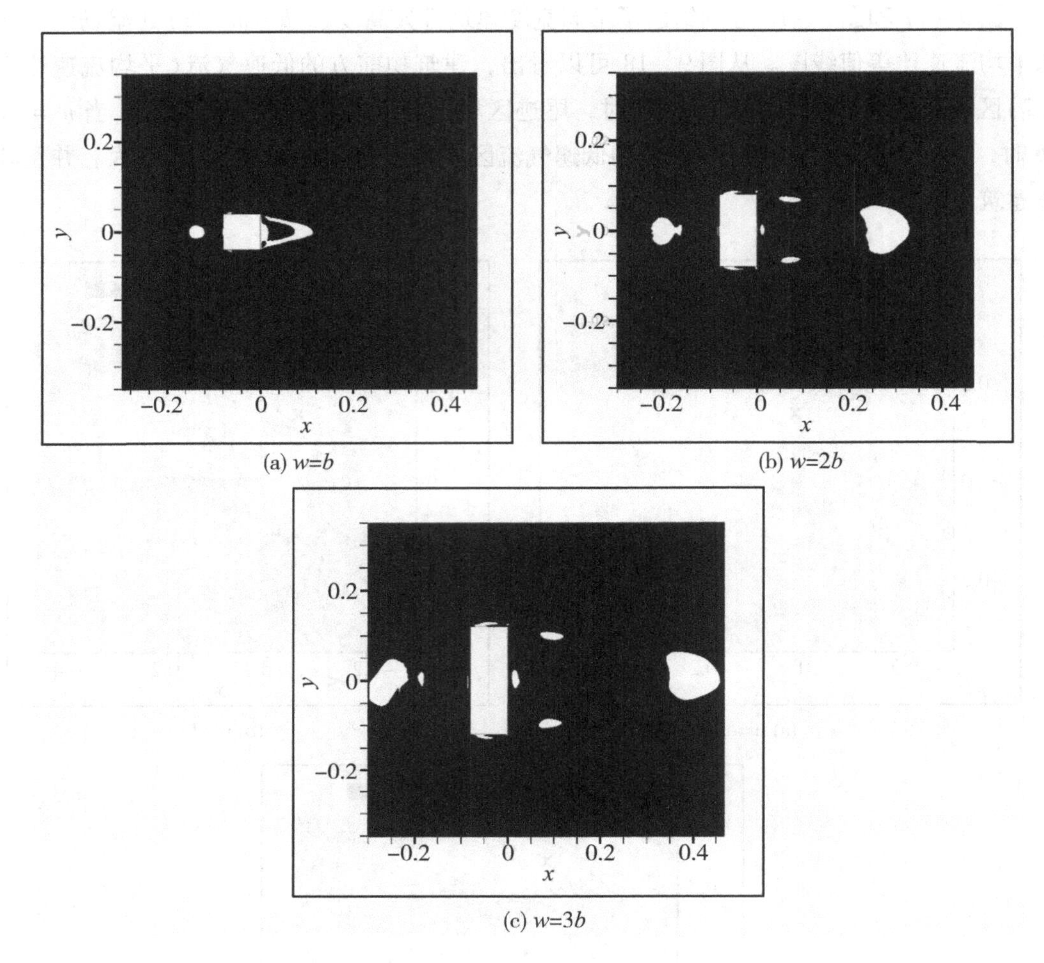

(a) $w=b$

(b) $w=2b$

(c) $w=3b$

图 9－18　不同宽度建筑行人高度（$z/b=0.125$）处流场的平均流速比等值线：白色表示小于 0.2；黑色表示大于 0.2

图 9－19 给出了不同宽度建筑 $y/h=0$ 平面上的求解湍动能云图。当建筑物的宽度增加时，湍动能的峰值离建筑更远，这是由于在较宽的建筑后面有较大的涡流形成。图 9－20 显示了不同宽度建筑行人高度（$z/b=0.125$）处湍动能云图。由图可见建筑周围的最大湍动能数值差异不大。然而，对于较宽的建筑，建筑前方的湍动能会增加，靠近侧面的较大湍动能区域被分开，如图 9－20 所示。

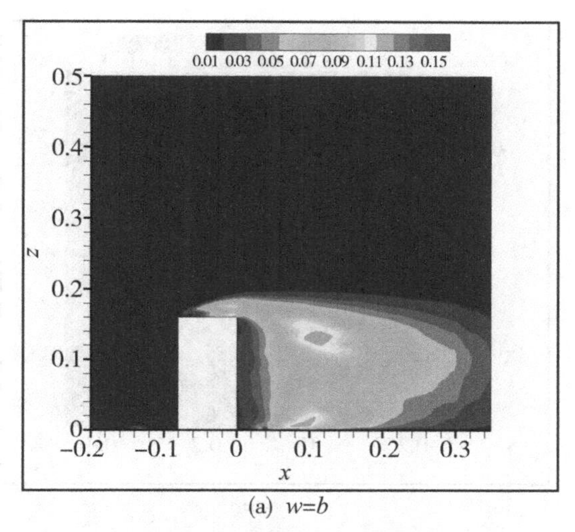

(a) $w=b$

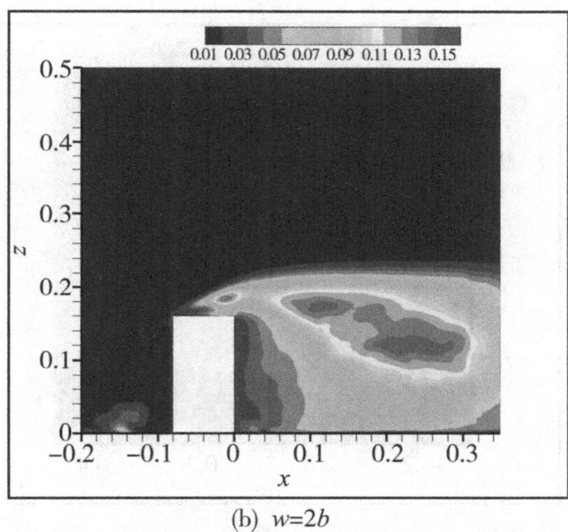

(b) $w=2b$

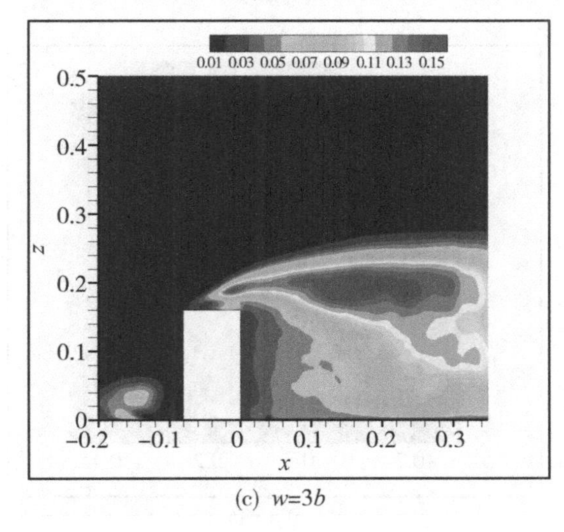

(c) $w=3b$

图 9 – 19　不同宽度建筑 $y/h=0$ 平面上的求解湍动能云图

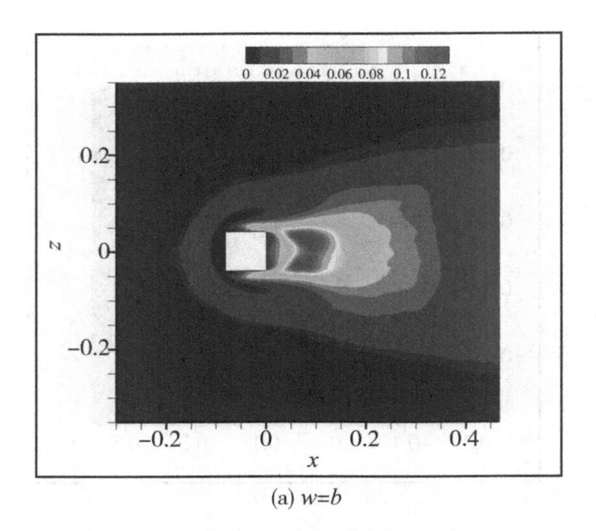

(a) $w=b$

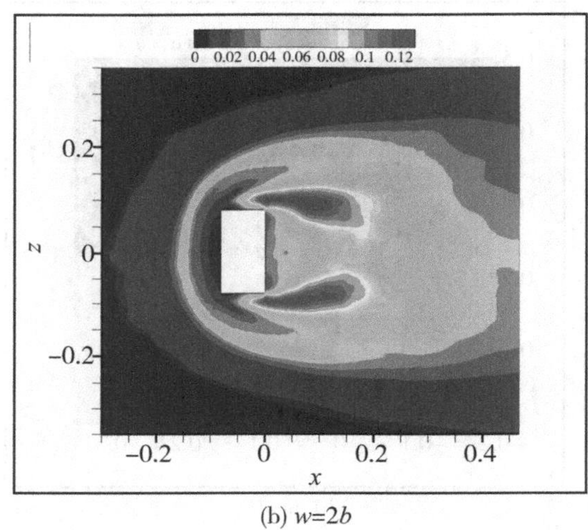

(b) $w=2b$

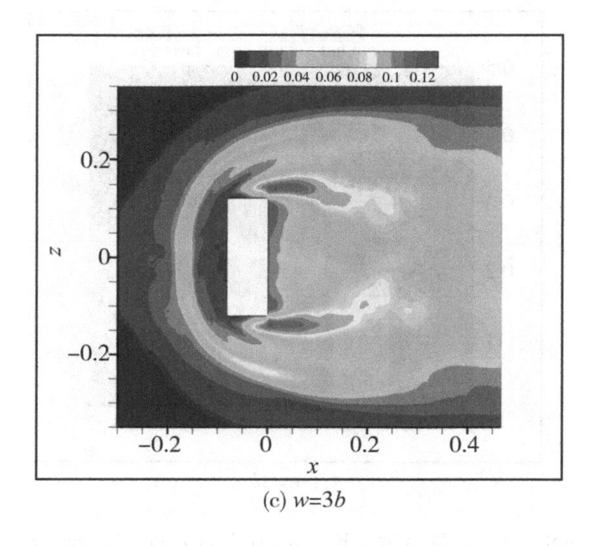

(c) $w=3b$

图 9－20　不同建筑宽度下行人高度($z/b=0.125$)处的湍动能云图

2. 污染物扩散

不同宽度建筑 $y/h=0$ 平面上的污染物平均浓度分布曲线如图 9－21 所示。较窄的建筑较低区域的污染物浓度较高，而较宽的建筑较高区域的浓度较高。由于受较窄的建筑后方形成的小涡影响，污染物被限制在较低的区域。图 9－22 给出了 $y/h=0$ 平面上的污染物平均浓度云图，同时表明对于较窄的建筑，污染物被限制在较低的区域。

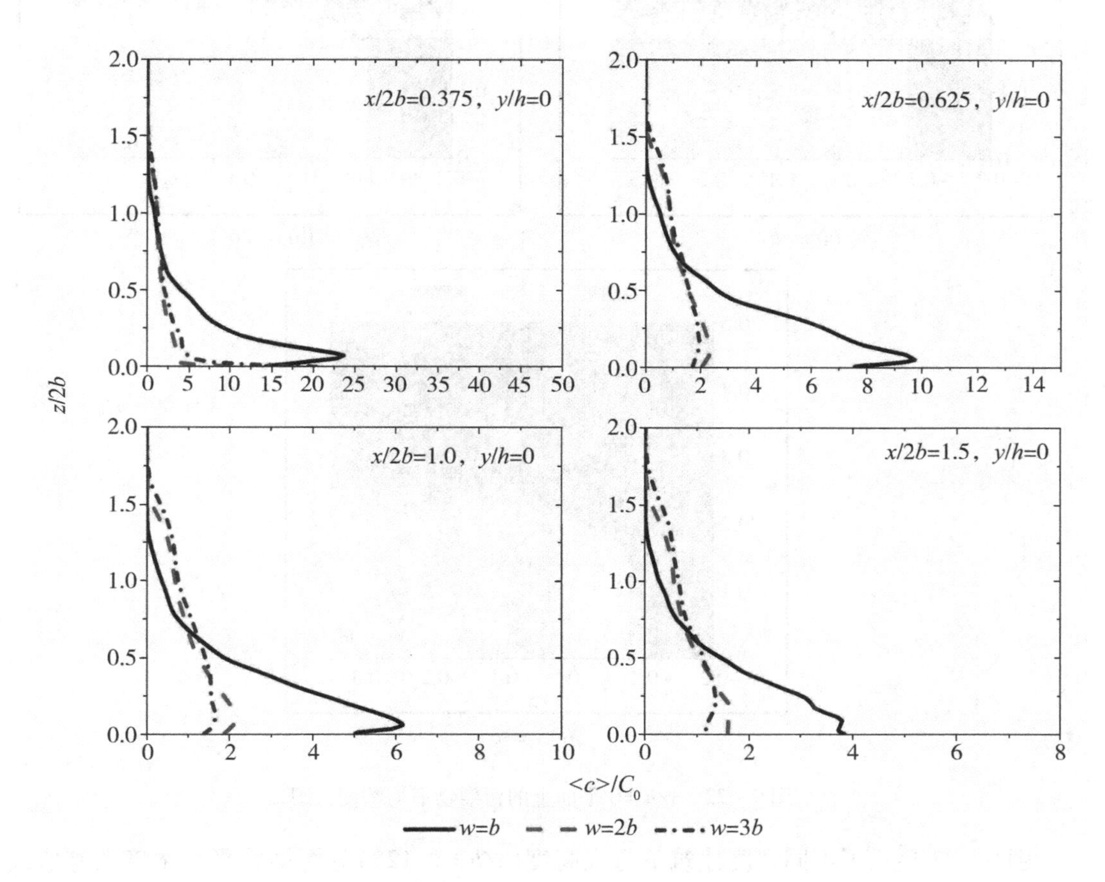

图 9－21　不同宽度建筑 $y/h=0$ 平面上的污染物平均浓度分布曲线

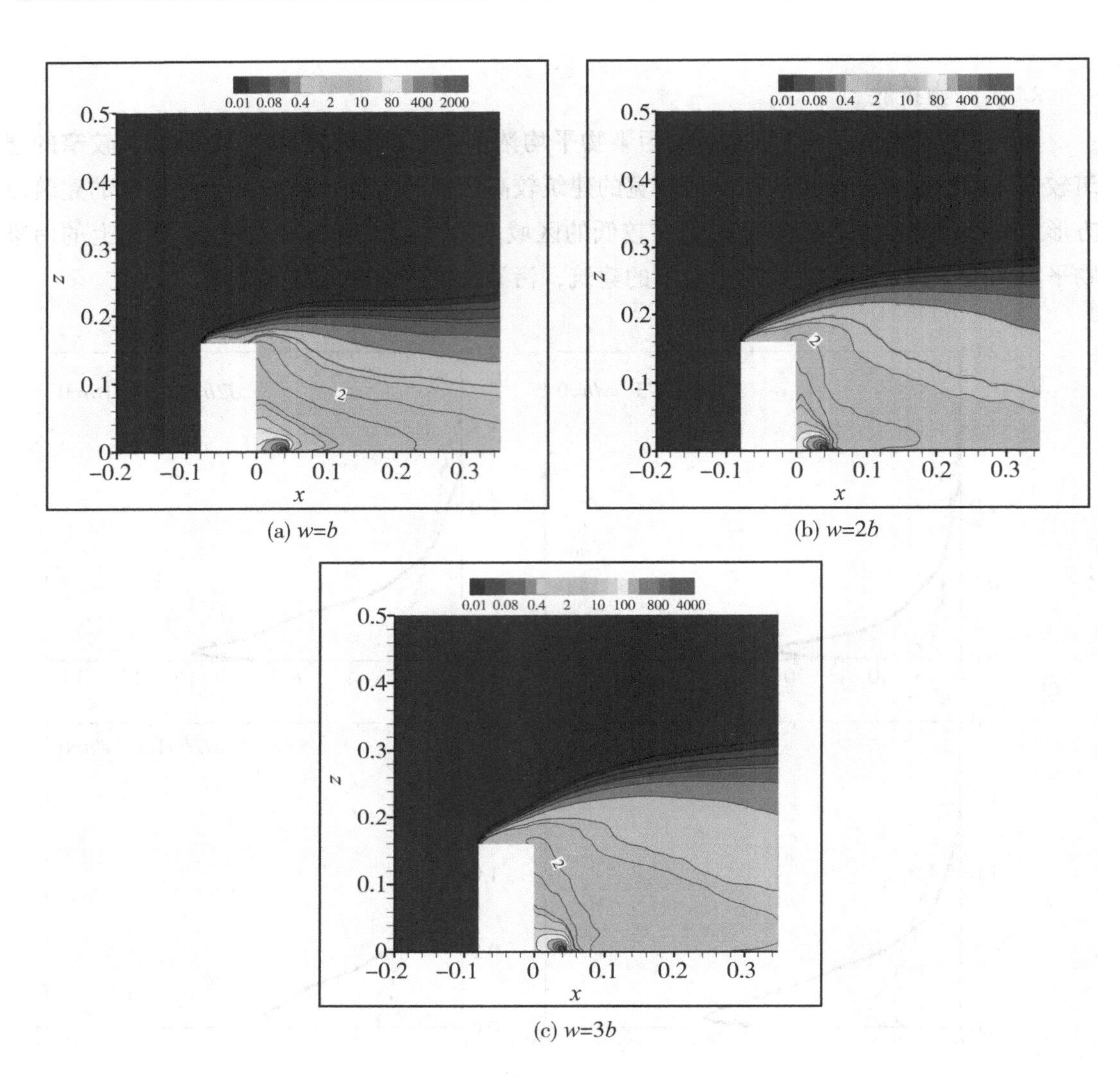

(a) $w=b$

(b) $w=2b$

(c) $w=3b$

图 9－22 $y/h=0$ 平面上的污染物平均浓度云图

图 9－23 显示了不同宽度建筑下行人高度（$z/b=0.125$）处污染物平均浓度的等值线。建筑物后方的高浓度区域（$c/C_0>2$）随着建筑宽度的增加而变宽、变短。如图 9－17 所示，当较宽建筑的尾流涡在行人高度处扩展时，污染物被带到两侧，导致尾迹区浓度下降，如图 9－23 所示。

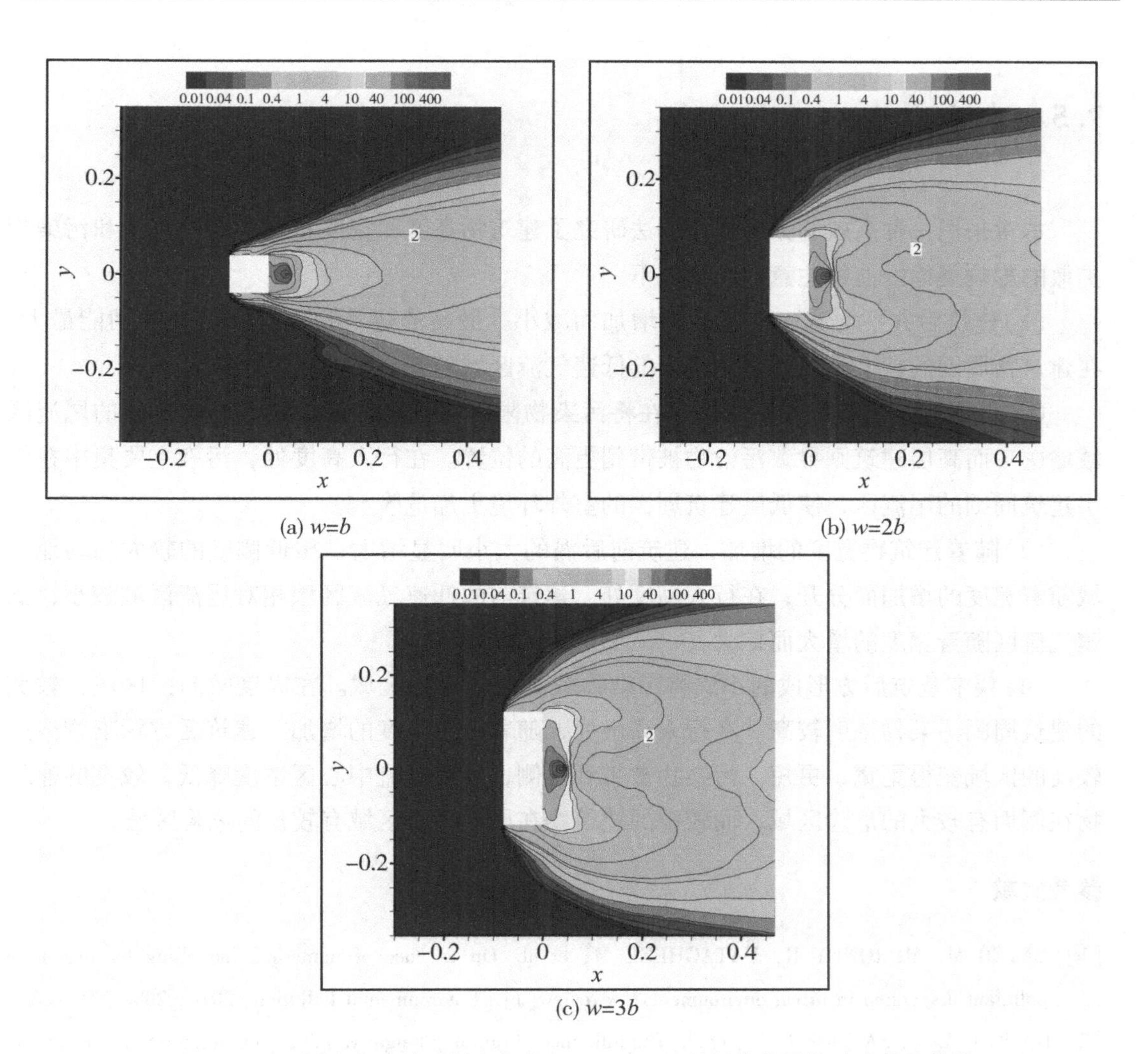

(a) $w=b$

(b) $w=2b$

(c) $w=3b$

图 9－23　不同宽度建筑下行人高度（$z/b=0.125$）处污染物平均浓度的等值线

9.4.4　结果与讨论

本节通过数值模拟方法研究了建筑高度和宽度对孤立建筑周围气流和污染物扩散的影响规律。由于低层建筑后方涡尺寸较小，污染物被限制在较低的区域，然后被输送到更远的尾流区域。另外，高层建筑污染物被带到建筑后方的较高区域。而低层建筑在行人高度处的尾流区附近的污染物浓度明显较高，这表明低层建筑周围的室外环境可能更危险。

在高度较低区域，较窄建筑周围的污染物浓度较高，而在较高区域，较宽建筑周围的污染物浓度较高。在狭窄的建筑物中，建筑物后方较小的涡流将污染物限制在较低的区域内。随着建筑宽度的增加，建筑物后污染物浓度较高的区域在行人高度处变得更宽、更短。污染物扩散到两侧，降低了尾流中污染物的浓度。对于较宽的建筑物，侧面的危险区域更广，而对于较窄的建筑物，尾流中心的危险区域更长。

9.5 本章小结

本章采用一种高效的数值模拟方法研究了建筑物高度和宽度对建筑周围气流和污染物扩散的影响规律。值得注意的结论如下。

(1)建筑后方平均流速随高度的增加而减小。最高的建筑物周围产生的湍动能最大。在建筑物周围的行人高度处，尾迹中的低速气流区域随着高度的增加而扩大。

(2)低层建筑后方的较下涡的存在将污染物限制在低层区域，然后再向更远的尾流区域输送。而高层建筑则导致污染物被带到更高的位置。在行人高度处，污染主要集中在低层建筑周围的尾流区，使低层建筑周围的室外环境更加危险。

(3)随着建筑物宽度的增加，建筑前后涡的大小明显增大；靠近侧壁的较大湍动能区域随着宽度的增加而分开；在行人高度处，建筑前的低速气流区域相对尾流区域较小；低速气流区随着宽度的增大而扩大。

(4)狭窄建筑后方形成的小涡将污染物限制在较低的区域。在高度较高的区域，较宽的建筑周围污染物浓度较高。在行人高度处，随着建筑宽度的增加，建筑后方污染物浓度较高的区域变得更宽、更短。污染物被带到两侧，导致尾流中心区浓度降低。较宽的建筑物在侧面有较大的危险区域，而较窄的建筑物在尾流中心区域有较长的危险区域。

参考文献

[1] LATEB M, MERONEY R, YATAGHENE M, et al. On the use of numerical modelling for near-field pollutant dispersion in urban environments? A review[J]. Environmental Pollution, 2016, 208: 271 – 283.

[2] HANG J, LI Y, SANDBERG M, et al. The influence of building height variability on pollutant dispersion and pedestrian ventilation in idealized high-rise urban areas [J]. Building and Environment, 2012, 56: 346 – 360.

[3] LI Y, STATHOPOULOS T. Numerical evaluation of wind-induced dispersion of pollutants around a building [J]. Journal of Wind Engineering and Industrial Aerodynamics, 1997, 67: 757 – 766.

[4] TOMINAGA Y, STATHOPOULOS T. Numerical simulation of dispersion around an isolated cubic building: Comparison of various types of k-ε models[J]. Atmospheric Environment, 2009, 43(20): 3200 – 3210.

[5] TOMINAGA Y, STATHOPOULOS T. Numerical simulation of dispersion around an isolated cubic building: model evaluation of RANS and LES[J]. Building and Environment, 2010, 45(10): 2231 – 2239.

[6] YOSHIE R, JIANG G, SHIRASAWA T, et al. CFD simulations of gas dispersion around high-rise building in non-isothermal boundary layer[J]. Journal of Wind Engineering and Industrial Aerodynamics, 2011, 99(4): 279 – 288.

[7] AI Z, MAK C. Large-eddy Simulation of flow and dispersion around an isolated building: analysis of influencing factors[J]. Computers & Fluids, 2015, 118: 89 – 100.

[8] JADIDI M, BAZDIDI-TEHRANI F, KIAMANSOURI M. Embedded large eddy simulation approach for pollutant dispersion around a model building in atmospheric boundary layer[J]. Environmental Fluid Mechanics, 2016, 16: 575-601.

[9] JADIDI M, BAZDIDI-TEHRANI F, KIAMANSOURI M. Scale-adaptive simulation of unsteady flow and dispersion around a model building: spectral and POD analyses[J]. Journal of Building Performance Simulation, 2018, 11(2): 241-260.

[10] FOROUTAN H, TANG W, HEIST D, et al. Numerical analysis of pollutant dispersion around elongated buildings: an embedded large eddy simulation approach[J]. Atmospheric Environment, 2018, 187: 117-130.

[11] AN K, FUNG J. An improved SST k-ω model for pollutant dispersion simulations within an isothermal boundary layer[J]. Journal of Wind Engineering and Industrial Aerodynamics, 2018, 179: 369-384.

[12] GOUSSEAU P, BLOCKEN B, VAN HEIJST G. Large-eddy simulation of pollutant dispersion around a cubical building: Analysis of the turbulent mass transport mechanism by unsteady concentration and velocity statistics[J]. Environmental Pollution, 2012, 167: 47-57.

[13] TOMINAGA Y, STATHOPOULOS T. Steady and unsteady RANS simulations of pollutant dispersion around isolated cubical buildings: Effect of large-scale fluctuations on the concentration field[J]. Journal of Wind Engineering and Industrial Aerodynamics, 2017, 165: 23-33.

[14] ZHANG Y, KWOK K, LIU X, et al. Characteristics of air pollutant dispersion around a high-rise building[J]. Environmental Pollution, 2015, 204: 280-288.

[15] YU Y, KWOK K, LIU X, et al. Air pollutant dispersion around high-rise buildings under different angles of wind incidence[J]. Journal of Wind Engineering and Industrial Aerodynamics, 2017, 167: 51-61.

[16] KESHAVARZIAN E, JIN R, DONG K, et al. Effect of pollutant source location on air pollutant dispersion around a high-rise building[J]. Applied Mathematical Modelling, 2020, 81: 582-602.

[17] TOMINAGA Y, STATHOPOULOS T. CFD simulations of near-field pollutant dispersion with different plume buoyancies[J]. Building and Environment, 2018, 131: 128-139.

[18] BAZDIDI-TEHRANI F, GHOLAMALIPOUR P, KIAMANSOURI M, et al. Large-eddy simulation of thermal stratification effect on convective and turbulent diffusion fluxes concerning gaseous pollutant dispersion around a high-rise model building[J]. Journal of Building Performance Simulation, 2019, 12(1): 97-116.

[19] ZHOU X, YING A, CONG B, et al. Large-eddy simulation of the effect of unstable thermal stratification on airflow and pollutant dispersion around a rectangular building[J]. Journal of Wind Engineering and Industrial Aerodynamics, 2021, 211: 104526.

[20] JIANG G, YOSHIE R. Side ratio effects on flow and pollutant dispersion around an isolated high-rise building in a turbulent boundary layer[J]. Building and Environment, 2020, 180: 107078.

[21] KESHAVARZIAN E, JIN R, DONG K, et al. Effect of building cross-section shape on air pollutant dispersion around buildings[J]. Building and environment, 2021, 197: 107861.

[22] DING P, ZHOU X, WU H, et al. An efficient numerical approach for simulating airflows around an isolated building[J]. Building and Environment, 2022, 210: 108709.

[23] TOMINAGA Y, STATHOPOULOS T. CFD modeling of pollution dispersion in a street canyon: Comparison between LES and RANS[J]. Journal of Wind Engineering and Industrial Aerodynamics, 2011, 99(4): 340 – 348.

[24] LIU J, NIU J. CFD simulation of the wind environment around an isolated high-rise building: An evaluation of SRANS, LES and DES models[J]. Building and Environment, 2016, 96: 91 – 106.

[25] BLOCKEN B, STATHOPOULOS T, VAN BEECK J. Pedestrian-level wind conditions around buildings: Review of wind-tunnel and CFD techniques and their accuracy for wind comfort assessment[J]. Building and Environment, 2016, 100: 50 – 81.

[26] VAN HOOFF T, BLOCKEN B, TOMINAGA Y. On the accuracy of CFD simulations of cross-ventilation flows for a generic isolated building: Comparison of RANS, LES and experiments[J]. Building and Environment, 2017, 114: 148 – 165.

[27] YOSHIE R. Advanced environmental wind engineering[M]. Advanced environmental wind engineering. Tokyo: Springer, 2016.

[28] TOMINAGA Y, MOCHIDA A, YOSHIE R, et al. AIJ guidelines for practical applications of CFD to pedestrian wind environment around buildings[J]. Journal of wind engineering and industrial aerodynamics, 2008, 96(10 – 11): 1749 – 1761.

[29] DING P, ZHOU X. A DDES model with subgrid-scale eddy viscosity for turbulent flow[J]. Journal of Applied Fluid Mechanics, 2022, 15(3): 831 – 842.

[30] MENTER F. Two-equation eddy-viscosity turbulence models for engineering applications[J]. AIAA journal, 1994, 32(8): 1598 – 1605.

[31] MATHEY F, COKLJAT D, BERTOGLIO J P, et al. Assessment of the vortex method for large eddy simulation inlet conditions[J]. Progress in Computational Fluid Dynamics, An International Journal, 2006, 6(1 – 3): 58 – 67.

[32] DU Y, MAK C, KWOK K, et al. New criteria for assessing low wind environment at pedestrian level in Hong Kong[J]. Building and Environment, 2017, 123: 23 – 36.

[33] TOMINAGA Y, MOCHIDA A, SHIRASAWA T, et al. Cross comparisons of CFD results of wind environment at pedestrian level around a high-rise building and within a building complex[J]. Journal of Asian architecture and building engineering, 2004, 3(1): 63 – 70.

10 建筑穿堂通风数值模拟研究

10.1 引言

自然通风可提高人体的热舒适性，通过用室外环境的新鲜空气代替室内空气亦可为人们提供健康的室内环境。与机械通风相比，自然通风有着维护成本低、零能耗、可节约能源[1,2]的优势。由风压差引起的穿堂通风是一种重要的自然通风方式，它可以在室内外环境之间交换大量空气，快速有效地清除室内的污染物和热量[3,4]。这些优点促使研究者通过实验和数值方法来探讨如何提高风压穿堂通风的效率[5-18]。这些研究大多研究了简单的穿堂通风，考虑了开口形状[5,6]、开口尺寸[7-9]、开口位置[5,7,8,10-13]、建筑屋顶[11,14,15]、风向[8,16]、风的湍流强度[17]等影响因素如何影响孤立建筑的穿堂通风性能。

开口形状决定了室内气流的行为，设计师可以通过优化开口形状的设计来提高自然通风的效率[5]。与水平长开口和方形开口相比，穿堂通风中垂直长开口的通风性能更为有效[4]。开口大小在穿堂通风中也起着重要作用[7]。增加开口的宽高比，通风体积流量降降低[8]。Karava 等[7]认为建筑立面上的相对进出口位置是影响穿堂通风性能的重要因素。进口的位置比出口位置对穿堂通风和室内流态的影响最大[5,11,12]。当开口位于迎风和背风墙的对角时，其通风量比位于建筑中心线的开口低 15.5%[10]。实验结果表明，当开口位于建筑里面上部时，建筑内的通风速度最大[13]。体积流量的大小也依赖屋顶倾斜角度，45°屋顶倾斜角效果最好[11]。在0°～15°来风角度范围内，体积流量最大。当风角大于20°时，体积流量开始减小[8]。

由于周围建筑的存在，被包围建筑的速度场和湍流动能与孤立情况相比有很大的变化。此外，被包围建筑的空气流速降低到30%左右[18]。由此可见，周边建筑对目标建筑的通风有显著影响。一些研究者关注于目标建筑在周围建筑遮挡下的穿堂通风[19-25]，研究的因素包括风向[19-23]、建筑布置[19,20,24]、开口位置[25]以及水平面积密度[22,23,26]。

在城市建筑布局中，穿堂通风的通风流量很大程度上取决于来风入射角[23]。中密度布局和高密度布局中，来风入射角为0°和90°时的穿堂通风量低于来风入射角为0°和90°之间的穿堂通风量[21,22]。对于排列整齐的建筑，$W=5B$ 为最佳的穿堂通风间隔(其中，W 为建筑间隔，B 为建筑宽度)。对于交错布局，当建筑靠近其他建筑时，交错布局可以提高通风量[19]。通过交错排列的开口观察到了更大的流入风量。对于在迎风墙上有目标块开口的格子—方形块布局，沿侧墙和地面发生旋转流动[20,24]。一般来说，高开口的空气流速较高，而低开口的空气流速较低[25]。对于空间密度较小的建筑，通风效率更高[23,24]。风速分为平均风速和瞬时风速两个部分，这两个部分对于密集城市布局中的被遮蔽建筑的穿堂通风而言都很重要[26]。

现有研究主要集中在方形建筑的穿堂通风上，但建筑周围气流受建筑截面影响显著，且对于建筑截面如何影响穿堂通风的研究仍较为有限[27]。

现有的研究方法包括现场试验、简单解析模型[28-30]、数值模拟[31-35]和风洞测量[9,12,15,18-23,31,33-35]。虽然现场试验可以提供准确的数据，但通常成本较高；而解析方法则可能过于简化。数值模拟提供了一种有效的替代方案，其中湍流模型的选择对模拟精度至关重要。尽管 LES(大涡模拟)因其较高的精度通常优于 RANS(雷诺平均纳维-斯托克斯方程)方法，但其计算成本也较高[26,34,35]。在中高密度城市建筑布局中，被遮挡建筑的穿堂通风中气流的波动具有重要性[26]，因此 RANS 湍流模型在这种情况下可能适用性不高。

前文已提出一种有效的联合湍流数值方法来预测孤立建筑周围的气流。与 LES 计算相比，该方法的计算时间缩短了 35% 左右。因此，本章采用该数值模拟方法研究不同截面建筑的穿堂通风性能和机理。

10.2 案例介绍

为了验证所采用的模拟方法，分析不同截面孤立建筑的穿堂通风性能与机理，本章选择 Tominaga 和 Blocken[18] 以及 Shirzadi 等[21]进行的风洞实验作为对照案例。方形建筑的计算如图 10-1 所示。孤立建筑和建筑群的计算域 x、y、z 方向的取值范围分别为 $(-3.625h, 13.75h)$，$(-6.875h, 6.875h)$，$(0, 6.125h)$ 和 $(-6.875h, 16.25h)$，$(-5.625h, 5.625h)$，$(0, 6.125h)$，其中 $h=0.16$ m 为建筑高度。圆形建筑的几何形状如图 10-2 所示。建筑的中心位于坐标的原点，方形建筑的宽度与圆形建筑的直径相同，即 $a=D=0.2$ m。测得孤立建筑和建筑群高度处风速分别为 4.3 m/s 和 5.2 m/s，雷诺数约为 45 000 和 54 000。开口位置位于迎风和背风立面的中心，开口中心高度 $z=0.08$ m。开口宽度为 0.092 m，高度为 0.036 m，开口厚度为 0.003 m。对于圆形建筑，开口的投影尺寸与方形建筑相同。

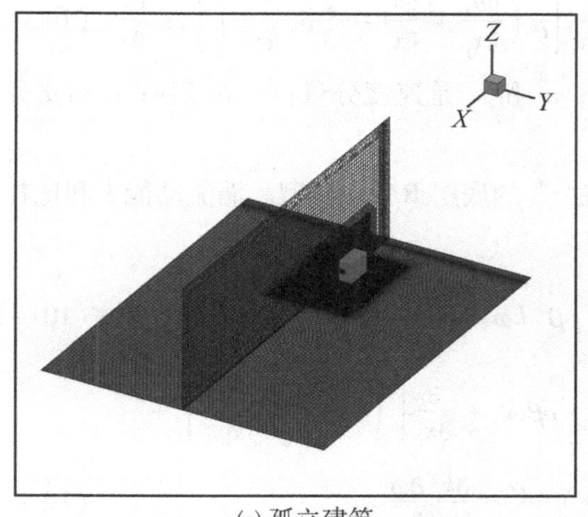

(a) 孤立建筑

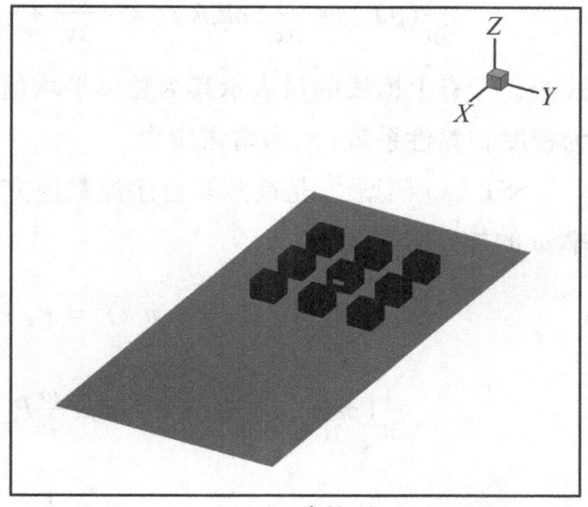

(b) 建筑群

图 10－1 方形建筑计算区域

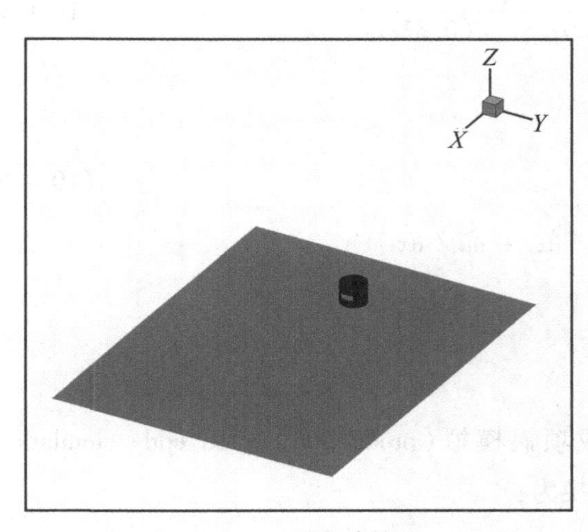

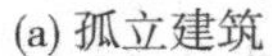

(a) 孤立建筑

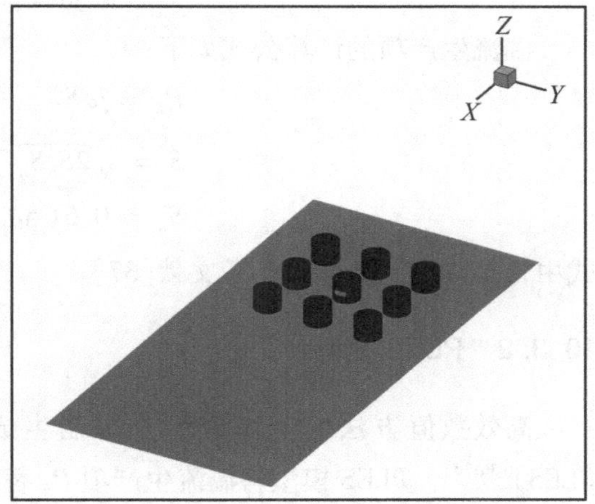

(a) 建筑群

图 10－2 圆形建筑计算区域

10.3 数值模拟方法

10.3.1 数学方程

空气假定为不可压缩牛顿流体，连续性和动量的方程如下：

$$\frac{\partial \rho}{\partial t} + \frac{\partial}{\partial x_i}(\rho \overline{u_i}) = 0 \qquad (10-1)$$

$$\frac{\partial}{\partial t}(\rho\bar{u}_i)+\frac{\partial}{\partial x_j}(\rho\bar{u}_i\bar{u}_j)=-\frac{\partial\bar{p}}{\partial x_i}+\frac{\partial}{\partial x_j}\left[\mu\left(\frac{\partial\bar{u}_i}{\partial x_j}+\frac{\partial\bar{u}_j}{\partial x_j}-\frac{2}{3}\delta_{ij}\frac{\partial\bar{u}_l}{\partial x_l}\right)\right]+\frac{\partial\tau_{ij}}{\partial x_j}\quad(10-2)$$

式中，标有上横线的量表示其为总体平均值；u_i 和 u_j 是速度分量；p 是压强；ρ 和 μ 分别为密度和黏性系数；τ_{ij}为雷诺应力。

SST k-ω 模型[37]是高效联合湍流数值方法[36]的底层 RANS 模型。湍流动能 k 和比耗散率 ω 的控制方程如下：

$$\frac{\partial}{\partial t}(\rho k)+\frac{\partial}{\partial x_i}(\rho\,\bar{u}_i k)=P_k-\rho\beta^* k\omega+\frac{\partial}{\partial x_i}\left[\left(\mu+\frac{\mu_t}{\sigma_k}\right)\frac{\partial k}{\partial x_i}\right]\quad(10-3)$$

$$\frac{\partial}{\partial t}(\rho\omega)+\frac{\partial}{\partial x_i}(\rho\bar{u}_i\omega)=\alpha\frac{\omega}{k}P_k-\rho\beta\omega^2+\frac{\partial}{\partial x_i}\left[\left(\mu+\frac{\mu_t}{\sigma_\omega}\right)\frac{\partial\omega}{\partial x_i}\right]+$$
$$2(1-F)\frac{\rho}{\sigma_{\omega2}\omega}\frac{\partial k}{\partial x_i}\frac{\partial\omega}{\partial x_i}\quad(10-4)$$

湍流黏性系数的计算公式如下：

$$\mu_t=\rho\frac{k}{\omega}\frac{1}{\max[1/\alpha,SF_2/(0.31\omega)]}\quad(10-5)$$

湍流生产项的计算公式如下：

$$\begin{aligned}P_k&=\mu_t S^2\\S&=\sqrt{2S_{ij}S_{ij}}\\S_{ij}&=0.5(\partial\bar{u}_i/\partial x_j+\partial\bar{u}_j/\partial x_i)\end{aligned}\quad(10-6)$$

式中，具体模型参数可参考文献[37]。

10.3.2 PLES 模型

高效数值方法的基本模型是限制生成项涡模拟（production-limited eddy simulation，PLES）[36,38]。PLES 模型将湍流生产项 P_k 替换为：

$$P_{\mathrm{PLES}}=f_d P_k+(1.0-f_d)\mu_{\mathrm{SGS}}S^2=f_d P_k+(1.0-f_d)\frac{\mu_{\mathrm{SGS}}}{\mu_t}P_k\quad(10-7)$$

式中，

$$\begin{aligned}f_d&=\max(f_{d1},f_{d2})\\f_{d1}&=\min\{2\exp(-9r_1^2),1.0\}\\f_{d2}&=\tanh[(C_{d1}r_2)^{C_{d2}}]\\r_1&=0.25-d_W/h_{\max}\\r_2&=\frac{k/\omega}{\kappa^2 d_W^2\sqrt{0.5(S^2+\Omega^2)}}\end{aligned}\quad(10-8)$$

式中，f_d 为屏蔽函数，d_W 为到最近壁面的距离，$h_{\max}$为单元网格的最长边的长度，Ω 为涡量大小。C_{d1}和 C_{d2}均为常数，分别为 20.0 和 3.0。$\kappa=0.41$，为 von Kármán 常数。

在 PLES 模型中，SGS(亚格子)湍流黏性为大涡模拟 WALE 模型[39]，其计算公式如下：

$$\mu_{SGS} = \rho L_S^2 \frac{(S_{ij}^d S_{ij}^d)^{3/2}}{(S_{ij}S_{ij})^{5/2} + (S_{ij}^d S_{ij}^d)^{5/4}} \tag{10-9}$$

式中，

$$L_s = 0.325V^{1/3} \tag{10-10}$$

$$S_{ij}^d = 0.5(g_{ij}^2 + g_{ji}^2) - (1/3)\delta_{ij}g_{kk}^2, g_{ij} = \partial\bar{u}_i / \partial x_j \tag{10-11}$$

式中，V 为网格单元体积。

10.3.3 边界条件和网格划分

来风入口边界条件来自风洞实验[18,21]，来风速度遵循指数为 $\alpha = 0.25$ 的幂律分布：$u/u_h = (z/h)^{0.25}$。入口边界处湍流动能的分布曲线如图 10－3 所示。ε 和 ω 的计算方法如下。

$$\varepsilon = C_\mu^{1/2} k \frac{\mathrm{d}u}{\mathrm{d}z} \tag{10-12}$$

$$\omega = \frac{\varepsilon}{C_\mu k} = \frac{\varepsilon}{0.09k} \tag{10-13}$$

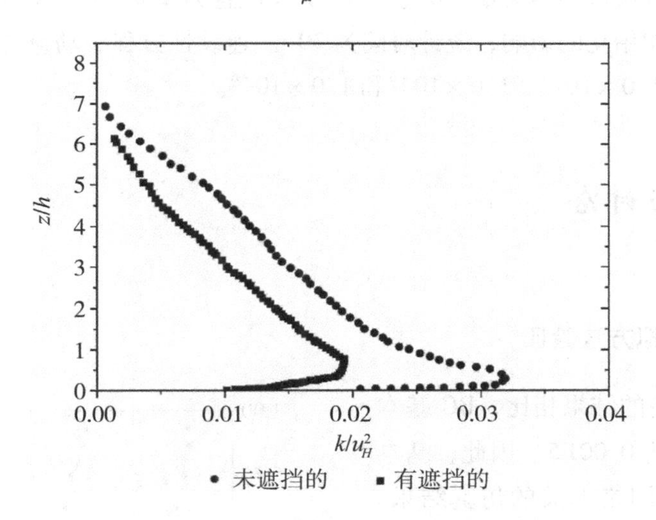

图 10－3 入口边界处的湍动能分布曲线图

出口处的压力保持恒定，建筑表面和地面设置为无滑移壁面，侧面和顶面为对称边界。为了提升收敛速度，采用涡方法在距离来风入口 0.5a 处产生随机二维涡[36]。

图 10－4 给出了方形建筑对照案例的网格轮廓。为了保持建筑表面和地面附近的 y^+ 低于 5.0，该区域设置了边界层网格。建筑表面和开口表面的网格尺寸分别为 0.004 m 和 0.0005 m，建筑周边和外区域的网格尺寸分别为 0.007 m 和 0.030 m，基本网格(BG)的单元数约为 130 万。对于细网格，建筑表面和开口表面的网格尺寸分别为 0.003 m 和

0.0005 m，建筑周边和外区域的网格尺寸分别为0.005 m和0.023 m。在网格无关分析中，使用240万个单元格的细网格(FG)为对照网格。建筑群的网格精度参照基本网格GB。

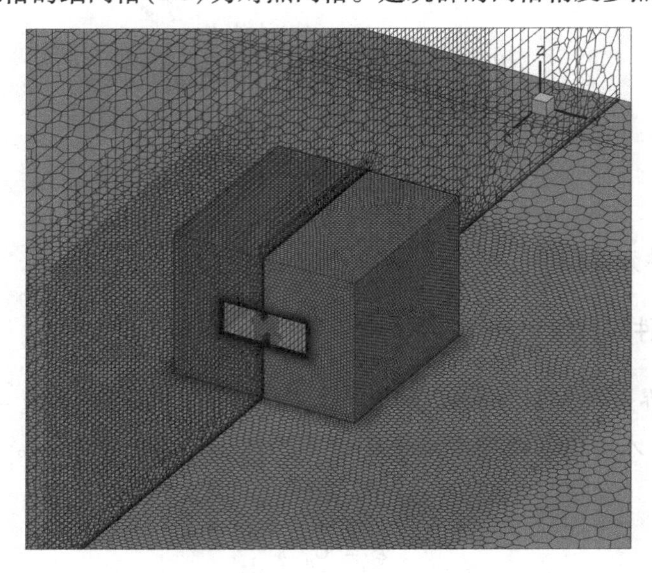

图10-4　方形建筑对照案例的网格轮廓

详细的数值方法可参照文献[36]。时间步长设置为2.0×10^{-4}s。数据的统计从6s开始，这足够消除初始化的影响，统计时间为30 s。连续性方程、动量方程和湍流方程的收敛残差分别设为1.0×10^{-5}、1.0×10^{-6}和1.0×10^{-6}。

10.4　结果与讨论

10.4.1　数值模拟方法验证

与FG细网格的结果相比，BG基本网格的*NMSE*值为0.0015。因此，基本网格可以获得与网格无关的仿真结果。建筑内流场的时间平均流向速度以及湍动能的预测值(PLES)与实验值对比图分别如图10-5和图10-6所示。图10-5证明了PLES模型预测的平均流向速度与实验数据吻合较好。图10-6表面湍动能在中心处的预测值偏高，在近顶面处的预测值则偏低。

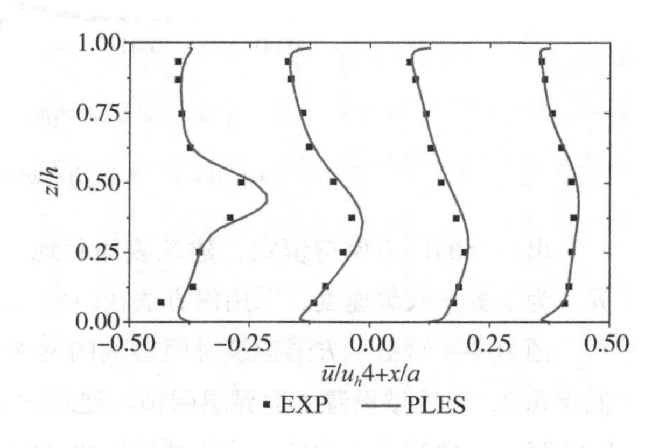

图10-5　建筑内时间平均流向速度预测值(PLES)与实验值对比图

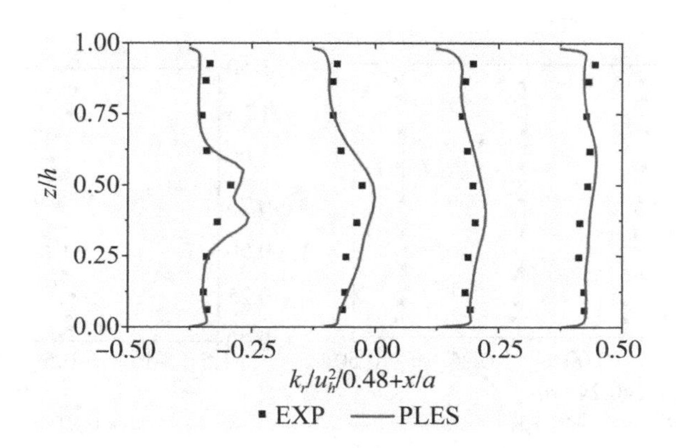

图 10－6　建筑内湍动能预测值与实验值对比图

表 10－1 所示为本案例预测值与理想值的 *NMSE*、*FAC2* 和 *FGE* 对比表。结果表明，PLES 模型的性能略优于 LES 模型，能够较好地预测孤立建筑的穿堂通风。

表 10－1　本案例预测值与理想值的 *NMSE*、*FAC2* 和 *FGE* 对比表

方法	u/u_h	k/u_h^2		
	FAC2	*FAC2*	*FGE*	*NMSE*
PLES	0.86	0.96	0.17	0.24
LES[34]	0.83	0.95	0.20	0.30
理想值	1	1	0	0

在遮挡条件下本案例中流体的平均流向速度和湍动能的预测值与实验值[21]的对比分别如图10－7 和图 10－8 所示。如表 10－2 所示为遮挡条件下，PLES 模型预测值与理想值的 *NMSE*、*FAC2* 和 *FGE* 的对比表。结果显示，PLES 模型预测的平均流向速度小于实验结果，并且外部的湍流动能预测过高，但内部的湍流动能与实验数据吻合较好。同时对比 LES 结果可发现，PLES 模型对于有遮挡的情况的预测性能略优于 LES 模型。

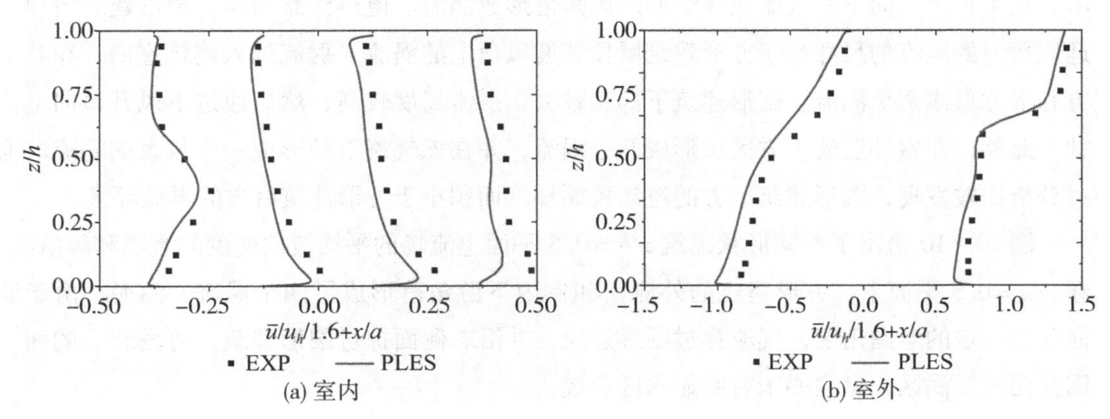

图 10－7　遮挡条件下本案例流体平均流向速度的预测值与实验值对比图

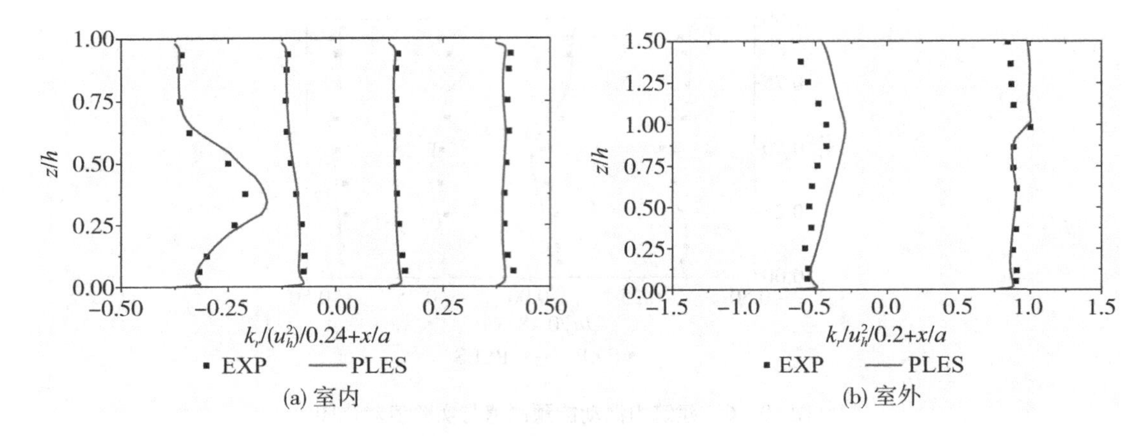

(a) 室内 (b) 室外

图 10－8 遮挡条件下本案例湍动能的预测值与实验值的对比图

表 10－2 遮挡条件下本案例预测值与理想值的 *NMSE*、*FAC2* 和 *FGE* 对比表

方法	u/u_h	k/u_h^2		
	FAC2	*FAC2*	*FGE*	*NMSE*
PLES	0. 61	0. 92	0. 28	0. 45
LES[35]	0. 58	0. 90	0. 31	0. 45
理想值	1	1	0	0

10. 4. 2 流动与通风分析

不同形状建筑 $y/h=0$ 平面上流场的平均流向速度的流线和等值线图如图 10－9 所示。由图可观察到，圆形建筑与方形建筑的穿堂通风有较大的差异。在 $y/h=0$ 平面上，来风气流可分为向上气流、射流和向下气流三部分。向上气流流向屋顶，在屋顶角分离，并再附着在屋顶上。向下的气流在建筑的迎风角落形成涡流。值得注意的是，圆形建筑屋顶和迎风角上的涡流的尺寸小于方形建筑屋顶和迎风角上的涡流。射流进入建筑室内，在其上方和下方形成两个涡流。圆形建筑下部涡较大，射流高度较高，然后通过下风开口向上流动。此外，在室外射流上方区域形成两个涡流，并在该气流下部形成一个较大的涡流。通过分析比较发现，圆形建筑后方的流动再循环区面积小于方形建筑后方的再循环区。

图 10－10 给出了不同形状建筑 $z/h=0.5$ 平面上流场的平均流向速度的流线和等值线。在 $z/h=0.5$ 平面上，方形建筑的外侧面和室内下游角落形成了四个涡流。然而，由于墙面存在一定的弯曲角度，气流穿过圆形建筑，并沿着侧面掠过圆形建筑。可发现，侧面周围并无气流涡区，室内亦未有明显涡区形成。

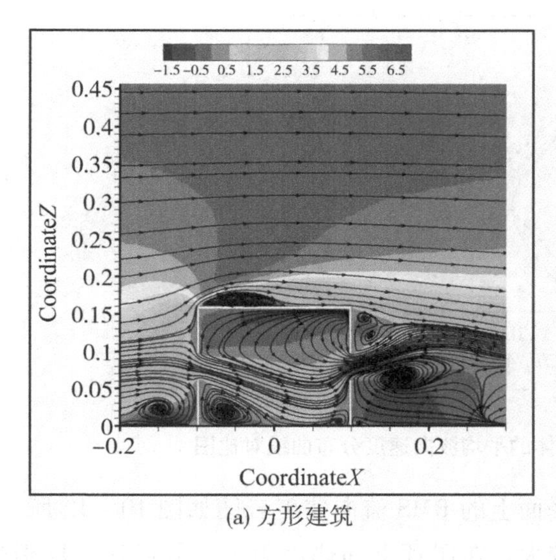

(a) 方形建筑

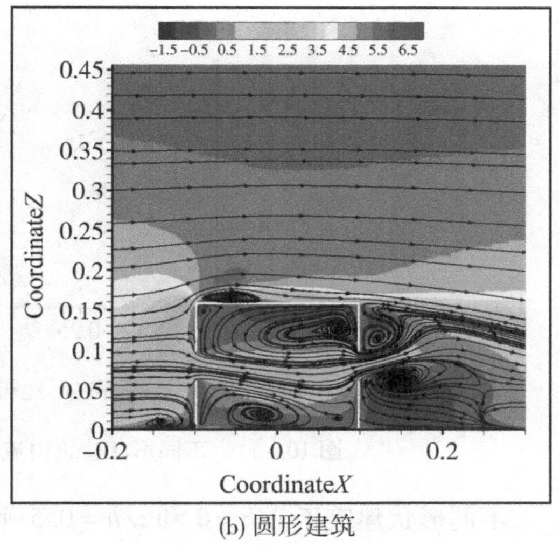

(b) 圆形建筑

图 10－9　不同形状建筑 $y/h=0$ 平面上流场的平均流向速度的流线和等值线图

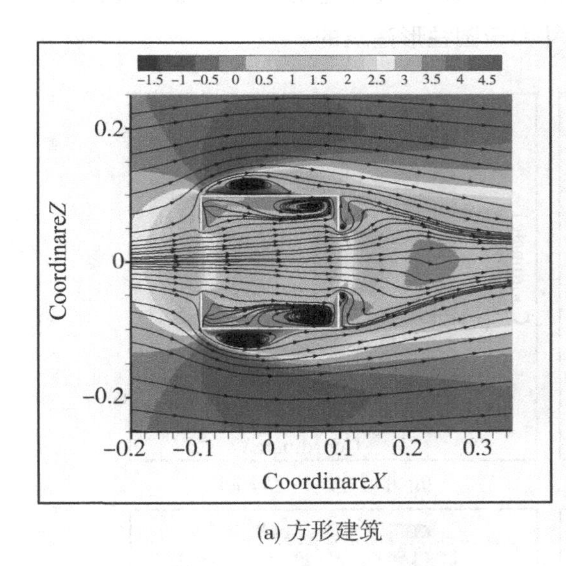

(a) 方形建筑

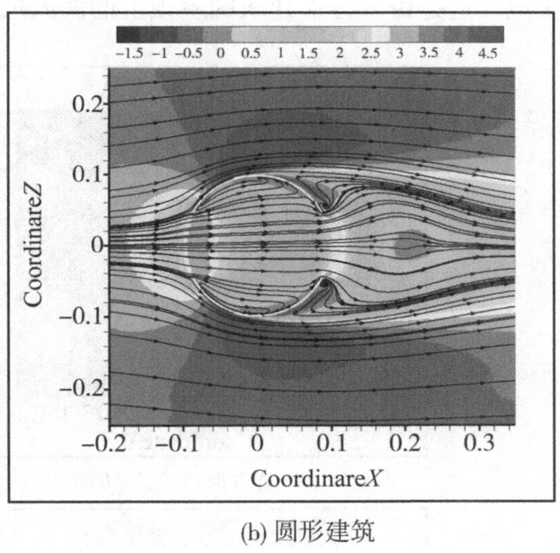

(b) 圆形建筑

图 10－10　不同形状建筑 $z/h=0.5$ 平面上流场的平均流向速度的流线和等值线

不同形状建筑内的平均流向速度分布曲线对比图如图 10－11 所示。与方形建筑相比，圆形建筑中的速度最大值点呈上移态势，这与圆形建筑中射流位置是一致的。在顶面附近区域，平均流向速度为负值，证明该区域为流动反向区域。在 $x/a=0.125$ 线上观察到：平均流向速度的符号相反，这是因为圆形建筑的底部涡覆盖了更多的面积。

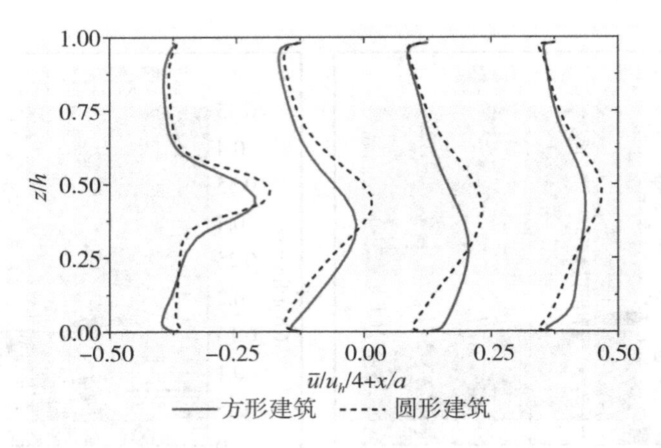

图 10－11　不同形状建筑内流体的平均流向速度分布曲线对比图

不同形状建筑于 $y/h=0$ 和 $z/h=0.5$ 平面上的 RMS 流向速度云图如图 10－12 所示。两种建筑周围的室外 RMS 流向速度差异较大。在屋顶上和侧面附近，方形建筑周围的 RMS 流向速度大于圆形建筑。方形建筑屋顶上方的 RMS 流向速度较大区域覆盖了更多的区域，这是由于方形建筑的屋顶上的涡流尺寸大于圆柱形建筑的。

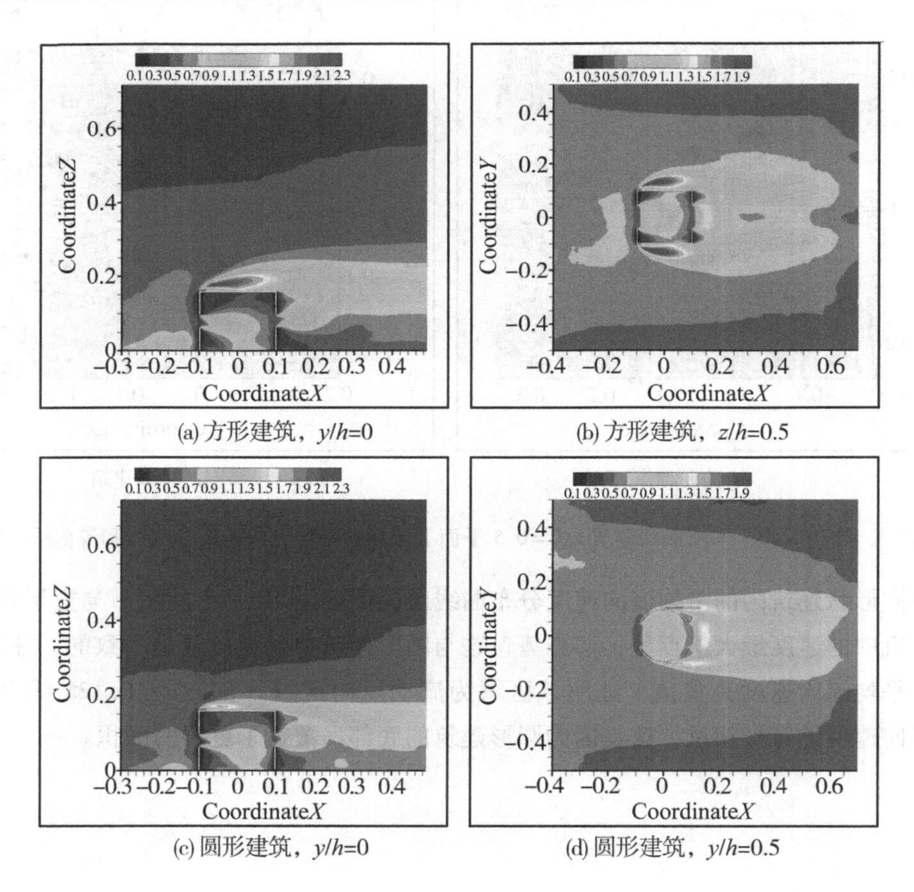

图 10－12　不同形状建筑于 $y/h=0$ 和 $z/h=0.5$ 平面上的 RMS 流向速度云图

此外，在 $z/h=0.5$ 平面上，方形建筑周围的最大 RMS 流向速度位置出现在侧面区域，这是因为气流在该区域分离，由图 10－10a 可观察到。而圆形建筑物周围最大 RMS 流向速度的位置在尾迹区域。在室内，由于圆形建筑的室内水平涡区域较小，因此在中高平面上不存在较小的 RMS 流向速度。对于方形建筑，转角处的 RMS 流向速度比核心区小。

不同形状建筑内 RMS 流向速度的分布曲线对比如图 10－13 所示。在迎风口附近，RMS 流向速度分布曲线在 $x/a=-0.375$ 线上有两个拐点，在 $x/a=-0.125$ 和 $x/a=0.125$ 线上均只有一个拐点。在 $x/a=0.375$ 线上，轮廓几乎是平坦的。此外，圆形建筑的轮廓的拐点移动到更高位置，这是由圆形建筑中所存在的较高的射流引起的。

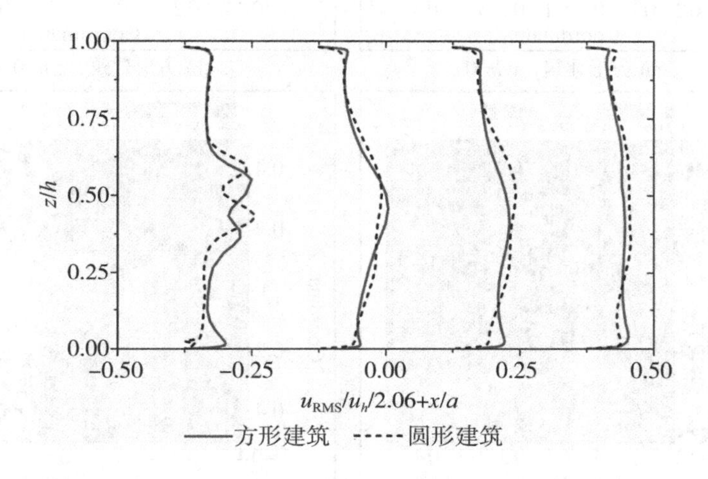

图 10－13　不同形状建筑内 RMS 流向速度分布曲线对比图

不同形状建筑于 $y/h=0$ 和 $z/h=0.5$ 平面上的湍动能云图如图 10－14 所示，两种建筑室外湍动能差异较大。在屋顶和侧面旁边，方形建筑周围的湍动能更大，覆盖的区域更多。在室内，圆形建筑中较大湍动能区域占据了更多的区域。不同形状建筑内湍动能的分布曲线对比图如图 10－15 所示，其中湍动能曲线的分布轮廓与 RMS 流向速度相似。在迎风开口附近，湍动能分布曲线在 $x/a=-0.375$ 线上有两个拐点，而圆形室内产生较小的湍动能。然而，在 $x/a=-0.125$、$x/a=0.125$ 和 $x/a=0.375$ 线上，湍动能在圆形建筑中较大。

整体上，方形建筑的室外气流波动较大，圆形建筑的室内气流波动较大。

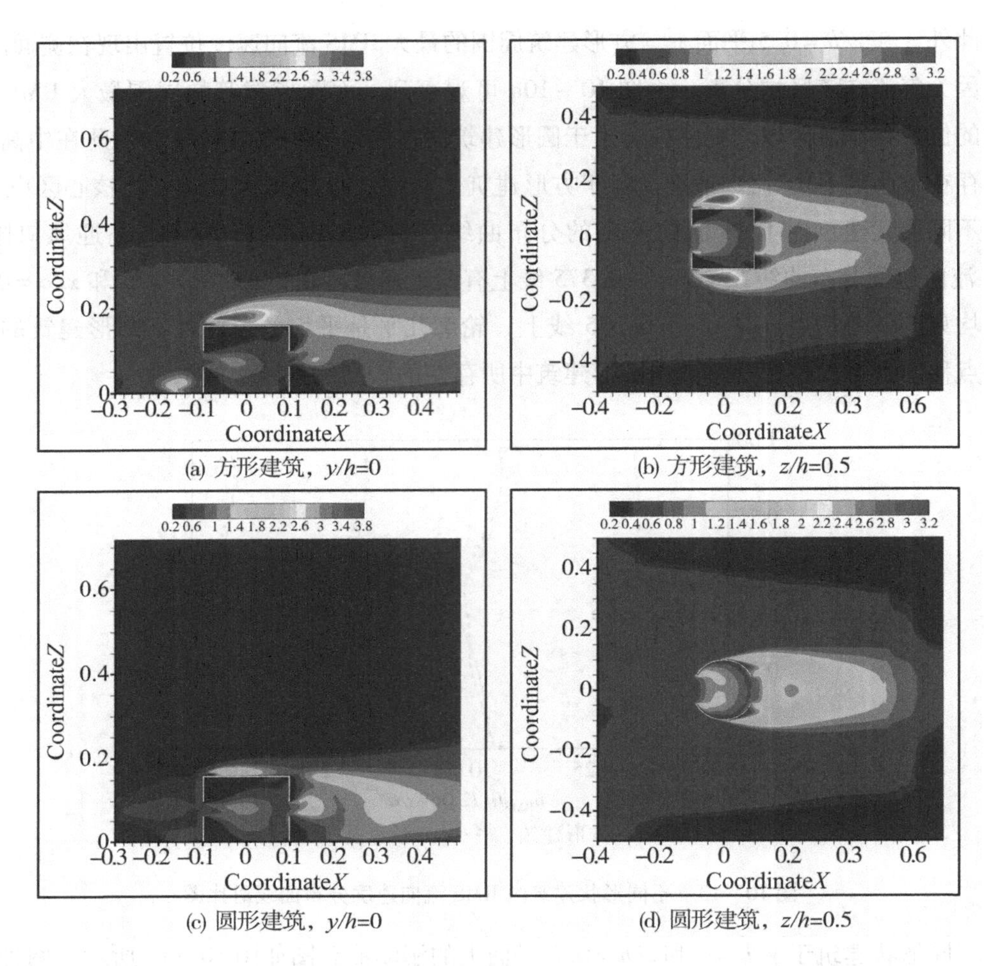

图 10－14　不同形状建筑于 $y/h=0$ 和 $z/h=0.5$ 平面上的湍动能云图

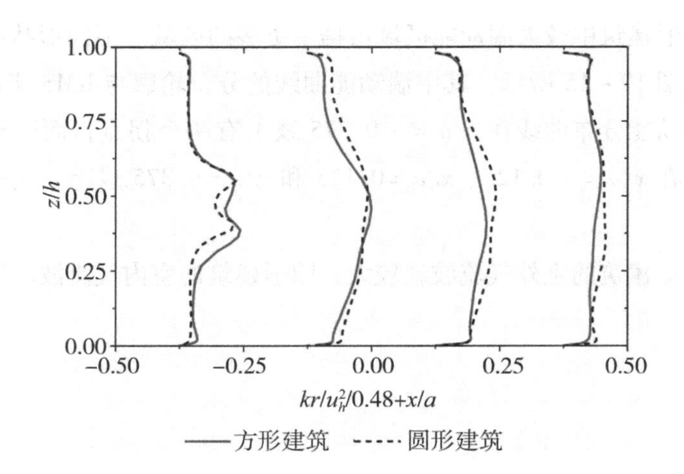

图 10－15　不同形状建筑内湍动能分布曲线对比图

不同形状建筑内流体的速度大小分布曲线对比图如图 10 - 16 所示。在中高区域，圆形建筑的最大速度大于方形建筑内的速度值。在圆形建筑中，最大速度的位置向上移动，而方形建筑内的最大速度的位置向下后又再向上移动。在顶部和地面附近区域，圆形建筑内的速度小于方形建筑内的速度。

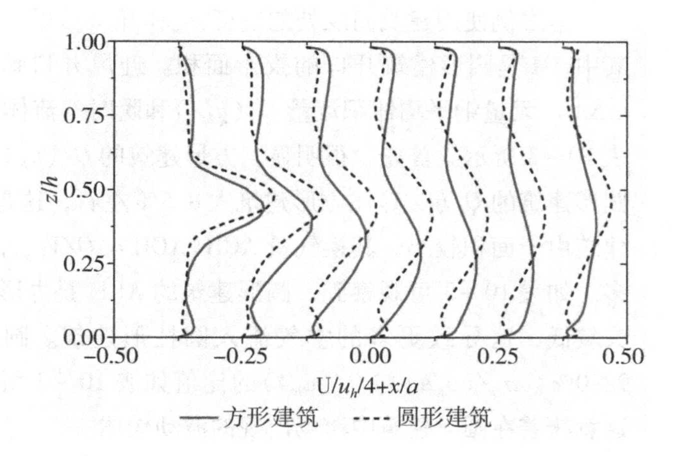

图 10 - 16 不同形状建筑内流体速度大小分布曲线

为了详细分析室内射流，定义上下射流点为速度大小等于线上最大速度大小一半的位置。图 10 - 17 显示了室内射流中上射流点、下射流点和局部最大速度位置。圆形建筑的上射流点向上移动，但在方形建筑内，它先向下移动，然后向上移动。在圆柱形建筑中，下射流点先向下移动，后向上移动，而在方形建筑中则向下移动。局部最大速度位置向下移动，并在圆形建筑物中保持平坦，但会在方形建筑中向下移动。根据 $x/a=0$ 和 $x/a=0.5$ 时最大速度的垂直位置定义射流角 α，详细计算过程参见文献[34]。圆形和方形建筑的射流角 α 分别为 8.14°和 20.45°。上述信息表明，圆形建筑内的射流相比方形建筑物内的射流更为平坦。当气流穿过圆柱形建筑物时，压力损失将减小。因此，圆形建筑内的喷射气流则向上移动。

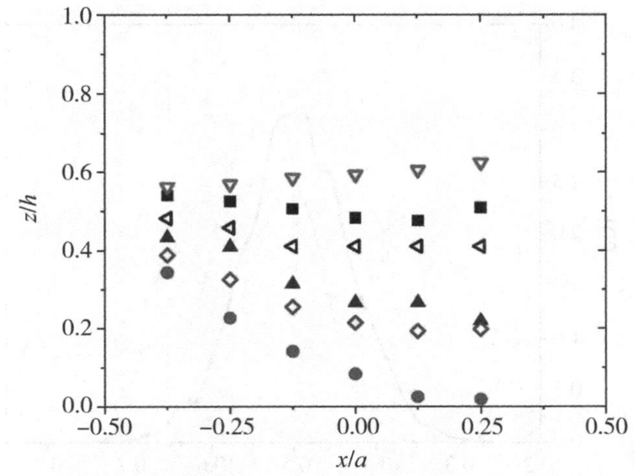

图 10 - 17 室内射流中上射流点、下射流点和局部最大速度位置

本案例使用建筑高度处的速度 u_h 和开口面积 A 的乘积，使平均体积流量 Q 无量纲化，其中，A 是圆形建筑开口的投影面积。迎风开口瞬时气流体积流量的计算公式为 $q=\sum u_i\Delta A_i$。无量纲平均体积流量 $Q/(u_hA)$ 和瞬时气流体积流量标准差 $\sigma_q/(u_hA)$ 的对比情况如表 10－3 所示。首先，很明显，方形建筑的 $Q/(u_hA)$ 与实验结果吻合理想，误差为 0.8%。圆形建筑的 $Q/(u_hA)$ 比方形建筑大 8.5% 左右，这是圆形建筑中较高的射流造成的。圆形建筑由于面积较小，其换气量 ACH（$\mathrm{ACH}=Q/V_{\mathrm{room}}$，$V_{\mathrm{room}}$ 为室内体积）要比方形建筑的大得多。如表 10－3 可观察到，圆形建筑的 ACH 是方形建筑的 1.38 倍。圆形建筑内的压力损失较低，这导致更多的空气流入圆柱形建筑。圆形建筑的 $\sigma_q/(u_hA)$ 约为方形建筑的 92.0%。$\sigma_q/(u_hA)$ 与 $Q/(u_hA)$ 的比值如表 10－3 所示。对于圆形建筑，其 σ_q/Q 也较小，这意味着在圆形建筑中流场出现的波动较弱。

表 10－3　无量纲平均体积流量和瞬时气流体积流量标准差对比情况

案例	$Q/(u_hA)$	$\mathrm{ACH}=Q/V_{\mathrm{room}}$	$\sigma_q/(u_hA)$	σ_q/Q
方形建筑实验值	0.500	—	—	—
方形建筑模拟值	0.496	$1.195\mathrm{s}^{-1}$	0.0648	0.13
圆形建筑模拟值	0.538	$1.651\mathrm{s}^{-1}$	0.0596	0.11

不同形状建筑穿堂风瞬时气流体积流量的概率密度函数（probability density function，PDF）如图 10－18 所示。由图片可观察到，两种建筑穿堂通风的 q 的概率密度函数的形状和偏度相似，但圆形建筑的 PDF 最大值更大。圆形建筑和方形建筑的 q 值分别为 0.33～0.75 和 0.27～0.77，这也证明了圆形建筑的 q 波动较弱。

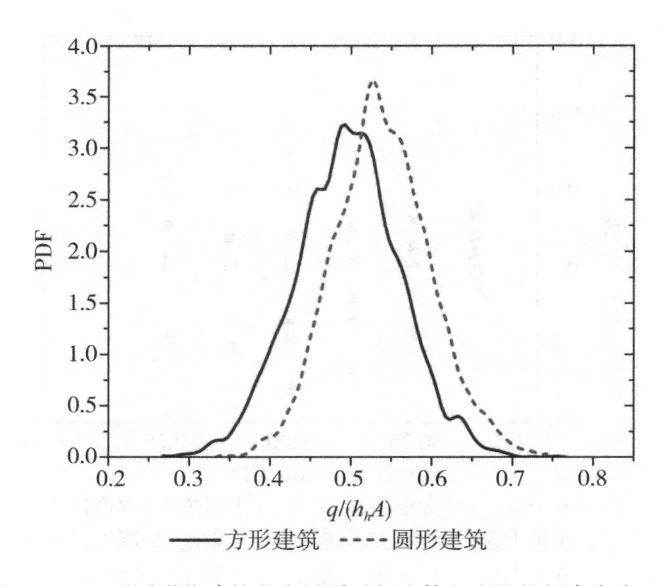

图 10－18　不同形状建筑穿堂风瞬时气流体积流量的概率密度函数

10.5 遮挡建筑穿堂风的结果与讨论

以下为针对遮挡时方形建筑和圆形建筑周围的流动情况展开的研究。图 10－19 给出了不同形状建筑于$y/h=0$和 $z/h=0.5$ 平面上流场的平均流向速度的流线和等值线，图示

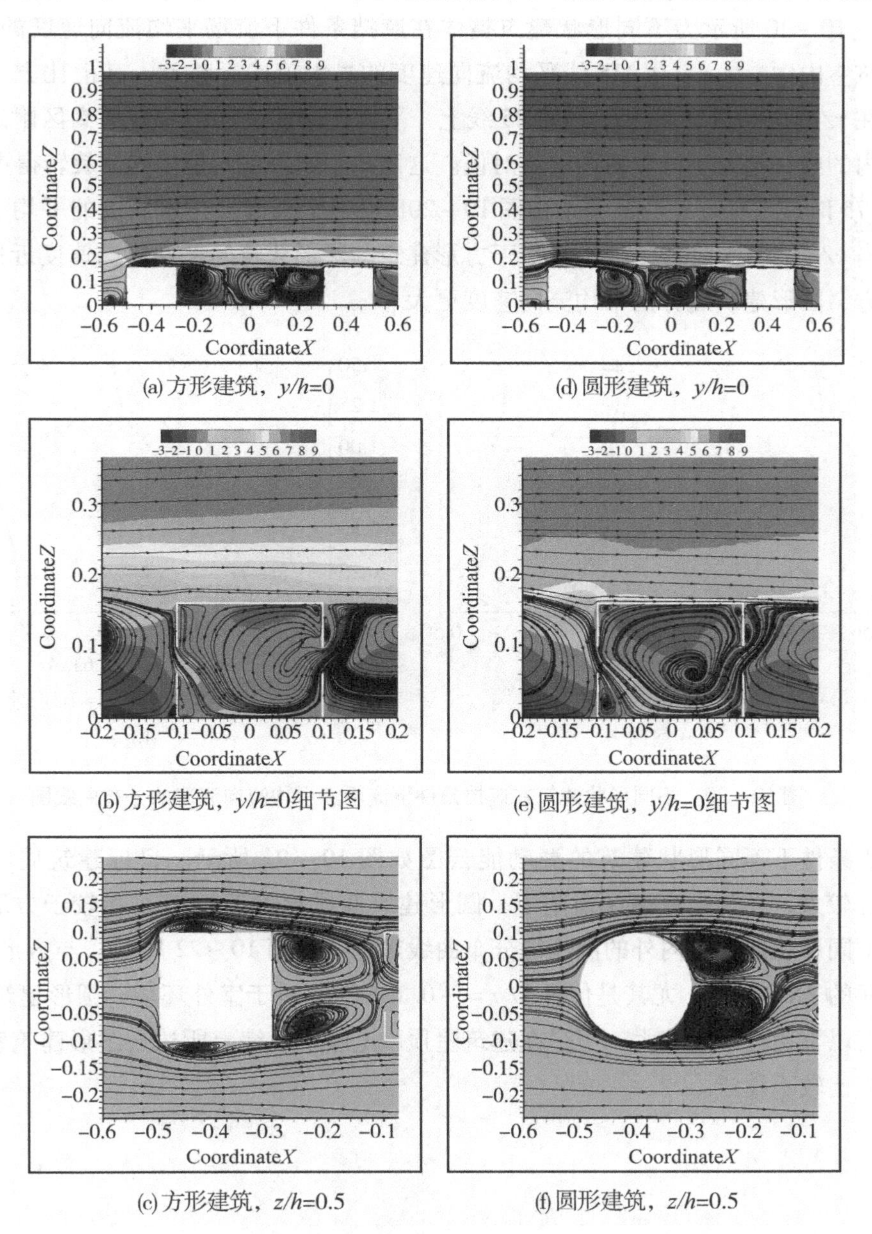

图 10－19 遮挡条件下不同形状建筑穿堂风平均流向速度的流线和等值线

（注：a－c 为方形建筑，d－f 为圆形建筑）

横截面的差异导致了气流结构的不同。对比图 10－19b 和图 10－19e 中的流线可见，在 $y/h=0$ 和 $z/h=0.5$ 平面上，上游圆形建筑周围的涡比上游方形建筑周围的涡尺寸小。由于在迎风窗口前形成了涡流，气流向下喷射流入建筑物，并且房间内左侧形成的涡比右侧的涡小得多。在方形建筑中，右侧涡的中心靠近背风窗，而在圆形建筑中，它靠近房间的中心。在 $z/h=0.5$ 平面上，由于侧壁周围不存在涡区，同时上游圆柱建筑的背风面后的涡较小，这导致更多的气流向下进入圆形建筑，从而使得流速增大。

如图 10－20 所示为不同形状建筑整体在遮挡条件下流场平均流向速度的分布曲线。圆形建筑室内中 $x/a=-0.375$ 线平均流向速度的最大值向下移动，其值比方形建筑室内的大。在 $x/a=-0.125$ 和 $x/a=0.125$ 线上，平均流向速度的符号在中高区附近变化，且圆形室内的绝对值大于方形室内的绝对值。这意味着圆形室内里的涡流旋转得更快。当 $x/a=-0.75$ 时或目标建筑物前方，由图 10－20b 可观察到圆形建筑周围的平均流向速度较大。而当 $x/a=0.75$ 时，$z/h=1.0$ 以下方形建筑与圆形建筑的平均流向速度近似重合；在屋顶上方，圆形建筑后方的平均流向速度更大。

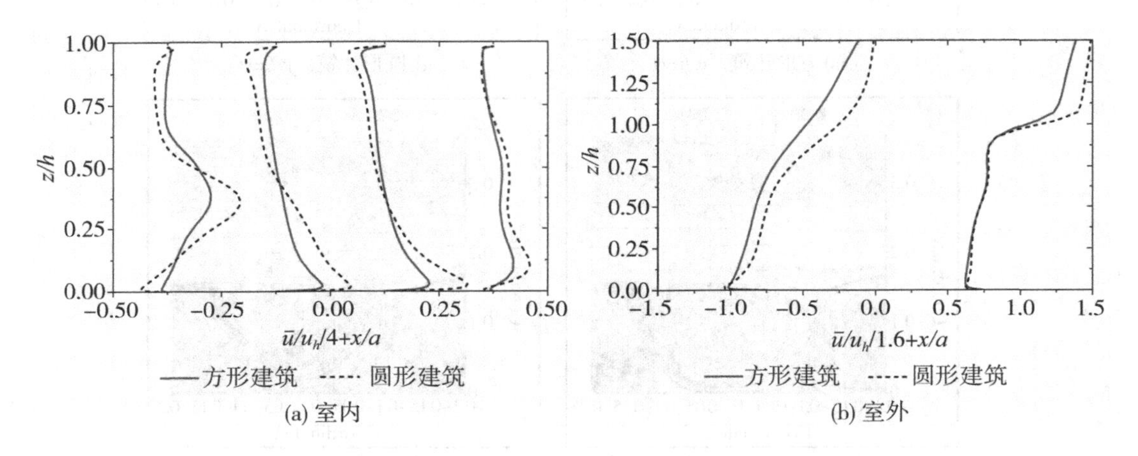

(a) 室内 (b) 室外

图 10－20 不同形状建筑在遮挡条件下流场的平均流向流速的分布曲线图

遮挡条件下不同形状建筑的湍动能云图如图 10－21 所示。目标建筑周围的室内外 *TKE* 差异较大，尤其是在迎风窗附近。圆形建筑迎风窗附近的 *TKE* 相较于方形建筑要大得多。不同形状建筑室内外的湍动能分布曲线对比图如图 10－22 所示。与方形建筑相比，圆形房间的 *TKE* 更大，尤其是位置 $x/a=-0.125$ 上。对于室外环境，圆形建筑的 *TKE* 在建筑高度以下比方形建筑大，但是在建筑屋顶以上较小。综上所述，圆形建筑室内外环境中的气流比较不稳定。

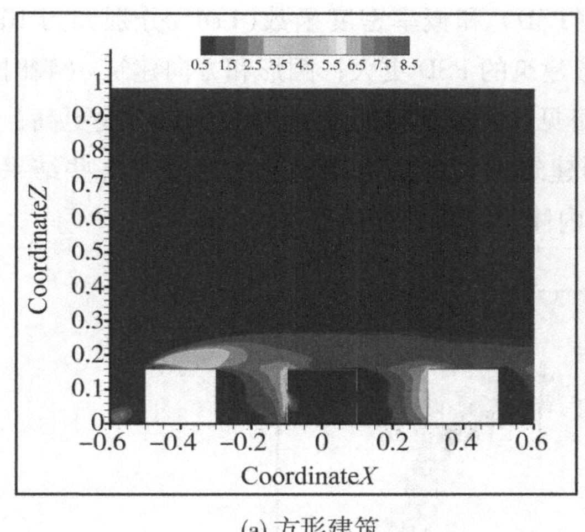

(a) 方形建筑

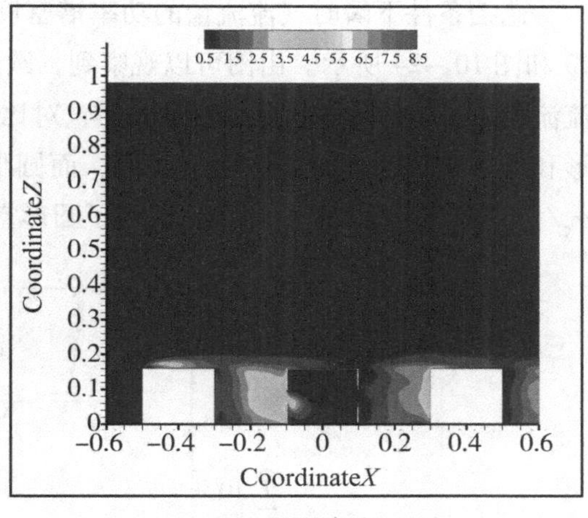

(b) 圆形建筑

图 10－21　遮挡条件下不同形状建筑湍动能云图

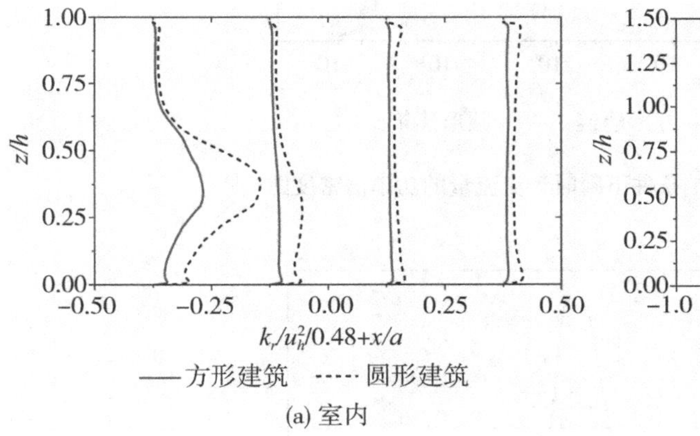

(a) 室内

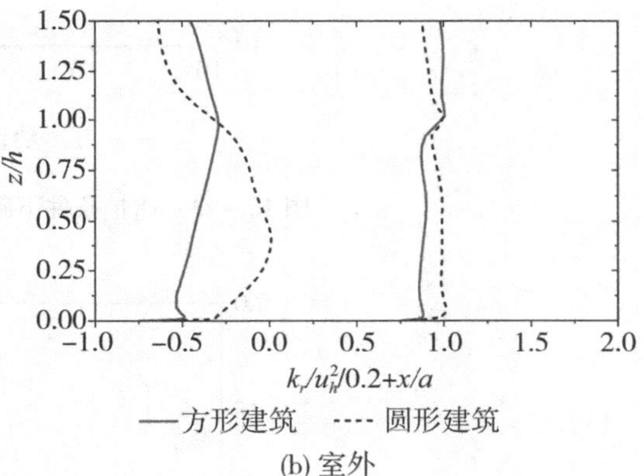

(b) 室外

图 10－22　遮挡条件下不同形状建筑湍动能分布曲线对比图

遮挡条件下无量纲体积流量 $Q/(u_hA)$ 和瞬时气流流量的标准差 $\sigma_q/(u_hA)$ 的对比情况如表 10－4 所示。方形建筑 $Q/(u_hA)$ 的模拟值与实验结果吻合较好，误差为 8.3%。圆柱形建筑 $Q/(u_hA)$ 的模拟值比方形建筑大 53.8%。这种扩大是由于圆柱形建筑的迎风窗前有更多的室外气流。圆柱形建筑的 $\sigma_q/(u_hA)$ 约为方形建筑的 1.6 倍。$\sigma_q/(u_hA)$ 与 $Q/(u_hA)$ 的比值如表 10－4 所示，两个目标建筑的 σ_q/Q 值差异很小。

表 10－4　遮挡条件下无量纲体积流量和瞬时气流流量的标准差的对比情况

案例	$Q/(u_hA)$	$\sigma_q/(u_hA)$	σ_q/Q
实验中的方形建筑	0.12	–	–
模拟中的方形建筑	0.13	0.056	0.43
模拟中的圆形建筑	0.20	0.088	0.44

遮挡条件下瞬时气流流量的功率谱密度(PSD)和概率密度函数(PDF)分别如图10-23和图10-24所示。由图可以观察到，圆形建筑的PSD更大；圆形和方向建筑q(瞬时气流流量)的PDF的形状存在明显差异，对比可见，圆形建筑的q的PDF倾斜程度更高；圆形和方形建筑的q的左边阈值相同，而圆形建筑的q的右边阈值要大得多。这些结果与$\sigma_q/(u_hA)$的计算结果相吻合，证明了圆形室内体积流量的波动更强烈。

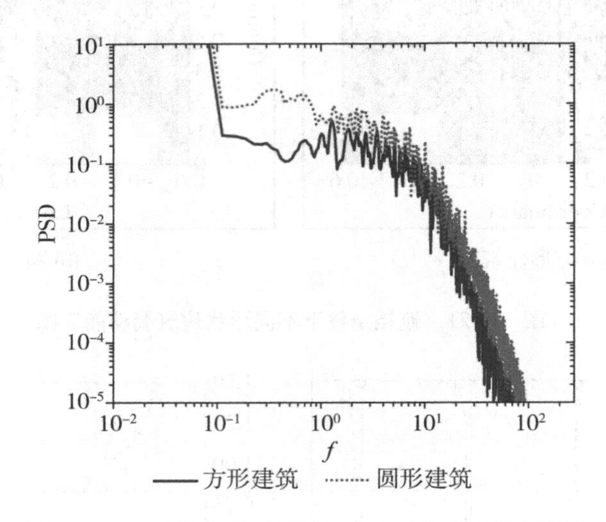

图10-23　遮挡条件下瞬时气流流量的功率谱密度图

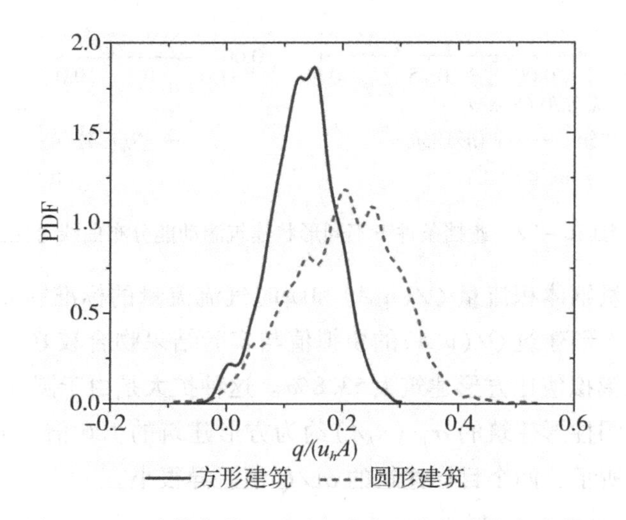

图10-24　遮挡条件下瞬时气流流量的概率密度函数图

10.6　本章小结

由于压差驱动的穿堂风可以快速有效地去除建筑中的大量污染物和热量，通常被视为重要的通风方式。但是，目前关于建筑截面对穿堂风的影响的相关研究很少。本章采用了一种有效的联合湍流数值方法，对圆形建筑在无遮挡和有遮挡条件下的穿堂风的流动情况进行了数值研究。结论总结如下：

(1)与文献报道的实验结果相比较发现：在无遮挡和有遮挡情况下的通风量率误差分别为0.8%和8.3%。平均流向流速的归一化均方误差分别为0.24和0.45。仿真结果与实验数据的比较表明，采用的联合湍流数值方法能够较好地预测建筑在无遮挡和有遮挡条件下的穿堂风。

(2)与方形建筑相比，无遮挡条件下的圆形建筑的气流更加水平。底部的涡流在圆柱形房间覆盖的面积更多。并且，*TKE* 和 PDF 曲线表明，圆形建筑内的气流不稳定程度较低。

(3)无遮挡条件的方形和圆形建筑的无量纲体积流率分别为0.496和0.538。同时，无遮挡条件下的圆形建筑的通风量增加了8.3%，并且体积流率波动较弱。

(4)由于迎风窗前涡的形成，进入有遮挡条件的建筑的气流立即流向地面。上游圆形建筑背风墙后的旋涡较小，这导致更多的气流向下进入圆形建筑内，且在房间中的涡流旋转得更快。TKE、PSD 和 PDF 曲线均证明了圆形建筑室内和室外环境中的气流更为不稳定。

(5)方形和圆形建筑具备遮挡条件时，两者的无量纲体积流量分别为0.13和0.20，这意味有遮挡条件的圆形建筑通风量增加了53.8%。

参考文献

[1] OMRANI S, GARCIA-HANSEN V, CAPRA B, et al. Natural ventilation in multi-storey buildings: Design process and review of evaluation tools[J]. Building and Environment, 2017, 116: 182 - 194.

[2] AFSHIN M, SOHANKAR A, MANSHADI M, et al. An experimental study on the evaluation of natural ventilation performance of a two-sided wind-catcher for various wind angles[J]. Renewable Energy, 2016, 85: 1068 - 1078.

[3] OMRANI S, GARCIA-HANSEN V, CAPRA B, et al. Effect of natural ventilation mode on thermal comfort and ventilation performance: Full-scale measurement[J]. Energy and Buildings, 2017, 156: 1 - 16..

[4] MONTAZERI H, MONTAZERI F. CFD simulation of cross-ventilation in buildings using rooftop wind-catchers: Impact of outlet openings[J]. Renewable Energy, 2018, 118: 502 - 520.

[5] SHETABIVASH H. Investigation of opening position and shape on the natural cross ventilation[J]. Energy and Buildings, 2015, 93: 1 - 15.

[6] BAZDIDI-TEHRANI F, MASOUMI-VERKI S, GHOLAMALIPOUR P. Impact of opening shape on airflow and pollutant dispersion in a wind-driven cross-ventilated model building: Large eddy simulation [J]. Sustainable Cities and Society, 2020, 61: 102196.

[7] KARAVA P, STATHOPOULOS T, ATHIENITIS A. K. Airflow assessment in cross-ventilated buildings with operable façade elements[J]. Building and Environment, 2011, 46(1): 266 - 279.

[8] DERAKHSHAN S, SHAKER A. Numerical study of the cross-ventilation of an isolated building with different opening aspect ratios and locations for various wind directions[J]. International Journal of Ventilation, 2017, 16(1): 42-60.

[9] KOBAYASHI T, SANDBERG M, KOTANI H, et al. Experimental investigation and CFD analysis of cross-ventilated flow through single room detached house model[J]. Building and Environment, 2010, 45(12): 2723-2734.

[10] CHU C, CHIANG B. Wind-driven cross ventilation in long buildings[J]. Building and Environment, 2014, 80: 150-158.

[11] PERÉN J, VAN HOOFF T, LEITE B, et al. CFD analysis of cross-ventilation of a generic isolated building with asymmetric opening positions: Impact of roof angle and opening location[J]. Building and Environment, 2015, 85: 263-276.

[12] TOMINAGA Y, BLOCKEN B. Wind tunnel analysis of flow and dispersion in cross-ventilated isolated buildings: Impact of opening positions[J]. Journal of Wind Engineering and Industrial Aerodynamics, 2016, 155: 74-88.

[13] KOSUTOVA K, VAN HOOFF T, VANDERWEL C, et al. Cross-ventilation in a generic isolated building equipped with louvers: Wind-tunnel experiments and CFD simulations[J]. Building and Environment, 2019, 154: 263-280.

[14] PERÉN J, VAN HOOFF T, LEITE B, et al. CFD simulation of wind-driven upward cross ventilation and its enhancement in long buildings: Impact of single-span versus double-span leeward sawtooth roof and opening ratio[J]. Building and Environment, 2016, 96: 142-156.

[15] ESFEH M, SOHANKAR A, SHAHSAVARI A, et al. Experimental and numerical evaluation of wind-driven natural ventilation of a curved roof for various wind angles[J]. Building and Environment, 2021, 205: 108275.

[16] HU C, OHBA M, YOSHIE R. CFD modelling of unsteady cross ventilation flows using LES[J]. Journal of Wind Engineering and Industrial Aerodynamics, 2008, 96(10-11): 1692-1706.

[17] CHU C, CHIU Y, CHEN Y, et al. Turbulence effects on the discharge coefficient and mean flow rate of wind-driven cross-ventilation[J]. Building and Environment, 2009, 44(10): 2064-2072.

[18] TOMINAGA Y, BLOCKEN B. Wind tunnel experiments on cross-ventilation flow of a generic building with contaminant dispersion in unsheltered and sheltered conditions[J]. Building and Environment, 2015, 92: 452-461.

[19] CHEUNG J, LIU C. CFD simulations of natural ventilation behaviour in high-rise buildings in regular and staggered arrangements at various spacings[J]. Energy and Buildings, 2011, 43(5): 1149-1158.

[20] IKEGAYA N, HASEGAWA S, HAGISHIMA A. Time-resolved particle image velocimetry for cross-ventilation flow of generic block sheltered by urban-like block arrays[J]. Building and Environment, 2019, 147: 132-145.

[21] SHIRZADI M, TOMINAGA Y, MIRZAEI P. Wind tunnel experiments on cross-ventilation flow of a generic sheltered building in urban areas[J]. Building and Environment, 2019, 158: 60-72.

[22] SHIRZADI M, TOMINAGA Y, MIRZAEI P. Experimental study on cross-ventilation of a generic building in

highly-dense urban areas: Impact of planar area density and wind direction[J]. Journal of Wind Engineering and Industrial Aerodynamics, 2020, 196: 104030.

[23] GOLUBIĆ D, MEILE W, BRENN G, et al. Wind-tunnel analysis of natural ventilation in a generic building in sheltered and unsheltered conditions: Impact of Reynolds number and wind direction[J]. Journal of Wind Engineering and Industrial Aerodynamics, 2020, 207: 104388.

[24] ADACHI Y, IKEGAYA N, SATONAKA H, et al. Numerical simulation for cross-ventilation flow of generic block sheltered by urban-like block array[J]. Building and Environment, 2020, 185: 107174.

[25] MURAKAMI Y, IKEGAYA N, HAGISHIMA A, et al. Coupled simulations of indoor-outdoor flow fields for cross-ventilation of a building in a simplified urban array[J]. Atmosphere, 2018, 9(6): 217.

[26] SHIRZADI M, MIRZAEI P A, TOMINAGA Y. LES analysis of turbulent fluctuation in cross-ventilation flow in highly-dense urban areas[J]. Journal of Wind Engineering and Industrial Aerodynamics, 2021, 209: 104494.

[27] KESHAVARZIAN E, JIN R, DONG K, et al. Effect of building cross-section shape on air pollutant dispersion around buildings[J]. Building and Environment, 2021, 197: 107861.

[28] YI Q, ZHANG G, KÖNIG M, et al. Investigation of discharge coefficient for wind-driven naturally ventilated dairy barns[J]. Energy and Buildings, 2018, 165: 132 – 140.

[29] SHIRZADI M, MIRZAEI P, NAGHASHZADEGAN M. Development of an adaptive discharge coefficient to improve the accuracy of cross-ventilation airflow calculation in building energy simulation tools[J]. Building and Environment, 2018, 127: 277 – 290.

[30] GAUTAM K R, RONG L, ZHANG G, et al. Comparison of analysis methods for wind-driven cross ventilation through large openings[J]. Building and Environment, 2019, 154: 375 – 388.

[31] KATO S, MURAKAMI S, MOCHIDA A, et al. Velocity-pressure field of cross ventilation with open windows analyzed by wind tunnel and numerical simulation[J]. Journal of Wind Engineering and Industrial Aerodynamics, 1992, 44(1 – 3): 2575 – 2586.

[32] JIANG Y, CHEN Q. Study of natural ventilation in buildings by large eddy simulation[J]. Journal of Wind Engineering and Industrial Aerodynamics, 2001, 89(13): 1155 – 1178.

[33] JIANG Y, ALEXANDER D, JENKINS H, et al. Natural ventilation in buildings: measurement in a wind tunnel and numerical simulation with large-eddy simulation[J]. Journal of Wind Engineering and Industrial Aerodynamics, 2003, 91(3): 331 – 353.

[34] VAN HOOFF T, BLOCKEN B, TOMINAGA Y. On the accuracy of CFD simulations of cross-ventilation flows for a generic isolated building: Comparison of RANS, LES and experiments[J]. Building and Environment, 2017, 114: 148 – 165.

[35] SHIRZADI M, MIRZAEI P A, TOMINAGA Y. CFD analysis of cross-ventilation flow in a group of generic buildings: Comparison between steady RANS, LES and wind tunnel experiments[J]. Building Simulation, 2020, 13: 1353 – 1372.

[36] DING P, ZHOU X, WU H, et al. An efficient numerical approach for simulating airflows around an isolated building[J]. Building and Environment, 2022, 210: 108709.

[37] MENTER F. Two-equation eddy-viscosity turbulence models for engineering applications[J]. AIAA

Journal, 1994, 32(8): 1598 - 1605.
[38] DING P, ZHOU X. A DDES model with subgrid-scale eddy viscosity for turbulent flow[J]. Journal of Applied Fluid Mechanics, 2022, 15(3): 831 - 842.
[39] NICOUD F, DUCROS F. Subgrid-scale stress modelling based on the square of the velocity gradient tensor [J]. Flow, Turbulence and Combustion, 1999, 62(3): 183 - 200.

11 高层建筑周围风热环境模拟

高层建筑周围强烈的下冲气流增大了地面层的风速，这通常会营造出使城市行人产生不适感甚至可能陷入危险境地的风环境。因此，高层建筑如何影响行人高度处风环境是一个重要的课题[1,2]。目前，学者基于边界层风洞实验、数值模拟或者其他方式开展了大量控制或降低行人高度处风速的基础研究。

建筑的几何结构调整是控制高层建筑周围行人高度处风环境的重要策略，包括增加平台[3-5]、角落修改[6-9]、建筑尺寸[3]和架空设计[10-12]。同时，来风的特性也是影响建筑周围风环境一个重要因素[3,13]。文献[8]的风洞实验表明，通过采用倒角和切角的设计可以减少高层建筑周围高达30%的高风速区域。

在实际应用中，高层建筑与周边建筑之间存在着复杂的气流间相互作用。然而，这种复杂的相互作用对实际城市布局的影响难以被系统性研究。这是由于目标建筑与周围建筑之间存在大量的几何组合，其结果随组合[14]的不同而不同。因此，往往将城市布局进行简化以研究它们的共性。

Tsang等[3]进行了研究风与结构间相互作用的相关实验。实验研究的重点是建筑的尺寸、间距、布局和裙台数量对PLWE的影响。结果表明：单一宽建筑对行人高度处的自然通风有不利影响，而高层建筑有利于近域通风；当建筑间距小于建筑宽度的一半时，行人高度的自然通风会受到不利影响；裙台数量的增加也会对建筑周围的气流产生不利影响。

Kuo等[4]利用WTE，确定了不同街道宽度、裙台高度和来流风向下街道PLWE的特征。实验结果表明，街道宽度对PLWE的影响可分为三种不同的流动模式。在街道中，更高的裙台创造了更强的风速，不同的来流风向可改变高速区域。Iqbal和Chan[15]研究了来风角度和街道宽度对十字形高层建筑再入角处风特性的影响，以及滞止区和尾流区在不同来风角度下对通风和风舒适的影响。

Tominaga和Shirzadi[14]使用WTE测量了一个由低层建筑和高层建筑在中心组成的城市街区模型的风速和表面压力。因为高层建筑周围的气流与其周围街道之间存在着复杂的相互作用，高层建筑的存在极大地改变了建筑周围PLWE的时间平均和瞬时特性。与低层建筑相比，高层建筑产生的速度波动分量的功率谱密度较大。此外，Shirzadi和Tominaga提出了一种形状优化框架，用于改进高层建筑周围的PLWE[16]。

此外，室外热舒适也是建筑设计和城市规划的重要因素。热场的研究对象主要集中在建筑高度相同的建筑群。Du等的研究关注于具有架空布局的建筑，确定了最佳PLEW和室外热舒适的简化城市布局[17]。

Duan 和 Ngan[18]采用 LES 方法分析了不同理查德森数下的规则建筑群的平均流场和湍流度。垂直平面上的时均流线表明掠流在稳定和中性条件下仍然存在。在不稳定条件下，上升气流占主导地位。

Duan 和 Ngan[19]还研究了热稳定性对立方体建筑群通风的影响。对于不稳定性边界层，通风时间尺度随着地面加热的增加而减小。平均示踪剂年龄和污染物滞留时间尺度与平均循环时间尺度呈线性关系。对于稳定性边界层，通风时间尺度随着地面散热的增加而增加。

Marucci 和 Carpentieri[20]开展的 WTE 研究，探讨了大气层结对规则排列的矩形建筑群内外流动和扩散的影响。结果表明，层结对羽流宽度的影响小于垂直剖面的影响。稳定边界层对冠层内的羽流中轴未见显著影响，但在不稳定边界层条件下羽流中轴偏离中心方向。在冠层以上，两种类型的分层导致羽流偏转的增加。稳定边界层条件下的冠层平均浓度比中性条件下大 2 倍，而对流条件下的冠层平均浓度则小 3 倍。

Lin 等[21]采用粒子图像测速仪研究了 4 种不同表面加热条件和 3 种不同高宽比对风洞实验中流动和温度场的影响。当背风面或迎风面受热时，各高宽比的最大热负荷在高度中点附近，意味着街谷半高区域在降低热负荷方面具有一定优势。在实验中，当地面被加热时，热量集中在街谷的角落。

这些关于高层建筑与周围建筑复杂相互作用的研究局限在于未考虑建筑群平面密度的影响，并且忽略了高层建筑对热环境的影响。因此，本章采用数值模拟方法研究理想城市阵列中平面密度对风热环境的影响，研究中采用了经改进的混合 RANS/LES 模型。

11.1 案例介绍

为了分析平面密度变化时，建筑群中高层建筑对风和热环境的影响，选择 Tominaga 和 Shirzadi 的风洞实验[14]作为参照案例。建筑群的计算域即几何结构和带有位置指示器的俯视图如图 11－1 所示。x，y，z 方向的取值范围分别为$(-7.5h, 20h)$，$(-7.5h, 7.5h)$，$(0, 18h)$，其中 h 为周围建筑物的高度($h=0.1$ m)。高度为 0.3 m 的高层建筑位于$(x, y, z)=(0, 0, 0)$处，由 8 个立方体建筑包围。以 8 个立方体建筑为模型的周边建筑，可以再现由几排城市街区组成的建筑群。立方体建筑的宽度 $a=0.1$ m。两座建筑间距 $s=0.2$ m，即平面密度为 0.25。在立方体建筑高度处的风速被测量为 $u_h=3.1$ m/s，Re 数约为 21 000。为了研究平面密度的影响，两个建筑中心之间的距离分别设为 130 mm、158 mm 和 200 mm，因此平面密度(PD)的值分别为 0.6、0.4 和 0.25。

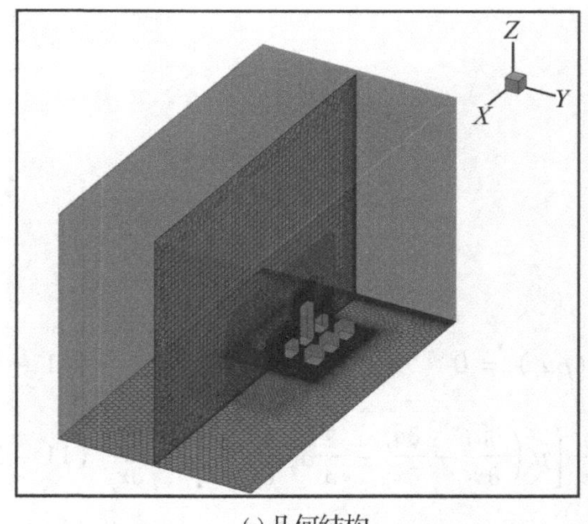

(a) 几何结构

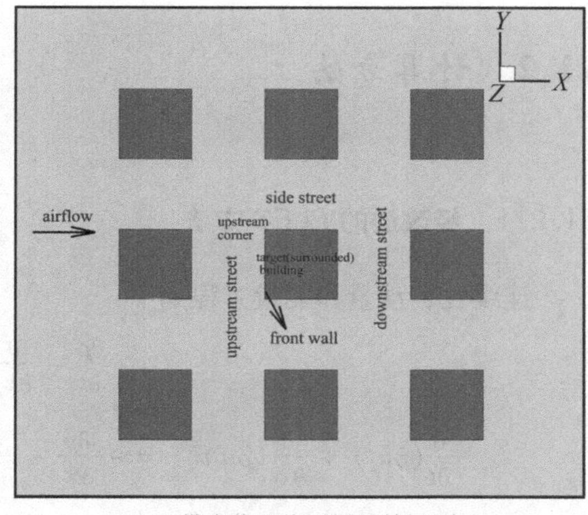

(b) 带有位置指示器的俯视图

图 11－1　建筑群计算域

选取文献的非等温不稳定大气边界层下孤立建筑风洞实验结果[22]，验证所采用的数值方法在预测孤立建筑物周围非等温不稳定气流时的性能。相应几何结构如图 11－2 所示。x，y，z 方向取值范围分别为$(-3H, 7.5H)$、$(-3.125H, 3.125H)$、$(0, 5.625H)$，其中 H 为高层建筑高度，取值为 0.16 m。高层孤立建筑位于$(x, y, z)=(-0.25H, 0, 0)$处，方形截面宽度 $b=0.08$ m。建筑高度处的风速被测量为 $u_H=1.37$ m/s，Re 数约为 15 000。

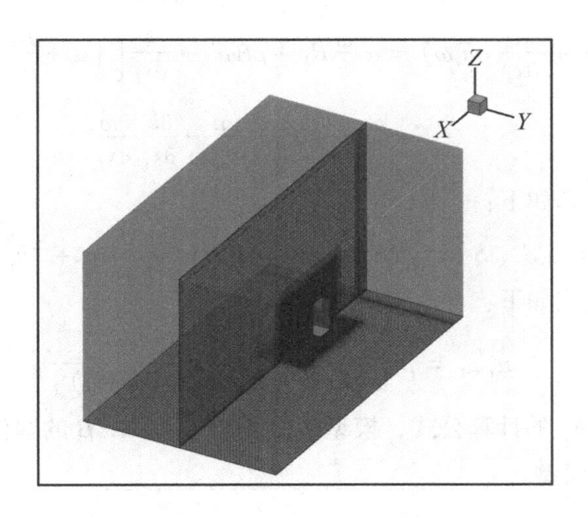

图 11－2　孤立高层建筑计算域

11.2 计算方法

11.2.1 经改进的 PLES 方法

连续性、动量和能量方程如下：

$$\frac{\partial \rho}{\partial t} + \frac{\partial}{\partial x_i}(\rho \bar{u}_i) = 0 \tag{11-1}$$

$$\frac{\partial}{\partial t}(\rho \bar{u}_i) + \frac{\partial}{\partial x_i}(\rho \bar{u}_i \bar{u}_j) = -\frac{\partial \bar{p}}{\partial x_i} + \frac{\partial}{\partial x_j}\left[\mu\left(\frac{\partial \bar{u}_i}{\partial x_j} + \frac{\partial \bar{u}_j}{\partial x_i} - \frac{2}{3}\delta_{ij}\frac{\partial \bar{u}_l}{\partial x_l}\right)\right] + \frac{\partial \tau_{ij}}{\partial x_j} \tag{11-2}$$

$$\frac{\partial}{\partial t}(\rho T) + \frac{\partial}{\partial x_i}(\rho u_i T) = \frac{\partial}{\partial x_i}\left[\left(\frac{\mu}{Pr} + \frac{\mu_t}{Pr_t}\right)\frac{\partial T}{\partial x_i}\right] \tag{11-3}$$

为了求解出近地或行人高度的流动结构，本章采用如下湍流黏性系数计算公式：

$$\mu_t = \mathrm{MIN}\,(\mu_{SGS}, \mu_{t\text{-}RANS}) \tag{11-4}$$

μ_{SGS}选取 WALE 模型[23]。RANS 模型为 SST k-ω 模型[24]，该模型边界层内实现 k-ω 模型和边界层外部区域实现标准 k-ε 模型。湍流动能 k 和比耗散率 ω 的输运方程为：

$$\frac{\partial}{\partial t}(\rho k) + \frac{\partial}{\partial x_i}(\rho\, \bar{u}_i k) = P_k - \rho \beta^* k\omega + \frac{\partial}{\partial x_i}\left[\left(\mu + \frac{\mu_t}{\sigma_k}\right)\frac{\partial k}{\partial x_i}\right] \tag{11-5}$$

$$\frac{\partial}{\partial t}(\rho \omega) + \frac{\partial}{\partial x_i}(\rho \bar{u}_i \omega) = \alpha \frac{\omega}{k}P_k - \rho\beta\omega^2 + \frac{\partial}{\partial x_i}\left[\left(\mu + \frac{\mu_t}{\sigma_\omega}\right)\frac{\partial \omega}{\partial x_i}\right] + 2(1 - F_1)\frac{\rho}{\sigma_{\omega 2}\omega}\frac{\partial k}{\partial x_i}\frac{\partial \omega}{\partial x_i} \tag{11-6}$$

湍动能生成项计算如下：

$$P_k = \mu_t S^2,\ S = \sqrt{2S_{ij}S_{ij}},\ S_{ij} = 0.5(\partial \bar{u}_i / \partial x_j + \partial \bar{u}_j / \partial x_i) \tag{11-7}$$

湍流黏性计算公式如下：

$$\mu_{t\text{-}SST} = \rho \frac{k}{\omega}\frac{1}{\max[1/\alpha, SF_2/(0.31\omega)]} \tag{11-8}$$

架桥函数 F_1 和 F_2 的计算公式，模型参数 σ_k，σ_ω，α，β 的取值与文献[23]相同。μ_{SGS}选取 WALE 模型。

11.2.2 边界条件和数值方法

本案例所采用入口边界条件与风洞实验[14,23]相同，如图 11-3 所示。在侧面和顶面设置对称边界条件，出口处采用压力出口边界条件，建筑表面和地面设置为固壁边界条件。建筑群和孤立高层建筑案例分别在离入口 h 和 $0.5H$ 的位置，采用涡方法产生二维随机涡[25]。这种设置加快了收敛速度，前文已经证明了这一点。对于孤立高层建筑，地面温

度为 $T_f = 318.45\ K$，建筑墙体温度为 $T_b = 314.85\ K$。高层隔离建筑高度入口温度 $T_H = 284.45\ K$，温差绝对值 $\Delta T = |T_H - T_f| = 34.00\ K$。建筑群研究案例的温度边界条件与孤立高层建筑案例相同，不同之处在于建筑群入口温度均匀，为284.45 K左右。在模拟中，采用理想气体定律来计算空气密度。

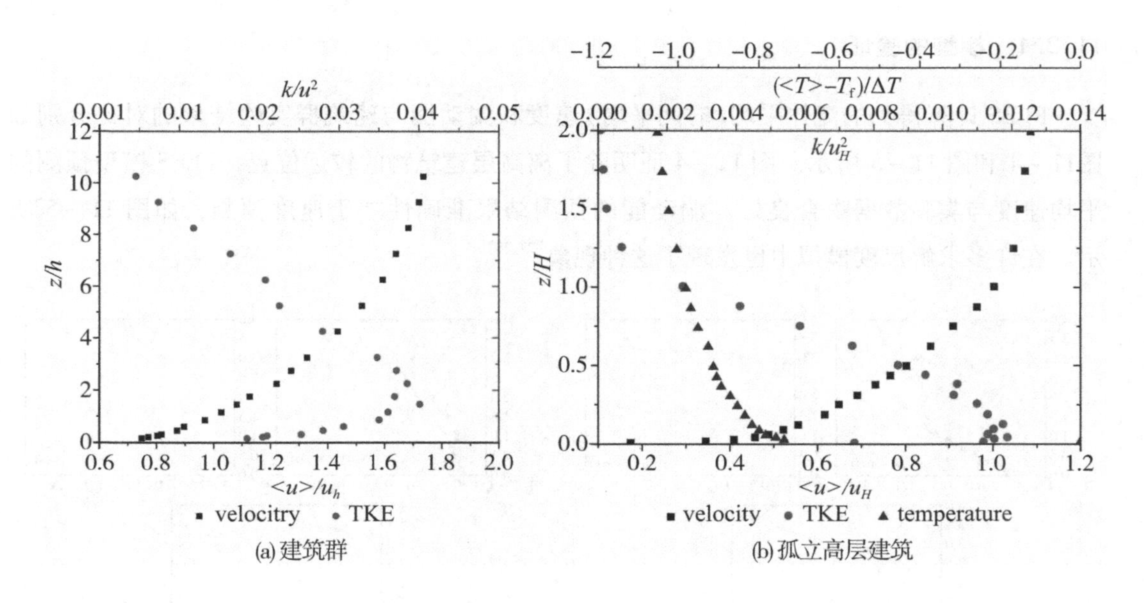

图 11－3　建筑群和孤立高层建筑的入口条件

网格轮廓如图 11－1 和图 11－2 所示，建筑和地面附近的网格被细化，保持 y^+ 低于 5.0。在建筑群案例，建筑墙体上方的网格基本尺寸为 0.005 m，建筑周边、过渡区和外部区域的尺寸分别为 0.006 m、0.024 m 和 0.048 m。对于较细网格，建筑墙体的网格尺寸为 0.004 m，建筑周边、过渡区和外部区域的网格尺寸为 0.005 m、0.018 m 和 0.036 m。基本网格数量约为 170 万，称为基本网格。较细的网格约为 330 万，称为细化网格，以进行网格独立性研究。以细化网格的结果为参考数据，基本网格的 *NMSE* 值为 0.001 2。因此，基本网格足以获得独立于网格的最终结果。对于孤立的高层建筑案例，使用的网格精度与第 4 章中的模拟研究相同。

温度方程离散使用有界中心差分格式。时间步长为 5.0×10^{-4} s，数据的统计时间为 30.0s。统计从 8.0 s 开始，以消除初始化的影响。连续方程、动量方程、温度方程和湍流方程的收敛残差分别为 1.0×10^{-5}、1.0×10^{-6}、1.0×10^{-8} 和 1.0×10^{-6}。

11.3 结果与讨论

11.3.1 模型的验证

PLES 计算得到的流体平均(时间平均)速度和湍动能与建筑群实验结果的对比分别如图11-4和图11-5所示。图11-4证明除了离高层建筑物的较远位置，PLES模型预测的平均速度与实验数据吻合良好。湍动能的预测结果准确性差于速度预测，如图11-5所示。在许多求解尺度模拟中也发现了这种现象[27,28]。

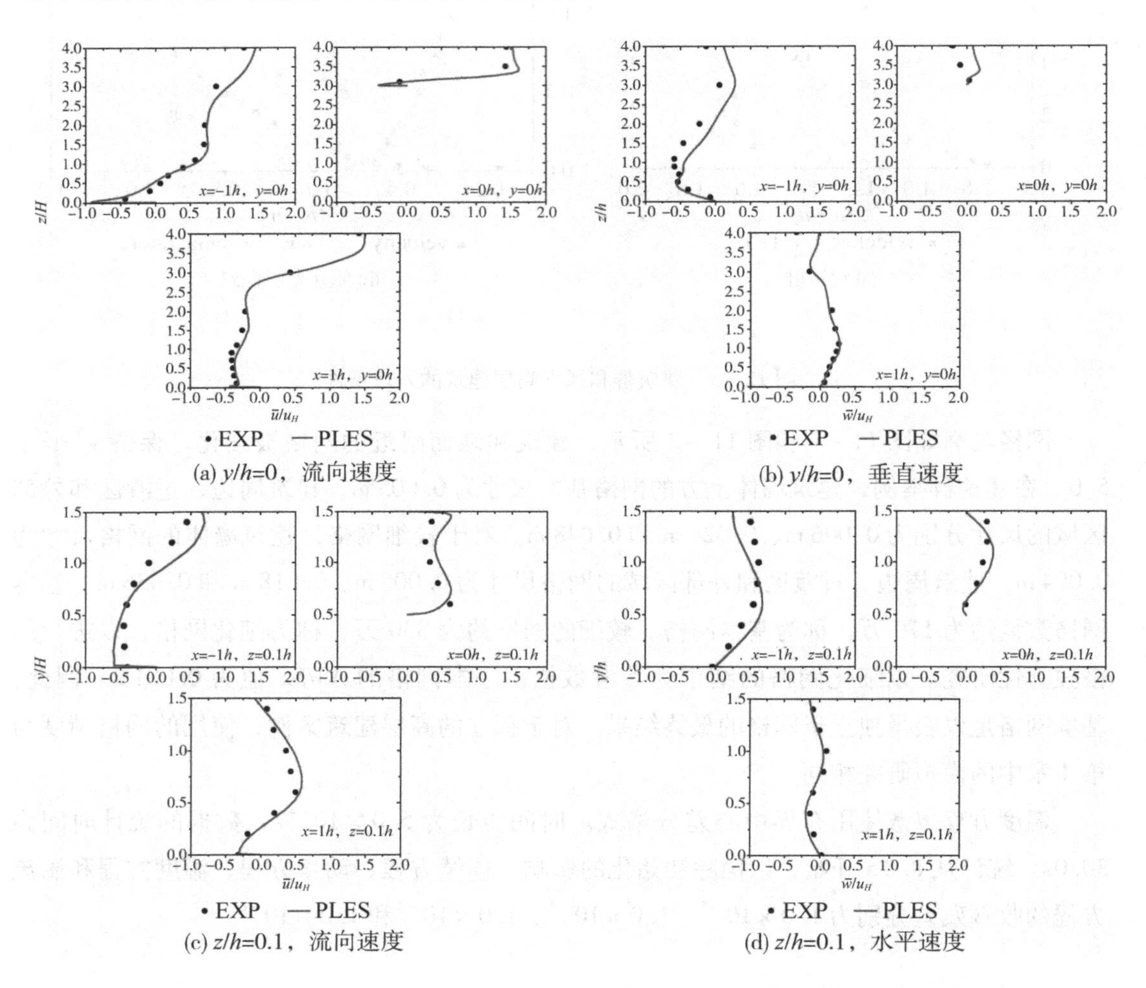

图11-4 $y/h=0$ and $z/h=0.1$ 平面上流体的时间平均速度预测值与建筑群实验结果的对比

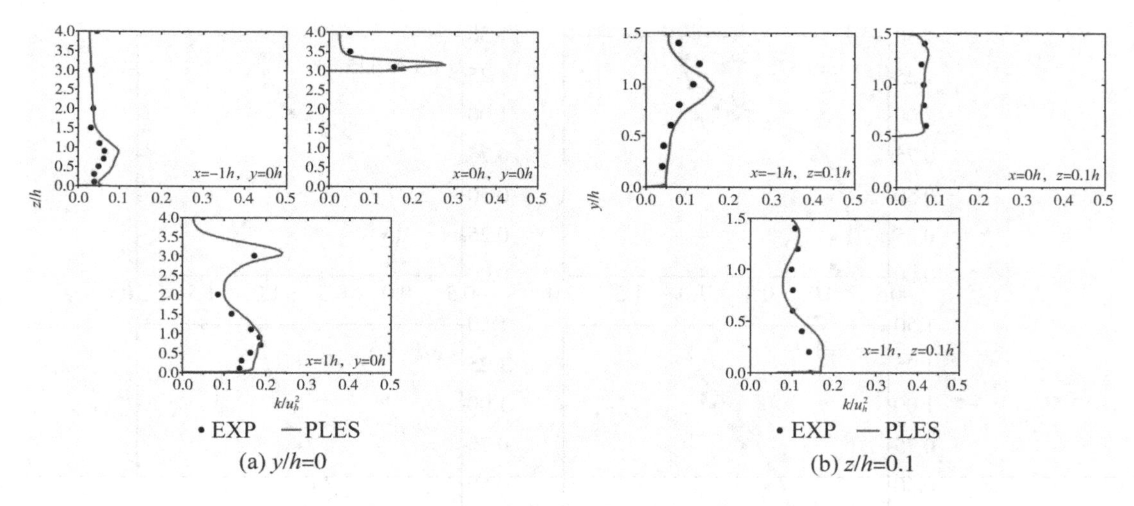

图 11－5　不同平面上的湍动能预测值与建筑群实验结果的对比

如图 11－6 和图 11－7 所示为分别 PLES 模型得到的孤立高层建筑案例的流场平均温度和流体平均流向速度预测值与实验结果的对比。由图 11－6 可知，除线（$x/H=0.0625$，$y/H=0$）外，PLES 的平均温度预测值与实验数据吻合较好。对平均流向速度的预测值则偏小，这种情况在 LES 计算中也存在[27]。

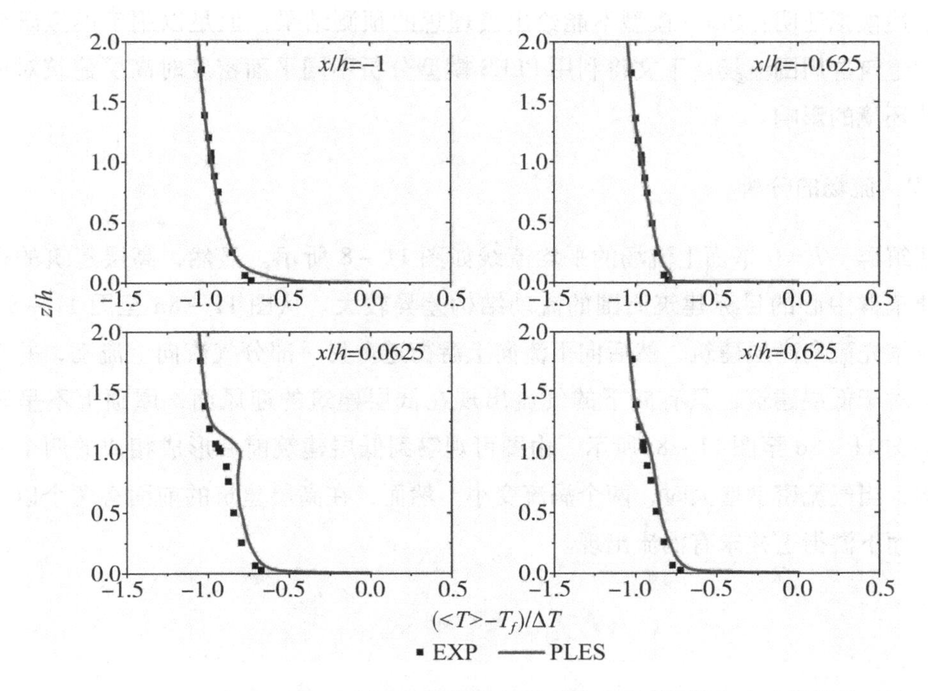

11－6　$y/h=0$ 平面上孤立高层建筑案例流场的平均温度预测值与实验结果的对比

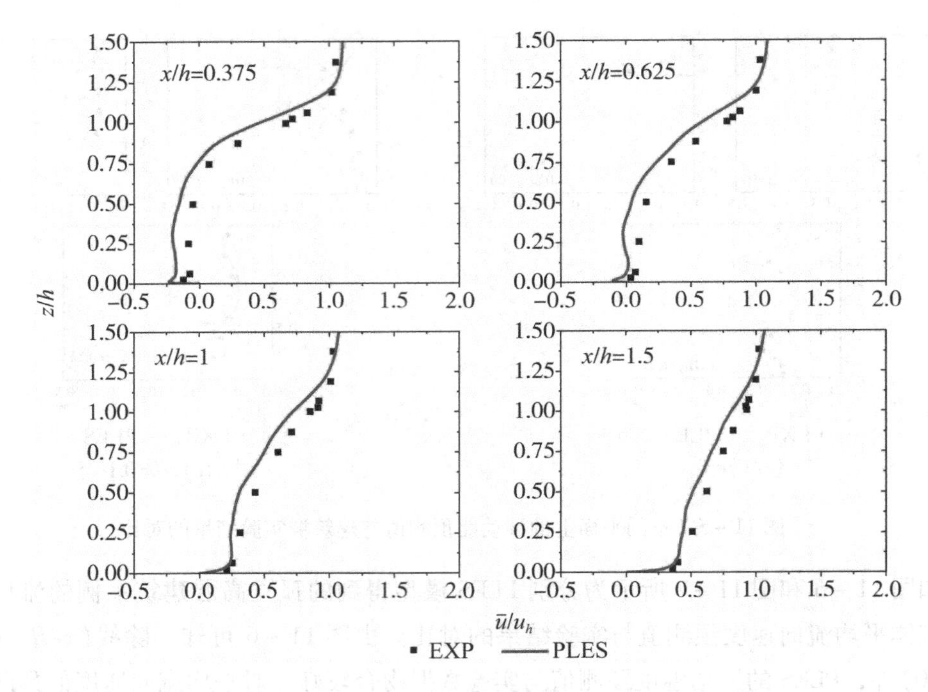

图 11－7　$y/H=0$ 平面上孤立高层建筑案例的流体平均流向速度预测值与实验结果的对比

上述模拟证明：PLES 模型不能给出极理想的预测结果，但足以用于模拟研究非等温流动和建筑群周围流场。下文将利用 PLES 模型分析不同平面密度时高层建筑对周围风环境和热环境的影响。

11.3.2　流场的分析

建筑群 $y/h=0$ 平面上流场的平均流线如图 11－8 所示。显然，高层建筑的存在导致位于建筑群中心的目标建筑周围的流动结构差异较大。从图 11－8a 至图 11－8c 可以看出，空气先流向高层建筑，然后向下流向上游街道。另一部分气流向上流动，并在屋顶角分离。对于低层建筑，只有向下的气流出现在低层建筑的迎风面，屋顶上不呈现分离气流，如图 11－8d 至图 11－8f 所示。由图可观察到低层建筑前后形成相似的两个涡流的气流结构，当气流密度增大时，两个涡流变小。然而，在高层建筑的前面有两个以上的涡流形成，而下游街道并未有涡流出现。

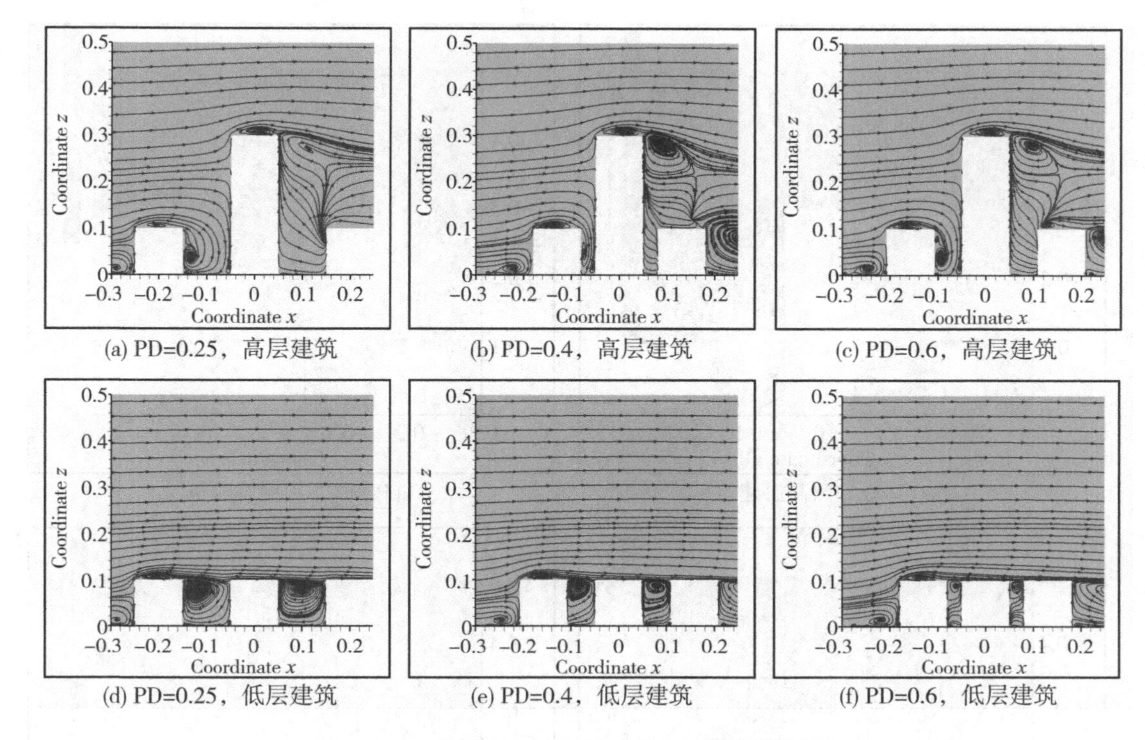

(a) PD=0.25，高层建筑　(b) PD=0.4，高层建筑　(c) PD=0.6，高层建筑

(d) PD=0.25，低层建筑　(e) PD=0.4，低层建筑　(f) PD=0.6，低层建筑

图 11－8　建筑群 $y/h=0$ 平面上流场的平均流线图

如图 11－9 所示为建筑群 $y/h=0$ 平面上的流体平均速度等高线。从图中可以观察到，低层建筑周围气流的流动速度随着平面密度的增加而减小，且这些速度均小于高层建筑周围的速度。进一步分析图 11－9a、图 11－9c、图 11－9e 可得，随着平面密度的增加，街道宽度减小，高层建筑前方下冲气流速度加快。高层建筑下游街道的速度随平面密度的增大而减小，这是由于较高的平面密度限制了进入下游街道的气流量，使得该区域的气流速度相应降低。

如图 11－10 所示为建筑群 $y/h=0$ 平面上的湍动能云图。上游街道中，低层建筑的 TKE 大于高层建筑；下游街道则相反，低层建筑的 TKE 小于高层建筑。此外，随着平面密度的增加，高层建筑下游街道的 TKE 逐渐减小。低层建筑的 TKE 随着平面密度的增加而减小。

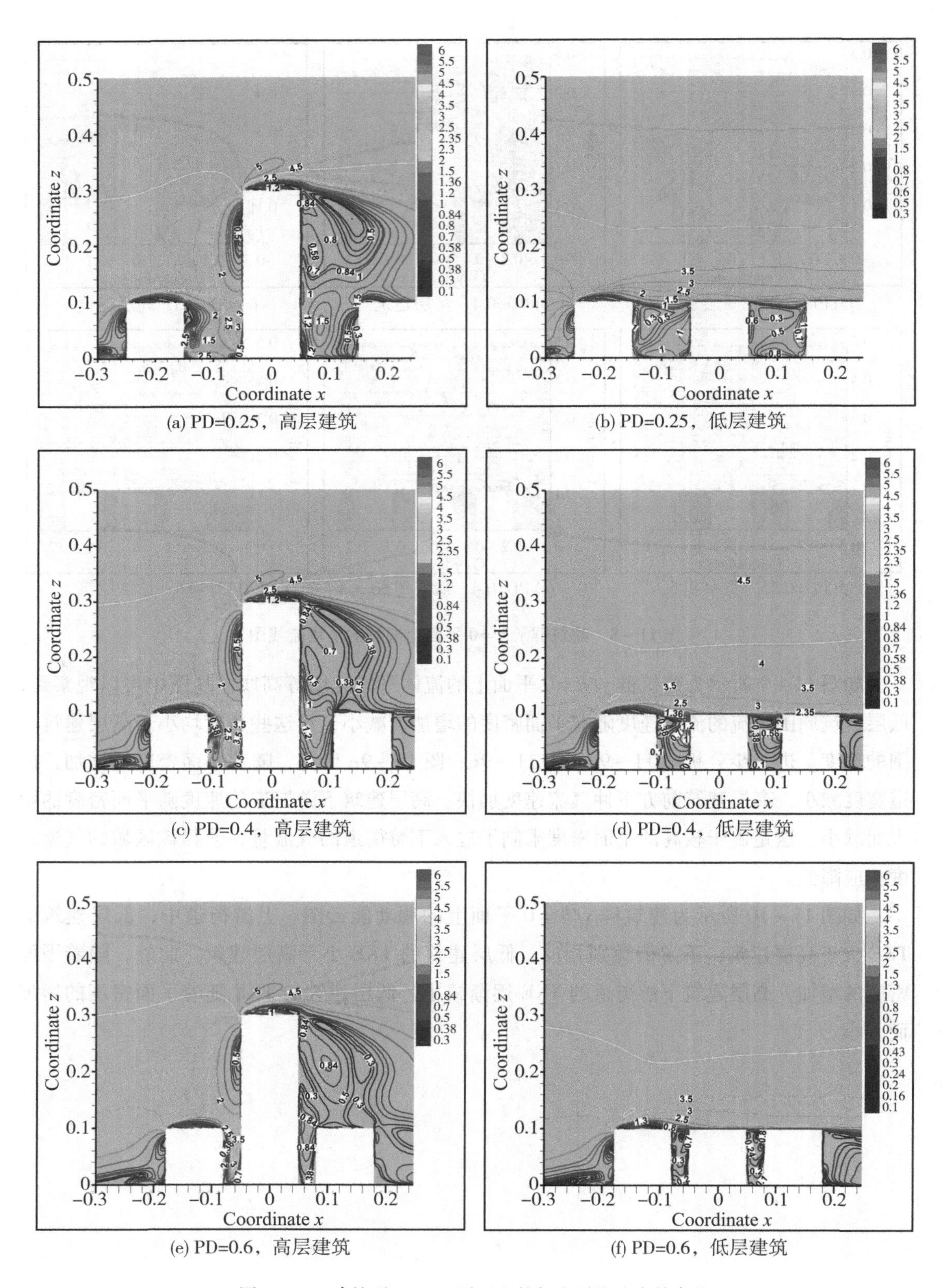

(a) PD=0.25，高层建筑

(b) PD=0.25，低层建筑

(c) PD=0.4，高层建筑

(d) PD=0.4，低层建筑

(e) PD=0.6，高层建筑

(f) PD=0.6，低层建筑

图 11－9　建筑群 $y/h=0$ 平面上的气流平均速度等高线

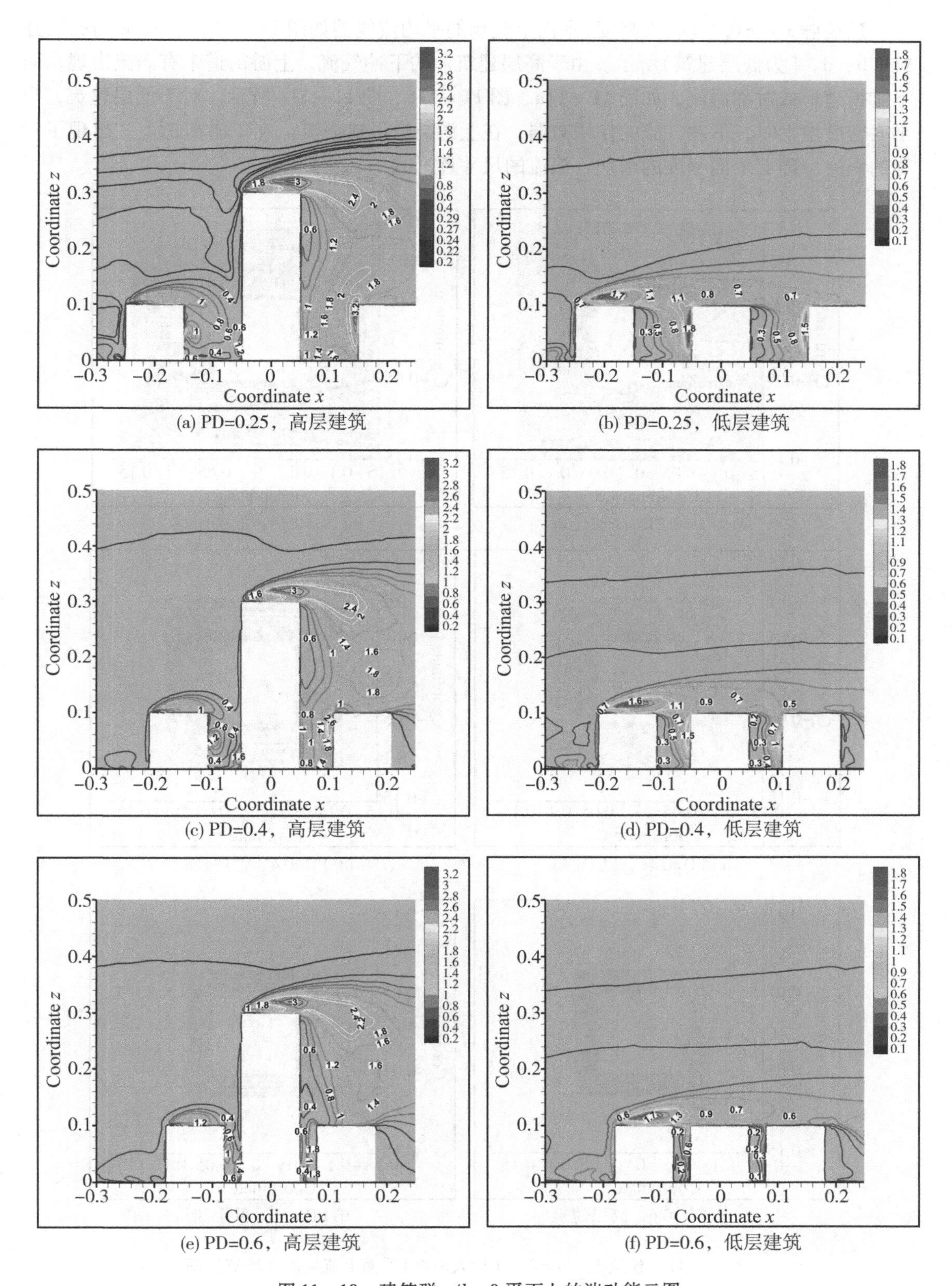

图 11－10　建筑群 $y/h=0$ 平面上的湍动能云图

建筑群 $z/h=0.1$（行人高度）平面上流场的平均流线图如图 11－11（a、c、e 为高层建筑，b、d、f 为低层建筑）所示。由于高层建筑前的下冲气流，上游街道未有涡流出现，而下游街道形成对称涡流，如图 11－11a、图 11－11c、图 11－11e 所示。对于低层建筑，当平面密度增大时，下冲气流的作用减弱，在上游街道形成涡流。在下游街道上，出现了对称的涡流。随着平面密度的增加，涡流的尺寸逐渐减小。

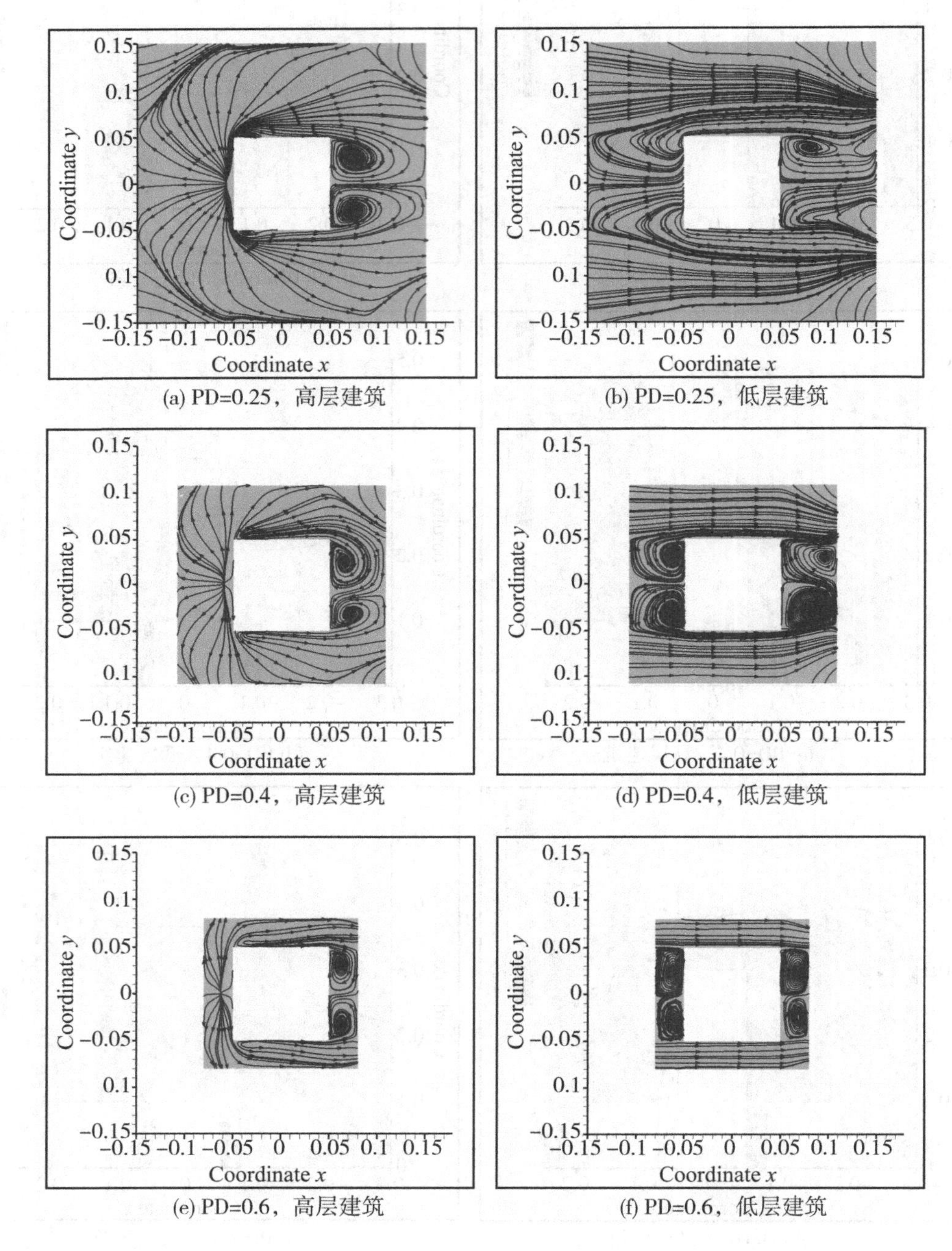

图 11－11　建筑群 $z/h=0.1$（行人高度）平面上流场的平均流线图

目标建筑下游街道水平速度的时间变化图如图 11－12 所示。下游街道的 $s/D=2/3$，$y/h=0$，$z/h=0.1$ 为监测点，其中 s 为该点与目标建筑物后墙的距离，D 为街道宽度。当平面密度为 0.6 时，下游街道的尾流在较长一段时间内呈高速流形，如图 11－12e 和图 11－13 所示。如图 11－13 所示为 PD＝0.6、$z/h=0.1$ 平面上高层建筑周围流场的瞬时流线图，由图可观察到，下游街道的空气将从一侧流向另一侧，一段时间过后气流方向变化。如图 11－14 所示为下游街道气流水平速度的概率密度函数分布曲线，该图也证明了在密度较高的高层建筑下游街道中出现了较长时间的尾迹高速流现象。

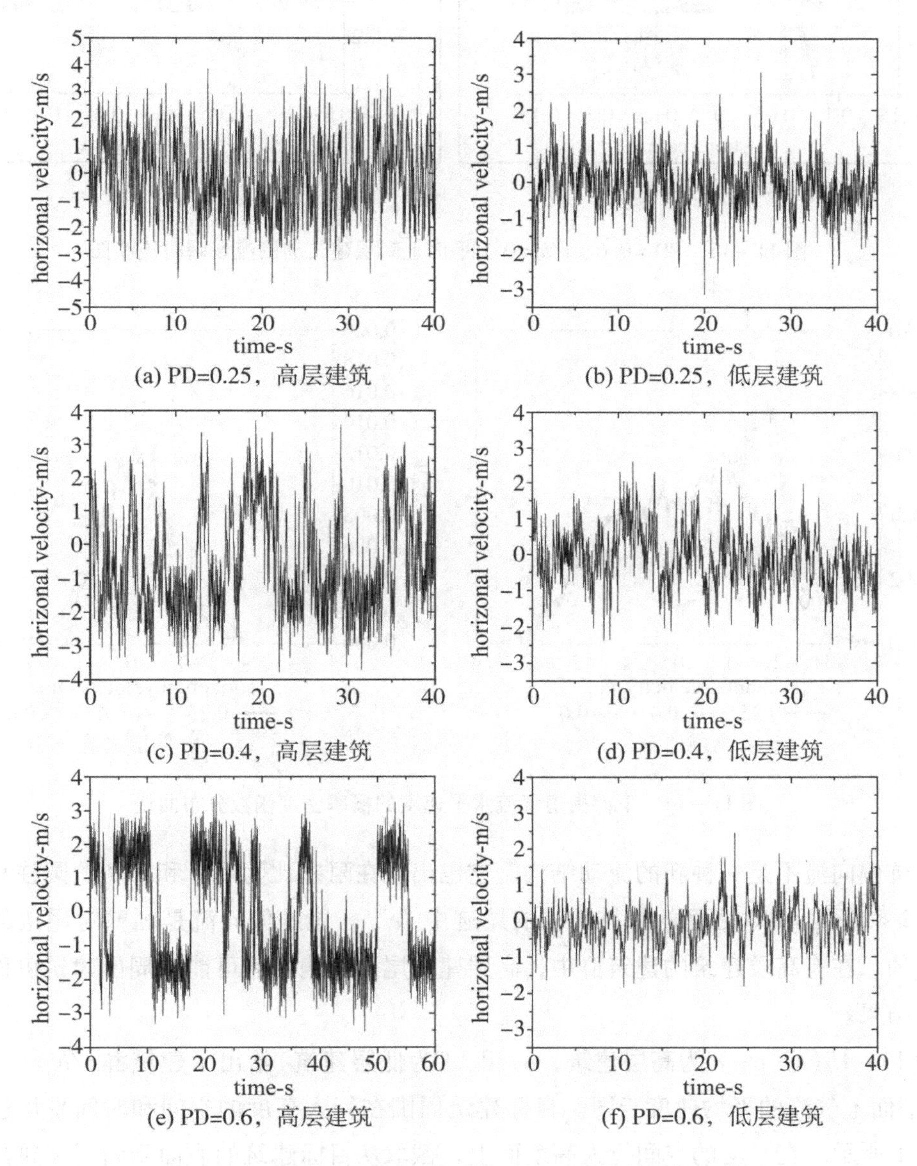

(a) PD=0.25，高层建筑　(b) PD=0.25，低层建筑

(c) PD=0.4，高层建筑　(d) PD=0.4，低层建筑

(e) PD=0.6，高层建筑　(f) PD=0.6，低层建筑

图 11－12　目标建筑下游街道气流水平速度的时间变化图

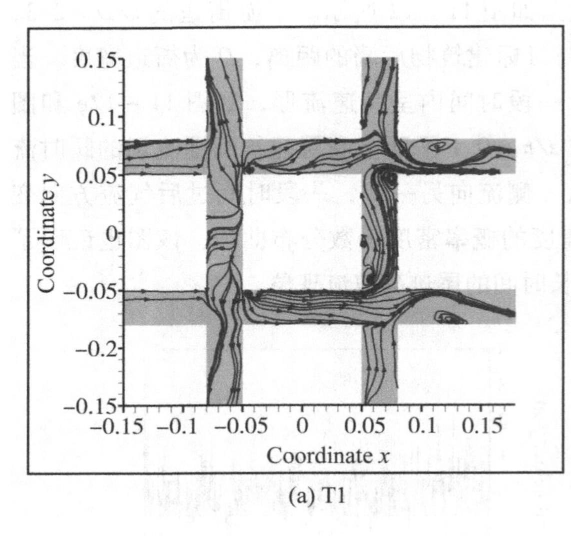

(a) T1

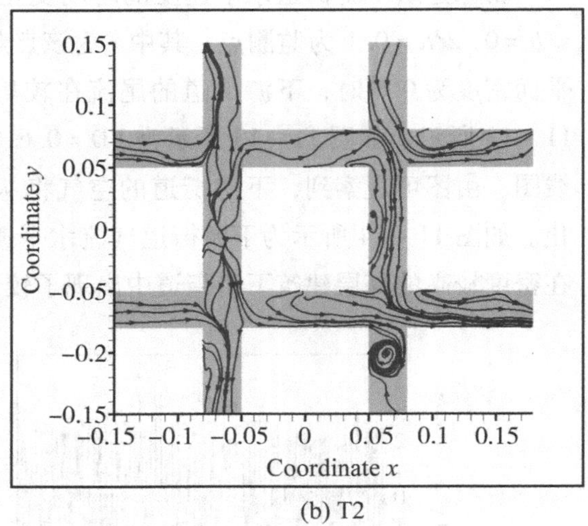

(b) T2

图 11－13　PD＝0.6、$z/h=0.1$ 平面上高层建筑周围流场瞬时流线图

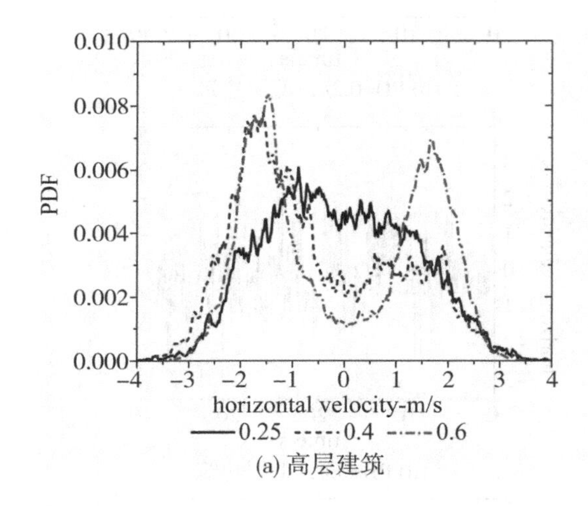

(a) 高层建筑

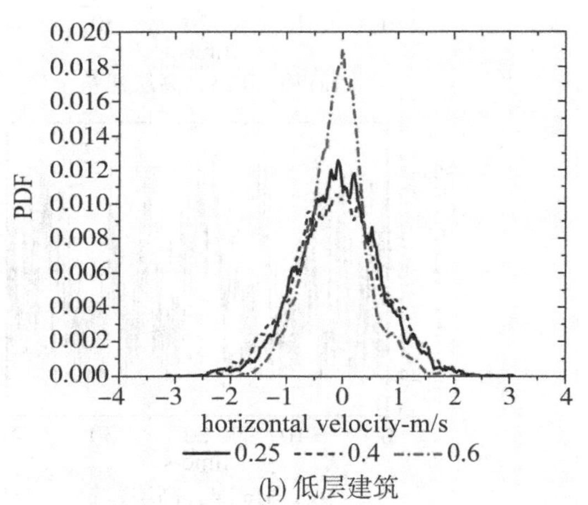

(b) 低层建筑

图 11－14　下游街道气流水平速度的概率密度函数分布曲线

尾迹偏向流不是一种新的流动结构。它也出现在阻塞比为 0.7 和 0.9 的圆柱和中心距 T 在 $1.2<T/D_c<2.2$ 之间的并排圆柱的尾迹中[29,30]。尾迹偏向流是固壁对尾迹的整体约束造成的。在有高层建筑的建筑群中，高层建筑尾迹的偏向流可能是周围建筑侧面的严密约束的结果。

图 11－15（a、c、e 为高层建筑，b、d、f 为低层建筑）给出了建筑群 $z/h=0.1$（行人高度）平面上气流的平均速度云图。目标建筑周围在行人高度的空间和时间平均速度则如表 11－1 所示。在平均的空间行人高度面上，截取从目标建筑的表面到附近建筑的表面的二维空间。高层建筑周围气流的速度大于低层建筑周围气流的速度，这是由于高层建筑上游街道有向下的气流。对于低层建筑群，随着平面密度的增加，上游和下游街道的气流速

度变小。这是由于上游和下游街道变窄，阻碍了气流进入街道。然而，当平面密度增大时，侧边街道的气流速度也随之增大。这是由于街道面的缩小使得喷射气流的速度增加。表11－1为目标建筑周围在行人高度的气流的空间和时间平均速度，从表中可以看出，当平面密度增大时，气流速度减小。而当平面密度为0.6时，气流速度增加。

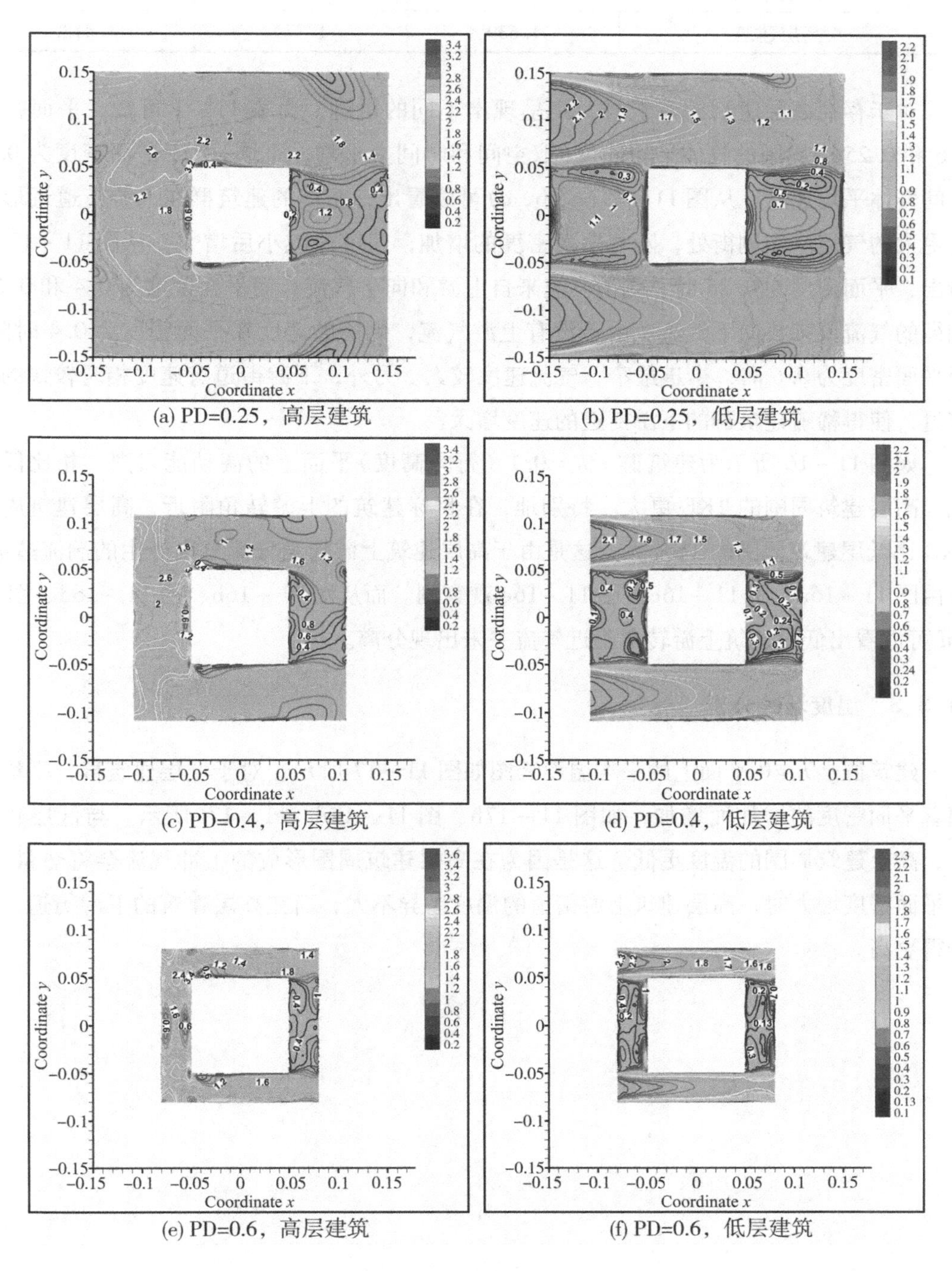

(a) PD=0.25，高层建筑　(b) PD=0.25，低层建筑

(c) PD=0.4，高层建筑　(d) PD=0.4，低层建筑

(e) PD=0.6，高层建筑　(f) PD=0.6，低层建筑

图11－15　建筑群 $z/h=0.1$（行人高度）平面上气流的平均速度云图

表 11－1　目标建筑周围在行人高度的气流的空间和时间平均速度

	平均速度/(m·s^{-1})		
	PD =0. 25	PD =0. 4	PD =0. 6
低层建筑	1. 137	1. 047	1. 132
高层建筑	1. 639	1. 371	1. 412

对于存在高层建筑的建筑群，则呈现出不同的机理。由表 11－1 可知，平面密度为 0. 6 和 0. 25 的周围的气体平均速度(取空间和时间上平均，下同)大于平面密度为 0. 4 的空间气体平均速度。从图 11－15(a，b，c)可以看出，密集的建筑群在上游街道近形成速度更大的气流。在侧街处，随着平面密度的增加，速度先减小后增大。从图 11－12 可以看出，平面密度为 0. 25 时，侧街气流来自上游和向下气流，而平面密度为 0. 4 和 0. 6 时，侧街的气流仅来自向下气流。由于没有上游气流，侧街的速度在平面密度为 0. 4 时降低。当平面密度为 0. 6 时，街道最窄，气流速度较大。另外，下游街道有速度相对较快的空气流过，使得稀疏建筑群的下游街道的速度增大。

如图 11－16 所示为建筑群 $z/h=0.1$（行人高度）平面上的湍动能云图。相比低层建筑，高层建筑周围的 TKE 更大。特别地，在目标建筑的上游转角附近，高层建筑周围的 TKE 比低层建筑周围的 TKE 大。这是由于高层建筑上游转角气流分离产生的湍流造成的，可由图 11－16a、图 11－16c、图 11－16e 观察到。而从图 11－16b、图 11－16d、图 11－16f 可以看出低层建筑上游转角附近气流并未出现分离。

11. 3. 3　温度场的分析

建筑群 $y/h=0$ 平面上的平均温度云图如图 11－17 所示。对于低层建筑群，平均气温随着平面密度的增加而增加，如图 11－17b、图 11－17d、11－17f 所示。与低层建筑相比，高层建筑周围的温度更低。这是因为在高层建筑周围形成的下冲气流会将热量带走。当平面密度增大时，高层建筑上游街道的温度差异不大，而在高层建筑的下游街道，温度变得更高。

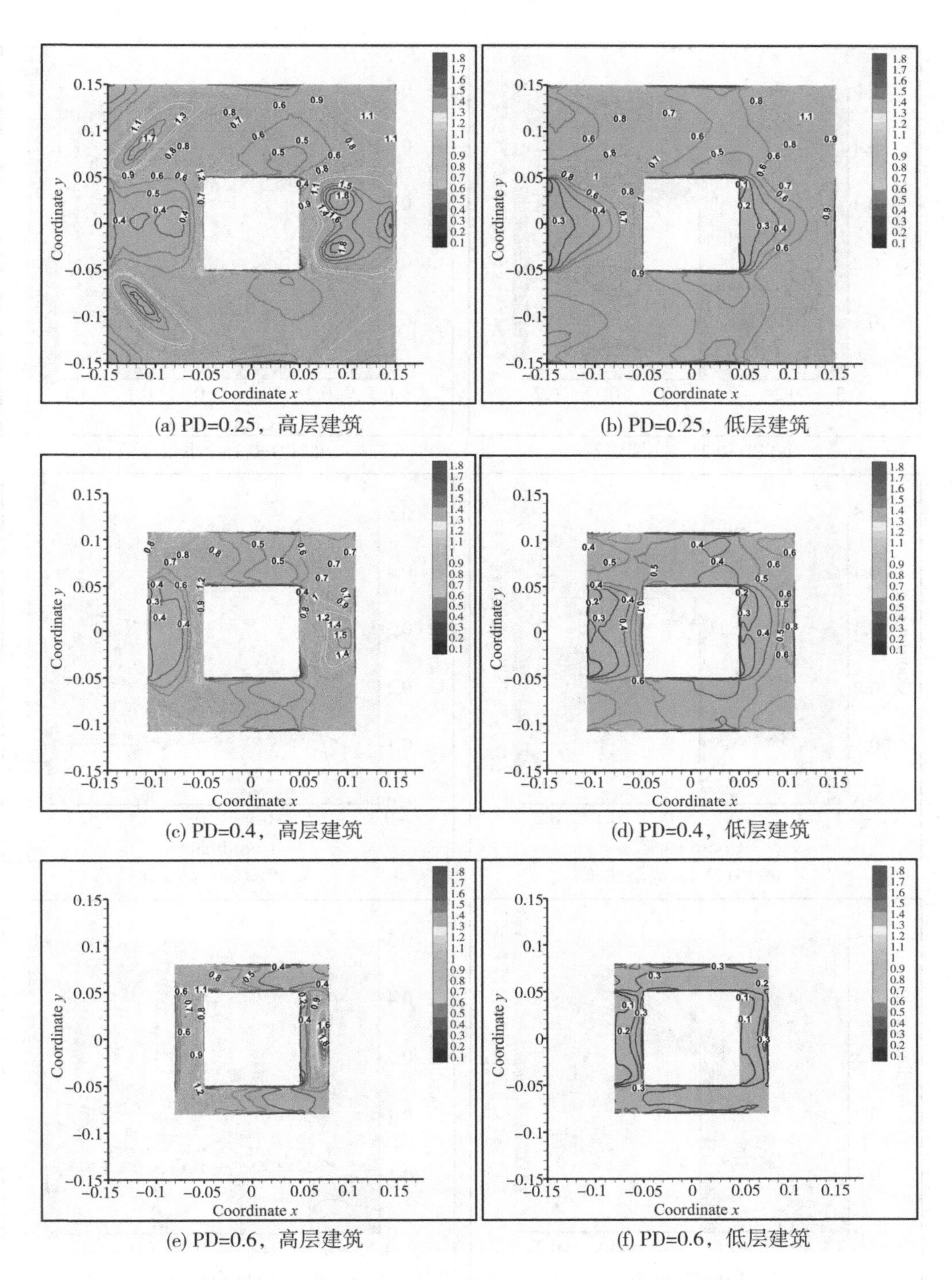

(a) PD=0.25，高层建筑

(b) PD=0.25，低层建筑

(c) PD=0.4，高层建筑

(d) PD=0.4，低层建筑

(e) PD=0.6，高层建筑

(f) PD=0.6，低层建筑

图 11-16 建筑群 $z/h=0.1$（行人高度）平面上的湍动能云图

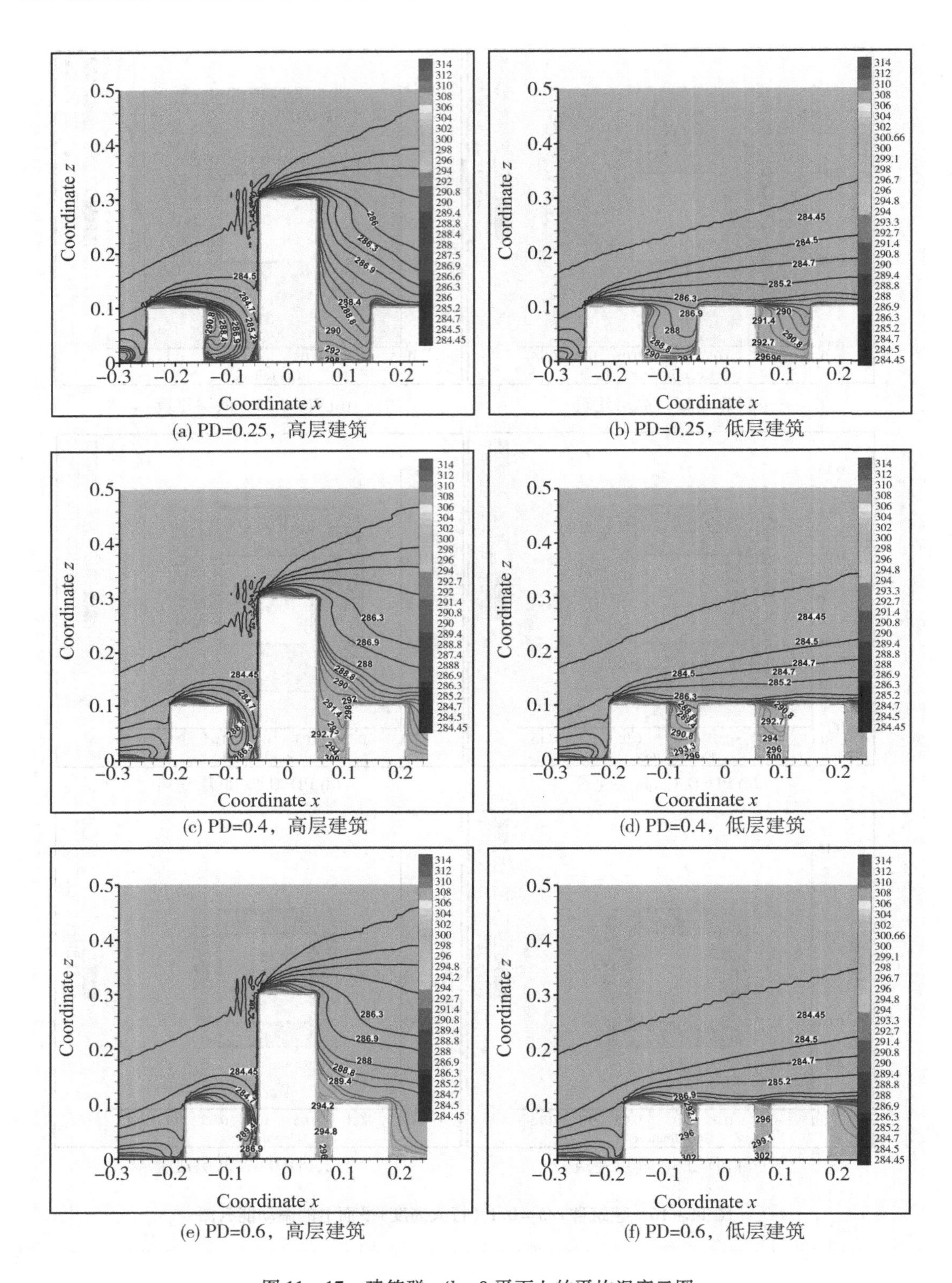

图 11－17　建筑群 $y/h=0$ 平面上的平均温度云图

如图 11－18 所示为建筑区 $z/h=0.1$（行人高度）平面上的平均温度云图。目标建筑周围在行人高度的空间和时间平均温度如表 11－2 所示。如图 11－18 和表 11－2 所示，由于高层建筑周围速度较大，高层建筑周围的温度小于低层建筑周围的温度。低层建筑在行人高度的平均温度随着平面密度的增加而增加。

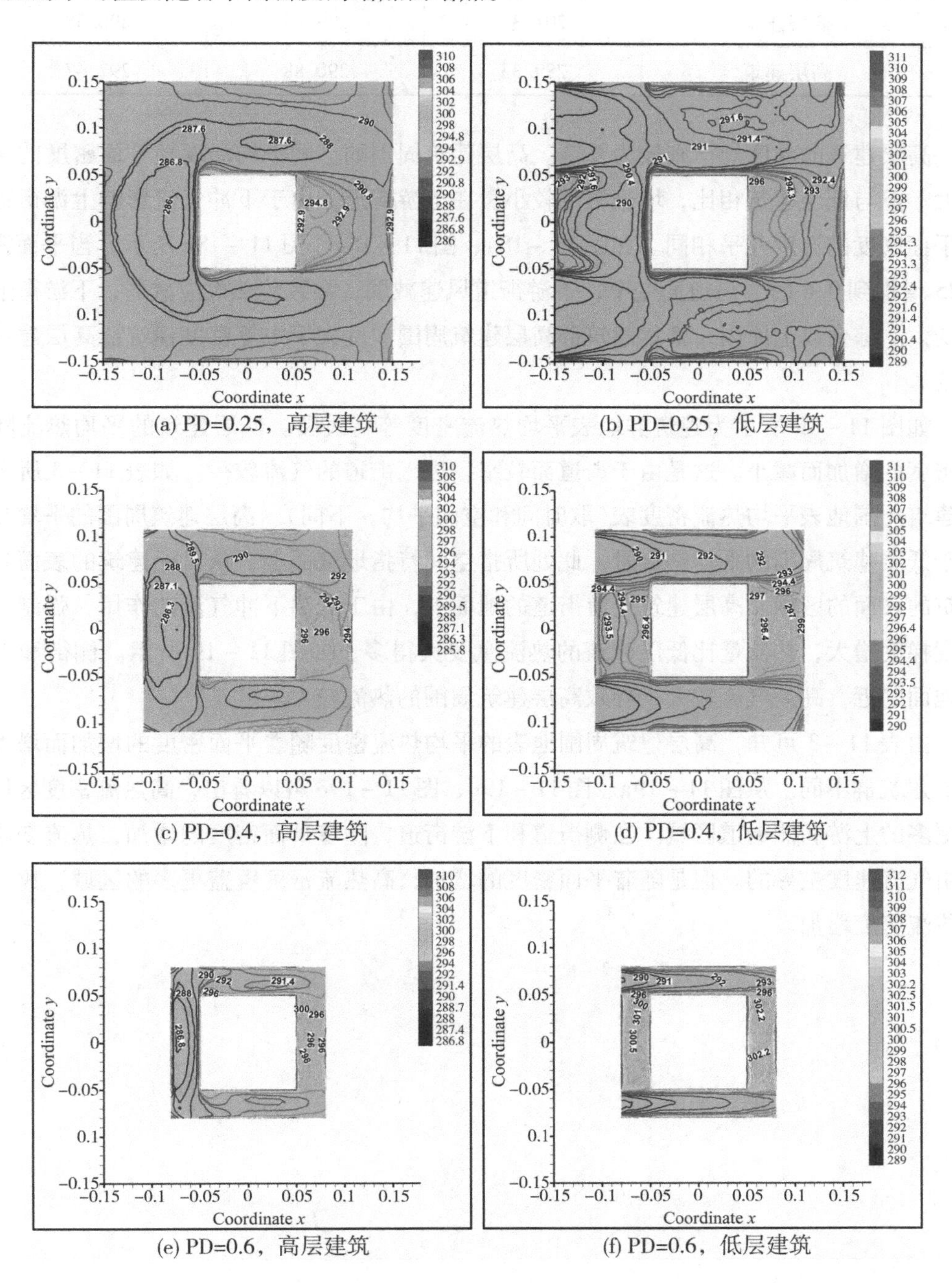

(a) PD=0.25，高层建筑　(b) PD=0.25，低层建筑

(c) PD=0.4，高层建筑　(d) PD=0.4，低层建筑

(e) PD=0.6，高层建筑　(f) PD=0.6，低层建筑

图 11－18　建筑群 $z/h=0.1$（行人高度）平面上的平均温度云图

表 11 -2　目标建筑周围在行人高度的空间和时间平均温度

	空间和时间平均温度/K		
	PD =0.25	PD =0.4	PD =0.6
低层建筑	291.37	293.48	296.58
高层建筑	289.33	290.88	292.47

高层建筑的温度规律则较为复杂。高层建筑周围的空间平均温度随平面密度的增大而增大。但与低层建筑相比，增长幅度较小。在上游街道，由于下冲气流影响上游街道，不同平面密度的温度几乎相同。如图 11 -18a、图 11 -18c、图 11 -18e 所示，当平面密度从 0.25 增加到 0.6 时，街道面变窄，下游街道风速减弱，导致传热效应减弱，下游街道的温度变大。综合以上原因，密集建筑群高层建筑周围温度大于中等密度建筑群高层建筑周围温度。

如图 11 -19 所示为建筑群地表平均热流密度等高线图。低层建筑的平均热流随着平面密度的增加而减小。这是由于街道面较窄，进入街道的气流较少。如表 11 -3 所示为目标建筑周围地表平均热流密度表(取时间和空间平均，下同)。高层建筑周围的平均热流量大于低层建筑周围的平均热流量。此处所指空间特指地表面上，从目标建筑的表面到附近建筑的表面的区域。高层建筑上游街道的地面上，由于低温下冲气流的作用，强制对流和温度梯度增大，热流量比低层建筑的热流量要大得多，如图 11 -19 所示。侧街和下游街道地面附近，高速气流较大，导致高层建筑周围的热流较大。

由表 11 -3 可知，高层建筑周围地表的平均热流密度随着平面密度的增加而增大，与低层建筑群不同。从图 11 -19a、图 11 -19c、图 11 -19e 可以看出，高热流密度区域覆盖了更多的上游和侧街道区域。在侧街道和下游街道，随着平面密度的增加，热流变小，这是由气流速度主导的。但是随着平面密度的增加，高热流密度覆盖更多的区域，故空间平均热流密度增加。

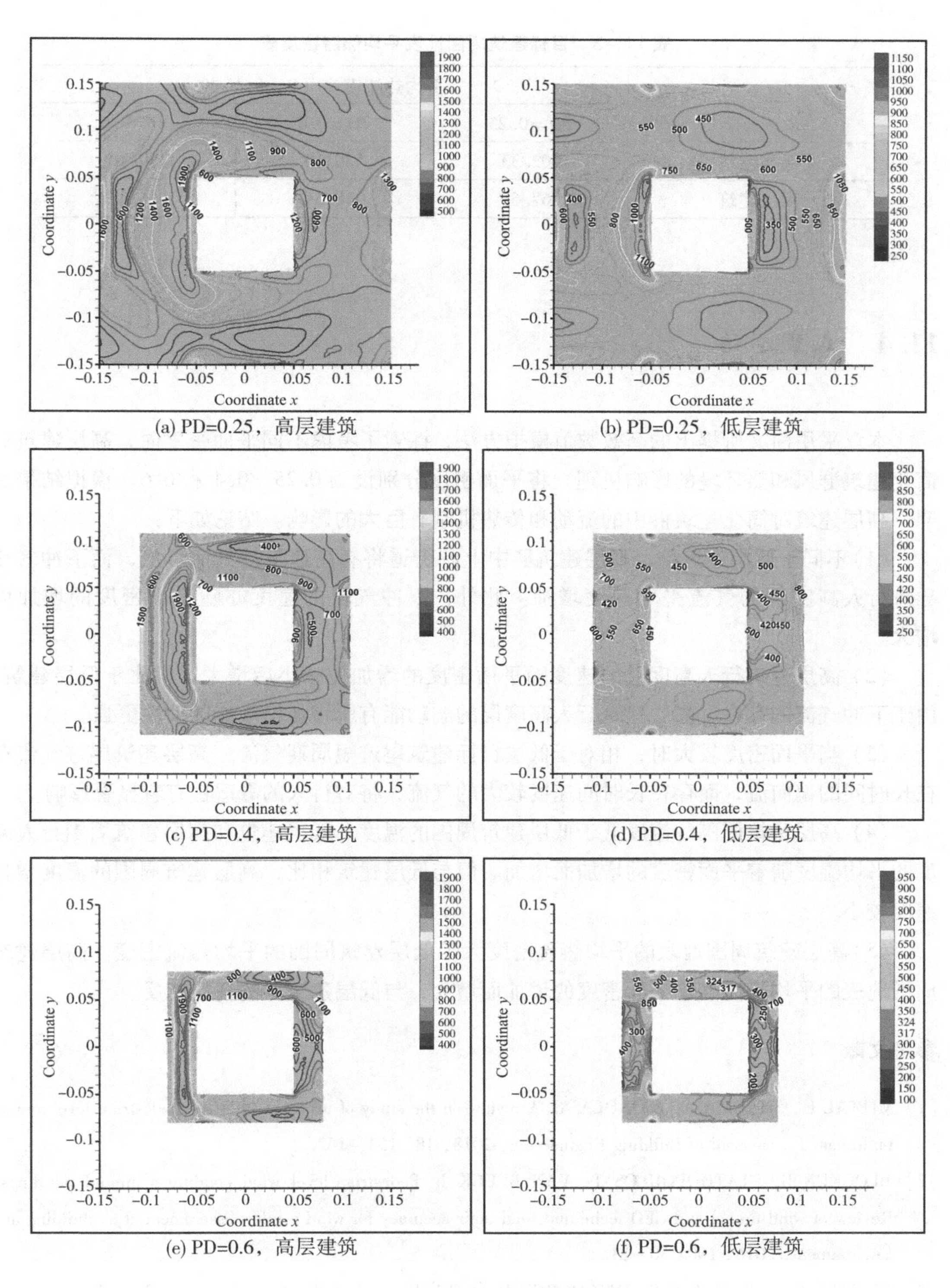

图 11－19　建筑群地表平均热流密度等高线图

表 11－3　目标建筑周围地表平均热流密度表

	平均热流密度/(W·m^{-2})		
	PD＝0.25	PD＝0.4	PD＝0.6
低层建筑	602.33	520.10	389.26
高层建筑	867.65	918.51	966.36

11.4　本章小结

本章采用前文所提出的高效数值模拟方法，探索了考虑不同平面密度时，高层建筑对简化建筑群风和热环境的影响机理。将平面密度分别设为0.25、0.4和0.6。模拟结果表明，高层建筑对简化建筑群中的流动和传热机制有巨大的影响。结论如下：

(1)不同于低层建筑群，高层建筑群中上游街道将有高速下冲气流形成，而下冲气流导致行人高度层的气流平均速度增加。此外，下冲气流的速度亦随平面密度的增加而增大。

(2) 高层建筑行人高度层的速度随平面密度的增加先减小后增大。相比于低层建筑，由于下冲气流的存在，高层建筑行人高度层的湍动能有所增加，气流脉动性更强。

(3) 当平面密度较大时，相对于低层目标建筑尾迹短周期气流，高层建筑尾迹气流存在长时间的偏向流，而存在长时间速度较大的气流，将对行人的舒适性有着显著影响。

(4) 高层建筑周围的温度低于低层建筑周围的温度。低层建筑和高层建筑周围行人高度的平均温度随着平面密度的增加而增加。但与低层建筑相比，高层建筑周围的温度增长速度较小。

(5)高层建筑周围地表的平均热流密度大于低层建筑周围的平均热流密度。高层建筑周围地表的平均热流随着平面密度的增加而增大，与低层建筑群的情况相反。

参考文献

[1] MITTAL H, SHARMA A, GAIROLA A. A review on the study of urban wind at the pedestrian level around buildings[J]. Journal of Building Engineering, 2018, 18: 154－163.

[2] BLOCKEN B, STATHOPOULOS T, VAN BEECK J. Pedestrian-level wind conditions around buildings: Review of wind-tunnel and CFD techniques and their accuracy for wind comfort assessment[J]. Building and Environment, 2016, 100: 50－81.

[3] TSANG C W, KWOK K C S, HITCHCOCK P A. Wind tunnel study of pedestrian level wind environment around tall buildings: Effects of building dimensions, separation and podium[J]. Building and Environment, 2012, 49: 167－181.

[4] KUO C, TZENG C, HO M, et al. Wind tunnel studies of a pedestrian-level wind environment in a street canyon between a high-rise building with a podium and low-level attached houses[J]. Energies, 2015, 8(10): 10942 - 10957.

[5] VAN DRUENEN T, VAN HOOFF T, MONTAZERI H, et al. CFD evaluation of building geometry modifications to reduce pedestrian-level wind speed[J]. Building and Environment, 2019, 163: 106293.

[6] STATHOPOULOS T. Wind environmental conditions around tall buildings with chamfered corners[J]. Journal of Wind Engineering and Industrial Aerodynamics, 1985, 21(1): 71 - 87.

[7] UEMATSU Y, YAMADA M, HIGASHIYAMA H, et al. Effects of the corner shape of high-rise buildings on the pedestrian-level wind environment with consideration for mean and fluctuating wind speeds[J]. Journal of Wind Engineering and Industrial Aerodynamics, 1992, 44(1 - 3): 2289 - 2300.

[8] TAMURA Y, XU X, TANAKA H, et al. Aerodynamic and pedestrian-level wind characteristics of super-tall buildings with various configurations[J]. Procedia engineering, 2017, 199: 28 - 37.

[9] MITTAL H, SHARMA A, GAIROLA A. Numerical simulation of pedestrian level wind flow around buildings: Effect of corner modification and orientation[J]. Journal of Building Engineering, 2019, 22: 314 - 326.

[10] ZHANG X, TSE K, WEERASURIYA A, et al. Evaluation of pedestrian wind comfort near 'lift-up' buildings with different aspect ratios and central core modifications[J]. Building and Environment, 2017, 124: 245 - 257.

[11] XIA Q, LIU X, NIU J, et al. Effects of building lift-up design on the wind environment for pedestrians[J]. Indoor and Built Environment, 2017, 26(9): 1214 - 1231.

[12] TSE, K-T, ZHANG, X, WEERASURIYA, AU, LI, SW, KWOK, KCS, MAK, CM, et al. Adopting 'lift-up' building design to improve the surrounding pedestrian-level wind environment[J]. Building and Environment, 2017, 117: 154 - 165.

[13] TSE K, ZHANG X, WEERASURIYA A, et al. Adopting 'lift-up' building design to improve the surrounding pedestrian-level wind environment[J]. Building and Environment, 2017, 117: 154 - 165.

[14] TOMINAGA Y, SHIRZADI M. Wind tunnel measurement of three-dimensional turbulent flow structures around a building group: Impact of high-rise buildings on pedestrian wind environment[J]. Building and Environment, 2021, 206: 108389.

[15] IQBAL Q, Chan A. Pedestrian level wind environment assessment around group of high-rise cross-shaped buildings: Effect of building shape, separation and orientation[J]. Building and Environment, 2016, 101: 45 - 63.

[16] SHIRZADI M, TOMINAGA Y. Multi-fidelity shape optimization methodology for pedestrian-level wind environment[J]. Building and Environment, 2021, 204: 108076.

[17] DU Y, MAK C M, LI Y. A multi-stage optimization of pedestrian level wind environment and thermal comfort with lift-up design in ideal urban canyons[J]. Sustainable Cities and Society, 2019, 46: 101424.

[18] DUAN G, NGAN K. Sensitivity of turbulent flow around a 3-D building array to urban boundary-layer stability[J]. Journal of Wind Engineering and Industrial Aerodynamics, 2019, 193: 103958.

[19] DUAN G, NGAN K. Influence of thermal stability on the ventilation of a 3-D building array[J]. Building

and Environment, 2020, 183: 106969.

[20] MARUCCI D, CARPENTIERI M. Dispersion in an array of buildings in stable and convective atmospheric conditions[J]. Atmospheric Environment, 2020, 222: 117100.

[21] LIN Y, ICHINOSE T, YAMAO Y, et al. Wind velocity and temperature fields under different surface heating conditions in a street canyon in wind tunnel experiments[J]. Building and Environment, 2020, 168: 106500.

[22] YOSHIE R. Wind tunnel experiment and large eddy simulation of pollutant/thermal dispersion in non-isothermal turbulent boundary layer[J]. Advanced Environmental Wind Engineering, 2016: 167 – 196.

[23] NICOUD F, DUCROS F. Subgrid-scale stress modelling based on the square of the velocity gradient tensor [J]. Flow, Turbulence and Combustion, 1999, 62(3): 183 – 200.

[24] MENTER F. Two-equation eddy-viscosity turbulence models for engineering applications[J]. AIAA Journal, 1994, 32(8): 1598 – 1605.

[26] MATHEY F, COKLJAT D, BERTOGLIO J P, et al. Assessment of the vortex method for large eddy simulation inlet conditions[J]. Progress in Computational Fluid Dynamics, An International Journal, 2006, 6(1 – 3): 58 – 67.

[27] GOUSSEAU P, BLOCKEN B, VAN HEIJST G J F. Quality assessment of Large-eddy Simulation of wind flow around a high-rise building: Validation and solution verification[J]. Computers & Fluids, 2013, 79: 120 – 133.

[28] BAZDIDI-TEHRANI F, GHOLAMALIPOUR P, KIAMANSOURI M, et al. Large eddy simulation of thermal stratification effect on convective and turbulent diffusion fluxes concerning gaseous pollutant dispersion around a high-rise model building[J]. Journal of Building Performance Simulation, 2019, 12(1): 97 – 116.

[29] SUMNER D. Two circular cylinders in cross-flow: A review[J]. Journal of Fluids and Structures, 2010, 26(6): 849 – 899.

[30] OOI A, LU W, CHAN L, et al. Turbulent flow over a cylinder confined in a channel at *Re* = 3900[J]. International Journal of Heat and Fluid Flow, 2022, 96: 108982.

附　录

FLUENT UDFs 程序代码 1

```
/**********************************
UDFs for the PL-DDES model
**********************************/
#include "udf.h"
#include "mem.h"
#include "turb.h"
#include "dll.h"
#define Cc 0.2
#define Cmu 0.09
#define Cd1 14.0
#define Cd2 3.0
#define k0 0.41
#define Ri 0.051

DEFINE_SOURCE(k_s_v,c,t,dS,eqn)
{
real Fr,Lc,Li;
real fd;
real k_s;
real vol = C_VOLUME(c,t);
real rho = C_R(c,t);
real mu = C_MU_L(c,t);
real lmu = mu/rho;
real k = C_K(c,t);
real d = Cmu * k * C_O(c,t);
real y = C_WALL_DIST(c, t);
real s = C_STRAIN_RATE_MAG(c,t);
```

```
real l1;
real r1,f1;
real r2,f2;
real W,W0,W11,W12,W13,W21,W22,W23,W31,W32,W33;
face_t f;
  int nf;
  Thread *tf;
  real max_edge =0.0, max_edge_0;
  real min_edge =1.e+12, min_edge_0;
  real hmin,hmax;
  c_face_loop(c,t,nf)
   {
     f = C_FACE(c, t, nf);
     tf = C_FACE_THREAD(c, t, nf);
     min_max_face_size_sqr(f, tf, &min_edge_0, &max_edge_0);
     min_edge_0 = sqrt(min_edge_0);
     max_edge_0 = sqrt(max_edge_0);
     min_edge = MIN(min_edge, min_edge_0);
     max_edge = MAX(max_edge, max_edge_0);
   }
  hmin = min_edge;
  hmax = max_edge;

W11 =0.5*( C_DUDX(c,t) - C_DUDX(c,t) );
W12 =0.5*( C_DUDY(c,t) - C_DVDX(c,t) );
W13 =0.5*( C_DUDZ(c,t) - C_DWDX(c,t) );
W21 =0.5*( C_DVDX(c,t) - C_DUDY(c,t) );
W22 =0.5*( C_DVDY(c,t) - C_DVDY(c,t) );
W23 =0.5*( C_DVDZ(c,t) - C_DWDY(c,t) );
W31 =0.5*( C_DWDX(c,t) - C_DUDZ(c,t) );
W32 =0.5*( C_DWDY(c,t) - C_DVDZ(c,t) );
W33 =0.5*( C_DWDZ(c,t) - C_DWDZ(c,t) );
W0 = W11*W11 + W12*W12 + W13*W13 + W21*W21 + W22*W22 + W23*W23 +
W31*W31 + W32*W32 + W33*W33;
W = pow(2.0*W0,0.5);

r1 =0.25 - y/hmax;
f1 = MIN(2*exp( -9.0*r1*r1),1.0);
```

```
r2 = Cd1 * (Cmu * k * k/d)/(k0 * k0 * y * y * pow(0.5 * (s * s + W * W),0.5));
f2 = tanh(pow(r2,Cd2));

fd = MAX(f1,f2);

l1 = pow(vol,1.0/3.0);
Lc = Cc * l1;
Li = pow(k,3./2.)/d;
Fr = MIN(Lc/Li,1.0);

k_s = C_PRODUCTION(c,t) * (1.0 - fd) * Fr + fd * C_PRODUCTION(c,t) - C_
PRODUCTION(c,t);
return k_s;
}

DEFINE_PROPERTY(midu,c,t)
{
real md;
md = 1.0;
return md;
}

DEFINE_SOURCE(b_s_0051,c,t,dS,eqn)
{
real b_s;
b_s = Ri * (C_YI(c,t,0) - 0.5);
return b_s;
}

DEFINE_EXECUTE_AT_END(execute_at_end)
{
  Domain *d;
  Thread *t;
  cell_t c;
  d = Get_Domain(1);
  thread_loop_c(t, d)
  {
```

```
  begin_c_loop(c, t)
  {
      real Fr,Lc,Li;
            real vol = C_VOLUME(c,t);
            real rho = C_R(c,t);
            real mu = C_MU_L(c,t);
            real lmu = mu/rho;
            real k = C_K(c,t);
            real d1 = Cmu * k * C_O(c,t);
            real s = C_STRAIN_RATE_MAG(c,t);
            real fd;
            real r1,f1;
            real r2,f2;
            real W,W0,W11,W12,W13,W21,W22,W23,W31,W32,W33;
            real y = C_WALL_DIST(c, t);
            real l1;
int nf;
face_t f;
  Thread *tf;
  real max_edge = 0.0, max_edge_0;
  real min_edge = 1.e+12, min_edge_0;
  real hmin,hmax;
  c_face_loop(c,t,nf)
   {
     f = C_FACE(c, t, nf);
     tf = C_FACE_THREAD(c, t, nf);
     min_max_face_size_sqr(f, tf, &min_edge_0, &max_edge_0);
     min_edge_0 = sqrt(min_edge_0);
     max_edge_0 = sqrt(max_edge_0);
     min_edge = MIN(min_edge, min_edge_0);
     max_edge = MAX(max_edge, max_edge_0);
   }
  hmin = min_edge;
  hmax = max_edge;

W11 = 0.5 * ( C_DUDX(c,t) - C_DUDX(c,t) );
W12 = 0.5 * ( C_DUDY(c,t) - C_DVDX(c,t) );
W13 = 0.5 * ( C_DUDZ(c,t) - C_DWDX(c,t) );
```

```
W21 =0.5 * ( C_DVDX(c,t) - C_DUDY(c,t) );
W22 =0.5 * ( C_DVDY(c,t) - C_DVDY(c,t) );
W23 =0.5 * ( C_DVDZ(c,t) - C_DWDY(c,t) );
W31 =0.5 * ( C_DWDX(c,t) - C_DUDZ(c,t) );
W32 =0.5 * ( C_DWDY(c,t) - C_DVDZ(c,t) );
W33 =0.5 * ( C_DWDZ(c,t) - C_DWDZ(c,t) );
W0 = W11 * W11 + W12 * W12 + W13 * W13 + W21 * W21 + W22 * W22 + W23 * W23 +
W31 * W31 + W32 * W32 + W33 * W33;
W = pow(2.0 * W0,0.5);

r1 =0.25 - y/hmax;
f1 = MIN(2 * exp( -9.0 * r1 * r1),1.0);

r2 = Cd1 * (Cmu * k * k/d1)/(k0 * k0 * y * y * pow(0.5 * (s * s + W * W),0.5));
f2 = tanh(pow(r2,3.0));

fd = MAX(f1,f2);

l1 = pow(vol,1.0/3.0);
Lc = Cc * l1;
Li = pow(k,3./2.)/d1;
Fr = MIN(Lc/Li,1.0);

C_UDMI(c, t, 0) =Fr;
C_UDMI(c, t, 1) =fd;
  }
  end_c_loop(c, t)
  }
}
```

FLUENT UDFs 程序代码 2

```
/ * * * * * * * * * * * * * * * * * * * * * * * * * * * * * * * * * * * * *
UDF for ples - sl model
 * * * * * * * * * * * * * * * * * * * * * * * * * * * * * * * * * * * * */
#include "udf. h"
#include "mem. h"
#include "turb. h"
#include "dll. h"
#define Cmu 0. 09
#define Cd1 14. 0
#define Cd2 3. 0
#define k0 0. 41

DEFINE_SOURCE(k_s_ples_sl,c,t,dS,eqn)
{
real fd;
real k_s, mut_les;
real rho = C_R(c,t);
real mu = C_MU_L(c,t);
real lmu = mu/rho;
real k = C_K(c,t);
real d = Cmu * k * C_O(c,t);
real y = C_WALL_DIST(c, t);
real s = C_STRAIN_RATE_MAG(c,t);
real l1 = pow(C_VOLUME(c,t), 1.0/3.0);
real r1,f1;
real r2,f2;
real W,W0,W11,W12,W13,W21,W22,W23,W31,W32,W33;
real S,S11,S12,S13,S21,S22,S23,S31,S32,S33;
real Sd, Sd11,Sd12,Sd13,Sd21,Sd22,Sd23,Sd31,Sd32,Sd33;
real S0;
face_t f;
  int nf;
  Thread * tf;
  real max_edge =0.0, max_edge_0;
```

```
    real min_edge = 1. e + 12, min_edge_0;
    real hmin, hmax;
    c_face_loop(c,t,nf)
     {
       f = C_FACE(c, t, nf);
       tf = C_FACE_THREAD(c, t, nf);
       min_max_face_size_sqr(f, tf, &min_edge_0, &max_edge_0);
       min_edge_0 = sqrt(min_edge_0);
       max_edge_0 = sqrt(max_edge_0);
       min_edge = MIN(min_edge, min_edge_0);
       max_edge = MAX(max_edge, max_edge_0);
     }
    hmin = min_edge;
    hmax = max_edge;

  W11 =0.5 * ( C_DUDX(c,t) - C_DUDX(c,t) );
  W12 =0.5 * ( C_DUDY(c,t) - C_DVDX(c,t) );
  W13 =0.5 * ( C_DUDZ(c,t) - C_DWDX(c,t) );
  W21 =0.5 * ( C_DVDX(c,t) - C_DUDY(c,t) );
  W22 =0.5 * ( C_DVDY(c,t) - C_DVDY(c,t) );
  W23 =0.5 * ( C_DVDZ(c,t) - C_DWDY(c,t) );
  W31 =0.5 * ( C_DWDX(c,t) - C_DUDZ(c,t) );
  W32 =0.5 * ( C_DWDY(c,t) - C_DVDZ(c,t) );
  W33 =0.5 * ( C_DWDZ(c,t) - C_DWDZ(c,t) );
  W0 = W11 * W11 + W12 * W12 + W13 * W13 + W21 * W21 + W22 * W22 + W23 * W23 +
W31 * W31 + W32 * W32 + W33 * W33;
  W = pow(2.0 * W0,0.5);

  S11 =0.5 * ( C_DUDX(c,t) + C_DUDX(c,t) );
  S12 =0.5 * ( C_DUDY(c,t) + C_DVDX(c,t) );
  S13 =0.5 * ( C_DUDZ(c,t) + C_DWDX(c,t) );
  S21 =0.5 * ( C_DVDX(c,t) + C_DUDY(c,t) );
  S22 =0.5 * ( C_DVDY(c,t) + C_DVDY(c,t) );
  S23 =0.5 * ( C_DVDZ(c,t) + C_DWDY(c,t) );
  S31 =0.5 * ( C_DWDX(c,t) + C_DUDZ(c,t) );
  S32 =0.5 * ( C_DWDY(c,t) + C_DVDZ(c,t) );
  S33 =0.5 * ( C_DWDZ(c,t) + C_DWDZ(c,t) );
  S = S11 * S11 + S12 * S12 + S13 * S13 + S21 * S21 + S22 * S22 + S23 * S23 + S31 * S31 +
```

```
S32 * S32 + S33 * S33;

    Sd11 = S11 * S11  + S12 * S21  + S13 * S31  + W11 * W11  + W12 * W21  + W13 * W31
- 1.0/3.0 * ( S - W0 );
    Sd12 = S11 * S12  + S12 * S22  + S13 * S32  + W11 * W12  + W12 * W22  + W13 * W32;
    Sd13 = S11 * S13  + S12 * S23  + S13 * S33  + W11 * W13  + W12 * W23  + W13 * W33;
    Sd21 = S21 * S11  + S22 * S21  + S23 * S31  + W21 * W11  + W22 * W21  + W23 * W31;
    Sd22 = S21 * S12  + S22 * S22  + S23 * S32  + W21 * W12  + W22 * W22  + W23 * W32
- 1.0/3.0 * ( S - W0 );
    Sd23 = S21 * S13  + S22 * S23  + S23 * S33  + W21 * W13  + W22 * W23  + W23 * W33;
    Sd31 = S31 * S11  + S32 * S21  + S33 * S31  + W31 * W11  + W32 * W21  + W33 * W31;
    Sd32 = S31 * S12  + S32 * S22  + S33 * S32  + W31 * W12  + W32 * W22  + W33 * W32;
    Sd33 = S31 * S13  + S32 * S23  + S33 * S33  + W31 * W13  + W32 * W23  + W33 * W33
- 1.0/3.0 * ( S - W0 );
    Sd = Sd11 * Sd11 + Sd12 * Sd12 + Sd13 * Sd13 + Sd21 * Sd21 + Sd22 * Sd22 + Sd23 * Sd23
+ Sd31 * Sd31 + Sd32 * Sd32 + Sd33 * Sd33;

    r1 = 0.25 - y/hmax;
    f1 = MIN(2 * exp( -9.0 * r1 * r1),1.0);

    r2 = Cd1 * (Cmu * k * k/d)/(k0 * k0 * y * y * pow(0.5 * (s * s + W * W),0.5));
    f2 = tanh(pow(r2,Cd2));

    fd = MAX(f1,f2);

    S0 = pow(Sd,3.0/2.0)/(pow(S,5.0/2.0) + pow(Sd,5.0/4.0));

    mut_les = rho *  0.1 * l1 * 0.1 * l1 * s;

    k_s = C_PRODUCTION(c,t) * (1.0 - fd) * mut_les/C_MU_T(c,t) + fd * C_
PRODUCTION(c,t) - C_PRODUCTION(c,t);
    return k_s;
    }

    /* * * * * * * * * * * * * * * * * * * * * * * * * * * * * * * * * * * * *
    UDF for ples_verman model
     * * * * * * * * * * * * * * * * * * * * * * * * * * * * * * * * * * * * */
    #include "udf.h"
```

```
#include "mem.h"
#include "turb.h"
#include "dll.h"
#define Cmu 0.09
#define Cd1 14.0
#define Cd2 3.0
#define k0 0.41
#define Cv 0.025

DEFINE_SOURCE(k_s_ples_verman ,c,t,dS,eqn)
{
real Fr,Lc,Li;
real fd;
real k_s, mut_les;
real vol = C_VOLUME(c,t);
real rho = C_R(c,t);
real mu = C_MU_L(c,t);
real lmu = mu/rho;
real mut = C_MU_T(c,t);
real k = C_K(c,t);
real d = Cmu * k * C_O(c,t);
real y = C_WALL_DIST(c, t);
real s = C_STRAIN_RATE_MAG(c,t);
real l1 = pow(C_VOLUME(c,t), 1.0/3.0);
real r1,f1;
real r2,f2;
real W,W0,W11,W12,W13,W21,W22,W23,W31,W32,W33;
real mut_ver;
real alpha;
real Bbeta;
real b11, b12, b13, b22, b23, b33;

face_t f;
   int nf;
   Thread *tf;
   real max_edge = 0.0, max_edge_0;
   real min_edge = 1.e+12, min_edge_0;
   real hmin,hmax;
```

```
    c_face_loop(c,t,nf)
     {
       f = C_FACE(c, t, nf);
       tf = C_FACE_THREAD(c, t, nf);
       min_max_face_size_sqr(f, tf, &min_edge_0, &max_edge_0);
       min_edge_0 = sqrt(min_edge_0);
       max_edge_0 = sqrt(max_edge_0);
       min_edge = MIN(min_edge, min_edge_0);
       max_edge = MAX(max_edge, max_edge_0);
     }
    hmin = min_edge;
    hmax = max_edge;

  W11 =0.5 * ( C_DUDX(c,t) - C_DUDX(c,t) );
  W12 =0.5 * ( C_DUDY(c,t) - C_DVDX(c,t) );
  W13 =0.5 * ( C_DUDZ(c,t) - C_DWDX(c,t) );
  W21 =0.5 * ( C_DVDX(c,t) - C_DUDY(c,t) );
  W22 =0.5 * ( C_DVDY(c,t) - C_DVDY(c,t) );
  W23 =0.5 * ( C_DVDZ(c,t) - C_DWDY(c,t) );
  W31 =0.5 * ( C_DWDX(c,t) - C_DUDZ(c,t) );
  W32 =0.5 * ( C_DWDY(c,t) - C_DVDZ(c,t) );
  W33 =0.5 * ( C_DWDZ(c,t) - C_DWDZ(c,t) );
  W0 = W11 * W11 + W12 * W12 + W13 * W13 + W21 * W21 + W22 * W22 + W23 * W23 +
W31 * W31 + W32 * W32 + W33 * W33;
  W = pow(2.0 * W0,0.5);

  r1 =0.25 - y/hmax;
  f1 = MIN(2 * exp( -9.0 * r1 * r1),1.0);

  r2 = Cd1 * (Cmu * k * k/d)/(k0 * k0 * y * y * pow(0.5 * (s * s + W * W),0.5));
  f2 = tanh(pow(r2,Cd2));

  fd = MAX(f1,f2);

  alpha =   C_DUDX(c,t) * C_DUDX(c,t) + C_DVDX(c,t) * C_DVDX(c,t) + C_DWDX
(c,t) * C_DWDX(c,t) + C_DUDY(c,t) * C_DUDY(c,t) + C_DVDY(c,t) * C_DVDY(c,t)
 + C_DWDY(c,t) * C_DWDY(c,t) + C_DUDZ(c,t) * C_DUDZ(c,t) + C_DVDZ(c,t) * C_
DVDZ(c,t) + C_DWDZ(c,t) * C_DWDZ(c,t);
```

```
    b11 = C_DUDX(c,t) * C_DUDX(c,t) + C_DUDY(c,t) * C_DUDY(c,t) + C_DUDZ(c,
t) * C_DUDZ(c,t);
    b12 = C_DUDX(c,t) * C_DVDX(c,t) + C_DUDY(c,t) * C_DVDY(c,t) + C_DUDZ(c,
t) * C_DVDZ(c,t);
    b13 = C_DUDX(c,t) * C_DWDX(c,t) + C_DUDY(c,t) * C_DWDY(c,t) + C_DUDZ(c,
t) * C_DWDZ(c,t);
    b22 = C_DVDX(c,t) * C_DVDX(c,t) + C_DVDY(c,t) * C_DVDY(c,t) + C_DVDZ(c,
t) * C_DVDZ(c,t);
    b23 = C_DVDX(c,t) * C_DWDX(c,t) + C_DVDY(c,t) * C_DWDY(c,t) + C_DVDZ(c,
t) * C_DWDZ(c,t);
    b33 = C_DWDX(c,t) * C_DWDX(c,t) + C_DWDY(c,t) * C_DWDY(c,t) + C_DWDZ
(c,t) * C_DWDZ(c,t);

    Bbeta = b11 * b22 - b12 * b12 + b11 * b33 - b13 * b13 + b22 * b33 - b23 * b23;

    mut_ver = C_R(c,t) * Cv * l1 * l1 * pow(Bbeta/alpha, 0.5);

    k_s = C_PRODUCTION(c,t) * (1.0 - fd) * mut_ver/C_MU_T(c,t) + fd * C_
PRODUCTION(c,t) - C_PRODUCTION(c,t);
    return k_s;
    }

    /****************************************
    UDF for ples_wale model
    ****************************************/
    #include "udf.h"
    #include "mem.h"
    #include "turb.h"
    #include "dll.h"
    #define Cmu 0.09
    #define Cd1 14.0
    #define Cd2 3.0
    #define k0 0.41

    DEFINE_SOURCE(k_s_ples_wale,c,t,dS,eqn)
    {
    real fd;
```

```
real k_s, mut_les;
real rho = C_R(c,t);
real mu = C_MU_L(c,t);
real lmu = mu/rho;
real k = C_K(c,t);
real d = Cmu * k * C_O(c,t);
real y = C_WALL_DIST(c, t);
real s = C_STRAIN_RATE_MAG(c,t);
real l1 = pow(C_VOLUME(c,t), 1.0/3.0);
real r1,f1;
real r2,f2;
real W,W0,W11,W12,W13,W21,W22,W23,W31,W32,W33;
real S,S11,S12,S13,S21,S22,S23,S31,S32,S33;
real Sd, Sd11,Sd12,Sd13,Sd21,Sd22,Sd23,Sd31,Sd32,Sd33;
real S0;
face_t f;
   int nf;
   Thread  * tf;
   real max_edge = 0.0, max_edge_0;
   real min_edge = 1.e + 12, min_edge_0;
   real hmin,hmax;
   c_face_loop(c,t,nf)
    {
      f = C_FACE(c, t, nf);
      tf = C_FACE_THREAD(c, t, nf);
      min_max_face_size_sqr(f, tf, &min_edge_0, &max_edge_0);
      min_edge_0 = sqrt(min_edge_0);
      max_edge_0 = sqrt(max_edge_0);
      min_edge = MIN(min_edge, min_edge_0);
      max_edge = MAX(max_edge, max_edge_0);
    }
   hmin = min_edge;
   hmax = max_edge;

W11 =0.5 * ( C_DUDX(c,t) - C_DUDX(c,t) );
W12 =0.5 * ( C_DUDY(c,t) - C_DVDX(c,t) );
W13 =0.5 * ( C_DUDZ(c,t) - C_DWDX(c,t) );
W21 =0.5 * ( C_DVDX(c,t) - C_DUDY(c,t) );
```

```
    W22 =0.5 * ( C_DVDY(c,t) - C_DVDY(c,t) );
    W23 =0.5 * ( C_DVDZ(c,t) - C_DWDY(c,t) );
    W31 =0.5 * ( C_DWDX(c,t) - C_DUDZ(c,t) );
    W32 =0.5 * ( C_DWDY(c,t) - C_DVDZ(c,t) );
    W33 =0.5 * ( C_DWDZ(c,t) - C_DWDZ(c,t) );
    W0 = W11 * W11 + W12 * W12 + W13 * W13 + W21 * W21 + W22 * W22 + W23 * W23 +
W31 * W31 + W32 * W32 + W33 * W33;
    W = pow(2.0 * W0,0.5);

    S11 =0.5 * ( C_DUDX(c,t) + C_DUDX(c,t) );
    S12 =0.5 * ( C_DUDY(c,t) + C_DVDX(c,t) );
    S13 =0.5 * ( C_DUDZ(c,t) + C_DWDX(c,t) );
    S21 =0.5 * ( C_DVDX(c,t) + C_DUDY(c,t) );
    S22 =0.5 * ( C_DVDY(c,t) + C_DVDY(c,t) );
    S23 =0.5 * ( C_DVDZ(c,t) + C_DWDY(c,t) );
    S31 =0.5 * ( C_DWDX(c,t) + C_DUDZ(c,t) );
    S32 =0.5 * ( C_DWDY(c,t) + C_DVDZ(c,t) );
    S33 =0.5 * ( C_DWDZ(c,t) + C_DWDZ(c,t) );
    S = S11 * S11 + S12 * S12 + S13 * S13 + S21 * S21 + S22 * S22 + S23 * S23 + S31 * S31 +
S32 * S32 + S33 * S33;

    Sd11 = S11 * S11  + S12 * S21  + S13 * S31  + W11 * W11  + W12 * W21  + W13 * W31
 - 1.0/3.0 * ( S - W0 );
    Sd12 = S11 * S12  + S12 * S22  + S13 * S32  + W11 * W12  + W12 * W22  + W13 * W32;
    Sd13 = S11 * S13  + S12 * S23  + S13 * S33  + W11 * W13  + W12 * W23  + W13 * W33;
    Sd21 = S21 * S11  + S22 * S21  + S23 * S31  + W21 * W11  + W22 * W21  + W23 * W31;
    Sd22 = S21 * S12  + S22 * S22  + S23 * S32  + W21 * W12  + W22 * W22  + W23 * W32
 - 1.0/3.0 * ( S - W0 );
    Sd23 = S21 * S13  + S22 * S23  + S23 * S33  + W21 * W13  + W22 * W23  + W23 * W33;
    Sd31 = S31 * S11  + S32 * S21  + S33 * S31  + W31 * W11  + W32 * W21  + W33 * W31;
    Sd32 = S31 * S12  + S32 * S22  + S33 * S32  + W31 * W12  + W32 * W22  + W33 * W32;
    Sd33 = S31 * S13  + S32 * S23  + S33 * S33  + W31 * W13  + W32 * W23  + W33 * W33
 - 1.0/3.0 * ( S - W0 );
    Sd = Sd11 * Sd11 + Sd12 * Sd12 + Sd13 * Sd13 + Sd21 * Sd21 + Sd22 * Sd22 + Sd23 * Sd23
 + Sd31 * Sd31 + Sd32 * Sd32 + Sd33 * Sd33;

    r1 =0.25 - y/hmax;
    f1 = MIN(2 * exp( -9.0 * r1 * r1),1.0);
```

```
r2 = Cd1 * (Cmu * k * k/d)/(k0 * k0 * y * y * pow(0.5 * (s * s + W * W),0.5));
f2 = tanh(pow(r2,Cd2));

fd = MAX(f1,f2);

S0 = pow(Sd,3.0/2.0)/(pow(S,5.0/2.0) + pow(Sd,5.0/4.0));

mut_les = rho * 0.325 * l1 * 0.325 * l1 * S0;

k_s = C_PRODUCTION(c,t) * (1.0 - fd) * mut_les/C_MU_T(c,t) + fd * C_PRODUCTION(c,t) - C_PRODUCTION(c,t);
return k_s;
}
```